Yocto项目实战教程

高效定制嵌入式Linux系统

孙杰◇著

電子工業出版社
Publishing House of Electronics Industry
北京 · BEIJING

内 容 简 介

本书从基础到高阶，系统化讲解 Yocto 项目的核心技术，涵盖 Yocto 项目概述、Linux 系统架构、OpenEmbedded 构建系统架构、元数据架构、BitBake、Poky 核心组件、内核菜谱、BSP 层定制、SDK 开发等。结合大量实战示例，从 QEMU、树莓派到 NXP i.MX 系列平台，循序渐进，帮助读者高效掌握 Yocto 项目的开发技能。

本书可作为嵌入式 Linux 系统开发人员、技术爱好者的自学或参考资料，也可作为高校或培训机构相关课程的教材。

图书在版编目（CIP）数据

Yocto 项目实战教程 ： 高效定制嵌入式 Linux 系统 / 孙杰著. -- 北京 ： 电子工业出版社, 2025. 5. -- ISBN 978-7-121-50075-6

Ⅰ. TP316.85

中国国家版本馆 CIP 数据核字第 20250P9N16 号

责任编辑：张春雨
文字编辑：刘 舫
印　　刷：山东华立印务有限公司印刷
装　　订：山东华立印务有限公司印刷
出版发行：电子工业出版社
北京市海淀区万寿路 173 信箱　　邮编：100036
开　　本：787×980　1/16　印张：28　字数：613 千字
版　　次：2025 年 5 月第 1 版
印　　次：2025 年 5 月第 1 次印刷
定　　价：108.00 元

凡所购买电子工业出版社图书有缺损问题，请向购买书店调换。若书店售缺，请与本社发行部联系，联系及邮购电话：（010）88254888，88258888。

质量投诉请发邮件至 zlts@phei.com.cn，盗版侵权举报请发邮件至 dbqq@phei.com.cn。

本书咨询联系方式：faq@phei.com.cn。

推荐序一

与作者相识多年，我们既是同学，也是志趣相投的挚友。一路走来，我们的交流始终围绕着技术。从嵌入式开发到开源生态，再到 AI 的融合应用，我们共同见证了技术的发展，也在各自的领域持续深入探索。在这一路上，我们最大的感触就是：技术的进步不仅仅是工具的演变，更是学习方式、实践路径和产业落地的全面升级。

当下，嵌入式开发正迎来新的浪潮，国产芯片、AIoT（人工智能物联网）、边缘计算的快速发展，让定制化的嵌入式 Linux 系统成为必然选择。而在这一领域，Yocto 项目无疑是一款强大的工具，能够帮助开发者精准且高效定制嵌入式系统，以及优化软硬件协同。但 Yocto 项目的学习曲线陡峭且生态复杂，许多开发者在入门时都会遇到不小的挑战。

作者长期深耕 Yocto 项目，从技术学习到工程实践，再到社区分享，他不仅积累了丰富的经验，更具备将复杂问题系统化、结构化的能力。本书便是他这些年开发经验的凝练，不仅全面解析了 Yocto 项目的理论体系，还结合 QEMU 模拟器、树莓派教学开发板和恩智浦 i.MX 8M Plus 高端芯片的实战案例，为处于不同学习阶段的开发者提供了一条清晰可操作的学习路径。无论是刚入门的嵌入式工程师，还是希望深入掌握 Yocto 项目的资深开发者，相信你都能在书中找到值得拥有的内容。

在开源技术的持续推动下，嵌入式开发正呈现出生态融合、全球协作与技术共享的趋势。我们正处在行业变革的关键节点，未来的嵌入式系统开发不仅要适应国产芯片的软件生态演进，还需深度融合 AI 推理加速与软硬件协同优化。本书的亮点不仅在于技术讲解，更在于为国内开发者提供一条系统化的学习路径，帮助大家更高效地掌握 Yocto 项目，在嵌入式开发的浪潮中提升竞争力。

技术因分享而进步，产业因协作而繁荣。希望这本书能成为更多嵌入式开发者的学习指南，帮助大家少走弯路，提升效率，在国产芯片生态演进与智能计算时代抓住机遇。

王强
佛山市迪海网络科技有限公司董事长

推荐序二

在近二十年嵌入式产品开发和推广的过程中，我的工作一直围绕在如何让嵌入式工程师更快更好地开发产品。嵌入式技术作为电子信息产业的基础技术，近十年来在国内经历了飞速的发展。然而，当下国外已经普遍使用的 Yocto 项目相关技术，在国内仍然面临一些挑战：Yocto 项目好用，但学习曲线陡峭；想学 Yocto 项目，但国内的资料和生态不成熟。这是当前国内开发者运用 Yocto 项目这把嵌入式领域的“瑞士军刀”时，常会面临的困境和挑战。

本书作者，我的好友孙杰，在国外求学多年后，又在世界 500 强企业从事嵌入式开发多年，至今仍在该领域深耕。得益于其出色的语言能力和规范且系统的工作环境，及多年 Yocto 项目的实战工作经历，他充分掌握了 Yocto 项目的开发精髓。在作者多年的博客生涯中，众多网友对其分享的 Yocto 项目相关文章给予了高度关注和广泛传播。在与众多开发者交流的过程中，他意识到开发者迫切需要一本系统且实用的 Yocto 项目使用指南。于是出于助力国内开发者更快更好地学习和使用 Yocto 项目的初心，作者写下了本书，分享他的专业知识和经验。

本书紧密结合 Yocto 项目的核心概念和实战案例，结构清晰、层次分明、由浅入深，将理论学习和实践应用有效结合。全书内容大体分为三个部分。

第一部分：系统并精要地介绍了 Yocto 项目基础框架与核心组件，包括元数据结构，BitBake 构建引擎，Poky 参考发行版，镜像菜谱和内核菜谱等关键知识点。受益于作者多年的深入研究，这些章节并不是直接地搬运官方知识或进行简单翻译，而是作者对 Yocto 项目完整知识体系的梳理和传递。

第二部分：以定制树莓派系统作为入门案例，讲述了 BSP 定制和 SDK 生成两个实战中常用的核心知识点，让初学者能以最低的学习成本快速学习和使用 Yocto 项目的核心技术。在实践中学习，结合前面章节的知识体系与树莓派广泛的应用基础，让 Yocto 项目实战的第一步做到了敏捷而有效。

第三部分：以 NXP 公司的 i.MX 8M Plus 芯片开发为案例，介绍了工业场景中系统开发的完整过程。这能有效地帮助开发者实现 Yocto 项目从入门到精通的过程，充分地体会和发挥 Yocto 项目的开发优势，帮助开发者实现高效进阶。

相信无论对于初学者还是有一定经验但需要进阶的开发者而言，通过本书各个章节的学习，都能真正敏捷且高效地使用 Yocto 项目实现嵌入式 Linux 系统的开发。

写作本序的时候，我正好在参加纽伦堡嵌入式展会。围绕嵌入式技术的未来发展，展商众多，观众如云，热闹非凡，这也体现了全球嵌入式技术发展如火如荼。相比于 13 年前嵌入式展会寥寥的中国面孔，在今年的嵌入式展会上，来自中国的芯片厂家和嵌入式产品方案公司已经占据了相当大的比例。各个展台关于 AI 嵌入式边缘应用的广泛尝试，机器人应用的深度探索，工业场景的性能跃迁，新能源汽车等热点方向的应用展示，吸引了大批观众驻足交流。

在嵌入式技术范围之内，世界是平的。正如本书作者的经历一样，因为他人的分享而收获，也推动他积极地回馈，帮助国内开发者应对学习 Yocto 项目的挑战。因为开源和分享，全球的开发者将共同推动创新，并享受来自分享的效率提升。也正因为我们有众多像作者一样卓越的开发者，相信下一个十年，我们将见证中国的开发者和企业在嵌入式开发领域经历从使用者到提供者，从跟随者到引领者，从群演到主演的“版本升级”。

周麒
深圳米尔电子副总经理

前言

本书基于笔者的实践经验，系统化讲解 Yocto 项目的核心知识，结合丰富的实战示例，帮助读者高效掌握 Yocto 项目的构建方法，并深入理解其应用与实践技巧。

嵌入式 Linux 系统的现状与挑战

随着科技的快速发展，嵌入式 Linux 系统已广泛应用于智能家居、工业控制、智能汽车等领域，并在 AIoT、边缘计算、智能医疗等方向发挥着关键作用。其开源、灵活、可定制的特性，使其成为嵌入式设备的主流操作系统；市场需求持续增长，使其在智能设备中的核心地位不断加强。

然而，嵌入式 Linux 系统的开发面临诸多挑战。硬件生态碎片化导致适配和维护成本高昂，定制化需求要求针对启动速度、功耗、实时性、安全性进行深度优化，开发流程复杂，涉及内核裁剪、驱动适配、交叉编译、软件栈集成，且版本管理混乱，周期冗长。此外，软硬件协同优化难度大，不同平台资源受限，优化策略难以通用，进一步提高了开发门槛，使嵌入式 Linux 系统在智能设备中的核心地位面临更高的技术挑战。

应运而生的 Yocto 项目

面对嵌入式 Linux 系统开发中硬件适配复杂、定制化需求高、构建流程烦琐等挑战，Yocto 项目提供了一套灵活、可扩展、自动化的构建工具集。它采用模块化架构、分层构建体系和软件栈管理机制，使开发者能够高效定制、优化和维护嵌入式 Linux 系统，可提高开发效率并降低适配成本。

Yocto 项目汇聚了全球开发者的智慧，依托活跃的开源社区，不断优化和迭代，支持多架构、多平台的嵌入式 Linux 系统构建与定制。它持续提升跨平台适配能力、完善长期维护机制、增强系统稳定性和可复用性。随着技术演进，Yocto 项目不断拓展应用场景，为日益复杂的嵌入式 Linux 系统需求提供更加高效、可靠的解决方案。

本书的定位与特点

Yocto 项目已成为定制嵌入式 Linux 系统的主流工具，但由于构建体系复杂、配置灵活、调试难度大，其“难学易用”的特性让许多开发者望而却步。本书在官方文档的基础上，结合笔者多年的嵌入式开发经验，提炼核心理论框架，使其易读易懂。同时辅以大量实践案例，帮助读者系统化学习 Yocto 项目，快速掌握 Yocto 项目的基础知识与实战技巧。

本书以实践为导向，从基础到进阶、从理论到实战，循序渐进，全面剖析 Yocto 项目的架构与高阶应用。无论是初学者、进阶开发者，还是专注于底层技术研究的专家，本书都将成为系统学习 Yocto 项目的一站式指南，助您自信应对嵌入式 Linux 系统的定制与构建挑战。

Yocto 项目在中国的现状与机遇

当前，Yocto 项目已在全球范围内得到广泛认可和应用，但在国内的普及程度相对较低。国产芯片适配度不足、技术资料主要以英文为主、本地社区生态不成熟，使开发者在学习和应用 Yocto 项目时面临较高门槛。此外，尽管国产 AI 技术发展迅速，但 AI 设备的软件环境仍主要依赖厂商的专有 SDK 和 BSP，不同平台的软件接口和适配机制存在差异，增加了系统维护和版本管理的复杂度。

随着国产芯片生态的持续优化，Yocto 项目的本地化进程正在加速推进。同时，AI 技术在边缘计算、智能设备等领域中的应用需求增长，对嵌入式 Linux 系统的定制、构建效率和长期维护提出了更高要求。Yocto 项目凭借灵活的构建机制和广泛的硬件支持，正成为国产芯片和 AI 应用的重要支撑，将为嵌入式 Linux 系统的开发和维护提供高效、稳定、可扩展的解决方案。

总结与展望

本书旨在促进 Yocto 项目在国内的应用，帮助嵌入式开发者系统掌握其核心技术。通过系统化讲解与实践结合，降低学习门槛，使 Yocto 项目在国产芯片研发及更多嵌入式应用中发挥更大价值。

受限于编写周期和笔者的个人水平，书中难免存在疏漏与不足。如您在阅读过程中发现问题或有任何建议，欢迎交流探讨。相信在大家的共同努力下，Yocto 项目将在国产芯片生态、AIoT 和边缘计算等领域得到更广泛的应用，进一步推动嵌入式 Linux 系统生态的标准化与发展。

孙杰

jerrysundev@163.com

目录

第 1 章 Yocto 项目

在当今科技社会中，嵌入式 Linux 系统在各类主流嵌入式设备中发挥着重要作用。随着物联网、汽车电子和工业自动化等领域的迅速发展，工程师对嵌入式 Linux 系统的高度定制化需求日益增长。Yocto 项目正是为应对这一需求而诞生的，其为嵌入式设备提供了灵活、开源且高度可定制的 Linux 系统解决方案。

本章将从嵌入式 Linux 系统的定义、特点及其应用场景出发，逐步引导读者理解 Yocto 项目的起源、架构、核心功能及其社区生态。同时，本章也将分享学习 Yocto 项目过程中可能面临的挑战，并提供作者的实践经验与总结，为后续章节的深入学习奠定基础。

通过本章的学习，读者将全面掌握嵌入式 Linux 系统的基础知识，了解 Yocto 项目如何通过模块化设计和灵活的构建流程，为嵌入式 Linux 系统开发提供强大的工具和支持，助力开发者更高效地完成系统定制与优化。

1.1 嵌入式 Linux 系统

嵌入式 Linux 系统作为一种广泛应用于嵌入式设备的操作系统，凭借其开源特性和高度可定制化，已成为开发者的首选。通过嵌入式 Linux 系统，开发者可以根据具体需求对系统进行裁剪和优化，以适应嵌入式设备的特殊需求，如低功耗、有限的存储和高实时性。

1.1.1　什么是嵌入式系统

IEEE 对于嵌入式系统（Embedded System）的定义是："用于控制、监视或者辅助操作机器和设备的装置"。嵌入式系统一般指非 PC 系统，有计算机功能但又不能称之为计算机的设备或器材。它以应用为中心，软硬件可裁剪，适用于应用系统对功能、可靠性、成本、体积、功耗等综合性严格要求的专用计算机系统。

典型的嵌入式系统设备包括智能手机、智能家居设备、工业自动化控制器和医疗设备。这些设备往往需要高度稳定、实时响应，并且由于硬件资源有限，嵌入式系统的设计也需要高度优化。

1.1.1.1　嵌入式系统的特点

嵌入式系统有几个显著的特点。首先，它们是专用的系统，专为执行特定任务而设计。与通用计算机不同，嵌入式系统往往与硬件紧密结合，针对特定应用进行了高度优化。其次，嵌入式系统具有高可靠性，它们通常应用于工业控制、医疗设备等对稳定性和安全性要求极高的场景。嵌入式系统还往往运行在资源受限的环境中，如低功耗和低内存设备中，因此它们的硬件和软件需要被精简和优化。此外，嵌入式系统对实时性的要求通常也很高，许多应用场景要求系统在特定的时间内完成响应，以确保系统的正确性和高效性。

1.1.1.2　当前流行的嵌入式系统

当前市场上存在许多种类的嵌入式系统，每种系统都为不同的应用场景提供了特定的解决方案。嵌入式 Linux 系统是最为常见的一种嵌入式操作系统，广泛应用于智能设备、工业控制、汽车电子和物联网设备中。嵌入式 Linux 系统的灵活性、开源性和跨平台支持使其成为开发者的首选。

此外，像 FreeRTOS 这样的轻量级实时操作系统在当下也非常流行，尤其是在资源受限的物联网设备中。而 Zephyr 作为一种专为物联网和低功耗设备设计的开源操作系统日渐兴起，这得益于它简洁的架构和多硬件平台的支持。

在需要高可靠性和实时性的领域，如汽车、医疗和航空行业，则有 QNX 和 VxWorks 等商用操作系统，它们都具备出色的稳定性和安全性，适合在关键任务环境中长久稳定运行。

1.1.2　嵌入式 Linux 系统简介

嵌入式 Linux 系统是基于 Linux 内核，专为嵌入式设备设计和优化的操作系统。与同样使用 Linux 内核的通用 Linux 系统相比，嵌入式 Linux 系统经过功能精简，适合运行于硬件资源受限的设备，即以低功耗、低存储空间和低运算能力为特点的嵌入式设备。

由于嵌入式 Linux 系统具有开源性和高度的可定制性，开发者可以根据特定的硬件需求和应用场景进行灵活调整，并利用丰富的社区资源来加快开发进程。

嵌入式 Linux 系统还支持多种硬件架构，例如 ARM、MIPS 和 RISC-V 等，它广泛应用在智能设备、物联网、工业自动化、消费电子、汽车电子和医疗设备等领域。它的多任务处理能力、设备驱动支持以及良好的网络性能，使得嵌入式 Linux 在嵌入式系统中占据了重要的地位。

1.1.3 嵌入式 Linux 系统的应用领域

嵌入式 Linux 系统因其开源性、灵活性和高度可定制的特点，在各行业中是开发者的首选。该系统能够根据具体的硬件和应用需求进行裁剪和优化，满足不同嵌入式设备的资源限制和功能要求。因此，嵌入式 Linux 系统广泛应用于从消费电子到工业自动化等多个领域，支持多种硬件架构，并能在性能、稳定性和安全性方面提供强大的保障。

- 在物联网领域，嵌入式 Linux 系统是实现设备间高效数据传输和通信管理的核心技术之一。物联网设备通常依赖大量传感器和终端之间的数据交互，嵌入式 Linux 能够有效处理这些数据流，确保系统稳定运行。开发者可以根据不同的物联网应用场景，灵活调整系统性能，以满足设备的各种需求。许多智能家居设备和能源管理系统依赖嵌入式 Linux，实现了设备的互联与远程控制，推动了智能设备和物联网应用的普及。
- 汽车行业对嵌入式系统的要求尤为苛刻，尤其是在高级驾驶辅助系统（ADAS）和车载信息娱乐系统（IVI）中，嵌入式 Linux 系统凭借其快速响应和高可靠性的特点，成为汽车制造商的首选。该系统不仅为自动驾驶、车载导航和语音控制等智能功能提供了稳定的技术支持，还能根据特定车型和功能需求灵活定制，确保车辆在复杂驾驶条件下的安全性和用户体验。这些能力使得嵌入式 Linux 系统成为现代智能汽车不可或缺的基础技术之一。
- 在工业自动化领域，嵌入式 Linux 系统的稳定性和高效性得到了广泛应用。工业控制和监控系统需要长时间高负荷运行，嵌入式 Linux 系统通过其优化的资源管理和实时处理能力，确保设备在生产过程中稳定运行并高效完成任务。自动化生产线、工业机器人等设备通过嵌入式 Linux 进行精确的控制和实时反馈，大幅提高了生产的自动化程度和效率。
- 医疗设备对系统的精确性和安全性要求极高，嵌入式 Linux 系统在医疗行业中被广泛采用。无论是患者监控设备还是先进的诊断仪器，嵌入式 Linux 系统都为其提供了安全、稳定的操作平台，确保设备能够实时处理患者数据，响应临床需求。其高可靠性和可定制性使得嵌入式 Linux 成为医疗设备设计中的核心组件，保障了设备在关键时刻的精确操作和数据安全性。

1.1.4　嵌入式 Linux 系统的构建工具

嵌入式 Linux 系统的构建工具为开发者提供了从源代码生成可运行系统的必要工具和流程。这些工具帮助开发者实现系统裁剪、编译、打包以及集成的工作，特别是在资源受限的环境下，构建工具的选择对开发效率和系统性能至关重要。不同的构建工具为开发者提供了灵活的选择，以满足各种应用场景和需求。以下是当下全球流行的几种嵌入式 Linux 系统构建工具：Buildroot、PTXdist、OpenEmbedded 和 Yocto 项目。

- Buildroot 是一个自 2001 年开始开发的轻量级构建工具，专为快速生成小型嵌入式系统设计。它通过简单的配置界面，帮助开发者裁剪系统组件，生成定制化的 Linux 镜像，特别适合资源受限的设备，如家用电器、路由器和单片机系统。其简洁的设计和快速生成的特性，使得 Buildroot 在需要简化系统配置并快速部署的场景中极受欢迎。Buildroot 的用户群体包括小型嵌入式设备开发者和消费类电子制造商，比如 Netgear 等路由器厂商通过 Buildroot 定制其嵌入式操作系统。
- PTXdist 是一个轻量级的开源嵌入式 Linux 构建工具，开发于 2001 年，主要用于开发资源有限的嵌入式系统。PTXdist 提供了灵活的框架，允许开发者根据具体需求定制系统组件，并生成高度优化的 Linux 镜像。与 Buildroot 相比，PTXdist 提供了更高的灵活性和模块化设计，适用于需要精确控制系统行为的复杂项目。它在工业自动化和物联网设备的开发中被广泛应用，尤其适合对系统控制要求较高的场景。PTXdist 在德国和欧洲的工业自动化领域拥有强大的用户基础，其中包括用于工厂自动化控制的嵌入式系统。
- OpenEmbedded 是一个自 2003 年发展起来的嵌入式 Linux 构建框架，它为开发者提供了广泛的支持层和工具，用于生成多种硬件架构的嵌入式 Linux 系统。其模块化设计和对多平台的支持，使得 OpenEmbedded 在复杂的嵌入式项目中得到了广泛应用，特别是在消费电子产品、工业控制系统等需要高度定制化的领域。通过其灵活的架构，OpenEmbedded 能够轻松适应从小型到大型、从简单到复杂的嵌入式应用。索尼和飞利浦等大型消费电子公司都通过 OpenEmbedded 构建其定制的嵌入式 Linux 系统。
- Yocto 项目是由 Linux 基金会于 2010 年发起的开源项目，旨在为嵌入式系统开发提供标准化的构建工具和流程。Yocto 项目整合了 OpenEmbedded 的优势，为开发者提供灵活且功能丰富的构建环境。它允许开发者根据不同的硬件平台生成定制化的嵌入式系统，适用于需要长期维护和高度定制的项目。Yocto 项目作为行业标准，被广泛应用于工业自动化、汽车电子和物联网等多个领域。英特尔和德州仪器等大型芯片制造商都为其硬件提供 Yocto 项目支持，且 Yocto 项目将在本书的后续章节中详细介绍。

1.1.5 常见的嵌入式 Linux 系统发行版

嵌入式 Linux 系统发行版是开发者通过构建工具定制和发布的嵌入式操作系统，这些发行版广泛应用于各种硬件平台，通常由官方维护，用户可以直接下载并使用。以下是几种常见且流行的嵌入式 Linux 系统发行版，每个发行版针对不同的应用场景和用户群体，具有独特的功能和特点。

- Raspberry Pi OS 是由 Raspberry Pi 基金会官方维护的基于 Debian 的发行版，专为 Raspberry Pi 硬件平台设计。它提供了稳定且高效的操作系统体验，并且包含一个轻量级的桌面环境以及一系列预装开发工具，例如 Python 和 Scratch。该系统被广泛用于教育、DIY 项目及物联网应用，尤其适合初学者和爱好者使用。Raspberry Pi OS 依托于 Debian 的稳定性和广泛的包管理工具，使得用户能够轻松构建项目并进行学习。

  尽管 Raspberry Pi OS 并非通过 Yocto 项目构建，但其设计使开发者能够通过修改现有 Debian 的基础设置来定制开发。树莓派平台也支持通过 Yocto 项目生成的高度定制的镜像，适合需要更复杂开发需求的项目。
- OpenWrt 是专为嵌入式网络设备设计的 Linux 发行版，通常应用于无线路由器等设备。与许多预装的路由器固件不同，OpenWrt 提供了一个完全可写的文件系统，允许用户根据需要自由安装、移除软件包，实现设备的深度定制。其使用较新的 Linux 内核，结合灵活的包管理和配置工具，使得开发者能够快速适应多种嵌入式网络设备，支持广泛的硬件平台。OpenWrt 非常适用于网络设备定制、物联网网关开发以及商用网络设备开发。OpenWrt 的构建可通过多种工具完成，Buildroot 是其早期使用的工具之一。部分开发者也通过 Yocto 项目进行更高复杂度的定制。OpenWrt 的灵活性使它成为物联网和网络开发者的优选工具。
- balenaOS 是一个为物联网和嵌入式设备设计的开源操作系统，基于 Yocto 项目构建。其设计目标是提供轻量且可靠的容器化运行环境，特别适合需要远程设备管理的大规模物联网部署。balenaOS 整合了 Docker 容器引擎及 systemd 初始化系统，同时支持灵活的网络管理，使得设备在远程环境下可保持稳定的连接，并能够进行高度定制的应用部署。balenaOS 在远程监控、工业自动化和物联网设备中有广泛应用。

  balenaOS 依托 Yocto 项目的灵活性，通过自定义元数据生成适合不同硬件平台的系统镜像。企业通过 balenaOS 进行远程设备管理、系统更新和维护，尤其在大规模分布式物联网设备中应用广泛。

- Android 是由 Google 开发的基于 Linux 内核的开源嵌入式操作系统，专为移动设备设计。其提供了完整的中间件和应用框架，广泛用于智能手机、平板电脑、智能电视和车载系统。Android 通过 Android Open Source Project（AOSP）发布，开发者可以获取源代码并进行定制开发，使其满足特定设备的需求。Android 已经成为全球范围内消费类电子设备的主流操作系统。

  虽然 Android 的发布和更新主要通过 AOSP 完成，但它的内核部分可以与 Yocto 项目的构建方式兼容，特别是在对 Android 系统进行特定硬件的优化时。一些设备制造商使用 Yocto 项目或其他构建工具生成高度定制化的 Android 版本，适用于车载娱乐系统或智能家居设备。

1.2 什么是 Yocto 项目

Yocto 项目是一个开源协作项目，旨在帮助开发者创建基于 Linux 的定制系统，这些系统设计用于嵌入式产品，无论其硬件架构如何。Yocto 项目提供了一套灵活的工具集和开发环境，允许全球的嵌入式设备开发者通过共享技术、软件堆栈、配置和最佳实践进行协作，从而创建定制化的 Linux 镜像。

全球成千上万的开发者已经发现，Yocto 项目在系统和应用程序开发、归档管理以及优化速度、存储空间和内存利用方面提供了显著的优势。该项目已成为交付嵌入式软件堆栈的行业标准，允许为多个硬件平台定制和构建软件堆栈，同时确保软件的可维护性和可扩展性。

1.2.1 Yocto 项目的起源

Yocto 项目的起源与 OpenEmbedded 项目密切相关。OpenEmbedded 由 Chris Larson、Michael Lauer 和 Holger Schurig 于 2003 年创建，其初衷是为嵌入式 Linux 系统提供一个灵活的构建框架，旨在解决依赖管理、跨平台支持以及系统定制等关键问题。然而，OpenEmbedded 在早期发展中暴露出元数据标准化不足、使用门槛较高以及商业推动力欠缺等问题。随后，在英国公司 OpenedHand 的商业支持下，OpenEmbedded 获得了进一步的发展，吸引了越来越多的开发者加入社区。尽管 OpenEmbedded 为嵌入式开发带来了显著的进步，但随着嵌入式系统硬件规模的扩大和软件生态的日益复杂，其原有的架构逐渐暴露出在扩展性和灵活性方面的不足。

为应对这些挑战，Linux 基金会于 2010 年启动了 Yocto 项目。Yocto 项目不仅整合了 OpenEmbedded 的技术成果，还引入了“层”（layer）等新的开发理念，增强了灵活性和可扩展性。它为开发者提供了一个统一、标准化的开发环境和强大的工具支持，简化了嵌入式 Linux 系统的开发流程，并推动了嵌入式领域的创新与发展。

1.2.2 为什么选择 Yocto 项目

在 Yocto 项目诞生之前，市面上最常用的嵌入式 Linux 构建工具之一是 Buildroot。开发者依赖 Buildroot 来简化嵌入式 Linux 系统的构建过程。Buildroot 通过一个简单的 Makefile 文件和配置文件，允许用户选择软件包，并自动生成根文件系统、内核镜像和引导加载程序。Buildroot 支持多种硬件架构，具备基础的定制化能力，因此适合快速生成满足基本需求的嵌入式系统。

尽管 Buildroot 能在较短时间内提供简单的嵌入式系统，但它的局限性在于对复杂项目和频繁变化的软硬件需求的支持不足。随着嵌入式开发项目规模的扩大，Buildroot 的可定制性和扩展性逐渐显得不够灵活。在需要大量定制和频繁构建的复杂项目中，Buildroot 的功能未能有效满足开发者对更强大的工具的需求。

为了应对这些挑战，Yocto 项目应运而生。Yocto 项目不仅继承了 Buildroot 的快速构建优势，还通过引入高度定制化的工具链和广泛的硬件支持，弥补了 Buildroot 的不足。Yocto 项目允许开发者根据具体需求创建精细化的 Linux 系统，而不受限于特定硬件架构。此外，Yocto 项目拥有一个活跃的社区，提供持续的技术支持和功能更新，这使其在应对复杂嵌入式开发任务时表现得更加高效、灵活。

通过提供更强的定制能力、跨平台支持和丰富的社区资源，Yocto 项目迅速取代了 Buildroot，成为嵌入式 Linux 系统开发的标准工具，为开发者提供了更加全面和可扩展的解决方案。

1.2.3 社区与资源

Yocto 项目不仅为开发者提供了全面的工具集，还构建了一个全球性的协作网络，帮助开发者更高效地解决嵌入式开发中的复杂问题。通过社区的支持和共享资源，开发者可以快速找到技术方案、提升开发效率，并参与到项目的持续改进中。以下是一些关键的社区资源与平台，这些资源不仅提升了开发流程的灵活性和效率，也为全球开发者提供了无缝的协作环境和丰富的技术支持。

1.2.3.1 在线资源

在线资源库是 Yocto 项目为开发者提供的集中平台，存储和管理核心源代码、元数据层及元数据文件等，帮助加速嵌入式 Linux 系统的定制与构建，促进社区协作和确保项目兼容性。

Yocto 项目源代码库

Yocto项目源代码库（Yocto Project Source Repositories）作为Yocto项目的核心源代码库（访问地址见链接 1[1]），为开发者提供了代码管理工具，支持访问、克隆、贡献改进。该资源库保证了代码的版本控制和持续更新，支持开发者在如Poky或BitBake等项目的开发中进行维护和协作。该资源库的历史可以追溯到Yocto项目的早期创建阶段，其旨在为全球开发者提供集中且高效的代码管理平台。

通过这个平台，开发者能够参与到项目的核心开发中，确保代码的一致性，并通过提交更新来改进项目的性能与功能。它还促进了开源社区的活力和持续发展，尤其对平台维护者和社区贡献者具有重要作用。

Yocto 项目兼容层

Yocto 项目兼容层（Yocto Project Compatible Layers）提供 Yocto 项目兼容状态的元数据层信息（访问地址见链接 2）。通过对层结构连续性的保证和测试，Yocto 项目确保了不同厂商和社区提供的层能够高效协同工作，减少集成过程中的兼容性问题。开发者可以利用这些经过认证的层，简化系统开发，并确保项目的长期可维护性和灵活性。

OpenEmbedded 层索引

OpenEmbedded 层索引（OpenEmbedded Layer Index）是一个管理和分享元数据层和元数据文件信息的开源信息平台（访问地址见链接 3）。相对于 Yocto 项目兼容层，其包含的层没有经过严格策划和测试，但是有相对更多的层信息，利于扩展和匹配。在层索引中，尽管层或者元数据文件的成熟度、验证程度和可用性不一致，搜索结果也不按优先级显示，要想选择合适的层或者元数据文件，往往需要通过试验、查看邮件列表或与其他开发者的协作来实现。

OpenEmbedded 层索引的历史源于 OpenEmbedded 项目的创建，它成为开发者在嵌入式系统开发中快速找到所需资源的有效途径。该平台不仅适用于驱动程序的查找，还可帮助开发者根据特定硬件需求进行资源的快速集成。对于嵌入式系统开发人员和硬件支持工程师来说，这一资源库极具实用性，能够帮助开发者快速搭建和定制系统。

1.2.3.2 社区成员

随着 Yocto 项目的不断发展壮大，越来越多的开发者和企业加入这个强大的开源社区。他们共同为项目的进步和完善贡献力量，推动嵌入式 Linux 系统的发展和创新。全球顶尖的科技公司和个人开发者都在积极参与，为 Yocto 项目带来了丰富的经验和资源，确保其不断进步。

---

1 扫描封底的二维码，回复 50075，可获取网址的详细信息。

目前，Yocto 项目的成员包括众多知名企业，汇聚了多个行业领军者和主流芯片厂商，例如 TI、Intel、NXP 和高通，同时得到了 ARM 和 RISC-V 等关键技术提供商的支持。

- 英特尔（Intel）：作为 Yocto 项目的主要赞助商之一，英特尔在项目开发和推广中扮演了重要角色。
- 德州仪器（Texas Instruments）：贡献了大量关于嵌入式处理器的支持和优化。
- 恩智浦半导体（NXP Semiconductors）：为项目提供了丰富的嵌入式系统解决方案。
- 高通（Qualcomm）：作为全球领先的芯片制造商，高通的加入为 Yocto 项目带来了更广泛的硬件支持和先进的技术实力。
- 思科（Cisco）：为网络设备和嵌入式网络系统的开发提供专门支持，增强了 Yocto 项目的网络功能。
- 风河（Wind River）：作为嵌入式软件领域的领导者，风河为 Yocto 项目提供了关键补丁并参与维护，有力提升了项目的稳定性和功能性。
- 华为（Huawei）：作为全球领先的科技公司，华为也是 Yocto 项目的成员之一，为项目带来了更多的创新和资源。
- ARM：作为全球领先的半导体 IP 提供商，ARM 为 Yocto 项目带来了广泛的嵌入式处理器架构支持和技术贡献，推动了项目在 ARM 架构设备上的应用和优化。
- RISC-V International：RISC-V 作为开放指令集架构的代表，通过 RISC-V International 的参与，加强了 Yocto 项目在开放、灵活和定制化嵌入式处理器方面的技术支持和推广。
- 微软（Microsoft）：作为全球科技巨头，微软加入 Yocto 项目为其带来了更广泛的支持和技术贡献，推动项目在云端和边缘计算上的整合与优化。

通过这些关键成员的共同努力，Yocto 项目正不断推动嵌入式 Linux 系统的发展和创新，为各行业提供更高效、更稳定的解决方案。

1.3 Yocto 项目概览

在上一节中，我们对 Yocto 项目的起源和发展进行了概述，并探讨了其社区与资源的丰富性。本节将进一步深入了解 Yocto 项目的结构与功能，重点关注版本管理和子项目概览。我们将首先介绍当前和先前发布系列的版本特性，接着讨论版本选择策略。随后，分析早期成熟的子项目及近期新增的子项目。此外，还将解释一些常用术语与变量，以便读者在后续内容中更好地理解这些概念。通过这一节的学习，读者将对 Yocto 项目的运作机制有更全面的认识。

1.3.1　版本管理

深入了解 Yocto 项目的版本，对于嵌入式系统开发者来说是至关重要的。自 Yocto 项目诞生以来，它经历了多个版本的迭代与发展，每一次更新都代表着技术团队在功能和性能上的精心打磨与提升。

随着技术的不断进步，开发者对系统的稳定性、性能、硬件兼容性等方面有着更高的要求。因此，Yocto 项目团队在版本更新中，不仅致力于解决旧版本中的漏洞和问题，还积极引入新的特性和技术，如稳定性增强、内存优化、硬件支持拓展等，以满足不同项目场景的需求。

1.3.1.1　版本和特性概览

在 Yocto 项目的版本演进过程中，每个版本均体现出各自的特性与优势。以下内容基于 2024 年 12 月 Yocto 项目官网提供的信息，对当前发布系列及先前发布系列中的若干关键版本进行简要说明。图 1-1 呈现了官方主要发行版的整体概览。

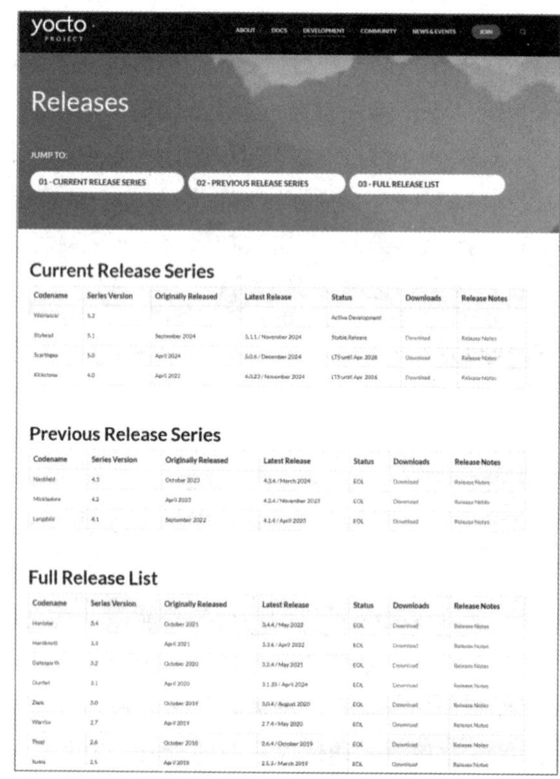

图 1-1　Yocto 项目发行版

当前发布系列

Styhead（5.1）：这是当前正在活跃开发中的版本，它代表着 Yocto 项目的最新技术进展。Styhead 版本在保持稳定性的同时，引入了众多前沿特性和技术，为开发者提供了更多的可能性。

Scarthgap（5.0）：于 2024 年 4 月发布，作为一个长期支持（LTS）版本，它提供了最新的稳定特性，并计划支持至 2028 年 4 月。Scarthgap 版本适合那些需要稳定性和长期维护的项目。

Kirkstone（4.0）：自 2022 年 4 月发布以来，Kirkstone 版本经历了多次更新，最新版本为 4.0.18（2024 年 4 月）。作为一个稳定的版本系列，它提供了丰富的功能和强大的性能，适合中长期项目。

先前发布系列

Nanbield（4.3）、Mickledore（4.2）和 Langdale（4.1）：这些版本在过去一段时间内为开发者提供了稳定可靠的支持。然而，随着新技术的不断涌现和旧版本的逐步淘汰，这些版本当前已经停止维护（EOL）。尽管如此，它们在过去的项目中仍然发挥了重要作用。

1.3.1.2 版本选择策略

在选择 Yocto 项目的版本时，开发者需要综合考虑多个因素以确保项目的顺利进行。以下是一些策略上的建议。

长期维护的项目：对于需要长期维护和稳定运行的项目，推荐选择长期支持（LTS）版本，如 Scarthgap（5.0）。这类版本提供了长期的稳定性和可维护性保证，能够减少因版本更新带来的潜在风险。

追求最新技术的项目：如果项目需要利用最新的技术特性和功能来保持其竞争优势，那么当前正在活跃开发中的版本，如 Styhead（5.1），将是更合适的选择。这些版本通常包含最新的技术进展和创新功能。

需要快速迁移的项目：对于时间紧迫、需要快速迁移或升级的项目，可以考虑选择即将结束支持周期但仍然稳定的版本，如 Dunfell（3.1）。这类版本已经过充分的测试和验证，能够在短时间内完成迁移工作并减少潜在的风险。

本书编写于 2024 年，为了提供一个长期稳定且较新的版本，书中的代码和例子主要基于 Yocto 项目的 Scarthgap 版本。因为此版本提供了较新的软件包版本，例如本书主要使用的 6.6.23 版本的内核，会减少因频繁更新需求而带来的额外工作量。然而，读者在实际项目中应根据项目需求选择合适的版本，以确保项目的顺利进行。

Yocto 项目遵循严格的版本发布和更新周期，以确保项目的可预测性和稳定性。主要版本通常每 6 个月更新一次，分别在每年的 4 月和 10 月进行发布。这种规律的更新周期使得开发者能够提前规划项目活动并做好准备。此外，对于最新发布的版本，Yocto 项目还会根据实际需要发布点更新（point release），以修复关键漏洞和提升系统安全性。这种及时更新的机制有助于保障系统的持续稳定运行。

1.3.2　开发与生产工具

Yocto 项目作为一个开源协作项目，集成了一系列开源工具，供开发者使用。这些工具独立于 Poky（Yocto 项目参考发行版）和 OpenEmbedded 构建系统，大多数可单独下载和使用。

这些工具用于支持 Yocto 项目的嵌入式 Linux 系统的高效构建、调试、测试和维护，并提升系统的自动化程度和可维护性。根据功能，可分为开发工具（Development Tools）和生产工具（Production Tools）。本节将介绍相关核心工具，有助于更高效地应用 Yocto 项目，并为本书后续的实战内容提供支持。

1.3.2.1　开发工具

开发工具旨在提高 Yocto 项目在构建和调试镜像及相关应用程序方面的效率，表 1-1 列出 Yocto 项目的核心开源开发工具及其描述。

表 1-1　Yocto 项目的核心开发工具

开发工具	描　述
CROPS	CROPS 是一个开源的跨平台开发框架，基于 Docker 容器提供可扩展的开发环境。它支持在 Windows、Linux 和 macOS 主机上轻松构建适用于不同架构的二进制文件，并简化管理，提高开发效率
eSDK	可扩展软件开发工具包（eSDK）提供了一套交叉开发工具链和库，支持特定镜像的开发与调试。开发者可以借助 eSDK 向镜像添加新的应用程序和库，修改现有组件的源代码，在目标硬件上测试更改，并将其集成到 OpenEmbedded 构建系统中
devtool	devtool 是一款命令行工具，是 eSDK 的核心组件。开发者可以使用 devtool 在 eSDK 环境中构建、测试和打包软件，并可将构建输出集成至由 OpenEmbedded 构建系统生成的镜像中
VSCode IDE Extension	VSCode IDE Extension 是 Yocto 项目提供的 VS Code 插件，用于简化 BitBake 的开发与管理。该插件提供元数据文件的语法高亮、悬停提示和代码补全等功能，并支持菜谱文件的快速浏览、编辑与构建功能。此外，其支持集成 SDK，可以通过 devtool 进行交叉编译和调试

续表

开发工具	描　　述
Toaster	Toaster 是 Yocto 项目提供并维护的构建管理工具，为 OpenEmbedded 构建系统提供可视化界面，支持构建的配置、执行和信息管理
Hob	Hob 是图形化的构建配置工具，旨在简化 Yocto 项目的构建配置过程。自 2.1 版本后，Hob 已被弃用，Toaster 已完全取代 Hob

1.3.2.2　生产工具

生产工具主要用于自动化构建、质量控制和版本管理，表 1-2 列出了适用于 Yocto 项目的核心生成工具及其描述。

表 1-2　Yocto 项目的生产工具

生产工具	描　　述
Auto Upgrade Helper（AUH）	该工具与 OpenEmbedded 构建系统配合使用，可根据上游发布的新版菜谱，自动生成菜谱升级方案
Recipe Reporting System	该系统工具用于跟踪 Yocto 项目中的菜谱版本，主要目的是帮助开发者管理维护的菜谱，并提供项目的动态概览
Patchwork	Patchwork 最初由澳大利亚开源开发者组织 OzLabs 启动，是一个基于 Web 的补丁管理系统，旨在优化补丁处理流程。Yocto 项目使用 Patchwork 来管理提交的补丁，每个发布周期涉及的补丁数量可达数千条
AutoBuilder	AutoBuilder 是一款用于自动化测试和质量保证（QA）的工具。Yocto 项目提供的公共 AutoBuilder 允许任何人查看 Poky 版本当前开发分支的构建状态
Pseudo	Pseudo 是 Yocto 项目中的工具，允许开发者在非 root 环境下执行需要超级用户权限的操作，如修改文件权限和所有权。得益于 Pseudo 工具，Yocto 项目可在无须 root 权限的情况下完成目标镜像的构建

1.3.3　常用术语

在这一节中，我们将简要介绍 Yocto 项目中的常用术语，理解这些术语对有效使用 Yocto 项目及其构建机制至关重要，将为后续章节的学习提供帮助，并可以提升开发者的工作效率，加深对相关文档及资源的理解。表 1-3 列出了 Yocto 项目中的常用术语及其解释。

表 1-3　常用术语

术　语	术语英文	解　释
追加菜谱文件	Append Files	将信息附加到菜谱文件的元数据文件，扩展或覆盖菜谱文件的信息
BitBake	BitBake	用于构建镜像的任务执行器和调度器
板级支持包	Board Support Package（BSP）	支持特定硬件配置的驱动程序、定义和其他组件
构建目录	Build Directory	用于构建的区域，由构建环境配置脚本创建
构建主机	Build Host	用于在 Yocto 项目开发环境中构建镜像的系统
构建工具	buildtools	以二进制形式提供构建所需开发工具，如 Git、GCC、Python 等
构建工具扩展版	buildtools-extended	在 buildtools 基础上扩展额外工具
类	Classes	类文件（.bbclass）封装了通用功能，菜谱能够继承共享的设置和功能。这有助于在分发版中的多个菜谱之间重复使用通用模式
配置文件	Configuration File	包含全局变量定义、用户变量定义和硬件配置信息的元数据文件
容器层	Container Layer	容器层通常是一个目录，其中包含多个子元数据层，这些子元数据层可以独立被包含在构建环境的 bblayers.conf 文件中使用
交叉开发工具链	Cross-Development Toolchain	允许在一种架构上开发另一种架构的软件的工具集合
可扩展软件开发工具包	Extensible Software Development Kit（eSDK）	可扩展软件开发工具包（eSDK）是一种专门为应用程序开发人员设计的定制化开发工具包。通过 eSDK，开发人员可以将库和代码更改直接整合到镜像中，从而使代码修改可以被其他应用程序开发人员使用
镜像	Image	BitBake 构建过程的产物，用于特定硬件或 QEMU
初始 RAM 文件系统	Initramfs（Initial RAM Filesystem）	是 Linux 内核引导过程中使用的临时根文件系统。它被加载到内存中，用于初始化系统，待最终根文件系统挂载完成后被释放
层	Layer	是相关元数据文件的集合，用于模块化管理构建流程，支持功能扩展和系统定制

续表

术　语	术语英文	解　释
长期支持	LTS	指特定的软件版本，在较长时间内（通常至少四年）持续提供漏洞修复、安全更新和稳定性维护，确保长期可用和可靠
元数据	Metadata	用于构建Linux发行版的文件集合，包括菜谱、配置文件等
混合层	Mixin	社区创建的用于添加特定功能或支持新软件版本的层
OpenEmbedded 核心	OpenEmbedded-Core（OE-Core）	包含基础菜谱、类和相关文件的元数据
OpenEmbedded 构建系统	OpenEmbedded Build System	Yocto 项目的特定构建系统，基于 Poky 项目
包	Package	菜谱的打包输出，一般为编译后的二进制文件
包组	Package Groups	包组是用于组织和管理多个相关软件包的特殊菜谱，构建后能够完成特定任务
Poky	Poky	一个参考嵌入式发行版和测试的配置，Yocto 项目的基础
菜谱	Recipe	构建包的指令集，包括源代码、补丁、配置和编译步骤
参考套件	Reference Kit	包含 BSP、构建主机和其他组件，可以在特定硬件上运行的系统实例
软件物料清单	SBOM（Software Bill Of Material）	软件组成的描述，包括组件、许可证、依赖关系、修改和已知漏洞
源代码目录	Source Directory	通过创建 Poky Git 仓库本地副本或展开发布的 Poky 压缩包创建的目录结构
软件包数据交换	SPDX（Software Package Data Exchange）	提供软件物料清单的开放标准
系统根目录	Sysroot	目标文件系统的目录，用于交叉编译
任务	Task	BitBake 的每个菜谱的执行单元，如 do_compile、do_fetch 等
Toaster	Toaster	OpenEmbedded 构建系统的 Web 界面及应用编程接口（API），基于 BitBake 构建并用于报告构建信息
上游	Upstream	位于远程、由源代码维护者控制的源代码或仓库

续表

术　语	术语英文	解　释
发行版	Distribution	将软件、功能和内容预配置为一个独立的集合，用于分发和直接使用。例如，Linux 系统发行版或者 Yocto 项目参考发行版（Poky）
OpenEmbedded 构建环境	OpenEmbedded Build Environment	本书中简称其为构建环境，是通过运行 OpenEmbedded 构建环境配置脚本（例如 oe-init-build-env）设置的用于构建镜像和软件包的工作环境，包含必要的环境变量和构建目录
OpenEmbedded 构建环境配置脚本	OpenEmbedded Build Environment Setup Script	本书中简称其为构建环境配置脚本，是一个初始化构建环境的脚本。例如 oe-init-build-env，用于配置环境变量并创建或切换到构建目录
OpenEmbedded 层索引	OpenEmbedded Layer Index	一个公开的存储库索引，列出了 OpenEmbedded 生态系统中可用的元数据层，可帮助开发者查找、管理和集成适合其项目需求的层
Yocto 项目源代码库	Yocto Project Source Repositories	存储 Poky 及核心元数据层的官方代码库集合
Yocto 项目兼容层	Yocto Project Compatible Layers	经过结构一致性验证和测试，符合 Yocto 项目标准的元数据层集合

1.4　特性与挑战

在学习和使用 Yocto 项目的过程中，对其最常见的评价是“难学易用”。这准确地反映了 Yocto 项目的一些核心特点：虽然初期学习曲线较为陡峭，但一旦掌握，Yocto 项目在定制和构建嵌入式 Linux 系统时可展现出高效的能力。本节归纳了 Yocto 项目的主要特性以及在学习和实际使用中可能会遇到的挑战，为用户提供深入理解 Yocto 项目的参考。

Yocto 项目的特性体现在其广泛的硬件支持、灵活的定制能力以及稳定的社区支持等方面，而其挑战则源自复杂的工具链和多层次的配置要求。以下内容将具体讨论这些特性与相关的使用挑战。

1.4.1　特性与优势

Yocto 项目因其广泛的硬件支持和灵活的定制能力，成为嵌入式 Linux 系统开发中的重要工具。它不仅适用于多种处理器架构，还提供了高度模块化的系统构建方式。此外，活跃的社区和稳定的发布周期为开发者提供了强大的支持。以下将详细探讨 Yocto 项目的核心特性及其带来的优势。

广泛支持与兼容性

Yocto 项目支持多种硬件架构（包括 Intel、ARM、MIPS、AMD、PPC 和 RISC-V 等），确保其在嵌入式 Linux 系统开发中的广泛应用。这种架构无关性使得大多数原始设计制造商（ODM）、操作系统供应商（OSV）和芯片供应商（如英特尔、高通、NXP 和 TI 等）能够为其硬件创建 BSP（板级支持包），以满足特定的硬件需求。

此外，Yocto 项目还通过 QEMU 仿真器支持多种设备的模拟，使得开发者可在没有实际硬件的情况下进行开发和测试。这种灵活性和兼容性为开发和测试工作提供了极大的便利，显著提升了开发效率。

灵活性与定制能力

Yocto 项目通过分层模型，开发者可以封装和分离不同的功能模块，创建模块化系统。分层模型使系统更易于扩展、维护和定制。例如，不同项目组可以在基础 Linux 发行版之上定制符合其产品需求的发行版，而不影响底层代码。

同时，Yocto 项目提供了部分构建的支持，开发者可以选择性地构建和调试单个软件包，以显著提升开发效率。对于资源受限的嵌入式设备，Yocto 项目仅构建所需的系统组件，避免不必要的资源浪费。

稳定性与社区生态

Yocto 项目以严格的发布周期著称，通常每六个月发布一个主要版本，并为最近的两个版本提供补丁支持、修复漏洞和解决常见问题。这种可预测的发布节奏有助于基于 Yocto 项目的开发团队合理规划开发工作，确保项目进度。

此外，Yocto 项目拥有活跃且庞大的社区，开发者、专家和供应商不断推动项目的发展，并提供丰富的支持资源。无论是通过官方论坛还是参与项目开发，Yocto 项目的用户都能获得大量帮助与支持。该社区生态系统使 Yocto 项目在开源项目中占有重要地位，显著提升了项目的稳定性和可持续性。

1.4.2　面临的挑战

在使用 Yocto 项目时，开发者通常会遇到一些独特的挑战，这些挑战既来自其高度灵活的工作流，也来自其复杂的构建环境和性能要求。根据 Yocto 项目的官方说明，主要挑战可归纳为三大类：学习曲线与理解成本、工作流与构建环境的复杂性，以及初始构建时间与性能问题。以下将详细探讨这些挑战。

陡峭的学习曲线

Yocto 项目的灵活性为开发者提供了多种完成任务的方式，但同时也导致学习曲线较为陡峭。初学者在面对 Yocto 项目时，往往会被其丰富的功能和工具链所淹没，例如 BitBake、BSP 和各种配置文件的用法。选择合适的工具和方法完成任务可能会让新手感到困惑，需要投入大量时间来了解各种工具和流程。

理解项目定制的复杂性

一旦超越简单的教程阶段，开发者就需要深入理解 Yocto 项目的内部机制，以确定如何根据项目需求进行定制。这涉及对特定架构、软件包、构建配置的深入研究和调试工作。许多初学者在此阶段面临较大的理解成本，因为要找到适合项目设计的修改方式，往往需要大量的查阅工作和实验。

与传统开发流程的差异

Yocto 项目的工作流与传统桌面或服务器开发有很大不同。在传统开发环境中，开发者可以通过预编译的二进制包快速拉取和安装新软件包，而在 Yocto 项目中，任何新增或修改的软件包都需要修改配置并重新构建整个系统。这种不同的工作方式，特别是在嵌入式开发中，往往需要开发者重新适应。

交叉构建环境的复杂性

Yocto 项目的构建环境通常在开发主机上进行，目的是生成适用于目标设备的二进制文件。这种交叉构建模式对于不熟悉嵌入式开发的开发者来说可能显得有些复杂。虽然 Yocto 项目支持在目标设备上进行开发，但将修改内容整合回主机的构建环境是必要步骤。此外，开发者还需要熟悉 Yocto 项目所采用的工具链配置和文件结构，以便高效管理交叉编译和部署流程。

长时间的初次构建

Yocto 项目的初次构建可能需要较长时间，这是因为需要从头下载并构建大量软件包，以生成一个完整的 Linux 镜像。这种初始构建时间对于开发者来说，尤其是在硬件资源有限的情况下，可能是一个主要瓶颈。然而，一旦初次构建完成，Yocto 项目的共享状态（SState）缓存机制能够显著缩短后续构建的时间，因为它避免了对未修改软件包的重复构建。

硬件资源的限制与优化

在一些硬件资源有限的开发环境中，如何优化构建流程成为一大挑战。长时间的构建不仅影响开发效率，还可能导致硬件资源的消耗过快。为了解决这一问题，开发者需要在项目中合理利用 Yocto 项目的缓存机制，同时对构建流程进行精细优化，以最大限度提高效率并减少系统资源占用。

1.4.3 经验总结

在深入探讨了 Yocto 项目的特性与挑战后，理解和应用这些知识往往需要开发者在实践中积累经验。面对陡峭的学习曲线和复杂的构建环境，许多用户在使用 Yocto 项目时会遇到不同的困难和挑战。在这一节中，我将总结一些我在学习和使用 Yocto 项目过程中获得的宝贵经验与实用建议，旨在帮助读者更高效地应对常见问题，并从中获得启发，提升开发效率和项目成功率。通过这些经验的分享，我希望能够为读者提供实用的指导，助力在嵌入式 Linux 系统开发的道路上更加顺利。

1.4.3.1 识别角色与学习策略

在 Yocto 项目的学习中，识别不同角色的需求至关重要。参与嵌入式 Linux 操作系统构建的工程师主要分为嵌入式软件工程师、应用工程师、BSP 工程师和系统工程师。对于 BSP 工程师和系统工程师而言，Yocto 项目是不可或缺的工具，能够优化内核和进行系统定制，简化升级和迭代流程。因此，他们应深入研究并掌握 Yocto 项目。而应用工程师则通常不需要对 Yocto 项目进行深入研究，采用快速上手的方法即可，除非有强烈兴趣或转岗意图。如果有兴趣，建议参考相关书籍和在实践中创建嵌入式系统，这有助于职业发展。

1.4.3.2 利用官方文档与社区资源

充分利用 Yocto 项目的官方文档和社区资源，可以提高学习效率，并帮助解决实际开发中的问题。这些资源涵盖官方网站、手册、Wiki 页面、邮件列表和相关链接，提供了详细的技术资料和实践指南，帮助开发者深入理解和应用 Yocto 项目的核心功能。表 1-4 列出了 Yocto 项目的常用参考资源。

表 1-4 Yocto 项目常用参考资源

资源类型	用 途
Yocto 项目官方网站	提供 Yocto 项目的背景信息、最新版本构建、完整的开发文档，并可接入活跃的 Yocto 项目开发者社区
Yocto 项目概述与概念手册	适合作为学习 Yocto 项目的理想起点，系统介绍了 Yocto 项目的构建流程、关键组件和配置机制，并提供了全面的概念性信息，帮助开发者理解其架构和核心原理
Yocto 项目 Wiki 页面	提供 Yocto 项目的补充信息，包括版本发布详情、项目规划和质量保障（QA）相关内容
Yocto 项目邮件列表	为开发者提供讨论交流、补丁提交和公告发布的平台。详细信息可以参考本书附录
Yocto 项目参考手册	完整的相关链接及用户文档列表，涵盖官方文档、外部资源和技术参考资料

通过访问这些资源，开发者可以快速找到解决方案，掌握 Yocto 项目的开发方法，并获取最新的项目信息。

1.4.3.3　谨慎选择项目版本

在开始一个 Yocto 项目之前，研究和选择与项目需求最接近的 Yocto 项目版本非常重要。如果随意选择一个版本，在项目中期若需调整，那么代价会很大。

内核版本选择

进行 BSP 升级时，不同 Yocto 版本包含不同的内核版本。在适合的内核版本范围内，尽量选择较新的内核版本，以减少未来的升级需求。例如，Poky 的 Hardknott 版本的默认内核是 5.10，而 Scarthgap 版本的默认内核是 6.6。如果两个版本都符合项目需求，选择后者可以简化后续的维护工作。虽然可以在旧 Yocto 版本中通过增加菜谱或者层来加入新的内核版本，但选择与 Yocto 项目版本匹配的内核版本通常会有更好的兼容性，有利于系统整体升级。

库文件版本选择

如果项目的文件系统是重点，那么库文件版本的选择非常重要。在不同版本的 Yocto 项目中，库文件的版本可能不同，因此要根据项目的具体需求选择合适的版本。例如，Poky 的 Hardknott 版本中 OpenSSL 库的默认版本是 1.1.1n，而 Scarthgap 版本中 OpenSSL 库的默认版本是 3.2.1。这个选择可能对项目产生完全不同的影响，因此需要仔细考虑选择合适的库文件版本。

在选择 Yocto 项目版本时，还需综合考虑编译器、连接器及特定硬件需求等多个因素，并关注版本的维护周期。所有决策均应基于实际项目情况或特定需求。在某些情况下，由于芯片制造商或代理商提供的参考版本有限，选择范围可能受限。此时，需灵活应对，根据实际情况做出合理决策。

1.4.3.4　优先处理关键任务，提高项目效率

在 Yocto 项目中，确保项目顺利推进和提高工作效率的关键在于优先处理重要任务。以下是一些建议，可帮助开发者在初始学习阶段提高效率。

无须深入研究类文件

类文件（.bbclass）是使用 Python 语言编写的，用于在多个菜谱文件之间共享通用设置和功能。在项目初期，由于类文件内容较多且复杂，建议开发者专注于使用 inherit 指令来调用其配置和任务，而不是深入修改类文件本身。例如，在使用 CMake 构建项目时，可以

通过 inherit cmake 指令利用 Yocto 项目预定义的 CMake 构建功能。这样可以有效避免在复杂的 Python 语法上浪费时间，帮助开发者迅速掌握高效构建项目的技巧。

快速处理 QA 检查

在 BitBake 编译过程中，常会遇到 QA 检查，这些检查可能影响构建效率，导致初学者失去信心。为了提高开发效率，可以使用 INSANE_SKIP 变量跳过一些不必要的检查。

例如，如果菜谱构建出的软件包包含符号链接文件（.so），可以通过将“dev-so”添加到 INSANE_SKIP 变量中来跳过 QA 检查。这样可以帮助开发者迅速解决符号链接相关的警告，从而提升构建效率。

bitbake –e 和 bitbake –s 检查有效元数据

构建中的许多问题源于元数据变量解析错误或菜谱版本选择不符合预期，导致依赖未解析、软件包版本错误或配置未生效等问题。合理使用 bitbake -e 和 bitbake -s 命令，可以快速确定构建环境中的最终有效元数据值和菜谱文件。在开发过程中，多使用这些命令，可以减少调试时间，加快问题定位，提高构建效率。

共享下载目录以优化构建效率

在实际开发中，通常会针对不同的项目或硬件平台配置多个构建环境。默认情况下，每个构建环境会单独创建 downloads 目录用于存储下载的软件包。然而，不同构建环境可能会下载大量相同的软件包，例如相同版本的 Linux 内核源代码或 BusyBox 源代码包等，这种重复下载不仅消耗大量时间，还会降低开发效率。

为了解决这一问题，可以使用 DL_DIR 变量，将不同构建环境的 downloads 目录指向同一路径，从而共享已下载的软件包。这种方式能够显著减少重复下载，提高构建效率。

第 2 章 Linux 系统架构

第 1 章介绍了嵌入式 Linux 系统的应用领域、构建工具和发行版等基础知识，并详细概述了 Yocto 项目的背景、版本、开发与生产工具和常用术语，总结了其特点以及学习过程中可能面临的挑战。这些内容可帮助你对 Yocto 项目有一个全面的初步认识，为后续更深入的学习和实践应用奠定了基础。

本章将深入分析嵌入式 Linux 系统架构，重点介绍其关键组件和功能，帮助大家理解嵌入式 Linux 系统的基本结构及各组件的作用。如果读者已经具备对嵌入式 Linux 系统及其组件的深入理解，可以选择跳过本章，直接进入 Yocto 项目的学习。

Linux 系统的核心架构包括内核空间和用户空间，两者通过特定的接口进行交互，内核空间负责硬件管理和系统资源分配，而用户空间运行用户进程和应用程序。嵌入式 Linux 系统中的重要组件包括引导加载程序、内核、文件系统、系统库和图形用户界面（GUI）。这些组件共同协作，确保系统的稳定运行和功能实现。本章的内容将为后续学习 Yocto 项目定制和优化嵌入式 Linux 系统及其组件奠定坚实基础。

2.1 GNU/Linux

嵌入式 Linux 操作系统是 Linux 操作系统的精简版本，Linux 操作系统通常被简称为 Linux。这样的简称其实是不够准确的，因为 Linux 严格来说指的仅仅是操作系统的 Linux

内核，仅仅是其一部分。从完整且专业的表述来看，应该把 Linux 操作系统称为 GNU/Linux。

2.1.1 GNU/Linux 概述

GNU 是一个类 UNIX 操作系统。它是许多程序的集合，包括应用程序、库、开发工具，甚至游戏。GNU 的开发始于 1984 年 1 月，被称为 GNU 项目，旨在创建一个完全由自由软件组成的操作系统。GNU 中的许多程序是由 GNU 项目发布的，这些程序被称为 GNU 软件包。

GNU 拥有自己的内核 GNU Hurd，其开发于 1990 年，早于林纳斯・托瓦兹在 1991 年开发的 Linux。尽管 GNU Hurd 是 GNU 项目最初计划的内核，但由于开发进展缓慢、设计复杂以及技术难题的存在，GNU Hurd 并未如预期那样快速成熟。而 Linux 内核在短时间内发展迅速、稳定性高、兼容性强，使得 GNU 项目选择 Linux 内核来加速实现其自由操作系统的目标。因此，GNU/Linux 成为如今被广泛使用的操作系统，而 GNU Hurd 则继续作为一个技术实验项目进行开发。

2.1.2 Linux 系统架构概述

Linux 系统的架构在嵌入式系统和通用桌面系统中大致保持一致。整个架构可以分为内核空间和用户空间两部分。它们分别负责不同的任务，并拥有不同的权限级别，通过系统调用接口等方式进行交互，确保系统的安全和高效运行。

- 内核空间：内核空间是系统的核心部分，拥有最高的权限，能够直接与硬件交互，负责管理系统资源。这包括进程管理、内存管理、设备驱动、文件系统管理和网络子系统等功能。内核的高权限保证了它能够控制和协调所有系统资源，确保操作系统的稳定性。
- 用户空间：用户空间运行用户的应用程序和服务，拥有较低的权限。应用程序通过内核提供的系统调用接口访问底层资源，但无法直接控制硬件或关键系统资源。常见的用户空间元素包括应用程序、图形用户界面（GUI）、Shell 终端、系统库和守护进程等。通过权限隔离，用户空间的错误或恶意程序不会直接影响系统的稳定性或安全性。

如图 2-1 所示，Linux 系统的内核空间和用户空间通过系统调用接口紧密联系，共同保障了操作系统的高效和稳定运行。系统启动时，Bootloader（引导加载程序）通常首先运行，负责初始化硬件并加载操作系统的内核。在这个过程中，引导加载程序直接与硬件交互，确保内核可以正常启动并接管系统的控制。尤其在嵌入式系统中，引导加载程序常常经过裁剪或简化，以缩短启动时间并减少对系统资源的占用。

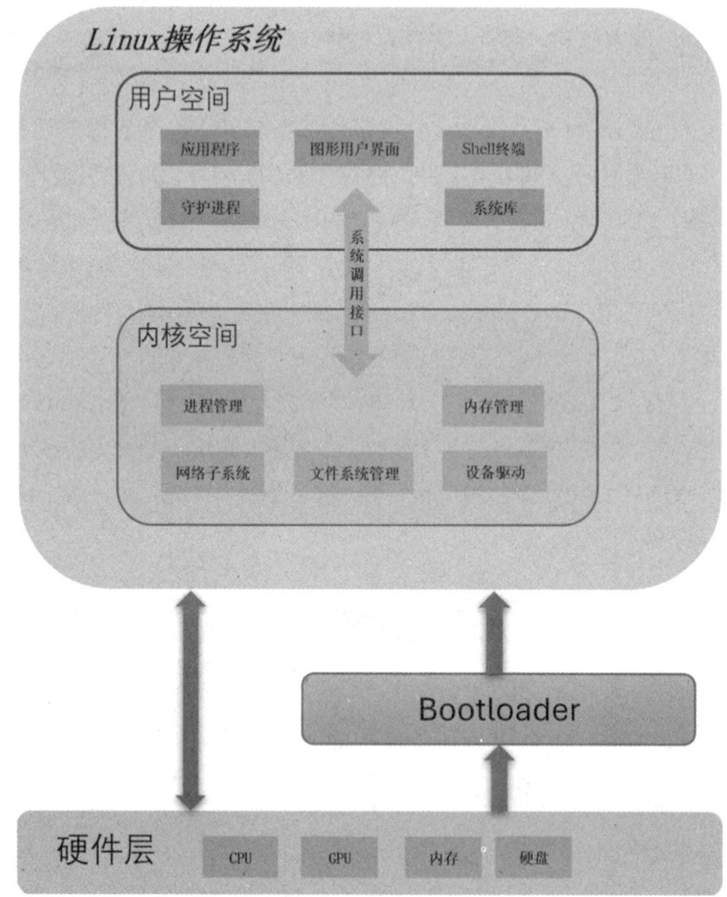

图 2-1　Linux 系统架构

2.2　Bootloader

当 CPU 上电后，Linux 系统不会立即运行。通常，CPU 会跳转到一个只读存储器（例如 ROM）的指定地址，执行一段初始引导代码（例如 BIOS）。这段代码的任务是完成部分硬件初始化工作，并将控制权交给 Bootloader。Bootloader 进一步完成硬件配置，将 Linux 内核和文件系统加载到内存中，为操作系统启动做好准备。

Bootloader 通常只运行一次，在完成引导后，控制权会转移到内存中加载的 Linux 内核，进行正常的系统运行。Bootloader 通常被称为“引导加载程序”。

2.2.1 Bootloader 启动流程

Bootloader 的主要功能是确保系统在启动时能够正确地加载和运行操作系统。其启动流程通常分为以下几个步骤。

- CPU 上电/复位：当设备上电或复位时，CPU 进入执行模式，开始处理启动流程。
- 执行初始引导代码：该代码存储在独立固件（如 BIOS）或 SoC 的 ROM（如 BootROM）中。它的任务是初始化基础硬件，包括内存、I/O 设备，为加载 Bootloader 做好准备。
- Bootloader 第一阶段：此阶段，代码进一步初始化硬件资源，尤其是内存控制器，确保核心资源（例如 RAM）正常工作，为操作系统启动做准备。
- Bootloader 第二阶段：将 Linux 内核和文件系统从非易失性存储设备（如闪存、硬盘、SD 卡）或远程网络磁盘中加载到 RAM 中，为内核执行提供必要的数据和系统环境。
- Linux 内核执行：当内核被加载到内存中并接管控制权后，开始执行操作系统的引导过程，最终进入系统的正常运行状态，供用户使用。

图 2-2 简洁地概述了从 CPU 上电、引导加载程序运行到操作系统加载的全过程，突出了引导加载程序在确保系统正常运行中的关键作用。

图 2-2 Linux 系统加载流程

2.2.2 常用的 Bootloader

市面上的 Bootloader 多种多样，由于 Yocto 项目具备开源属性，兼容的种类越来越多。Yocto 项目不仅支持为嵌入式 Linux 系统（如 ARM 和 MIPS 架构）构建的 Bootloader，例如 U-Boot，还支持为通用 Linux 系统（例如 x86 架构）构建的 Bootloader，例如 GRUB，GRUB 适用于桌面和服务器系统。

表 2-1 列出了常用于引导 Linux 系统的 Bootloader 及其在当前 Yocto 项目中的支持情况。

表 2-1　常用的 Bootloader 类型

Bootloader	支持的常用处理器架构	描　述	Yocto 项目
U-Boot	ARM、MIPS、x86、PowerPC	Linux 嵌入式设备中最常用的 Bootloader，支持多种硬件平台，灵活且高度可定制，适用于资源受限的嵌入式系统	支持
GRUB	x86、x86_64、ARM、UEFI	通用 Linux 系统的标准 Bootloader，支持多操作系统引导，广泛应用于桌面、服务器及 UEFI 系统	支持
SYSLINUX	x86、x86_64	轻量级引导加载程序，常用于 USB 或光盘启动，适合简单的引导任务和安装介质引导	支持
barebox	ARM、MIPS、PowerPC	嵌入式系统的轻量化 Bootloader，设计简洁，类似于 U-Boot，适用于资源受限的设备	支持
RedBoot	ARM、MIPS、x86	早期嵌入式系统使用的 Bootloader，支持网络引导和内存启动，现已逐渐被其他引导程序取代	暂不支持
rEFInd	x86_64、ARM（UEFI）	多操作系统引导管理器，支持 UEFI 系统，能够引导 Linux、macOS 和 Windows 操作系统	暂不支持
LILO（Linux Loader）	x86、x86_64	早期 Linux 系统的引导加载程序，支持从 MBR 引导，现已逐渐被功能更丰富的 GRUB 所取代	暂不支持
ELILO（EFI LILO）	x86、x86_64（UEFI）	适用于 EFI/UEFI 系统的引导程序，用于启动 Linux 内核，已逐渐被 GRUB2 所取代	暂不支持

2.2.3　U-Boot 简介

U-Boot（全称为 Das U-Boot）是一款开源的引导加载程序，广泛应用于嵌入式系统。它支持多种处理器架构，包括 ARM、MIPS、PowerPC、x86 和 RISC-V 等，并且可以从多种存储介质（如 Flash、eMMC、SD 卡、USB 等）启动操作系统。作为嵌入式 Linux 系统的首选引导工具，U-Boot 还支持其他嵌入式操作系统，如 Android 和 Chrome OS，其已成为嵌入式设备开发中的关键组件。

U-Boot 由软件工程组织 DENX Software Engineering 开发，并基于 GPL 开源协议发布。凭借模块化设计和广泛的社区支持，U-Boot 已成为使用 Yocto 项目构建 Linux 系统的常用引导加载程序。各大半导体和开发板厂商通常基于 U-Boot 官方源代码，定制适配特定硬件的 U-Boot 版本，并创建相应的 Yocto 项目的 U-Boot 菜谱文件。用户可以利用这些菜谱文件构建用于特定硬件平台的 U-Boot 镜像，以启动嵌入式 Linux 系统。此外，还可以根据特定硬件需求，修改 U-Boot 源代码或 U-Boot 菜谱文件以实现定制需求。

U-Boot 的主要特性如下所述。

- 多架构支持：U-Boot 兼容多种处理器架构，包括 ARM、MIPS、PowerPC、x86、RISC-V、NiosII、M68K、SuperH、ColdFire 和 MicroBlaze 等。
- 灵活且可定制：开发者可以根据具体硬件需求裁剪和优化 U-Boot，以适应资源受限的系统，从而减少启动时间和内存占用。
- 多种启动介质支持：支持从多种存储设备启动，包括 NOR Flash、NAND Flash、eMMC、SD 卡、USB 设备、SATA 和 NVMe 等。
- 网络引导支持：支持通过 TFTP、NFS 等网络协议进行远程引导，便于远程加载内核和文件系统，适合开发和调试工作。
- 命令行接口：U-Boot 提供强大的命令行工具，允许用户在系统启动过程中执行调试和操作任务。
- 文件系统支持：U-Boot 兼容多种文件系统格式，包括 FAT、EXT2/3/4、ISO、UBIFS、JFFS2 和 YAFFS 等。
- 多操作系统支持：除 Linux 系统外，U-Boot 还可以引导其他操作系统，如 Android、Chrome OS、QNX 和 FreeBSD 等。

通过这些特性，U-Boot 为嵌入式系统提供了高度灵活、可定制的引导方案，帮助开发者有效应对各种硬件平台和操作系统的需求。

2.2.4 GRUB 简介

GRUB（全称为 Grand Unified Bootloader）是一款开源的引导加载程序，主要用于在系统启动过程中加载操作系统内核，并提供多操作系统引导功能。GRUB 以其模块化设计和高度灵活性，广泛应用于 Linux 及其他类 UNIX 操作系统。

GRUB 的主要特性如下。

- 模块化架构：GRUB 采用模块化设计，支持动态加载功能模块，便于扩展文件系统支持、加密功能和网络功能等。
- 文件系统支持：GRUB 兼容多种文件系统，包括 EXT2、EXT3、EXT4、Btrfs、XFS、FAT32 和 NTFS 等，可直接从这些文件系统中读取启动文件和内核镜像。
- 交互式引导：提供交互式命令行接口，允许用户在启动过程中手动输入内核参数或选择启动项，支持在引导失败时进行故障诊断和修复。

- BIOS 与 UEFI 兼容：GRUB 同时支持传统 BIOS（以 grub-pc 形式存在）和现代 UEFI 固件（以 grub-efi 形式存在），以满足不同硬件平台的启动需求。
- 配置灵活：GRUB 通过 grub.cfg 配置文件定义启动菜单、内核参数、启动顺序及超时等内容，可根据需求进行高度定制化。
- 高级功能：支持加密分区、逻辑卷管理（LVM）、RAID 阵列及网络引导（如 PXE）功能，适用于服务器和高性能计算环境。

GRUB 凭借其广泛的功能支持和灵活的适配能力，为现代计算机和嵌入式系统的启动提供了专业且可靠的解决方案。

2.3　内核空间

内核空间是内存中专门为内核代码保留的区域，负责执行操作系统的核心功能。Linux 内核的所有代码都在内核空间中运行，并且在内核态下执行。内核态是系统的高权限运行模式，允许对系统资源（例如内存、硬件设备和 I/O 操作）进行直接访问和管理。运行在内核空间中的关键组件，如内核模块、设备驱动程序、内存管理系统、进程调度器等，都是通过内核态来实现和控制的。这种架构确保了系统核心功能的安全性和稳定性，因为用户态程序无法直接访问或干扰内核空间中的内容。

2.3.1　Linux 内核

Linux 内核由芬兰学生 Linus Torvalds 于 1991 年开发，起初作为个人项目，后来发布为开源软件并得到了全球开发者社区的支持。Linux 内核与 GNU 项目紧密合作，GNU 项目为 Linux 内核提供操作系统工具和应用，Linux 内核成为 GNU 软件套件的核心，构建了完整的 GNU/Linux 系统。如今，Linux 内核广泛应用于嵌入式设备、服务器和超级计算机等领域。

Linux 内核是操作系统的核心部分，负责管理硬件资源、为用户空间提供抽象接口并确保系统的安全性和稳定性。作为硬件与用户态软件之间的桥梁，内核不仅高效地协调 CPU、内存和设备的使用，还通过严格的权限控制防止未经授权的访问和资源冲突。它的功能涵盖了硬件资源管理、系统调用接口、文件系统支持等，使得 Linux 能够在从嵌入式设备到大型服务器等广泛的硬件平台上高效运行。

2.3.1.1　内核结构与功能

Linux 内核由多个子系统和组件组成，它们各自负责操作系统中关键的任务，同时相互协作以确保系统资源的高效管理和用户空间的功能支持。这些子系统和组件不仅分工明确，还通过统一的架构协调工作，从而实现对整个系统的控制和维护。

内核的核心职责可以从两个主要方向来划分：控制硬件资源和服务用户空间。这种划分能够帮助我们更加清晰地理解 Linux 内核的作用和重要性。以下对这两大方向进行具体说明。

- 控制硬件资源：内核通过设备驱动程序与硬件设备直接交互，管理系统的 CPU、内存、存储设备、网络接口等硬件资源。此外，内核还负责中断处理，确保外部设备请求（如网络数据包或鼠标点击）能够得到及时响应。同时，内核通过内存管理单元（MMU）进行物理内存与虚拟内存的映射，确保内存的高效使用并防止资源冲突。
- 服务用户空间：Linux 内核为用户空间提供了标准的系统调用接口，使得用户程序能够执行诸如进程创建、内存分配、文件操作等任务。内核通过进程调度机制，合理分配 CPU 时间，确保多个用户进程可以高效并发运行。除此之外，内核还为用户程序提供文件系统服务和网络服务，支持数据的存取与通信。

如图 2-3 所示，Linux 内核通过对硬件资源的高效管理与为用户空间提供全面的系统服务，确保了操作系统的稳定性、高性能和安全性。这种架构设计使得操作系统不仅能够有效地响应用户应用程序的请求，还能在不同硬件平台上平稳运行。

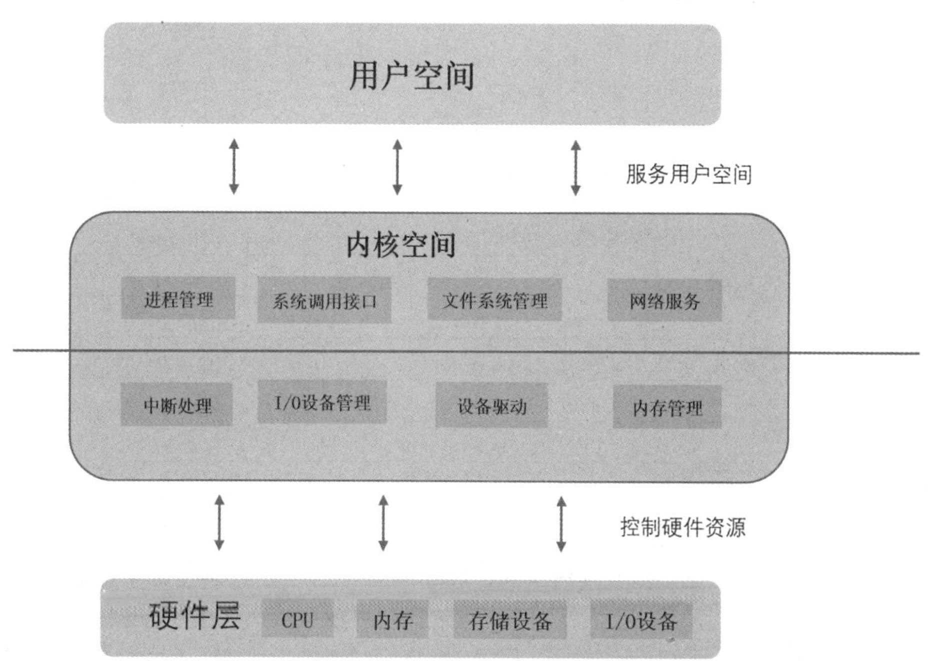

图 2-3 用户空间和内核空间

2.3.1.2　内核版本

Linux 内核是一个持续演进的开源项目，拥有固定且高频的更新节奏。通常，每隔 2 至 3 个月发布一个稳定版本，确保内核具备最新的功能、漏洞得到修复以增强安全性。在内核更新过程中，每个版本不仅会带来大量的新代码，还包括性能优化和补丁修复。

以下是内核发行版本的几种类型。

- 稳定版（Stable）：稳定版通常每隔 2 到 3 个月发布一次，经过广泛测试，适合生产环境。它的更新旨在修复安全漏洞、改进性能并进行必要的功能调整。
- 长期支持版（Longterm）：提供 2 至 6 年的长期维护，主要针对企业级和嵌入式系统，能够长期获得安全补丁和关键修复，保证系统的持续稳定。
- 主线版（Mainline）：这是开发中的最新版本，包含最新的功能和技术更新。适合开发者进行功能测试和验证，但由于未经全面的稳定性验证，不建议用于生产环境。
- 预发行版（Prepatch）：即将发布的稳定版的候选版本，帮助开发者提前测试新特性，并修复可能存在的漏洞。
- 开发分支（Linux-Next）：实验性版本，包含未来可能合并到主线的功能，主要面向内核开发者和高级用户。

表 2-2 列出了 2024 年部分内核版本及其基本信息。

表 2-2　内核版本信息

内核版本	版本类型	发布日期
6.11.3	稳定版（Stable）	2024-10-10
6.10.14	稳定版（EOL）	2024-10-10
6.6.56	长期支持版（Longterm）	2024-10-10
6.1.112	长期支持版（Longterm）	2024-09-30
5.15.167	长期支持版（Longterm）	2024-09-12
5.10.226	长期支持版（Longterm）	2024-09-12
5.4.284	长期支持版（Longterm）	2024-09-12
4.19.322	长期支持版（Longterm）	2024-09-12
6.12-rc3	主线版（Mainline）	2024-10-13
Next-20241011	开发分支（Linux-Next）	2024-10-11

如图 2-4 所示，这些内核版本可以在内核官方网站上获取，开发者可以根据项目需求选择合适的版本进行下载和使用。

Protocol	Location
HTTP	
GIT	
RSYNC	

Latest Release
6.11.3

mainline:	6.12-rc3	2024-10-13	[tarball]		[patch]	[inc. patch]	[view diff]	[browse]	
stable:	6.11.3	2024-10-10	[tarball]	[pgp]	[patch]	[inc. patch]	[view diff]	[browse]	[changelog]
stable:	6.10.14 [EOL]	2024-10-10	[tarball]	[pgp]	[patch]	[inc. patch]	[view diff]	[browse]	[changelog]
longterm:	6.6.56	2024-10-10	[tarball]	[pgp]	[patch]	[inc. patch]	[view diff]	[browse]	[changelog]
longterm:	6.1.112	2024-09-30	[tarball]	[pgp]	[patch]	[inc. patch]	[view diff]	[browse]	[changelog]
longterm:	5.15.167	2024-09-12	[tarball]	[pgp]	[patch]	[inc. patch]	[view diff]	[browse]	[changelog]
longterm:	5.10.226	2024-09-12	[tarball]	[pgp]	[patch]	[inc. patch]	[view diff]	[browse]	[changelog]
longterm:	5.4.284	2024-09-12	[tarball]	[pgp]	[patch]	[inc. patch]	[view diff]	[browse]	[changelog]
longterm:	4.19.322	2024-09-12	[tarball]	[pgp]	[patch]	[inc. patch]	[view diff]	[browse]	[changelog]
linux-next:	next-20241011	2024-10-11						[browse]	

图 2-4 内核版本信息

2.3.2 控制硬件资源

在硬件资源管理方面，Linux 内核依赖多个核心子系统和组件的协同工作。这些子系统和组件共同作用，确保操作系统与底层硬件设备之间的交互是高效且无缝的。以下是一些关键子系统的详细介绍。

2.3.2.1 设备驱动

设备驱动是 Linux 内核与硬件设备之间的桥梁。每个硬件设备（例如硬盘、网卡、显示器等）都需要通过设备驱动程序与系统交互。设备驱动子系统的主要功能是加载、管理和操作这些设备，从而使操作系统能够控制硬件并执行各种操作（如数据传输、设备配置等）。设备驱动程序将硬件的复杂性抽象为统一的接口，简化了上层软件对硬件的调用和操作。通过这种抽象层，操作系统能够跨不同硬件平台保持一致性。

2.3.2.2 中断处理

中断处理子系统用于处理来自硬件设备的中断请求（IRQ）。当硬件设备需要 CPU 的资源时，它会发送中断信号给操作系统，打断当前正在执行的任务，并优先处理这个硬件请求。中断处理是操作系统实时响应硬件事件的基础，例如网络包到达或鼠标点击等。在 Linux 中，中断处理子系统通过为不同的中断分配优先级来确保关键任务优先执行，提升系统响应速度和实时性。它在多任务处理和高并发环境中尤为重要。

2.3.2.3　I/O 设备管理

I/O 设备管理子系统负责处理系统中的输入/输出操作，包括块设备（如硬盘）、字符设备（如键盘）和网络设备。I/O 调度程序优化了 I/O 请求的执行顺序，确保在多任务环境中高效地进行数据读写操作。特别是在大规模数据传输场景下，I/O 子系统通过 DMA（直接内存访问）技术，使数据在设备和内存之间传输时不占用 CPU 资源，从而提升了数据传输速率，减轻了 CPU 的工作负载，提高了系统的整体性能。

2.3.2.4　内存管理

内存管理子系统负责管理物理内存和虚拟内存，确保内存资源的高效分配和使用。通过内存管理单元（MMU），操作系统可以将物理内存映射到虚拟内存地址空间，使每个进程都有自己的独立地址空间。这不仅提高了内存利用率，还增强了系统的安全性和稳定性，防止进程间内存冲突。内存管理还包括内存分页、缓存管理、内存分配与回收等功能，确保在多任务处理环境中，内存资源能够被合理分配和回收，从而优化系统性能并保证系统稳定运行。

2.3.3　服务用户空间

Linux 内核的另一大核心任务是为用户空间程序提供访问系统资源的抽象接口，使应用程序能够与操作系统进行交互。用户空间程序通过系统调用来使用内核提供的服务，但无法直接访问内核空间，这种隔离机制增强了系统的安全性和稳定性。

2.3.3.1　系统调用接口

系统调用是用户态程序与内核之间的桥梁。Linux 内核提供了丰富的系统调用接口，允许用户态程序通过这一接口进行诸如文件读写、进程管理、内存分配和网络操作等任务。系统调用的设计不仅确保了应用程序能够便捷地使用底层系统功能，还通过权限控制机制防止用户程序越权访问内核资源。

每个版本的 Linux 内核通常包含 300 至 400 个系统调用，覆盖了操作系统的核心功能。常见的系统调用包括以下内容。

- 文件操作：如 open()、read()、write()，用于文件的读写与操作。
- 进程控制：如 fork()、exec()，用于进程的创建与管理。
- 内存管理：如 mmap()、brk()，用于内存的分配与回收。
- 网络操作：如 socket()、connect()，用于网络连接与数据传输。

通过系统调用接口，Linux 内核为用户空间程序提供了一个安全、高效且功能丰富的环境，使得应用程序能够在不直接接触底层硬件的情况下，顺畅地使用系统资源并完成复杂任务。

2.3.3.2　进程管理

进程管理是 Linux 内核为用户空间提供的重要服务之一，它负责创建、执行、调度和终止进程。内核通过进程调度程序来决定在任何给定时间点，哪个进程能够使用 CPU 资源。Linux 使用多种调度算法，如 CFS（完全公平调度器），确保系统中的多个进程可以公平地共享计算资源，并在实时任务中提供快速响应。

2.3.3.3　文件系统管理

文件系统是用户空间程序与存储设备进行数据交互的接口。Linux 内核支持多种文件系统（如 EXT4、XFS 等），并通过虚拟文件系统（VFS）提供统一的文件操作接口，使用户态程序可以独立于底层存储设备的具体实现，轻松地进行文件创建、读取、修改和删除等操作。这一机制增强了文件操作的兼容性和灵活性，同时提高了系统的稳定性和效率。

2.3.3.4　网络服务

网络子系统通过提供统一的网络接口，允许用户态程序执行网络通信任务。通过 Socket 接口，用户程序能够创建网络连接、发送和接收数据包。Linux 内核支持多种网络协议（例如 TCP/IP、UDP 等），并且通过流量控制和网络包过滤机制，确保数据的高效传输和网络安全。该子系统为用户空间程序提供了稳定的网络服务平台，支持各类网络应用和服务器的运行。

2.4　用户空间

在 Linux 操作系统中，用户空间与内核空间相互隔离，共同构成了系统的整体架构。内核空间负责管理硬件资源和提供系统的核心功能，而用户空间则是用户应用程序和系统服务的运行环境。通过系统调用，用户空间程序可以与内核空间通信，请求访问底层硬件资源。用户空间不仅包含各种用户应用程序，还包括必要的系统组件和库，它们为应用程序提供了抽象接口，使得系统得以高效且安全地运行。

2.4.1 根文件系统

根文件系统是系统启动时内核挂载的第一个文件系统，它为系统引导和运行提供必要的基础环境。通常，根文件系统挂载在“/”目录，包含系统运行所需的关键文件和目录，如引导程序、共享库和内核模块等。基于根文件系统，可以进一步挂载其他类型的文件系统，这些文件系统通过内核中的虚拟文件系统（VFS）进行统一管理。VFS 提供了对不同文件系统的抽象接口，并通过底层驱动与存储硬件交互，确保文件系统的正常运行和系统资源的高效管理。

根文件系统的结构遵循 FHS 标准（文件系统层次结构标准），采用树形结构，保证系统文件和应用程序的有序管理。以下是常见的嵌入式 Linux 系统根文件系统中的目录。

- /bin：包含启动过程中所需的基本命令，系统启动后，普通用户也可以使用这些命令。
- /sbin：存放主要供系统管理员使用的管理命令，普通用户通常无法直接访问。
- /etc：系统的配置文件目录，负责管理系统的核心配置。
- /root：root 用户的主目录，仅供 root 用户访问。
- /lib：存放系统共享库文件，供运行中的程序使用，确保运行时所需的库可用。
- /lib/modules：存放可加载的内核模块，尤其是系统启动或恢复过程中所需的模块，如网络驱动或文件系统驱动。
- /dev：设备文件目录，包含与系统硬件交互所需的设备节点。
- /tmp：临时文件目录，供系统和程序在运行时存储临时数据文件。
- /boot：存放启动加载器（如 LILO、GRUB）和内核映像文件，负责系统的引导启动。
- /mnt：提供系统管理员临时挂载文件系统的挂载点，用于连接外部存储设备或其他文件系统。
- /proc：虚拟文件系统，用于显示当前系统进程和内核信息，动态生成内容，不存储于物理磁盘。
- /usr：存放用户应用程序及其库、文档和二进制文件。
- /var：用于存放动态变化的数据，如日志文件、缓存和临时文件等。
- /home：各用户的主目录，存放用户的个人文件和配置。

这些目录和文件共同确保了系统的顺利启动和稳定运行，并为系统的扩展和管理提供了标准化的结构和基础。

2.4.2 标准 C 库

在 2.3 节中，我们提到了系统调用接口是内核空间与用户空间之间的桥梁，用户空间的程序通过这些系统调用来访问内核功能。然而，用户空间的程序通常不会直接调用这些底层的系统调用。为简化这一过程，Linux 系统引入了标准 C 库（C Standard Library 或 libc），它为开发者提供了一组简化接口，便于访问操作系统资源。

2.4.2.1 标准 C 库的功能

标准 C 库在用户空间中扮演了重要的中介角色。它不仅是对系统调用的简单包装，还通过优化和扩展，提升了使用上的便利性。虽然有些库函数基于系统调用添加了少量逻辑（如参数检查和设置），但有些函数也提供了更高层次的功能。例如，fopen()不仅提供了文件操作接口，还通过文件缓冲等机制，简化了文件的读写管理。

标准 C 库提供了丰富的宏、类型定义和函数，涵盖了字符串处理、数学运算、输入/输出处理、内存管理等操作系统服务。虽然许多函数封装了系统调用，但标准 C 库通过一致、优化的接口，简化了程序与操作系统的交互，使开发者无须直接处理复杂的底层系统调用。在跨平台开发中，标准 C 库显著提高了代码的可移植性，并减少了对资源管理的复杂操作。

以下是标准 C 库中常见的库函数及其作用。

- 文件操作：如 fopen()和 fwrite()，它们在底层调用 open()和 write()，简化了文件操作。
- 字符串处理：如 strcpy()和 strlen()，这些函数使字符串操作更加简便。
- 动态内存管理：如 malloc()和 free()，通过系统调用实现内存分配与释放，简化了内存管理。
- 输入输出：如 printf()，提供格式化输出功能，依赖系统调用将数据输出到设备。

通过这些抽象和封装，标准 C 库极大简化了用户空间程序对内核资源的调用，提升了开发效率，并增强了代码的可移植性。

2.4.2.2 常用的标准 C 库

市面上有多个标准 C 库的实现版本，不同的版本通常有不同的用途和功能。其中最常用的是 glibc，它是 Yocto 项目中默认使用的 C 库版本。表 2-3 列出了常见的标准 C 库及其描述。

表 2-3 常见的标准 C 库

标准 C 库实现版本	描　述	Yocto 项目支持	许　可
GNU C Library (glibc)	glibc 是 GNU C 库，广泛用于 Linux 和其他 GNU 系统。它提供了完整的 C 标准库实现，并支持多种架构和系统调用，是最常用的 C 库之一	支持	GNU LGPL v2.1

续表

标准 C 库实现版本	描　述	Yocto 项目支持	许　可
musl	musl 是一个轻量化 C 库，专为高效、简洁和与 POSIX 标准的兼容而设计。常用于嵌入式和容器化的 Linux 系统	支持	MIT
uClibc-ng	uClibc-ng 是 uClibc 的一个分支，适用于内存有限的嵌入式系统，支持 MMU 和非 MMU 架构，提供基本的 C 标准库功能	支持	GNU LGPL v2.1
Bionic	Bionic 是 Android 系统的标准库，源于 BSD libc，专为移动设备设计，优化了性能和存储空间	不支持	BSD/GPL v2
BSD libc	BSD libc 是由多个 BSD 衍生操作系统提供的 C 标准库，符合 POSIX 标准，适用于 UNIX 风格的系统	不支持	BSD
Microsoft C run-time library	微软 C 运行库分为 MSVCRT 和 UCRT，前者为早期可再发行库，后者为 Windows 10 及之后的默认 C 库，支持 C99 标准	不支持	专有/微软
dietlibc	dietlibc 是一个极简 C 库，专为小型系统设计，适用于嵌入式和无 MMU 环境，功能比标准 C 库有限	不支持	GPL
Newlib	Newlib 是一个专为嵌入式系统设计的 C 标准库，适用于资源有限的系统，是 Cygwin 环境下的默认 C 库	不支持	BSD
klibc	klibc 是一个专门用于 Linux 内核启动的轻量 C 库，提供简化的 POSIX 接口，用于引导过程中的基础任务	支持	BSD
picolibc	picolibc 是一个小型嵌入式系统的 C 库，适合 RAM 受限的环境，基于 Newlib 和 AVR Libc 进行开发	不支持	BSD

2.4.3　系统共享库

系统共享库（Shared Library）是操作系统中的一种库文件，它包含可以被多个程序同时使用的函数、变量或其他资源，有了它就不必将这些资源分别编译到每个程序的可执行文件中。它通常是动态链接的，这意味着在程序运行时才会被加载到内存中，而不是在编译时直接嵌入到程序中。

共享库具有几个关键特点：资源共享、动态加载和代码重用。多个程序可以同时使用相同的共享库，以减少内存消耗。共享库通常是动态加载的，在程序运行时将其按需加载到内存中，以进一步节省系统资源。此外，维护共享库有助于提高便捷性，库的更新或修复不需要重新编译所有依赖该库的应用程序，提高了开发效率和系统灵活性。

每个共享库都有一个特殊的名称，称为“soname”（共享对象名称），通常以“lib”为前缀，接着是库的名称，随后是“.so”和版本号。版本号会随着接口的变动而递增，以确保兼容性。而实际库的文件名还会包含更详细的版本信息，通常通过符号链接到 soname。

共享库通常放置在文件系统中的特定位置，例如/usr/lib 和/lib，用于启动时所需的库，而非系统核心的库则位于 /usr/local/lib。这些位置根据 GNU 标准和文件系统层次结构标准（FHS）进行安排，以确保系统的一致性和可维护性。

根据 LSB（Linux Standard Base）标准，认证的 Linux 系统必须包含以下关键共享库，以确保二进制兼容性。

- libc：标准 C 库。提供内存管理、文件操作、字符串处理等核心功能，通过封装系统调用接口与内核交互。
- libm：数学库。包含三角函数、对数、指数等科学计算所需的数学运算功能。
- libgcc_s：GCC 编译器支持库。处理异常、栈展开等与编译器相关的功能。
- libdl：动态加载库。允许在运行时加载和调用共享库中的函数。
- librt：实时扩展库。提供高精度定时器、信号量等 POSIX 实时功能。
- libcrypt：密码学库。支持加密和散列计算，常用于用户认证和数据保护。
- libpam：PAM（可插入式认证模块）。提供灵活的身份验证机制，用于增强系统安全性。

2.4.4 init 进程

init 进程（初始化守护进程）是 UNIX 和 Linux 系统启动过程中启动的第一个用户进程（进程 ID 为 1），负责管理系统的启动过程并确保其他进程的运行。作为系统的根进程，它会在内核完成加载后由内核启动，管理系统中的所有其他进程，并在系统关闭时终止这些进程。

在嵌入式 Linux 系统中，常见的 init 进程实现有以下几种。

- BusyBox init：这是嵌入式系统中最常见的 init 实现之一。BusyBox 提供了精简的 UNIX 工具集，适用于资源受限的环境，尤其是那些内存和存储有限的设备。它整合了多种工具，使其成为轻量、灵活的嵌入式系统管理工具。

- SysVinit：它是较传统的 init 系统，仍然在一些嵌入式设备中使用。SysVinit 结构简单，可靠性高，适用于无须复杂服务管理的设备。
- Runit：Runit 是一个轻量级的 init 系统，启动速度快且高效管理系统服务，适合需要快速启动和服务管理的嵌入式系统。
- OpenRC：这是一个与 SysVinit 兼容的 init 系统，支持并行启动，能够在更复杂的嵌入式环境中提供高效的服务管理，是传统 init 系统的现代替代品。
- systemd：systemd 是系统管理守护进程（System Management Daemon）的简写，它是对传统 init 系统的一次重大升级。通过并行启动、事件驱动的服务管理和先进的日志系统，systemd 在启动效率、系统管理和服务监控等方面都取得了显著的提升。因此，它已经逐渐成为主流 Linux 发行版中的默认 init 系统，实现了对现代系统需求的全面支持。

这些不同的 init 实现方法各有特点，针对嵌入式设备不同的硬件资源和系统需求做了相应优化，以确保在各类资源条件下仍能实现高效的系统启动和管理。

2.4.5 窗口管理系统

窗口管理系统是一种软件工具，用于管理显示屏幕上各个应用程序的窗口。这种系统作为图形用户界面（GUI）的核心组件，遵循 WIMP 模型（窗口、图标、菜单、指针），为每个应用程序分配独立的窗口，并允许这些窗口相互重叠。通过窗口管理系统，用户可以在同一个屏幕上同时查看多个程序的内容，增加了操作的灵活性。

如图 2-5 所示，窗口管理系统依赖显示服务器（例如 X11 或 Wayland）与应用程序进行通信。显示服务器接收来自输入设备（例如键盘或鼠标等）的信号，并将这些信号传递给对应的应用程序。同时，它还负责管理图形输出，将应用程序的内容呈现在显示器上。对于开发者而言，窗口管理系统通过提供图形硬件的抽象接口，简化了窗口管理器和小部件工具包等图形元素的开发过程，使得图形界面的构建更加便捷和高效。

X11 是一种历史悠久的显示服务器通信协议，其最常见的实现是 X.Org Server，它在类 UNIX 内核（例如 Linux 或 BSD）中运行，接收用户输入数据并将其传递给客户端。同时，X.Org Server 也会从客户端接收图形数据，并通过内核组件（例如 DRM、GEM 或 KMS 驱动程序）将其写入帧缓冲区，随后呈现到显示屏幕上。当前版本的 X.Org Server 依赖合成窗口管理器（例如 Mutter 或 KWin）来完成窗口合成任务，客户端库包括 Xlib 和 XCB。

Wayland 是 X11 的现代替代方案，专注于简化显示服务器的架构，以提高性能和效率。与 X11 依赖外部合成窗口管理器不同，Wayland 合成器不仅处理输入和输出，还直接负责窗口的合成。通过 Wayland 协议，客户端可以使用 EGL 渲染 API 将图形数据直接写入帧缓冲区，而显示服务器负责决定窗口的叠放顺序以及管理输入设备的信号传递。常见的

Wayland 合成器包括 Weston、Mutter、KWin 和 Enlightenment。Wayland 广泛应用于 Linux 桌面环境（例如 Fedora），同时在移动设备领域也表现出色，例如 Tizen 和 Sailfish OS 等操作系统已成功采用 Wayland，实现更高效的图形处理。

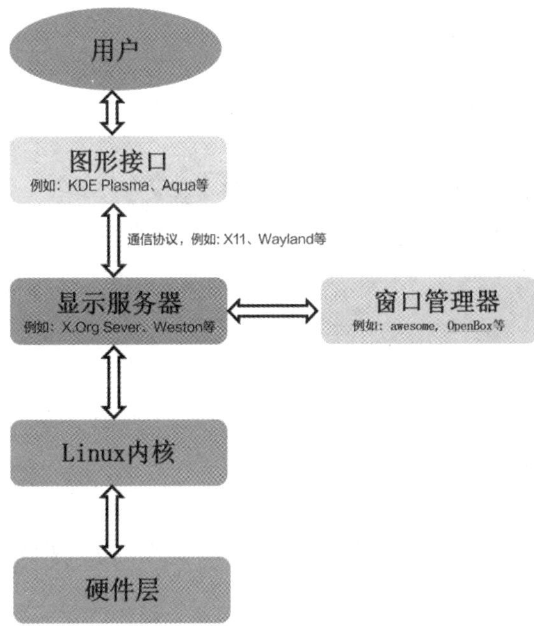

图 2-5 窗口管理系统逻辑图

第 3 章 Yocto 项目基础架构

在前两章中，我们系统梳理了 Yocto 项目的背景知识，并深入解析了嵌入式 Linux 系统的核心架构及其关键组件。这些内容为理解 Yocto 项目的关键技术和应用场景提供了必要的理论支撑。

本章将进一步聚焦于 Yocto 项目的核心架构和理论体系。通过对其层模型、OpenEmbedded 构建系统以及 OpenEmbedded 构建环境的详细讲解，我们将逐步揭示其背后的设计思路和工作机制。这不仅可帮助读者理解 Yocto 项目的内部逻辑和功能特点，也为后续学习如何使用 Yocto 项目定制和优化嵌入式 Linux 系统奠定理论基础。

本章将系统讲解 Yocto 项目的核心架构与基础构建流程。首先，介绍如何快速搭建开发环境，并通过构建基础镜像进行验证，确保构建流程正常运行。随后，解析 Yocto 项目的层模型，剖析其独特的开发方式，以深入理解其模块化架构与扩展机制。然后，进一步讲解 OpenEmbedded 构建系统的关键组件及其工作流程，梳理从源代码获取到镜像生成的完整过程。最后，解析 OpenEmbedded 构建环境的架构及其构建目录结构，全面掌握 Yocto 项目的构建机制与组织方式。

通过这些内容的学习，你不仅能够快速搭建与验证基础 Yocto 项目开发环境，初步了解其模块化特点与核心组件，还能掌握 OpenEmbedded 构建系统和 OpenEmbedded 构建环境的基础结构，为后续实践积累关键的理论知识与操作经验。

3.1 快速构建指南

在 Yocto 项目官网文档的第一节中就介绍了如何快速构建一个最基础的 Yocto 项目。对于初学者来说，第一次看到这里可能会感到困惑：我都不懂什么是 Yocto 项目，也没有一个基本的概念，怎么一开始就构建 Yocto 项目呢？不需要先学习理论和基础语法吗？我相信多数中国学子都会有这样的疑惑，这是正常的。但是我想给出一个例子，也许你能够明白 Yocto 项目创作者为什么要这样做。

当刚接触一门编程语言时，比如 C 语言，很多人都听过一个名词术语“Hello World”。也许在刚开始学习这门语言的时候，你还不太熟悉它的语法和架构，但是你已经可以用 main 函数里的 printf 将“Hello World”语句输出到控制台了。同样，这里快速搭建的 Poky 参考发行版开发环境，以及构建出的基础镜像，就是一个能够通过编译器输出的“Hello World”。所以别多想，让我们一起来构建第一个“Hello World”。在这本书的后续章节中，我会慢慢揭开一系列谜底，让你在动手实践中，一步一步掌握 Yocto 项目的关键知识，并获得对它的信心。

3.1.1 搭建构建主机环境

搭建 Yocto 项目环境的第一步，就是要选用 Yocto 项目所支持的操作系统作为构建主机，例如本书所使用的 Ubuntu 22.04（LTS），并确保系统满足以下要求：

- 至少 90GB 的自由磁盘空间。
- 至少 8GB 的 RAM（推荐更多）。
- 运行受支持的 Linux 发行版（例如最新版本的 Fedora、openSUSE、CentOS、Debian 或 Ubuntu）。
- Git 1.8.3.1 或更高版本。
- tar 1.28 或更高版本。
- Python 3.8.0 或更高版本。
- GCC 8.0 或更高版本。
- GNU Make 4.0 或更高版本。

在运行 Yocto 项目之前，需要在构建主机上安装必要的软件包，为了使包管理器下载得更加顺畅，可以考虑使用清华镜像源（网址参见链接 4）。

使用以下命令在 Ubuntu 22.04 上安装所需的软件包：

```
$ sudo apt install gawk wget git diffstat unzip texinfo gcc build-essential chrpath
socat cpio python3 python3-pip python3-pexpect xz-utils debianutils iputils-ping
python3-git python3-jinja2 python3-subunit zstd liblz4-tool file locales libacl1
$ sudo locale-gen en_US.UTF-8
```

3.1.2　下载 Poky 源代码

在构建主机上完成软件包的下载后，需要运行以下命令，使用 git 工具获取 Poky（Yocto 项目发行版）源代码：

```
$git clone git://***.yoctoproject.org/poky
```

通过以上命令完成 Poky 的下载后，可以查看或切换其分支（即其版本），选择一个合适的分支进行开发。本书使用 scarthgap 分支的 Poky 源代码，可以通过以下命令切换至 scarthgap 分支：

```
$cd poky
$git checkout -t origin/scarthgap -b scarthgap
```

3.1.3　初始化 OpenEmbedded 构建环境

成功下载 Poky，并切换到指定分支后进入 poky 目录，使用以下 source 命令运行 oe-init-build-env 脚本工具，并设置 OpenEmbedded 构建环境：

```
poky$ source oe-init-build-env
You had no conf/local.conf file. This configuration file has therefore been
created for you from /home/jerry/yocto/poky/meta-poky/conf/templates/default/
local.conf.sample
You may wish to edit it to, for example, select a different MACHINE (target
hardware).

You had no conf/bblayers.conf file. This configuration file has therefore been
created for you from /home/jerry/yocto/poky/meta-poky/conf/templates/default/
bblayers.conf.sample
To add additional metadata layers into your configuration please add entries
to conf/bblayers.conf.

The Yocto Project has extensive documentation about OE including a reference
```

```
manual which can be found at:
    https://docs.***project.org

For more information about OpenEmbedded see the website:
    https://www.***embedded.org/

This is the default build configuration for the Poky reference distribution.

### Shell environment set up for builds. ###

You can now run 'bitbake <target>'

Common targets are:
    core-image-minimal
    core-image-full-cmdline
    core-image-sato
    core-image-weston
    meta-toolchain
    meta-ide-support

You can also run generated qemu images with a command like 'runqemu qemux86-64'.

Other commonly useful commands are:
 - 'devtool' and 'recipetool' handle common recipe tasks
 - 'bitbake-layers' handles common layer tasks
 - 'oe-pkgdata-util' handles common target package tasks
```

运行以上 source 命令后，会输出相应的指示信息，创建并切换至一个名为 build 的构建目录。在该目录下会生成一个 conf 子目录，包含以下配置文件：

```
build/
└── conf
    ├── bblayers.conf
    └── local.conf
```

需要注意的是，使用 source 命令初始化构建环境的操作仅在当前终端会话中生效。如果关闭终端或在新的终端中操作，需要重新运行 source 命令以重新初始化构建环境。

3.1.4　构建镜像

在完成构建环境初始化，并切换至 build 构建目录后，可以通过以下 BitBake 命令构建一个包含轻量级图形用户界面和基本应用程序的 Sato 镜像：

```
build$ bitbake core-image-sato
```

在构建过程中会输出图 3-1 所示的信息。

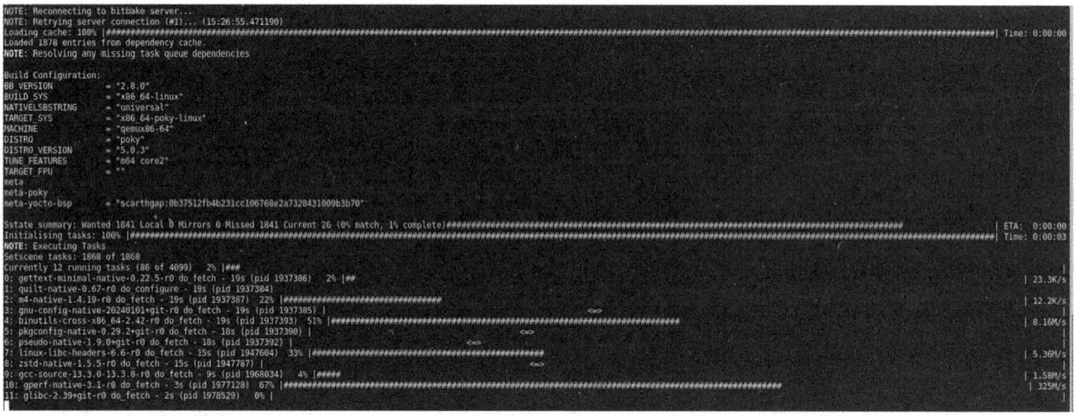

图 3-1　构建输出信息

首次构建可能需要数小时，具体时间取决于主机的硬件性能和网络条件。当构建过程结束且未出现错误提示时，表明命令已成功执行，并完成 Sato 镜像的构建。

3.1.5　QEMU 启动镜像

完成 Sato 镜像的构建后，可以在构建主机上使用 Yocto 项目自带的 QEMU 模拟启动镜像，并验证其运行效果。通过以下命令启动 Sato 镜像：

```
build$ runqemu qemux86-64
```

成功执行上述命令后，若出现图 3-2 所示的图形界面窗口，则表明 Sato 镜像已构建并正常运行，可进行相关功能验证。

在构建并运行 Sato 镜像的过程中，你是否会对以下问题感到疑惑：

- 为什么初次构建需要较长时间？
- Poky 参考发行版具体包含哪些内容？
- BitBake 与传统的 GCC 编译工具有何区别？

- 命令中的 core-image-sato 是如何定义和构建 Sato 镜像的？
- QEMU 模拟器的具体用法是怎样的？

针对这些问题，后续将逐一展开分析，请继续阅读本书后续内容以获取答案。

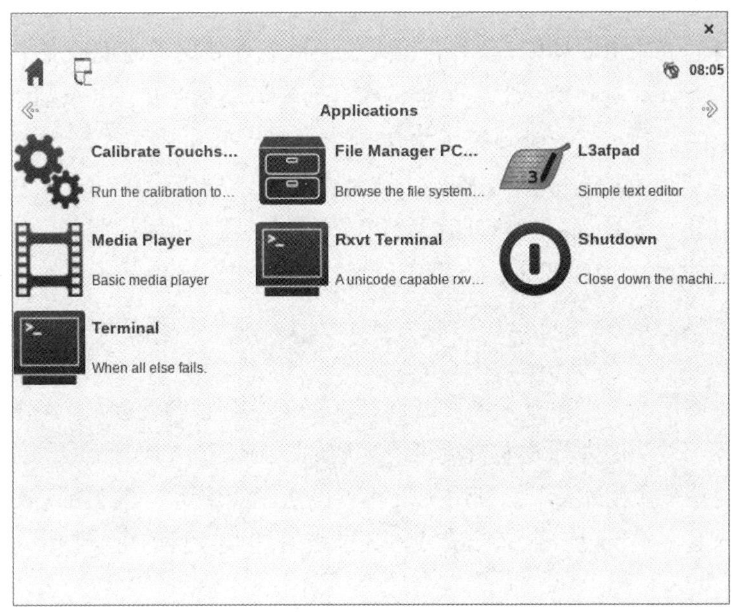

图 3-2 Sato 图形界面窗口

3.2 Yocto 项目架构

在 3.1 节中，读者已经通过快速构建指南学习了如何利用 Yocto 项目构建一个基础的 Sato 镜像，并通过 QEMU 完成模拟启动验证。这一流程展示了 Yocto 项目的基本操作方法，但要深入掌握其强大功能，仅了解操作流程是不够的，还需要理解其核心特征和基础架构。

本节将全面解析 Yocto 项目的架构，重点讲解其独特的层模型、核心组件以及在构建主机上的运行模式。通过这些核心概念的讲解，你将能够系统地理解 Yocto 项目的工作原理，为后续进行复杂的嵌入式 Linux 系统定制打下坚实的基础。

3.2.1 层模型

层模型是一种广泛应用于软件开发中的架构设计理念，用于组织和管理复杂系统的开发架构。通过分层的方式，将系统功能模块化，并提供清晰的职责划分和逻辑隔离。这种设计有助于简化协作、促进代码复用，并提升系统的灵活性和可维护性。

在 Yocto 项目中，层模型被设计为定制嵌入式 Linux 系统的开发模型，其核心特点在于同时支持协作与定制。其中，层是包含相关指令集的存储库，用于指导 OpenEmbedded 构建系统完成特定任务。

层模型支持强大的覆盖功能，允许开发人员通过创建新层覆盖现有层中的指令和设置，以满足具体需求。这种机制使开发人员能够在现有开源层的基础上，灵活地进行修改和扩展，以实现复杂的定制，节省时间和开发成本。

信息隔离是层模型的一个重要特征，它允许根据不同逻辑将构建信息分离到不同的层中，例如 BSP 层、GUI 层、发行版配置层、中间件层或应用程序层。这种信息隔离策略赋予每个层特定的功能和职责，有助于团队分工协作，可以减少冲突和干扰，提高协作效率。不仅如此，通过信息隔离模块化数据，有利于简化未来的定制和重用，提升未来的应变能力。

此外，半导体厂商、平台开发商和开源社区提供了丰富的开源层，包括基础元数据层和功能扩展层等。这些层为开发人员提供了现成的支持，极大地降低了开发复杂度。开发人员可以基于这些资源创建新层，利用扩展和覆盖功能实现定制，而无须直接修改开源层。遵循这种分层开发模式不仅符合最佳实践，还能显著提高项目的可维护性和灵活性。

3.2.2　核心组件

在前面的内容中，我们介绍了层模型，而层实际上是 Yocto 项目中最重要的组件之一。Poky 参考发行版作为 Yocto 项目的基础发行版，包含多个核心层，是用于嵌入式 Linux 系统开发的起点。Poky 包含了 OpenEmbedded 构建环境、OpenEmbedded 构建系统、meta-poky 层、meta-yocto-bsp 层和相关文档。其中，OpenEmbedded 构建系统是整个 Yocto 项目运作的“发动机”，包含 BitBake 构建引擎和 OpenEmbedded-Core。

基于 Poky，许多半导体供应商和平台提供商通过修改现有层或添加自定义层，创建适用于特定处理器或硬件平台的参考层。这些参考层通常整合了硬件驱动、性能优化配置、板级支持包（BSP）以及图形用户界面（GUI）支持，为嵌入式系统开发者提供针对特定硬件平台的完整基础模板。开发者可以基于这些参考层高效定制嵌入式 Linux 系统，通过优化配置和功能扩展满足具体需求，显著缩短开发周期并提升系统性能和用户体验。

此外，在开源社区中查找到的开源层（例如 OpenEmbedded 层索引和 Yocto 项目兼容层），通常涵盖了设备驱动、特定应用程序支持以及中间件配置等内容，为开发者提供了丰富的现成资源。通过充分利用这些开源层，开发者可以避免重复开发，专注于项目的关键功能实现，从而显著提高开发效率。

自定义层是开发人员根据具体项目需求，在 Poky 或开源层的基础上创建的自定义层。通过创建自定义层，开发人员可以灵活修改和扩展已有的配置，加入新的功能或特性，满足特定需求。这一机制支持开发人员在不修改基础层或开源层的情况下，定制和优化系统，提升系统的灵活性和可维护性。自定义层是层模型的核心特性之一，它为开发者提供了极高的自由度，使得复杂的定制变得更加简单和高效。

在一个典型的 Yocto 项目中，其核心组件通常包括 Poky 参考发行版的基础层、特定硬件平台的功能扩展层，以及开源层和自定义层的整合，如图 3-3 所示。

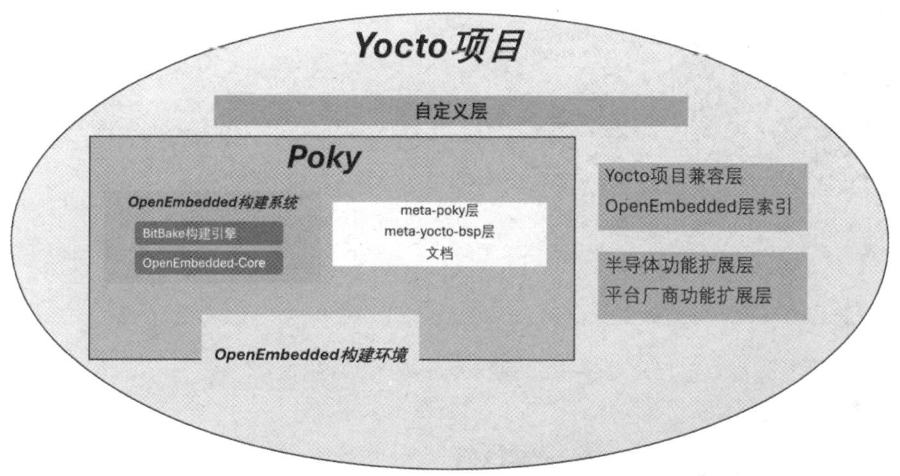

图 3-3 Yocto 项目核心组件架构图

3.2.3 构建主机

在讲解完 Yocto 项目的核心组件后，我们进一步探讨其运行依赖的开发环境——构建主机。构建主机是 Yocto 项目运行的基础，提供完成镜像和应用程序构建所需的硬件资源与软件环境支持。

构建主机可以是运行原生 Linux 系统的本地主机，也可以通过 CROPS 或 WSL 2 在非 Linux 系统上实现。无论采用哪种形式，构建主机都需满足基本的硬件和软件要求，包括足够的存储空间、内存、受支持的 Linux 发行版以及适当版本的工具链和依赖项。

每个 Yocto 项目包含一个独立的构建系统和一个或多个隔离的构建环境，这些环境通过独立的工作目录和配置文件实现互不干扰，能够并行运行。在一台构建主机上，可以同时支持多个独立的 Yocto 项目运行。构建主机通过文件系统隔离和资源管理机制，确保每个项目的构建任务不会交叉影响，从而实现高效稳定的并行运行。

理解构建主机、构建系统与构建环境之间的层次关系，有助于全面掌握 Yocto 项目的架构与工作原理，为后续学习与实践奠定基础。为更直观地理解这一关系，可参见图 3-4。

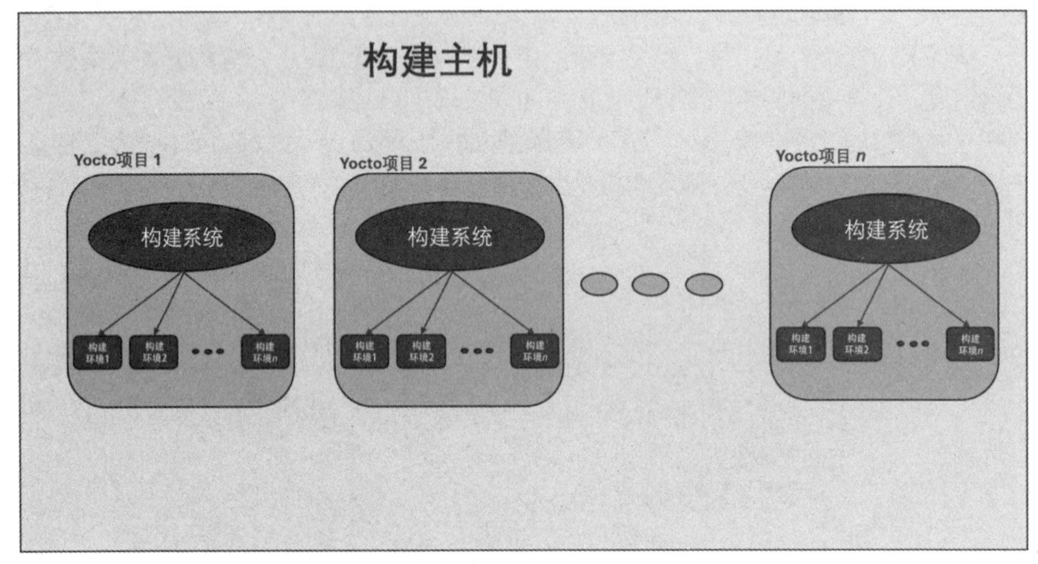

图 3-4　构建主机中的 Yocto 项目

3.3　OpenEmbedded 构建系统

OpenEmbedded 构建系统（在本书中简称为“构建系统”）是一个面向嵌入式 Linux 系统开发的构建自动化框架和交叉编译环境，具备多架构支持、高度定制性和强大包管理能力，可高效创建嵌入式 Linux 系统发行版。由 OpenEmbedded 社区开发的这一框架自 2003 年正式推出以来，以其模块化设计和高度灵活性，为开发者提供了全方位的工具链支持。

自 2011 年 3 月起，OpenEmbedded 构建系统被 Yocto 项目正式采纳为核心构建工具，同时也是 Poky 的关键组成部分。该系统主要由 BitBake 构建引擎和 OpenEmbedded-Core 两部分组成，BitBake 提供高效的构建能力，而 OpenEmbedded-Core 作为稳定的元数据基础，支撑整个系统的可靠运行。

在这一节中，我们将深入解析 OpenEmbedded 构建系统，阐述其在 Yocto 项目中的核心作用和关键特性。无论你是初学者还是有经验的开发者，这部分内容都将帮助你更好地理解如何利用这一强大工具优化嵌入式 Linux 的开发过程。通过掌握其工作原理，你将能够更高效地使用 OpenEmbedded 构建系统进行项目开发，提高构建流程的灵活性和效率。

3.3.1 BitBake 构建引擎

BitBake 是 OpenEmbedded 构建系统的核心组件，作为任务调度器和构建引擎，负责驱动整个构建流程。它专为处理复杂的依赖关系和执行构建任务而设计，支持并行编译和任务调度，可大幅提升构建效率。作为构建系统的核心引擎，BitBake 确保了整个系统的高效性和可靠性。相关内容将在第 5 章中详细介绍。

3.3.2 OpenEmbedded-Core

在 OpenEmbedded 项目的早期阶段，所有元数据都集中存储在一个单一的代码库中，称为 OpenEmbedded-Classic。然而，随着嵌入式项目复杂性的增加和元数据数量的快速增长，这种单一结构逐渐显现出管理和扩展上的局限性。为解决这些问题，OpenEmbedded 项目在 2010 年对元数据结构进行了调整，将其划分为多个独立的层（layer）。其中，最底层被命名为"OpenEmbedded-Core"（简称 OE-Core），专注于提供与平台无关和发行版无关的核心元数据。

3.3.2.1 OE-Core 与 Yocto 项目的关系

在 Yocto 项目发展的早期阶段，OE-Core 元数据直接被集成在 Yocto 项目参考发行版 Poky 的源代码库中。随着 Yocto 项目 1.0 的发布，Yocto 项目与 OpenEmbedded 项目展开了深度合作，共同维护 OE-Core。这种合作显著提升了核心元数据的质量和稳定性，并优化了构建流程的效率和一致性。同时，这一协作也标志着 OE-Core 成为 Yocto 项目及 OpenEmbedded 项目共同的核心组成部分，为两个项目提供统一的标准和基础支持。

通过这种共享机制，Poky 在 OE-Core 的基础上集成了 BitBake、其他元数据层和相关文档，作为 Yocto 项目的一个完整的参考版构建系统。这种方法既优化了资源的利用，也提升了开发效率。

3.3.2.2 OE-Core 源代码结构

有关 OE-Core 源代码的详细信息可以在 OpenEmbedded 层索引中找到。要获取其 scarthgap 分支的源代码，可以运行以下命令：

```
$git clone https://git.***embedded.org/openembedded-core -b scarthgap
```

下载后的源代码目录结构如下所示：

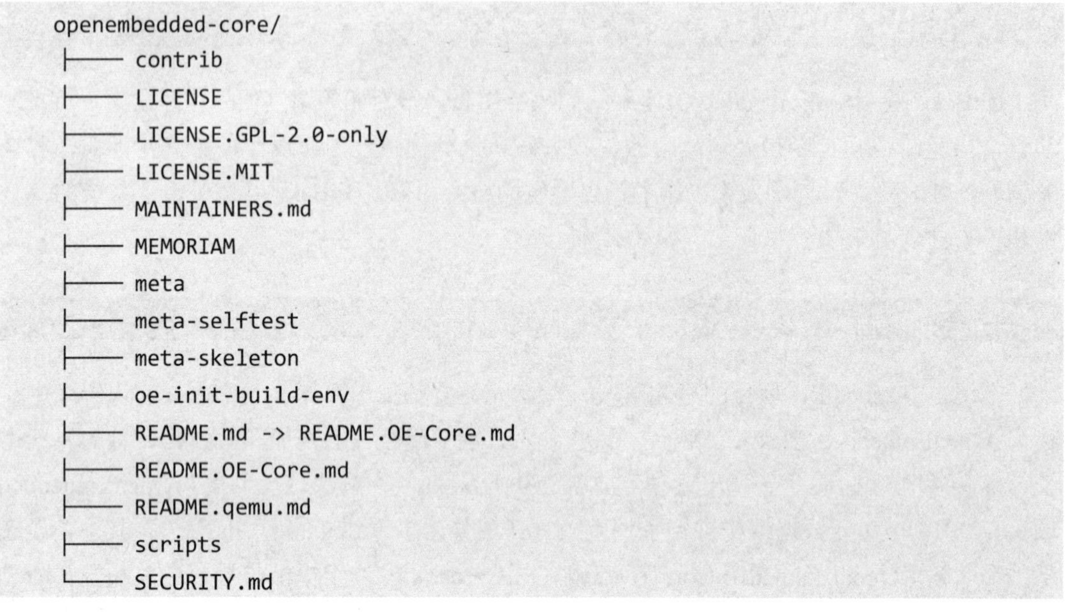

```
openembedded-core/
├── contrib
├── LICENSE
├── LICENSE.GPL-2.0-only
├── LICENSE.MIT
├── MAINTAINERS.md
├── MEMORIAM
├── meta
├── meta-selftest
├── meta-skeleton
├── oe-init-build-env
├── README.md -> README.OE-Core.md
├── README.OE-Core.md
├── README.qemu.md
├── scripts
└── SECURITY.md
```

核心目录与文件功能如下所示。

- meta：核心元数据层，包含基础菜谱、全局配置和类，是构建系统的核心模块。
- meta-selftest：测试元数据层，用于验证构建系统功能。
- meta-skeleton：模板层，提供创建自定义层的参考。
- oe-init-build-env：构建环境配置脚本，用于快速设置构建环境。
- scripts：辅助脚本，支持构建过程中的各类操作和工具调用。
- LICENSE 和文档：提供许可信息和系统使用说明。

以上这些功能模块已被集成到 Yocto 项目的 Poky 参考发行版中，为嵌入式 Linux 系统的开发构建了完整的支持框架。其中，meta 层作为构建系统的核心模块，提供了平台无关和发行版无关的基础支持，同时体现了模块化和可扩展的设计理念，为嵌入式 Linux 系统的构建与定制提供了重要保障。

3.3.3　构建系统工作流

OpenEmbedded 构建系统是 Yocto 项目的核心，决定了嵌入式 Linux 系统开发的流程和效率。无论项目规模如何，其标准化和一致性的工作流程为构建过程提供了可靠性和可重复性。本节将介绍 OpenEmbedded 构建系统的工作流，这是 Yocto 项目运行的基础，理解这一工作流有助于全面掌握其构建原理和实践方法。

OpenEmbedded 构建系统的工作流可以划分为三个主要部分：输入、构建流程和输出。

- 输入：输入部分包括源代码、元数据层和构建配置，这些是构建系统运行的基础条件。源代码提供软件实现，元数据定义构建规则与依赖关系，构建配置（包括用户配置、硬件平台配置和发行版配置）指导系统执行具体任务。
- 构建流程：当输入准备就绪后，BitBake 构建引擎会启动构建。构建流程包括获取源代码、解压、应用补丁、配置环境、编译、安装和打包等关键步骤。这一过程既标准化又可扩展，可根据需求调整。
- 输出：构建完成后，系统会生成对应的输出，包括软件包、系统镜像和可扩展的开发工具包（SDK），这些输出可用于部署、测试或应用开发。

整个构建系统的工作流贯穿从输入、处理到输出的全链路，各部分紧密相连，为最终结果的生成提供支持。工作流的具体归类描述如表 3-1 所示。

表 3-1 构建系统工作流

类别	组件	描述
输入	源代码	来自上游社区、本地项目或版本控制系统的代码，是构建系统的核心输入
	元数据	定义软件、硬件平台和发行版的构建规则及依赖关系，包括软件层、BSP 层和发行版层的菜谱与配置文件
	构建配置	通过元数据指定用户、硬件平台和发行版的具体构建参数，控制整个构建流程的执行行为
构建流程	获取	BitBake 从指定来源（例如 Git 仓库或压缩包）获取并下载源代码文件
	解压	将下载的源代码解压到本地工作区域，为后续处理提供基础
	应用补丁	用于修复已知问题或添加新功能，确保源代码符合目标需求
	配置环境	根据构建需求设置环境规范，例如指定工具链、依赖库以及目标硬件平台的配置
	编译	编译源代码并链接生成目标文件，最终生成可执行文件或库文件，为后续安装和打包做好准备
	安装	将编译生成的目标文件复制到临时目标目录，为后续打包和分发提供支持
	打包	将目标文件打包为指定格式的软件包（例如 RPM、DEB 或 IPK），便于分发和集成至系统镜像

续表

类　别	组　件	描　述
输出	软件包	生成的二进制软件包，支持 RPM、DEB 和 IPK 格式，作为镜像构建的基础或用于系统更新和分发
	系统镜像	构建完整的系统镜像，用于部署到目标设备，支持嵌入式系统的启动和运行
	SDK	生成的软件开发工具包（SDK），包括工具链、头文件和库文件，支持应用开发；扩展的 eSDK 提供额外的自定义能力，方便集成硬件平台特定功能

图 3-5 展示了构建系统工作流的全局视角，涵盖从输入到输出的完整流程。

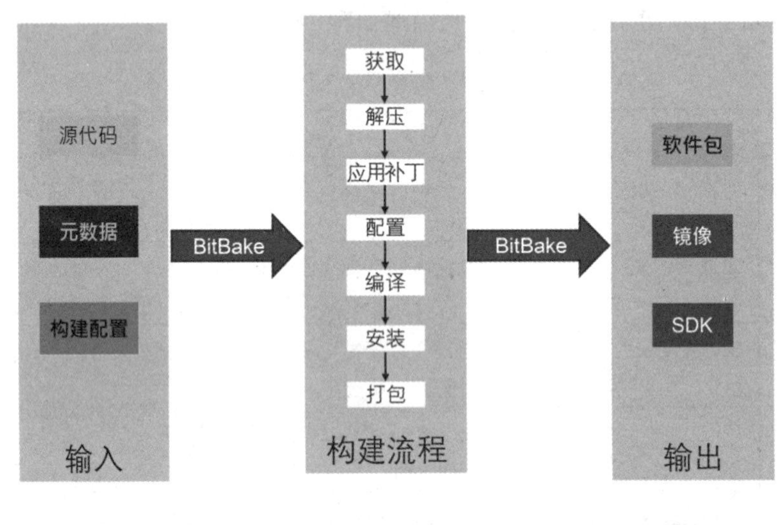

图 3-5　构建系统工作流简图

3.4　OpenEmbedded 构建环境

前面多次提到“OpenEmbedded 构建环境”这一专业名词，它是 Yocto 项目不可或缺的一部分。在这里，我们将进一步解释 OpenEmbedded 构建环境的概念，以及它在嵌入式 Linux 系统开发中的作用。

OpenEmbedded 构建环境（以下简称构建环境）是通过构建环境配置脚本（例如

oe-init-build-env）创建的一个独立工作环境，包含核心的环境变量和构建目录，用于配置和管理嵌入式系统的构建流程。

在构建主机中，同一个 Yocto 项目可以设置多个独立的构建环境，这些环境通过隔离机制实现并行运行且互不干扰，从而提升了开发效率和灵活性。

3.4.1 构建环境配置脚本

oe-init-build-env 脚本是 Yocto 项目的标准构建环境配置脚本，负责初始化 Yocto 项目（例如 Poky）的构建环境。不同的 Yocto 项目可能会对该脚本进行定制化修改，但其主要功能仍然是初始化一个符合项目需求的构建环境。

当在终端中使用 source 命令运行该脚本时，它会设置一系列必要的环境变量（例如 BBPATH 和 BITBAKE），确保 Yocto 构建系统能够正常运行。在执行任何 BitBake 命令之前，必须先运行该脚本以配置好构建环境：

```
$source oe-init-build-env [build_dir]
```

成功执行以上命令后，脚本会在指定的路径下创建构建环境。如果未指定路径，默认会在当前目录下创建一个名为 build 的目录。如果希望在指定目录创建构建环境，可以在 source 命令后指定目标目录路径 build_dir。执行后，当前工作目录会切换至该构建目录，并显示常见构建目标和其他相关信息，供开发者参考和选择。以下是在 Poky 中运行 oe-init-build-env 脚本配置构建环境的完整示例：

```
poky$ source oe-init-build-env
This is the default build configuration for the Poky reference distribution.

### Shell environment set up for builds. ###

You can now run 'bitbake <target>'

Common targets are:
    core-image-minimal
    core-image-full-cmdline
    core-image-sato
    core-image-weston
    meta-toolchain
    meta-ide-support
```

```
You can also run generated qemu images with a command like 'runqemu qemux86-64'.

Other commonly useful commands are:
 - 'devtool' and 'recipetool' handle common recipe tasks
 - 'bitbake-layers' handles common layer tasks
 - 'oe-pkgdata-util' handles common target package tasks
```

成功运行 source 命令并看到以上提示信息后，表明构建环境被成功配置，当前工作目录将自动切换至默认的 build 构建目录。输出的提示信息来自 meta-poky 层中 conf/templates/default 目录下的 conf-summary.txt 和 conf-notes.txt 文件。在设计自定义 Yocto 项目或者发行版时，可以根据需求定制或修改提示信息文件。

3.4.2　构建目录结构

构建环境配置完成并跳转至 build 构建目录（Build Directory）后，系统会自动配置环境变量，并在 build 目录中创建 conf 子目录，其中包含 local.conf 和 bblayers.conf 配置文件，用于定义构建环境的基础设置。这些环境变量和配置文件共同构成了构建环境的核心，为 OpenEmbedded 构建系统指令和任务的成功运行提供支持。

以下是 Poky 构建环境中 build 构建目录的典型结构（部分目录在构建过程中生成）：

```
build
├── cache
├── conf
├── downloads
├── sstate-cache
└── tmp
```

以下是对 build 目录中重要子目录的功能说明。

- cache：存放构建过程中产生的缓存文件，加快后续构建过程。
- conf：存放配置文件，包括 local.conf 和 bblayers.conf，这些配置文件定义了构建环境的所有配置和有效的层。
- downloads：存放下载的源代码包、补丁和工具，避免重复下载，提高构建效率。
- sstate-cache：存放共享状态缓存文件，帮助复用之前构建的成果，提升构建速度。
- tmp：存放所有构建输出和中间文件的根目录，由 conf/local.conf 文件中的 TMPDIR 变量指定。

运行构建环境配置脚本后，build 目录中初始仅包含 conf 目录及其下的 local.conf 和

bblayers.conf 配置文件。其他目录和文件将在后续构建过程中自动生成，共同构成 OpenEmbedded 构建环境的构建目录。

3.4.3 构建输出结构

在构建过程中，所有构建输出（Build Output）都存储在由 TMPDIR 变量指定的根目录中（默认为构建目录下的 tmp 目录）。若需要更改该目录的路径，可在构建环境的 conf/local.conf 文件中修改 TMPDIR 变量。

以下是 tmp 目录的部分结构：

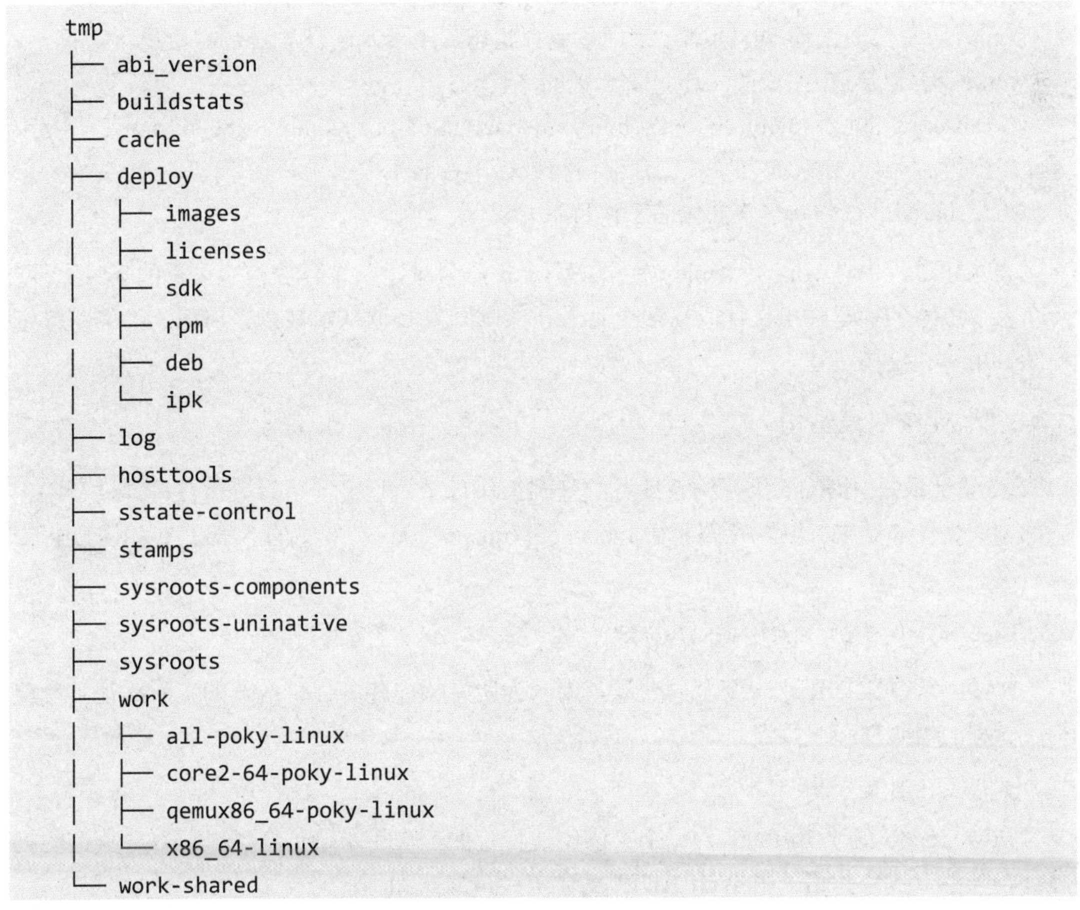

```
tmp
├── abi_version
├── buildstats
├── cache
├── deploy
│   ├── images
│   ├── licenses
│   ├── sdk
│   ├── rpm
│   ├── deb
│   └── ipk
├── log
├── hosttools
├── sstate-control
├── stamps
├── sysroots-components
├── sysroots-uninative
├── sysroots
├── work
│   ├── all-poky-linux
│   ├── core2-64-poky-linux
│   ├── qemux86_64-poky-linux
│   └── x86_64-linux
└── work-shared
```

以下是上述目录中较重要的目录及其子目录的说明。

- buildstats：存放由 buildstats 类生成的构建统计信息。

- cache：存放各种解析元数据时产生的缓存文件，以加快构建速度。
- deploy：存放构建生成的最终输出文件，包括镜像文件、许可证、SDK 和软件包等。
  - images：存放构建生成的镜像文件。
  - licenses：存放软件包的许可证文件。
  - sdk：存放软件开发工具包。
  - rpm、deb、ipk：分别存放以 RPM、Debian 和 IPK 格式打包的输出文件。
- log：存放通用日志，这些日志未记录在软件包构建目录中。
- hosttools：包含构建时允许使用的主机工具的符号链接，避免主机工具干扰构建环境。
- sstate-control：存放用于管理共享状态（sstate）缓存的清单文件。
- stamps：通过文件名和时间戳记录任务运行状态，用于判断任务是否需要重新执行。
- work：构建过程中生成的工作目录和中间文件。
  - all-poky-linux、core2-64-poky-linux、qemux86_64-poky-linux、x86_64-linux：分别对应不同目标系统类型，包含架构和目标平台的工作目录。
- work-shared：存放共享软件包的工作目录。

在构建过程中，work 和 deploy 目录是两个核心目录，一个存放构建过程的临时文件，一个存放最终的构建输出文件。这两个目录在实际开发和调试中被频繁访问，下面将详细介绍其用途和结构。

3.4.3.1　work 目录结构

work 目录是 BitBake 执行构建任务的基础工作目录，指定了所有菜谱在构建过程中生成的中间文件和结果。其默认路径由 meta/conf/bitbake.conf 文件中的 BASE_WORKDIR 变量定义：

```
BASE_WORKDIR ?= "${TMPDIR}/work"
```

BASE_WORKDIR 是一个全局变量，用于为所有构建任务提供统一的工作路径，确保构建过程的组织性和一致性。

菜谱工作目录结构

在 work 目录下，BitBake 为每个菜谱创建特定的工作目录，这样可以让各个菜谱的构建过程互不干扰，其路径由 WORKDIR 变量定义，格式如下：

```
${TMPDIR}/work/${MULTIMACH_TARGET_SYS}/${PN}/${EXTENDPE}${PV}-${PR}
```

各变量的含义如下所示。

- TMPDIR：顶层构建目录，一般是 build/tmp。
- MULTIMACH_TARGET_SYS：目标系统标识符，通常由 CPU 架构、供应商、操作系统组成，例如 qemux86_64-poky-linux。
- PN：菜谱名称。
- EXTENDPE：优先级增强值（BitBake 的 PE 机制）。未定义 PE 时，该值为空。
- PV：菜谱版本。
- PR：菜谱修订版本。

WORKDIR子目录说明

以下是 BitBake 构建指定菜谱时${WORKDIR}目录中常见子目录的说明。

- temp：由${T}变量指定的默认目录，存储任务日志文件和任务脚本文件，常用于调试和监控任务执行情况。
- image：存储 do_install 任务的输出文件，具体对应任务中的${D}变量内容。
- pseudo：保存 pseudo 模拟环境下任务的数据库和日志。
- sysroot-destdir：保存 do_populate_sysroot 任务的输出文件。
- package：保存 do_package 任务的输出，尚未拆分为单独的软件包。
- packages-split：存储 do_package 任务拆分后的软件包内容，每个子目录对应一个生成的软件包。
- recipe-sysroot：模拟目标文件系统，包含构建该菜谱所需的目标依赖项（如 C 库）。
- recipe-sysroot-native：存储本地依赖项（例如编译器、Autoconf、libtool 等构建工具），用于支持本地构建。
- build：仅在支持分离构建的菜谱中出现，用于存放构建产物，与源代码目录分离。对应变量${B}。

work目录示例

在 Poky 的构建环境中，BitBake 构建 formfactor_0.0.bb 菜谱，构建目录为 build，目标系统标识符为 qemux86_64-poky-linux。BitBake 使用的工作目录及其相对路径为：

```
build/tmp/work/qemux86_64-poky-linux/formfactor/0.0
```

该工作目录的结构如下，包含子目录和文件：

```
├── config
├── configure.sstate
├── deploy-debs
├── deploy-source-date-epoch
```

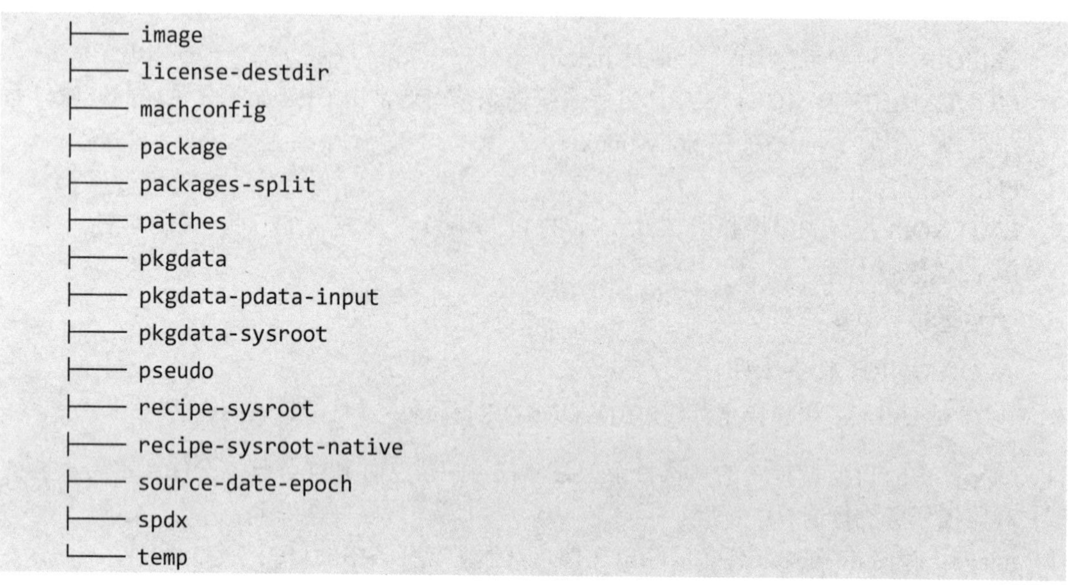

```
├── image
├── license-destdir
├── machconfig
├── package
├── packages-split
├── patches
├── pkgdata
├── pkgdata-pdata-input
├── pkgdata-sysroot
├── pseudo
├── recipe-sysroot
├── recipe-sysroot-native
├── source-date-epoch
├── spdx
└── temp
```

以上是一个典型的菜谱工作目录结构，理解其各个目录的功能和用途，有助于更清晰地掌握软件包和镜像的构建流程。

3.4.3.2　deploy 目录结构

deploy 目录是 BitBake 构建引擎生成最终输出文件的关键存储目录，主要包含镜像文件、软件包、SDK 和许可证文件。这些文件的存放路径由构建系统的相关变量定义，并可通过构建环境的 conf/local.conf 配置文件进行调整，以适配特定的构建环境。

目录结构的子目录及功能如下所述。

- images：根据 MACHINE 变量创建子目录，存放目标设备的镜像文件及相关启动配置文件等。
- licenses：存放构建过程中涉及的软件包相关的许可证文件。
- sdk：包含交叉编译器和开发支持工具，主要用于目标设备的应用开发。
- rpm、deb 和 ipk：分别存放按目标系统包格式生成的软件包文件。

deploy 目录的路径和子目录的路径由以下变量定义：

```
DEPLOY_DIR?="${TMPDIR}/deploy"
DEPLOY_DIR_IPK="${DEPLOY_DIR}/ipk"
DEPLOY_DIR_RPM="${DEPLOY_DIR}/rpm"
DEPLOY_DIR_DEB="${DEPLOY_DIR}/deb"
DEPLOY_DIR_IMAGE?="${DEPLOY_DIR}/images/${MACHINE}"
```

```
SDK_DEPLOY="${DEPLOY_DIR}/sdk"
```

以上变量的默认值可以在 meta/conf/bitbake.conf 和 classes-recipe/populate_sdk_base.bbclass 文件中找到。

以下是 deploy 目录在 MACHINE 为 qemux86-64 时的一个示例结构，列举了部分与 core-image-minimal 镜像相关的生成文件：

```
deploy
├──images
│   └──qemux86-64
│       ├──core-image-minimal-qemux86-64.rootfs.ext4
│       ├──core-image-minimal-qemux86-64.rootfs.manifest
│       ├──core-image-minimal-qemux86-64.rootfs.qemuboot.conf
│       ├──core-image-minimal-qemux86-64.rootfs.spdx.tar.zst
│       ├──core-image-minimal-qemux86-64.rootfs.tar.bz2
│       ├──core-image-minimal-qemux86-64.rootfs.testdata.json
├──licenses
├──sdk
├──rpm
├──deb
└──ipk
```

理解 deploy 目录结构，有助于快速定位构建生成的关键文件，可提高开发和调试效率。

第 4 章 元数据架构

在第 3 章中，我们通过“快速构建指南”一节，介绍了如何快速构建和运行一个完整的图形镜像，初步展现了 Yocto 项目的主要功能。同时，第 3 章重点介绍了层模型、OpenEmbedded 构建系统（包括 BitBake 和 OE-Core）、OpenEmbedded 构建环境以及构建主机等核心内容。这些内容全面解析了 Yocto 项目的基础架构及运行机制，为后续章节的深入学习奠定了坚实的理论与实践基础。

在掌握了 Yocto 项目的整体架构后，接下来的两章将分别深入解析 Yocto 项目的两大核心元素：元数据和 BitBake 构建引擎。元数据定义了构建规则、任务依赖和系统配置，是构建系统运行的核心基础；而 BitBake 则负责解析相关元数据并执行相应的构建任务。理解并运用这两个元素，是深入理解 Yocto 项目核心机制的关键。

本章将重点解析元数据的架构，包括其语法规则、文件结构及分层管理方式，全面剖析元数据在定义任务依赖、模块化管理和系统配置中的核心作用。这些内容不仅有助于理解元数据如何支持高效的系统化构建，还将为下一章深入分析 BitBake 构建引擎的执行机制提供不可或缺的知识背景。

4.1 元数据

元数据是 Yocto 项目中用于描述和管理构建过程的核心信息集合。它以结构化的文本文件形式定义构建规则、任务依赖和配置选项，为构建系统的自动化和模块化管理提供了强有力的支持。

4.1.1 元数据的概念

元数据（Metadata）是“描述数据的数据”，用于定义数据的内容和属性，其词源“meta-”来自希腊语，意为“超越”。在计算机领域中，元数据被广泛用于优化数据管理和自动化流程，具有结构化和抽象化的特性。

2003 年，OpenEmbedded 为解决嵌入式开发中的多平台支持和依赖管理的复杂性，引入了元数据来描述构建规则和依赖。最初，元数据被集中存储在一个单一仓库（OpenEmbedded-Classic）。随着元数据文件数量的不断增长，2010 年，OpenEmbedded 通过引入分层模型对元数据进行重构，OpenEmbedded-Core 作为底层标准，包含与平台和发行版无关的核心元数据，而硬件支持层和应用层用于补充或覆盖这些规则，使构建逻辑更加模块化和灵活。

Yocto 项目自 2010 年启动以来，以 OpenEmbedded 构建系统为核心，进一步扩展和规范了元数据的使用。它采用分层元数据模型，通过指定的元数据文件（例如.bb 文件和.bbclass 文件）定义构建规则和依赖关系。这些元数据由 BitBake 构建引擎解析，通过分层管理实现自动化构建流程，使 Yocto 项目成为现代嵌入式开发的重要工具。

4.1.2 元数据文件

元数据文件用于存储和组织元数据，是 Yocto 项目的核心组成部分。这些文件包括菜谱文件（.bb）、追加菜谱文件（.bbappend）、配置文件（.conf）、包含文件（.inc）和类文件（.bbclass）。它们共同为 BitBake 提供任务执行的指令和依赖管理机制，构成自动化构建流程的重要基础。

4.1.2.1 菜谱文件和追加菜谱文件

菜谱文件（以.bb 后缀命名）是最常见的元数据文件类型，也是构建系统中不可或缺的核心元素。它定义了构建软件包所需的一系列设置和任务，包括源代码的获取方式、补丁的应用、对库或其他菜谱的依赖关系、配置和编译选项。BitBake 解析菜谱文件中的元数据并执行相关任务，从而实现构建过程的自动化和高效性。

菜谱文件中的变量和任务作用域仅限于当前菜谱及其关联的追加菜谱文件（以.bbappend 后缀命名）。这一设计确保了构建过程的模块化与隔离性，避免不同菜谱之间的相互干扰，同时保障了软件包构建的独立性。追加菜谱文件用于扩展或修改现有菜谱文件的行为，例如覆盖变量、添加构建步骤或调整安装目标。追加菜谱文件必须与目标菜谱文件同名，才能生效。这种机制使菜谱文件的定制更加灵活，同时保持了构建过程的独立性与一致性。

本章的 4.2 节将详细介绍菜谱文件（包括追加菜谱文件）的结构及其功能。

4.1.2.2　配置文件

在 Yocto 项目中，配置文件以.conf 扩展名命名，用于定义和管理构建过程中各种配置变量，包括全局变量、用户自定义变量和硬件配置信息，指导 OpenEmbedded 构建系统生成适合目标设备和用途的软件包及系统镜像。这些配置文件分为多种类型，如机器配置、发行版配置、编译器优化、通用配置和用户配置等。接下来，将从构建系统中的配置文件和构建环境中的配置文件两个角度进行分析，以更清晰地阐明其作用。

构建系统中的配置文件

在第 3 章中已阐述，一个 Yocto 项目通常只有一个构建系统，但可以创建多个相互独立且并行运行的构建环境。构建系统配置文件中的配置变量具有全局性，可被任何构建环境引用。BitBake 在构建环境中执行构建流程时，构建系统中的配置变量优先级受多个因素影响，例如层结构、层优先级、文件解析顺序以及赋值语法规则。

为实现灵活的配置管理，构建系统中的配置文件主要包括以下类型：BitBake 主配置文件（bitbake.conf）、层配置文件（layer.conf）、机器配置文件（<machine-name>.conf）和发行版配置文件（<distro-name>.conf）等。这些文件通常位于元数据层中的 conf 目录下，而 layer.conf 层配置文件在每个元数据层中都必须存在。

BitBake 的核心配置文件（bitbake.conf）

BitBake 的核心配置文件名为 bitbake.conf，定义在 meta 层的 conf 子目录下。它是构建系统的核心配置文件之一，包含了 BitBake 构建引擎运行所需的基础设置和默认配置。bitbake.conf 是所有配置文件加载的入口文件，其中通过 include 和 require 语句可引入其他配置文件。

开发者通常无须直接修改 bitbake.conf，可通过编辑其他配置文件（例如 local.conf、机器配置文件或发行版配置文件）来覆盖默认值或扩展设置，从而灵活定制构建参数，例如调整目录路径、修改任务规则或配置硬件支持，以满足项目需求或适应开发环境。

bitbake.conf 文件定义了多个关键配置项，以下是常见的配置类型。

- 路径配置：指定构建过程中使用的目录路径，例如，源代码目录（S）、工作目录（WORKDIR）和构建输出目录（B）。
- 任务执行配置：定义任务执行方式，例如并行构建任务数和日志记录方式。

- 依赖解析配置：定义依赖关系的解析规则和策略，确保所有依赖项能被正确解析和处理。
- 变量和函数定义：包含大量在构建过程中频繁使用的变量和函数，用于控制构建行为或传递参数。

下面是 bitbake.conf 的部分示例代码：

```
DL_DIR ?= "${TOPDIR}/downloads"
SSTATE_DIR ?= "${TOPDIR}/sstate-cache"
IMAGE_FSTYPES ?= "tar.gz"
BP = "${BPN}-${PV}"
WORKDIR = "${BASE_WORKDIR}/${MULTIMACH_TARGET_SYS}/${PN}/${PV}"
T = "${WORKDIR}/temp"
D = "${WORKDIR}/image"
S = "${WORKDIR}/${BP}"
B = "${S}"
```

层配置文件（layer.conf）

构建系统使用元数据层来组织元数据，每个元数据层的 conf 目录下都包含一个名为 layer.conf 的层配置文件，用于定义该层的特定配置。这些配置包括文件搜索路径、层优先级、版本兼容性以及层之间的依赖关系等。

以下是部分自定义层的 layer.conf 示例代码：

```
BBFILE_COLLECTIONS += "meta-my-layer"
BBFILE_PATTERN_meta-my-layer := "^${LAYERDIR}/"
BBFILE_PRIORITY_meta-my-layer = "6"
```

机器配置文件（<machine-name>.conf）

机器配置文件是 BSP 层的重要组成部分，位于 conf/machine 目录中，通常以特定机器架构名称命名，例如 qemux86-64.conf。通过定义处理器架构、引导加载程序和内核参数等与硬件平台相关的配置，不同的机器配置文件可以精准描述各自的 BSP 硬件特性。这种以配置文件为核心的硬件定制化管理方式，不仅大幅提升了 BSP 的创建效率，也是 Yocto 项目的一项重要特性。更多内容将在 6.3 节中详细讲解。

以下是 qemux86-64.conf 的部分示例代码：

```
require conf/machine/include/qemu.inc
DEFAULTTUNE ?= "core2-64"
require conf/machine/include/x86/tune-x86-64-v3.inc
require conf/machine/include/x86/qemuboot-x86.inc
```

```
UBOOT_MACHINE ?= "qemu-x86_64_defconfig"
KERNEL_IMAGETYPE = "bzImage"
SERIAL_CONSOLES ?= "115200;ttyS0 115200;ttyS1"
```

发行版配置文件（<distro-name>.conf）

发行版配置文件通常以特定发行版名称命名，例如，poky.conf，位于发行版层的 conf/distro 目录中。该文件定义了与特定发行版相关的核心配置，包括包管理系统、发行版特性和系统初始化管理器等内容。更多关于发行版配置文件的详细内容将在 6.4 节中进行深入讲解。

以下是 poky.conf 发行版配置文件的部分代码：

```
DISTRO = "poky"
DISTRO_NAME = "Poky (Yocto Project Reference Distro)"
DISTRO_VERSION = "4.3+snapshot-${METADATA_REVISION}"
DISTRO_CODENAME = "scarthgap"

# Override these in poky based distros
POKY_DEFAULT_DISTRO_FEATURES = "largefile opengl ptest multiarch wayland vulkan"
POKY_DEFAULT_EXTRA_RDEPENDS = "packagegroup-core-boot"
POKY_DEFAULT_EXTRA_RRECOMMENDS = "kernel-module-af-packet"

DISTRO_FEATURES ?= "${DISTRO_FEATURES_DEFAULT} ${POKY_DEFAULT_DISTRO_FEATURES}"
```

构建环境中的配置文件

通常在一个 Yocto 项目中可以创建多个构建环境，每个构建环境都是相互独立的，彼此之间的项目内容和配置互不干扰。这种独立性不仅体现在构建输出上，还体现在构建环境的配置文件中。

构建环境的配置文件通常位于构建目录（Build Directory）的 conf 子目录下。当运行 source 命令初始化构建环境后，在 conf 目录下会生成两个主要的配置文件：层配置文件（bblayers.conf）和本地构建环境配置文件（local.conf）。这些配置文件中的配置变量可以通过相应的指令更改，也可以手动更改。

层配置文件（bblayers.conf）

构建环境中的层配置文件名为 bblayers.conf，其核心作用是通过 BBLAYERS 变量指定当前构建环境中有效的元数据层。BitBake 仅使用这些有效层中的元数据进行构建操作。

以下是 bblayers.conf 的示例代码：

```
# POKY_BBLAYERS_CONF_VERSION is increased each time build/conf/bblayers.conf
# changes incompatibly
POKY_BBLAYERS_CONF_VERSION = "2"
BBPATH = "${TOPDIR}"
BBFILES ?= ""
BBLAYERS ?= " \
    /home/user/poky/meta \
    /home/user/poky/meta-poky \
    /home/user/poky/meta-yocto-bsp \
    /home/user/mystuff/meta-mylayer \
    "
```

本地配置文件（local.conf）

本地配置文件是当前构建环境的核心配置文件，名称为 local.conf，用于定义和管理构建环境中的本地设置。在该文件中设置的变量通常会覆盖构建系统中使用?=或??=定义的变量（而非=赋值的变量）。前面讲解过的机器配置文件和发行版配置文件，通过 local.conf 中的 MACHINE 变量和 DISTRO 变量分别进行指定，以指定构建环境的目标硬件平台和发行版特性。

以下是 local.conf 文件的示例代码：

```
DISTRO = "poky"
MACHINE = "qemux86-64"
PACKAGE_CLASSES = "package_rpm"
DL_DIR = "${TOPDIR}/downloads"
```

4.1.2.3 类文件

类文件是扩展名为.bbclass 的元数据文件，用于抽象通用功能，并在多个菜谱文件之间共享。类文件包含可重用的元数据变量和函数（包含任务），通过 inherit 语句可被多个菜谱文件继承使用，从而实现元数据复用和模块化设计。Yocto 项目发行版中的类文件通常设计为通用组件，已包含完善的功能定义，开发者通常无须修改即可直接使用。

在元数据层中，类文件通常存在于以 classes 作为前缀命名的子目录中，以下是包含常用类文件的子目录及其说明。

- classes-recipe：适用于单独继承的类。

- classes-global：适用于全局继承的类。
- classes：使用上下文定义不明确的类。

以下是一些常用的类文件及其功能描述。

- base.bbclass: 提供基本构建功能，所有菜谱都会隐式继承。
- image.bbclass: 提供生成镜像的基础任务和通用配置。
- core-image.bbclass: 在 image.bbclass 基础上扩展，提供核心镜像菜谱文件的通用功能支持。
- cmake.bbclass: 支持使用 CMake 构建系统的项目，提供适配 CMake 的通用构建任务和配置。
- autotools.bbclass: 支持使用 GNU Autotools 构建系统的项目，定义了适配 Autotools 的构建任务和相关流程。

下面是 meta/classes-recipe/cmake.bbclass 文件的部分代码示例：

```
#
# Copyright OpenEmbedded Contributors
#
# SPDX-License-Identifier: MIT
#

# Path to the CMake file to process.
OECMAKE_SOURCEPATH ??= "${S}"

# Ensure cmake-native is a dependency.
DEPENDS:prepend = "cmake-native "
B = "${WORKDIR}/build"

# Define the CMake generator to use: "Unix Makefiles" or "Ninja".
OECMAKE_GENERATOR ?= "Ninja"

python () {
    generator = d.getVar("OECMAKE_GENERATOR")
    if "Unix Makefiles" in generator:
        args = "-G '" + generator + "' -DCMAKE_MAKE_PROGRAM=" + d.getVar("MAKE")
        d.setVar("OECMAKE_GENERATOR_ARGS", args)
        d.setVarFlag("do_compile", "progress", "percent")
    elif "Ninja" in generator:
```

```
        args = "-G '" + generator + "' -DCMAKE_MAKE_PROGRAM=ninja"
        d.appendVar("DEPENDS", " ninja-native")
        d.setVar("OECMAKE_GENERATOR_ARGS", args)
        d.setVarFlag("do_compile", "progress", r"outof:^\[(\d+)/(\d+)\]\s+")
    else:
        bb.fatal("Unknown CMake Generator %s" % generator)
}

# Set the archiver tool
OECMAKE_AR ?= "${AR}"
```

4.1.2.4　包含文件

包含文件是扩展名为 inc 的元数据文件，与类文件类似，用于共享变量、任务和其他元数据。它可以被多个菜谱文件或类文件引入，从而实现元数据的复用和模块化。

与类文件相比，包含文件通过 include 或 require 指令引入，具有更高的灵活性。include 在文件缺失时不会报错，而 require 会强制加载文件，若文件不存在则报错并中止构建。包含文件适用于轻量级的共享配置或任务定义，而类文件侧重于封装复杂的模块化功能。

以下是 meta 层中 recipes-devtools/gdb/gdb.inc 包含文件的部分代码示例：

```
LICENSE = "GPL-2.0-only & GPL-3.0-only & LGPL-2.0-only & LGPL-3.0-only"
LIC_FILES_CHKSUM = "file://COPYING;md5=59530bdf33659b29e73d4adb9f9f6552 \
    file://COPYING3;md5=d32239bcb673463ab874e80d47fae504 \
    file://COPYING3.LIB;md5=6a6a8e020838b23406c81b19c1d46df6 \
    file://COPYING.LIB;md5=9f604d8a4f8e74f4f5140845a21b6674"

SRC_URI = "${GNU_MIRROR}/gdb/gdb-${PV}.tar.xz \
           file://0001-make-man-install-relative-to-DESTDIR.patch \
           file://0002-mips-linux-nat-Define-_ABIO32-if-not-defined.patch \
           file://0003-ppc-ptrace-Define-pt_regs-uapi_pt_regs-on-GLIBC-syst.patch \
           file://0004-Dont-disable-libreadline.a-when-using-disable-static.patch \
           file://0005-use-asm-sgidefs.h.patch \
           file://0006-Change-order-of-CFLAGS.patch \
           file://0007-resolve-restrict-keyword-conflict.patch \
           file://0008-Fix-invalid-sigprocmask-call.patch \
           file://0009-gdbserver-ctrl-c-handling.patch \
           "
SRC_URI[sha256sum] = "0e1793bf8f2b54d53f46dea84ccfd446f48f81b297b28c4f7fc017b818d69fed"
```

4.1.3　元数据语法

在上一节中，我们介绍了不同的元数据文件类型及其功能，这些文件中的元数据由 BitBake 构建引擎解析。BitBake 的元数据语法涵盖变量定义、条件语法、任务描述和函数调用等核心内容。本节将重点讲解基础语法，通过掌握这些语法规则，不仅能够高效编写元数据文件，还能为后续章节的进阶学习和实战应用打下坚实基础。

4.1.3.1　注释

注释用于解释元数据文件中的逻辑或代码，不会被 BitBake 解析或执行。在元数据文件（如菜谱、类和配置文件）中，可以通过在行首添加“#”来创建注释。以下是常见的注释用法示例：

```
# 这是一个注释
# 下面的行将设置一个变量
VARIABLE = "value" # 这里也是注释，用于解释这行代码的作用
```

4.1.3.2　变量与操作符定义

构建系统的元数据与其他类型的语言不同，变量没有固定类型。BitBake 构建引擎在解析变量时，将所有赋值内容视为字符串，并以键值对（Key-Value Pair）的形式存储在 BitBake 内部数据字典（BitBake datastore）中。变量名作为键（Key）唯一地标识变量，变量内容作为值（Value）与键关联。这种机制不仅便于快速查找变量，还支持通过操作符灵活定义、追加、前置和移除变量值。

变量的命名规则

在构建系统中，变量名（也称为键，Key）通常由大写字母和下画线“_”组成，并以大写字母开头。这种命名规则确保变量具有一致性和可读性，便于在元数据中管理和引用。

变量值可以是字符串、路径、列表等形式，灵活地适应不同场景。例如：

```
SRC_URI = "https://example.com/source.tar.gz"
WORKDIR = "/path/to/workdir"
```

操作符定义

操作符（Operator）用于定义变量的值或修改其行为。语法格式如下：

```
变量名 Operator "value"
```

最常见的操作符是直接赋值操作符“=”，用于直接为变量设置值。例如：

```
FOO = "bar"
```

在构建系统中，BitBake 支持的常见操作符如表 4-1 所示。

表 4-1 常见操作符及其作用

操 作 符	操作符名称	操作符作用
=	直接赋值	为变量直接赋值，覆盖任何已有值
?=	默认赋值	仅当变量未被定义时赋值，避免覆盖已有值
??=	弱默认赋值	为变量设置弱默认值，优先级低于“?=” 和“=”
+=	非覆盖式追加	在变量值末尾追加内容，不覆盖原有值
:append	覆盖式追加	在变量值末尾追加内容，功能类似于“+=”，但在变量扩展时才生效
:prepend	覆盖式前置	在变量值开头插入内容，变量扩展时生效
:remove	覆盖式移除	从变量值中移除指定内容，变量扩展时生效

变量格式

在元数据文件中，变量通常需要遵循以下格式。

- 变量赋值时的格式：在赋值操作符的两侧应该有空格，例如 FOO = "bar"，而不是 FOO="bar"。这样的格式使代码更加清晰易读。
- 使用双引号：在赋值操作符的右侧应该使用双引号，例如 FOO = "bar"，而不是 FOO = 'bar'。虽然单引号和双引号在功能上相似，但统一使用双引号有助于保持代码的一致性。
- 缩进时使用空格：缩进时应该使用空格，每个制表符（tab）相当于 4 个空格。这是为了避免在不同编辑器或查看器中可能出现的缩进不一致问题。
- 长变量的分割：如果变量值很长，应该尽可能通过续行符“\”将其分割成多行。这有助于提高代码的可读性。
- 续行缩进：当长变量被分割成多行时，所有续行都应该缩进，以与第一行的引号开头对齐。这样做可以使代码结构更加清晰。

例如：

```
FOO = "this is a long line that \
       needs to be split into \
       multiple lines"
```

而不是：

```
FOO = "this is a long line that \
needs to be split into \
multiple lines"
```

4.1.3.3　变量赋值

元数据变量的赋值方式有直接赋值、默认赋值和弱默认赋值，以下是与赋值相关的讲解。

直接赋值（=）

使用直接赋值操作符“=”为变量赋值会立即生效，其优先级高于默认赋值“?=”和弱默认赋值“??=”。例如：

```
VARIABLE = "value"
```

在设置变量时，可以使用单引号代替双引号。这种方式允许变量值中包含双引号字符，例如：

```
VARIABLE = 'I have a " in my value'
```

默认赋值（?=）

使用默认赋值操作符“?=”为变量赋值，在变量未直接赋值时有效。例如：

```
A ?= "default"
A = "override"
```

在变量 A 只有以上两行赋值语句的情况下，A 的值最终为 override。因为直接赋值“=”的优先级高于默认赋值“?=”。

弱默认赋值（??=）

使用弱默认赋值操作符“??=”为变量赋值，该赋值仅在变量没有通过其他任何方式赋值（包括直接赋值或默认赋值）时生效。例如：

```
W ??= "weak_default"
W ?= "default"
```

在变量 W 只有以上两行赋值语句的情况下，最终 W 的值为 default。这是由于默认赋值“?=”的优先级高于弱默认赋值“??=”，其赋值结果覆盖了前面的弱默认赋值结果。

4.1.3.4　变量和变量名扩展

变量扩展可以通过${}操作符实现，用于引用其他变量的值，分为立即扩展和延时扩展两种情况。

变量立即扩展（:=）

使用立即扩展操作符“:=”进行变量扩展，会在赋值时立即解析变量的值，并固定下来。例如：

```
T = "123"
A := "test ${T}"
T = "456"
```

在上述情况下，A 的值为 test 123，因为“:=”操作符在赋值时已经解析了 T 的值。

变量延时扩展

使用直接赋值操作赋“=”进行变量扩展时，扩展是延迟的，仅在变量被实际使用时解析。例如：

```
A = "aaa"
B = "${A} bbb"
A = "ccc"
C = " ${B} ddd"
```

在上述代码中，B 在被 C 使用时根据 A 的当前值解析为 ccc bbb，随后 C 在被使用时基于已解析的 B 值解析为 ccc bbb ddd。

变量名扩展

变量名扩展，也称为键扩展（Key Expansion），是指当变量名中包含动态引用（如${}）时，其解析会在 BitBake 数据存储的最终解析阶段完成。例如：

```
A${B} = "finalvalue"
B = "2"
A2 = "displayvalue"
```

在这个例子中，BitBake 会先解析所有已经显式定义的变量 A2 和 B，然后再处理隐式定义的变量 A${B}，根据 B 的值将变量 A${B}扩展为 A2 并完成赋值，覆盖之前 A2 的值 displayvalue，所以最终 A2 的值为 finalvalue。

4.1.3.5 变量追加、前置和移除

构建系统中的变量操作除支持赋值外，还支持追加、前置和移除。追加和前置操作可通过带空格、不带空格以及覆盖式语法实现。其中，覆盖式操作在变量扩展时生效，可整合多层级修改，确保配置的完整性。移除操作用于删除变量中的特定值，提供灵活控制。

带空格的追加和前置（+= 和 =+）

追加操作符“+=”和前置操作符“=+”在为变量追加或前置值时，会自动在变量值之间插入空格。例如：

```
B = "bval"
B += "suffix"
C = "cval"
C =+ "header"
```

执行以上代码后，B 的最终值为 bval suffix，C 的最终值为 header cval。

不带空格的追加和前置（.= 和 =.）

追加操作符“.=”和前置操作符“=.”在为变量追加或前置值时，不会自动插入空格，直接将新值拼接到变量的现有值上。例如：

```
B = "bval"
B .= "suffix"
C = "cval"
C =. "header"
```

执行以上代码后，B 的最终值为 bvalsuffix，C 的最终值为 headercval。

覆盖式的追加和前置（:append 和:append）

覆盖式的追加操作符“:append”和前置操作符“:prepend”用于为变量追加或前置值。与“:=”、“.=”、“=.”、“+=”和“=+”等操作符不同，覆盖式操作的效果在变量扩展时才能体现，而非赋值时立即体现。此外，覆盖式语法不会自动插入空格，需要手动控制分隔符。例如：

```
B = "bval"
B:append = "suffix"
C = "cval"
C:prepend = "header"
```

在 B 和 C 变量扩展时，B 的值为 bvalsuffix，C 的值为 headercval。

覆盖式的移除（:remove）

覆盖式的移除操作符“:remove”用于删除变量中指定的值。与“:append”和“:prepend”一样，“:remove”的效果会在变量扩展时生效，而不是在赋值时立即应用。例如：

```
FOO = "123 456 789 123"
FOO:remove = "123"
```

在 FOO 变量扩展时，FOO 的值为 456 789。

4.1.3.6 变量标志

变量标志是 BitBake 构建引擎用于实现变量属性或附加信息的机制。它提供了一种灵活的方式，通过为变量附加标志来扩展其功能。可以对变量标志进行定义、追加或前置值，但覆盖式语法（如“:prepend”、“:append”和“:remove”）除外。通过 unset 命令，可以移除不再需要的变量或标志，从而简化构建过程，提升效率。

变量标志的定义与使用

变量标志通常定义在变量后面的“[]”符号内，用于扩展变量的属性或功能。以下示例定义了 SRC_URI 的变量标志 md5sum：

```
SRC_URI[md5sum] = "abcd"
SRC_URI[md5sum] += "efgh"
```

在此示例中，md5sum 标志的初始值为 abcd，随后通过追加操作符“+=”将 efgh 添加到标志值中。

变量标志通常可以通过 Python 函数进行访问。以下示例展示了如何使用 getVarFlag() 函数读取 SRC_URI 的变量标志值，并将结果打印到日志中：

```
python () {
    md5sum_value = d.getVarFlag("SRC_URI", "md5sum")
    bb.note("SRC_URI md5sum: %s" % md5sum_value)
}
```

运行后，在日志中将输出以下内容：NOTE: SRC_URI md5sum: abcdefgh。

BitBake 任务控制变量标志说明

BitBake 为菜谱文件和类文件定义了一组预设的变量标志，其中部分变量标志专用于控制任务的功能。表 4-2 列出了常用的具有任务控制功能的变量标志及其说明。

表 4-2 BitBake 常用变量标志

标 志 名	作 用
[cleandirs]	指定任务运行前需要清空的目录，清空后重新创建为空目录
[depends]	定义任务的构建时依赖关系，确保依赖的任务完成后再执行当前任务
[dirs]	定义任务运行前需要创建的目录，保留已存在的目录，最后一个目录作为当前工作目录
[file-checksums]	定义任务的文件依赖，用于检测文件变更以触发任务重新运行
[rdepends]	定义任务的运行时依赖关系，控制运行时其他任务的需求
[network]	当值为 1 时，允许任务访问网络。默认情况下，仅 do_fetch 任务允许网络访问

续表

标　志　名	作　　用
[prefuncs]	定义任务运行前需要调用的附加函数，按顺序执行
[postfuncs]	定义任务完成后需要调用的附加函数，按顺序执行

移除标志与变量

在构建系统中，使用 unset 关键字从 BitBake 内部数据字典中彻底移除变量或变量标志。例如：

```
unset DATE
unset SRC_URI[md5sum]
```

执行上述代码后，DATE 变量和 SRC_URI 变量的 md5sum 标志将被完全移除，后续的代码或任务将无法再访问或使用它们。

4.1.3.7　条件语法

条件语法是 BitBake 中的一种机制，用于根据特定条件动态地覆盖变量的值或追加、前置内容。它通过定义 OVERRIDES 变量及其相关规则，允许开发者为不同的构建环境、架构或任务设置变量的特定版本，从而实现灵活的构建控制。

OVERRIDES 变量

OVERRIDES 变量是一个以冒号分隔的列表，用于控制在 BitBake 解析菜谱文件和配置文件后哪些变量会被覆盖。这一机制在构建过程中至关重要，尤其适用于针对不同环境或配置定制构建行为。需要注意的是，OVERRIDES 的值只能使用以下字符：冒号“:”、小写字母、数字和短横线“-”。

例如：

```
OVERRIDES = "architecture:os:machine"
TEST = "default"
TEST:os = "osspecific"
```

比如，当 OVERRIDES 包含 os 字符串时，TEST 的值就会从默认的 default 变为 osspecific。

条件追加与前置

BitBake 支持通过 OVERRIDES 实现条件性的追加和前置操作，用于动态修改变量的值。例如：

```
DEPENDS = "glibc ncurses"
OVERRIDES = "machine:local"
DEPENDS:append:machine = " libmad"
```

执行以上代码，由于 OVERRIDES 包含了 machine，DEPENDS 的值会追加“ libmad”，最终变为 glibc ncurses libmad。

单个任务设置变量

单个任务设置变量也是条件变量的一种应用形式，其条件基于任务名称动态生效。通过为特定任务定义变量值，BitBake 实现了变量值在任务执行期间的局部覆盖。例如：

```
FOO:task-configure = "val_1"
FOO:task-compile = "val_2"
```

执行以上代码后，在执行 do_configure 任务时，FOO 的值为 val_1。当执行 do_compile 任务时，FOO 的值为 val_2。

4.1.3.8 共享功能

在 Yocto 项目中，共享功能是指 BitBake 通过包含文件（.inc）和类文件（.bbclass）实现元数据共享，从而提升构建效率和一致性。其主要共享功能指令包括 include、inherit 和 require，也可以使用 INHERIT 元数据变量。BitBake 使用 BBPATH 变量定位类文件，对于 include 和 require 指令引用的包含文件，会在当前目录进行搜索。

BBPATH 定位类文件

BBPATH 变量是一个以冒号分隔的列表，功能类似于 Linux 系统中的环境变量 PATH，用于引导 BitBake 构建引擎查找类文件和配置文件。通常在设置好的构建环境中，BBPATH 包含构建目录以及所有有效元数据层目录在构建主机中的绝对路径。

例如，在各个元数据层的 conf/layer.conf 中，通常第一行有效代码都是下面这行代码：

```
BBPATH .= ":${LAYERDIR}"
```

其中，LAYERDIR 表示当前元数据层的绝对路径。BBPATH 引导 BitBake 在这些路径的 classes 子目录或 classes-*子目录中查找类文件，确保构建引擎能够正确加载所需资源。

inherit 指令

inherit 指令用于在菜谱文件或类文件中继承一个或多个类文件，通常适用于加载共享的构建规则或功能模块。

例如，在菜谱中，使用以下命令继承 autotools.bbclass 文件：

```
inherit autotools
```

成功运行以上代码后，可以在后续代码中使用 Autotools 相关的通用功能。

INHERIT 变量

INHERIT 变量与 inherit 指令类似，用于继承.bbclass 类文件，但 BitBake 仅支持在配置文件中使用 INHERIT。由于 BitBake 在执行时会优先解析配置文件，因此 INHERIT 继承的类将在全局范围内生效，即构建环境中所有层的菜谱文件均可使用该类提供的功能。例如，在配置文件中定义以下代码：

```
INHERIT += "autotools"
```

在 BitBake 成功解析此变量后，autotools.bbclass 将在整个构建环境中生效，使所有菜谱文件均可使用该类提供的通用功能。

include 指令

include 指令主要用于在构建过程中加载指定的包含文件（.inc），并将其内容插入指令所在的位置，作为当前文件的一部分。如果文件未找到，构建过程会记录一条警告，但不会中断。这种特性使 include 指令适合处理可选配置或共享逻辑片段。

例如，使用以下指令为菜谱文件加载自检功能的包含文件：

```
include test_defs.inc
```

运行以上代码，如果能找到 test_defs.inc 文件，菜谱文件会包含其内容；如果未找到该文件，也不会中断构建流程。

require 指令

require 指令的功能与 include 相似，但在构建过程中未找到所指定的文件时，会触发错误，导致构建过程停止。这确保了关键文件的必要包含，并强制实施依赖关系。

例如，使用以下指令为菜谱文件加载自检功能的包含文件：

```
require test_defs.inc
```

运行以上代码，如果能找到 test_defs.inc 文件，菜谱文件将成功包含其内容；如果未找到该文件，构建流程将立即终止并报错。

4.2 菜谱

在 4.1.2 节中，我们介绍了菜谱文件（.bb 文件）和追加菜谱文件（.bbappend 文件）的基本概念，并阐述了它们在 Yocto 项目中的重要作用。菜谱文件及其追加菜谱文件是使用 Yocto 项目时最常被修改和定制的元数据文件类型，它们通过定义元数据变量和任务，控制源代码获取、依赖管理、补丁应用以及软件包的编译和安装过程，是实现软件包构建的核心组件。本节将重点介绍菜谱文件（包括追加菜谱文件）的命名规则、变量和任务的定义，以及如何创建和定制菜谱文件，帮助读者全面掌握这一关键元数据文件的使用方法及其在构建系统中的作用。

4.2.1 菜谱及追加菜谱示例

菜谱及追加菜谱是 Yocto 项目中最常使用的元数据文件，用于定义 BitBake 的构建规则和流程。以下通过一个 HelloWorld 示例，展示 helloworld_1.0.bb 及其追加菜谱 helloworld_1.0.bbappend 的具体内容。

在 helloworld_1.0.bb 中，定义了一个基础软件包，该软件包包含一个由 helloworld.c 实现的可执行文件 helloworld。当运行该应用程序时，它会输出"Hello, World!"，完成一个简单的打印功能。

基于原始菜谱文件，helloworld_1.0.bbappend 追加菜谱扩展了该软件包的内容。通过添加一个新的源文件 goodbye.c，编译生成可执行文件 goodbye，并在运行时输出"Goodbye, World!"，从而实现额外的功能。

最终构建的软件包包含 helloworld 和 goodbye 两个应用程序，分别演示了菜谱的功能定义以及追加菜谱在扩展功能时的应用场景。

4.2.1.1 helloworld 元数据结构

要构建一个具有相应打印功能的 helloworld 软件包，可以按照以下结构创建一个元数据层 meta-helloworld，用于存放菜谱及其相关文件：

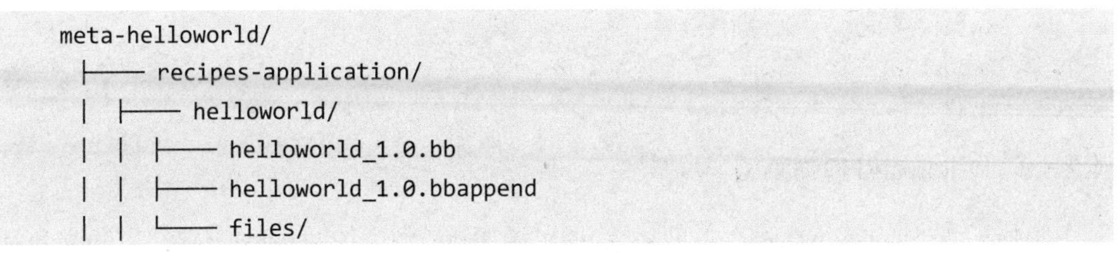

```
meta-helloworld/
 ├── recipes-application/
 │   ├── helloworld/
 │   │   ├── helloworld_1.0.bb
 │   │   ├── helloworld_1.0.bbappend
 │   │   └── files/
```

```
│ │       ├── helloworld.c
│ │       └── goodbye.c
└── conf/
└── layer.conf
```

4.2.1.2 helloworld 菜谱

helloworld 菜谱中指定了源文件 helloworld.c 的路径，并定义了相关 BitBake 构建任务，包括编译生成 helloworld 二进制文件以及将其安装到目标系统中。以下是 helloworld_1.0.bb 菜谱文件的具体内容：

```
SUMMARY = "Simple helloworld application"
DESCRIPTION = "Example Recipe"
LICENSE = "CLOSED"

SRC_URI = "file://helloworld.c"
S = "${WORKDIR}"

do_compile() {
    ${CC} helloworld.c -o helloworld
}

do_install() {
    install -d ${D}${bindir}
    install -m 0755 helloworld ${D}${bindir}
}

FILES_${PN} += "${bindir}/helloworld"
```

菜谱中使用的 helloworld.c 源文件的内容如下：

```
#include <stdio.h>
int main() {
    printf("Hello, World!\n");
    return 0;
}
```

4.2.1.3 helloworld 追加菜谱

追加菜谱扩展 helloworld 菜谱的功能，通过添加新的源文件 goodbye.c，增加了 goodbye

应用的构建和安装任务。以下是 helloworld_1.0.bbappend 追加菜谱的具体内容：

```
SRC_URI += "file://goodbye.c"
do_compile: append() {
    ${CC} goodbye.c -o goodbye
}
do_install: append() {
    install -m 0755 goodbye ${D}${bindir}
}
FILES_${PN} += "${bindir}/goodbye"
```

追加菜谱中添加的 goodbye.c 源文件的内容如下：

```
#include <stdio.h>
int main() {
     printf("Goodbye, World!\n");
     return 0;
}
```

4.2.1.4 helloworld 软件包构建

通过 helloworld_1.0.bb 和 helloworld_1.0.bbappend 的组合，使用 BitBake 可以构建一个包含两个应用程序的软件包。

- helloworld：实现打印"Hello, World!"的功能。
- goodbye：实现打印"Goodbye, World!"的功能。

这种构建方式展示了如何在不修改原始菜谱的情况下，通过追加菜谱灵活地扩展功能。该方法不仅提高了元数据的灵活性，还便于在实际开发中快速适配多样化的功能需求。

通过这个 helloworld 示例，我们初步了解了菜谱和追加菜谱的基础结构。关于菜谱的命令规则、具体内容，以及它们在构建流程中的具体应用，请接着往下学习。

4.2.2 菜谱命名与版本控制

在 Yocto 项目中，菜谱的命名与版本控制机制是构建稳定可靠系统不可或缺的基础。深入理解这些规则对于维护 Yocto 项目的清晰度、提高可维护性以及确保软件包的正确构建和管理至关重要。

4.2.2.1　存放路径与命名规则

菜谱文件通常按照<recipename>_<version>.bb 的格式命名，存放在元数据层的 recipes-<category>/<recipename>目录中。这种命名规则能够清晰地区分不同组件，确保文件结构的规范化和有序性。其中，下画线“_”作为分隔符连接菜谱文件名称（recipename）和版本号（version），而连字符“-”则用于区分修订版。

以下是关于命名规则和目录结构的详细说明。

- recipes-<category>：一个以 recipes-为前缀、后跟<category>类别后缀的目录名称，用于组织和标识菜谱所属的类别。例如 recipes-applications 表示应用程序类别。
- recipename：菜谱的名称，通常反映了其功能或软件包的标识。
- version：菜谱的版本，用于区分同一软件包的不同构建版本。

例如，上一节中的 helloworld_1.0.bb 文件，是一个名为 helloworld 的菜谱文件，版本号为 1.0，其存放路径为 recipes-applications/helloworld/。

4.2.2.2　版本定义

菜谱的版本定义遵循 Debian 的版本定义规则，格式为<epoch>:<version>-<revision>，并通过${PE}:${PV}-${PR}变量表示。通常，PV 和 PR 的默认值由菜谱文件名指定，而在菜谱文件中显式定义这些变量时，会覆盖文件名中的默认值。这种机制为版本控制提供了更高的灵活性和精确性。此外，PE（Package Epoch）用于处理版本编号方式不兼容的更改，确保软件包能够正确升级。在 Yocto 项目中，PE 通常保持未设置状态，因为很少需要使用。

PV 变量

PV（Package Version）表示软件包的版本，是版本控制的核心。其值可以从菜谱文件名中自动解析，也可以在菜谱文件中显式设置以覆盖默认值，具体规则如下：

- 菜谱文件名不包含版本号时，PV 默认被配置为“1.0”。
- 菜谱文件名包含版本号时，例如 helloworld_1.0.bb，PV 自动解析为“1.0”。
- 对于跟踪 Git 仓库的菜谱，文件名中包含“git”，例如 helloworld_git.bb，PV 被设置为 Git 修订版本号。
- 在菜谱文件中显式设置 PV 变量，可以包含 Git 修订信息。例如设置为${SRCPV}或 1.0+git${SRCPV}。

PR 变量

PR（Package Revision）表示基于相同上游版本的菜谱修订次数。其值的设置规则如下：

- 菜谱文件名不包含修订号时，PR 默认设置为“r0”。
- 菜谱文件名包含修订号，例如，helloworld_1.0-r0.bb，PR 被设置为“r0”，但这种命名方式不常见。
- 在菜谱文件中显式定义 PR 变量，可以覆盖文件名中的默认值。
- 当 PV 增加时，任何现有的 PR 值都应被移除，以避免版本管理混乱。

4.2.3 菜谱语法

在 4.1.3 节中，我们学习了元数据的基础语法，包括元数据变量、条件语法和共享功能。然而，元数据语法的应用远不止于此。菜谱文件（.bb 菜谱文件和.bbappend 追加菜谱文件）是构建系统的核心文件，其语法结构相较于其他元数据文件具有显著特点。

与类文件和包含文件主要定义可复用的元数据变量和函数不同，菜谱文件专注于构建指定软件包所需的元数据变量和任务，并通过这些内容明确软件包的构建规则和流程。本节将详细解析菜谱文件的语法结构，并深入探讨与其相关的进阶元数据语法知识点，包括函数、任务及其依赖关系。

4.2.3.1 菜谱元数据结构

菜谱文件是 Yocto 项目中最常被修改的元数据文件，也是软件包构建流程的起点，类似于 C 语言中的.c 文件。每个菜谱文件拥有独立的运行空间，多个菜谱文件可以并行运行。由于其定位和功能的特点，菜谱文件采用了一套专有的元数据结构。这种结构的统一性和标准化不仅使菜谱文件更加规范，也便于学习和扩展。

本节将从菜谱文件中的必需变量和元数据定义顺序两个方面进行讲解，这将有助于理解实际代码并为后续定制菜谱文件打下基础。

建议包含的变量

在菜谱文件中，建议必须包含以下变量以描述菜谱所构建项目的基本信息。

- SUMMARY：对上游项目的一行简短概述。
- DESCRIPTION：对上游项目的扩展描述，可能包含多行文本。如果无法写出合理的描述，可以省略，因为它会默认为 SUMMARY 的内容。
- HOMEPAGE：上游项目的主页 URL。
- BUGTRACKER：上游项目的错误跟踪网站的 URL（如果适用）。

虽然这些变量不是强制要求，但它们是 Yocto 项目推荐的规范。在公开项目或团队协作中，建议始终包含这些变量，以提高文件的规范性和可维护性。

元数据顺序

当在菜谱文件和类文件中定义相关元数据变量、函数或者任务时，需要遵循以下通用的顺序。

1. SUMMARY、DESCRIPTION、HOMEPAGE、BUGTRACKER：描述项目的基本信息和联系方式。
2. SECTION、LICENSE、LIC_FILES_CHKSUM：软件包的类别、菜谱的许可证及许可证文件的校验和。
3. DEPENDS、PROVIDES、PV、SRC_URI、SRCREV、S：依赖关系、菜谱别名、菜谱版本信息、指定源代码、源代码版本、构建输出路径。
4. inherit ...：继承的类文件。
5. PACKAGECONFIG：包配置选项。
6. 构建类的特定变量，例如 EXTRA_QMAKEVARS_POST 和 EXTRA_OECONF。
7. 构建工作流的任务，例如 do_fetch 和 do_configure。
8. PACKAGE_ARCH、PACKAGES、FILES：包架构、包列表和文件列表。
9. 运行时依赖等，例如 RDEPENDS、RRECOMMENDS、RSUGGESTS、RPROVIDES、RCONFLICTS。
10. BBCLASSEXTEND：扩展构建类。

以上顺序虽然不是强制要求，但建议尽量按照上述排序规范来组织菜谱文件和类文件的内容。在一些特殊情况下，变量或任务的顺序会直接影响构建结果。按照推荐的顺序编写元数据，可以提高文件的可读性和规范性，同时减少构建过程中的潜在错误。

4.2.3.2　函数

函数和任务是菜谱文件和类文件中重要的语法结构。由于类文件通常用于定义通用模块，因此函数和任务的修改与定制更多发生在菜谱文件（包括追加菜谱文件）中。本节和下一节将分别讲解函数和任务的语法知识点。将这两部分内容结合学习，更容易理解它们之间的关系和作用。

与大多数编程语言类似，函数是构建操作并将其组织为任务的基本单元。BitBake 支持以下几种类型的函数，有关 BitBake 源代码结构和核心模块的详细描述可以参考 5.2 节。

- Shell 函数：用 Shell 脚本编写，可以直接作为函数、任务或二者同时执行，也可以被其他 Shell 函数调用。
- BitBake 风格的 Python 函数：用 Python 编写，通过 BitBake 或其他 Python 函数调用（例如 bb.build.exec_func()）。

- 匿名 Python 函数：在解析阶段自动执行的 Python 函数，用于动态设置变量或执行初始化操作。
- 标准 Python 函数：用 Python 编写，通常由其他 Python 代码调用，用于实现工具逻辑或动态变量计算。

无论是哪种类型的函数，函数只能定义在包含文件、类文件和菜谱文件中。

Shell 函数

Shell 函数使用 Shell 脚本编写，可直接作为函数或任务执行，也可以被其他 Shell 函数调用。

例如：

```
some_function () {
    echo "Hello World"
}
```

Shell 函数支持通过“:append”和“:prepend”操作符进行扩展或覆盖，这种机制常用于追加菜谱文件修改现有菜谱中的函数，或调整从类文件中继承的函数定义。

BitBake 风格的 Python 函数

BitBake 风格的 Python 函数是使用 Python 编写的代码片段，由 BitBake 或其他 Python 函数通过 bb.build.exec_func()执行。与 Shell 函数类似，它们可以直接作为函数或任务执行，并支持通过“:append”和“:prepend”操作符进行扩展或覆盖。

与标准 Python 函数不同，这类函数以 python 关键字开头，不能显式定义参数或返回值，而是依赖 BitBake 的全局数据存储对象 d 进行变量的传递和结果存储。在函数体内，bb 和 os 模块会被默认导入，开发者无须手动加载其他模块。通过全局对象 d，函数可以动态获取或设置构建环境中的变量，简化了调用过程，同时适配了 BitBake 的构建任务需求。

例如：

```
python set_and_expand_var() {
    d.setVar("GREETING", "Hello ${NAME}")
    expanded_greeting = d.expand(d.getVar("GREETING"))
    bb.plain(f"Expanded Greeting: {expanded_greeting}")
}
```

在该示例中，首先使用 d.setVar()将变量 GREETING 的值设置为未解析的字符串“Hello ${NAME}”。随后，通过 d.getVar()获取变量的原始值，并使用 d.expand()手动解析“${NAME}”的引用，得到完整的变量值。最终，通过 bb.plain()调用 bb 模块将解析后的结果输出到日志中。例如，当 NAME 为“World”时，日志输出为“Expanded Greeting: Hello World”。

此示例清晰地展示了 BitBake 风格的 Python 函数的核心特性：通过全局数据存储对象 d 操作构建变量，并利用默认支持的 bb 模块完成日志输出。该机制无须显式参数或返回值，特别适用于动态构建环境中的变量的操作场景。

匿名 Python 函数

匿名 Python 函数是 BitBake 风格的 Python 函数的一种特殊形式。它没有函数名称，且在解析阶段自动执行，主要用于动态设置变量或调整构建环境。无须显式调用，匿名函数会按照定义顺序在解析结束时自动运行。使用覆盖操作符（例如“:append”和“:prepend”）的修改会在匿名函数运行前生效。

例如：

```
python () {
    if d.getVar("MACHINE") == "qemuarm":
       d.setVar("DEPLOY_DIR", "/tmp/qemuarm/deploy")
}
```

以上代码在解析阶段检查构建目标 MACHINE 变量是否为“qemuarm”，如果条件满足，则动态设置部署目录 DEPLOY_DIR 为/tmp/qemuarm/deploy。

标准 Python 函数

标准 Python 函数是 BitBake 系统中的一种工具函数，其语法完全符合标准 Python 定义，支持显式参数和返回值。标准 Python 函数通常用于实现特定功能，例如工具逻辑的封装或动态变量的计算。

与 BitBake 风格的 Python 函数不同，标准 Python 函数不会在解析阶段自动运行，而是通过其他 Python 代码调用或内嵌表达式（${@}）显式触发。数据存储对象 d 必须作为参数传递，无法直接使用。此外，bb 和 os 模块已自动导入，无须手动引入。例如：

```
def get_depends(d):
    if d.getVar("SOMECONDITION") == "1":
       bb.note("Condition met, returning dependency-a")
       return "dependency-a"
    else:
       bb.warn("Condition not met, returning dependency-b")
       return "dependency-b"
DEPENDS = "${@get_depends(d)}"
```

以上代码通过标准Python函数get_depends(d)根据SOMECONDITION的值动态返回依赖项。若SOMECONDITION的值为“1”，函数返回“dependency-a”，同时通过bb.note打印日志提示条件满足；否则返回“dependency-b”，并通过bb.warn记录警告日志。变量DEPENDS通过“${@}”表达式调用该函数，动态完成赋值。

4.2.3.3 任务

前一节介绍了BitBake支持的函数类型，本节将详细讲解BitBake的执行单元——任务。任务由Shell函数或BitBake风格的Python函数定义，并通过addtask指令注册，命名时通常以“do_”为前缀。例如，do_fetch任务用于获取源代码，do_compile任务用于编译，do_install任务用于安装。这种命名方式直观且规范，有助于快速识别任务功能。

任务可以直接在菜谱文件中定义，以便针对特定软件包进行定制；也可以通过类文件（.bbclass）定义，实现代码复用。通过类文件共享通用任务逻辑，能够避免在多个菜谱中重复定义，从而提升开发效率并简化维护流程。

注册任务

Shell函数或BitBake风格的Python函数可以通过addtask指令注册为任务。同时，addtask指令还允许定义任务之间的依赖关系。通常，addtask的第一个参数需要注册为任务的函数名。如果函数名未以“do_”开头，BitBake会自动添加“do_”前缀以符合任务命名规范。

例如：

```
python do_printdate () {
    import time
    print time.strftime('%Y%m%d', time.gmtime())
}
addtask printdate after do_fetch before do_build
```

在上述示例中，addtask指令将do_printdate()函数注册为任务，并设定其依赖关系：它将在do_fetch之后、do_build之前执行。当运行do_build任务时，do_printdate将优先执行。

默认任务

通常，在BitBake构建一个非镜像类型的菜谱时，可通过addtask注册表4-3所示的常用任务，默认的执行顺序是从1～9依次进行。

表 4-3 BitBake 的常用任务及其执行顺序

顺　序	任　务	功　能
1	do_fetch	下载源代码，将其从远程服务器获取到本地工作目录
2	do_unpack	解压源代码，将下载的压缩包解压到工作目录
3	do_patch	打补丁，对源代码进行修改以修正错误或添加功能
4	do_prepare_recipe_sysroot	准备菜谱的系统根目录，确保所有构建依赖项都被正确安装到 sysroot 目录中
5	do_configure	配置构建系统，例如，运行 configure 配置脚本，以生成 Makefile 等构建文件
6	do_compile	编译源代码，例如，运行 make 命令，将源代码编译成二进制文件
7	do_install	安装编译后生成的文件，将二进制文件、库和其他资源安装到指定的目标目录
8	do_populate_sysroot	将编译结果拷贝到 sysroot 目录，供其他包的构建过程使用
9	do_package	打包编译结果，将安装的文件打包成适合分发和安装的格式

删除任务

要从菜谱文件的任务列表中删除某个任务，可以使用 deltask 指令。例如，以下代码将删除之前注册的 do_printdate 任务：

```
deltask printdate
```

上述代码通过 deltask 删除了 do_printdate 任务。删除后，该任务将不再存在于任务列表中，相关的依赖关系也会被移除。例如，do_build 任务将不再依赖 do_printdate，因此无须在其之后执行。

需要注意的是，通过 deltask 删除任务可能导致依赖该任务的其他任务在缺少必要前置条件的情况下执行，从而引发构建问题。因此，在删除任务时，应确保不会破坏任务的依赖关系和构建流程的完整性。

禁止任务

如果希望阻止某个任务执行但保留其依赖关系，可以使用“[noexec]”变量标志禁用任务，而不是通过 deltask 命令删除它。例如，以下代码禁用 do_printdate 任务：

```
do_printdate[noexec] = "1"
```

通过以上代码禁用 do_printdate，do_build 任务仍然保留对其的依赖关系，从而避免在没有该任务的条件下运行。

4.2.3.4 依赖关系

前面讲解了任务的相关操作，其中通过 addtask 指令可以注册任务并指定任务间的依赖关系，这些依赖关系通常适用于菜谱内部的任务。接下来我将介绍菜谱之间的依赖关系。菜谱的构建通常无法独立完成，往往需要依赖其他菜谱或软件包，这些菜谱间的依赖关系由 BitBake 构建引擎负责管理。根据依赖的层级不同，菜谱之间的依赖关系可以分为：菜谱级别的依赖关系和任务级别的依赖关系。

菜谱级别的依赖关系

大多数菜谱一般都不能独立构建和运行，有时候需要依赖其他菜谱（包括菜谱别名）或者生成的相关软件包。这些依赖关系分为两大类：构建时依赖和运行时依赖。通过这些依赖声明，BitBake 能够自动处理菜谱之间的依赖关系，确保构建和运行时环境的完整性和一致性。下面我们就分别讲解一下这两种关系。

构建时依赖

构建时依赖是指在构建某个菜谱时，所需的其他菜谱生成的构建成果，例如头文件、库文件等。这些依赖通过 DEPENDS 变量声明，多个依赖项使用空格分隔。

如果 4.2.1 节创建的 helloworld_1.0.bb 示例菜谱依赖 libpackage.bb 和 libfile.bb 两个菜谱，在 helloworld_1.0.bb 中，可以通过以下方式声明依赖关系，以确保构建过程顺利完成：

```
DEPENDS = "libpackage libfile"
```

在以上代码中，DEPENDS 变量默认会指定 helloworld 菜谱中的 do_configure 任务依赖 libpackage 和 libfile 菜谱中的 do_populate_sysroot 任务。如果在执行 helloworld 菜谱的 do_configure 任务时，其相关依赖任务未全部完成，helloworld 菜谱的构建将失败并停止。

运行时依赖

运行时依赖是指软件包在运行时所需的其他软件包。运行时依赖可以通过 RDEPENDS 变量或 RRECOMMENDS 变量指定，以确保 BitBake 生成的软件包能够正常运行或提供扩展功能。

helloworld_1.0.bb、libpackage.bb 和 libfile.bb 菜谱在构建完成后，将分别生成名称与菜谱相同的软件包：helloworld、libpackage 和 libfile。在 helloworld_1.0.bb 菜谱中，加入以下代码：

```
RDEPENDS:${PN} = "libPackage"
RRECOMMENDS:${PN} = "libfile"
```

以上代码会产生以下结果。

- RDEPENDS：指定 helloworld 软件包运行时必须依赖 libpackage 软件包。如果在构建过程（如 do_rootfs 任务）中找不到 libpackage 软件包，BitBake 会报错并停止构建。
- RRECOMMENDS：为 helloworld 软件包推荐安装 libfile 软件包，以提供扩展功能。如果构建环境中缺少 libfile，BitBake 不会报错，helloworld 软件包仍能成功构建并正常运行。

任务级别的依赖关系

在某些情况下，仅靠菜谱级别的依赖可能不足以满足需求，需要更细粒度的控制。这时可以通过任务级别的依赖关系来解决。任务级别的依赖关系允许对菜谱中具体任务之间的依赖进行精确定义，从而实现更灵活的构建逻辑。

构建时依赖

菜谱之间的构建时依赖通过 DEPENDS 变量定义，在此基础上，还可以通过[deptask]标志进一步指定任务级别的构建时依赖关系。

如果 helloworld_1.0.bb 菜谱中的 do_compile 任务依赖 libpackage.bb 和 libfile.bb 菜谱中的 do_package 任务，可以在 helloworld_1.0.bb 菜谱中添加如下代码：

```
DEPENDS = "libpackage libfile"
do_compile[deptask] = "do_package"
```

以上代码通过 DEPENDS 声明 helloworld_1.0.bb 菜谱依赖 libpackage.bb 和 libfile.bb 菜谱，同时通过[deptask]标志指定 do_compile 任务必须在 libpackage.bb 和 libfile.bb 菜谱中的 do_package 任务完成后才能执行。如果这些依赖任务未完成，BitBake 将在执行 do_compile 任务时报错并停止运行。

运行时依赖

菜谱级别的运行时软件包之间的依赖是通过 RDEPENDS 或 RRECOMMENDS 变量实现的，在此基础之上，[rdeptask] 变量标志用于进一步指定任务之间的运行时依赖关系。

如果 helloworld_1.0.bb 菜谱中的 do_rootfs 任务依赖 libpackage.bb 菜谱中的 do_package 任务，可以在 helloworld_1.0.bb 菜谱中添加以下代码：

```
RDEPENDS:${PN} = "libpackage"
do_rootfs[rdeptask] = "do_packaged"
```

以上代码通过 RDEPENDS 声明 helloworld 软件包运行时依赖 libpackage 软件包，同时通过[rdeptask]指定 helloworld_1.0.bb 的 do_rootfs 任务必须在 libpackage.bb 菜谱中的 do_packaged 任务完成后才能执行，否则 BitBake 会报错并停止构建。

4.2.4 创建菜谱

在本章前面的内容中，我们讲解了菜谱的基础知识，包括命名规则、版本控制、语法结构、依赖关系和任务定义等，为理解和应用菜谱奠定了基础。接下来，本节将聚焦于如何高效地创建菜谱文件。除了从头开始手动编写，常用的创建方法主要包括以下三种。

- 基于现有菜谱：拷贝功能相似的菜谱并进行修改，这种方法简单易用。
- recipetool create：Yocto 项目提供的工具，通过源代码文件自动生成基本菜谱。
- devtool add：命令行工具，用于创建菜谱并设置适合开发的环境。

其中，基于现有菜谱的修改最为直接，通常可以在 OpenEmbedded 层索引中搜索与需求最匹配的菜谱，然后基于此菜谱进行修改。

而 devtool add 更适用于可扩展 SDK 的场景，这部分内容将在第 10 章中详细讲解。本节重点介绍 recipetool create 命令，它能够快速、高效地生成基础菜谱文件。

4.2.4.1 recipetool 工具

recipetool 是 Yocto 项目在 2.1 版本（代号 Krogoth）中引入的一款命令行工具，专门用于创建和管理菜谱文件（包括追加菜谱文件）。在运行该工具之前，需要先使用构建环境设置脚本（如 oe-init-build-env）设置好构建环境。然后，可以通过以下 recipetool -h 命令查看工具的选项和子命令：

```
build$ recipetool -h
NOTE: Starting bitbake server...
usage: recipetool [-d] [-q] [--color COLOR] [-h] <subcommand> ...

OpenEmbedded recipe tool

options:
  -d, --debug     Enable debug output
  -q, --quiet     Print only errors
  --color COLOR   Colorize output (where COLOR is auto, always, never)
  -h, --help      show this help message and exit

subcommands:
  appendfile      Create/update a bbappend to replace a target file
  appendsrcfiles  Create/update a bbappend to add or replace source files
  appendsrcfile   Create/update a bbappend to add or replace a source file
```

```
    setvar          Set a variable within a recipe
    create          Create a new recipe
    edit            Edit the recipe and appends for the specified target. This obeys
                    $VISUAL if set, otherwise $EDITOR, otherwise vi.
    newappend       Create a bbappend for the specified target in the specified layer
  Use recipetool <subcommand> --help to get help on a specific command
```

recipetool 工具大大简化了菜谱文件的创建与管理工作。无论是从零生成菜谱文件，还是扩展现有菜谱功能，该工具都提供了强大的支持，接下来重点讲解 recipetool create 创建菜谱命令。

4.2.4.2　recipetool create 命令

recipetool 工具使用 create 子命令能够基于源代码文件智能地生成基础菜谱。只要能访问到源代码，无论是直接指向本地的源代码目录还是其源代码归档文件，或者是远程源代码仓库地址（URL），该工具都能构建一个相应的菜谱文件，并自动配置所有必要的预构建信息。

配置好构建环境后，可以输入以下命令获取 recipetool create 命令的相关帮助信息：

```
build$ recipetool create -h
NOTE: Starting bitbake server...
usage: recipetool create [-h] [-o OUTFILE] [-p PROVIDES] [-m]
                         [-x EXTRACTPATH] [-N NAME] [-V VERSION] [-b]
                         [--also-native] [--src-subdir SUBDIR] [-a | -S SRCREV]
                         [-B SRCBRANCH] [--keep-temp]
                         [--npm-dev] [--mirrors]
                         source

Creates a new recipe from a source tree

arguments:
  source                Path or URL to source

options:
  -h, --help            show this help message and exit
  -o OUTFILE, --outfile OUTFILE
                        Specify filename for recipe to create
  -p PROVIDES, --provides PROVIDES
```

```
                        Specify an alias for the item provided by the recipe
    -m, --machine         Make recipe machine-specific as opposed to architecture-specific
    -x EXTRACTPATH, --extract-to EXTRACTPATH
                        Assuming source is a URL, fetch it and extract it to the
directory specified as EXTRACTPATH
    -N NAME, --name NAME  Name to use within recipe (PN)
    -V VERSION, --version VERSION
                        Version to use within recipe (PV)
    -b, --binary          Treat the source tree as something that should be installed
verbatim (no compilation, same directory structure)
    --also-native         Also add native variant (i.e. support building recipe for
the build host as well as the target machine)
    --src-subdir SUBDIR   Specify subdirectory within source tree to use
    -a, --autorev         When fetching from a git repository, set SRCREV in the recipe
to a floating revision instead of fixed
    -S SRCREV, --srcrev SRCREV
                        Source revision to fetch if fetching from an SCM such as git
(default latest)
    -B SRCBRANCH, --srcbranch SRCBRANCH
                        Branch in source repository if fetching from an SCM such as
git (default master)
    --keep-temp           Keep temporary directory (for debugging)
    --npm-dev             For npm, also fetch devDependencies
    --mirrors             Enable PREMIRRORS and MIRRORS for source tree fetching
(disabled by default).
```

4.2.4.3 创建菜谱

为了基于源代码创建菜谱，并将生成的菜谱文件存放在当前目录中，可以使用以下命令：

```
$recipetool create -o <recipename> <sourcepath>
```

其中，recipename 为指定生成菜谱文件的名称，sourcepath 为指定源代码文件所在的本地路径或者远程 URL。

以下以 4.2.1 节中的 helloworld.c 源文件为例，基于此文件创建一个名为 helloworld_1.0.bb 的菜谱文件。该文件位于 Poky 源代码的相对路径 poky/meta-customer/recipes-application/helloworld/files 下，目录结构如下：

```
poky/
├── meta-customer/
│   ├── recipes-application/
│   │   ├── helloworld/
│   │   │   └── files/
│   │   │       ├── helloworld.c
```

在使用 recipetool create 命令之前，先运行以下命令运行构建环境设置脚本设置构建环境：

```
$source poky/oe-init-build-env  ./build
```

完成构建环境的设置并自动进入构建目录 build 后，可以运行以下 recipetool create 命令，基于指定的源文件生成菜谱：

```
build$ recipetool create -o helloworld_1.0.bb  ../poky/meta-customer/
recipes-application/helloworld/files/helloworld.c
```

成功运行上述命令后，会在当前目录下生成名为 helloworld_1.0.bb 的菜谱文件。可通过以下命令查看菜谱内容：

```
build$ cat helloworld_1.0.bb
# Recipe created by recipetool
# This is the basis of a recipe and may need further editing in order to be fully
functional.
# (Feel free to remove these comments when editing.)

# Unable to find any files that looked like license statements. Check the accompanying
# documentation and source headers and set LICENSE and LIC_FILES_CHKSUM accordingly.
#
# NOTE: LICENSE is being set to "CLOSED" to allow you to at least start building - if
# this is not accurate with respect to the licensing of the software being built (it
# will not be in most cases) you must specify the correct value before using this
# recipe for anything other than initial testing/development!
LICENSE = "CLOSED"
LIC_FILES_CHKSUM = ""

SRC_URI = "file:///home/jerry/yocto/poky/meta-customer/recipes-application/
helloworld/files/helloworld.c"
```

```
S = "${WORKDIR}/home"

# NOTE: no Makefile found, unable to determine what needs to be done

do_configure () {
    # Specify any needed configure commands here
    :
}

do_compile () {
    # Specify compilation commands here
    :
}

do_install () {
    # Specify install commands here
    :
}
```

从上述内容可以看出，菜谱中的 SRC_URI 变量指向本地源文件，并创建了必要的任务。然而，通过 recipetool create 生成的菜谱只是一个基础菜谱，通常仅包含最基本的信息，需要后面根据需求补充菜谱相关代码。

4.2.4.4 创建菜谱并输出调试信息

如果需要在创建菜谱的同时输出调试信息，以便了解创建流程或进行故障排除，可以在创建命令中添加-d 选项。例如：

```
$recipetool create -d -o <recipename> <sourcepath>
```

此命令将在创建菜谱的同时输出调试信息，这有助于了解菜谱创建过程的细节并排查潜在的问题。

例如，在配置好构建环境后，基于远程 https://github.com/*****/flowingLED.git 仓库源代码，执行以下命令创建 flowingled_git.bb 菜谱，并输出调试信息：

```
build$ recipetool create -d -o  flowingled_git.bb  https://github.com/*****/
flowingLED.git
    DEBUG: Found bitbake path: /home/jerry/yocto/poky/bitbake
```

```
    NOTE: Starting bitbake server...
    DEBUG: Loading plugins from /home/jerry/yocto/poky/meta-poky/lib/recipetool...
    DEBUG: Loading plugins from /home/jerry/yocto/poky/build/lib/recipetool...
    DEBUG: Loading plugins from /home/jerry/yocto/poky/meta/lib/recipetool...
    DEBUG: Loading plugins from /home/jerry/yocto/poky/meta-yocto-bsp/lib/recipetool...
    DEBUG: Loading plugins from /home/jerry/yocto/poky/meta-customer/lib/recipetool...
    DEBUG: Loading plugins from /home/jerry/yocto/poky/scripts/lib/recipetool...
    DEBUG: Loading plugin append
    DEBUG: Loading plugin create_kernel
    DEBUG: Loading plugin setvar
    DEBUG: Loading plugin create_buildsys_python
    DEBUG: Loading plugin create_npm
    DEBUG: Loading plugin create
    DEBUG: Loading plugin create_buildsys
    DEBUG: Loading plugin create_go
    DEBUG: Loading plugin create_kmod
    DEBUG: Loading plugin edit
    DEBUG: Loading plugin newappend
    DEBUG: Loading recipe handlers
    DEBUG: Handler: KernelRecipeHandler (priority 100)
    DEBUG: Handler: PythonPyprojectTomlRecipeHandler (priority 75)
    DEBUG: Handler: PythonSetupPyRecipeHandler (priority 70)
    DEBUG: Handler: NpmRecipeHandler (priority 60)
    DEBUG: Handler: GoRecipeHandler (priority 60)
    DEBUG: Handler: CmakeRecipeHandler (priority 50)
    DEBUG: Handler: AutotoolsRecipeHandler (priority 40)
    DEBUG: Handler: SconsRecipeHandler (priority 30)
    DEBUG: Handler: QmakeRecipeHandler (priority 20)
    DEBUG: Handler: KernelModuleRecipeHandler (priority 15)
    DEBUG: Handler: MakefileRecipeHandler (priority 10)
    DEBUG: Handler: VersionFileRecipeHandler (priority -1)
    DEBUG: Handler: SpecFileRecipeHandler (priority -1)
    DEBUG: fetch_url: temp dir is /home/jerry/yocto/poky/build/tmp/work/recipetool-
ok3pye37
    DEBUG: Generating initial recipe /home/jerry/yocto/poky/meta-customer/recipes-
recipetool/recipetool/tmp-recipetool-hq7dw1ig.bb for fetching
```

```
INFO: Fetching git://github.com/*****/flowingled.git;protocol=https;branch=master...
Loading cache: 100% |###########################################################
####################################################################################
#############################| Time: 0:00:00
Loaded 1879 entries from dependency cache.
Parsing recipes: 100% |#########################################################
####################################################################################
#############################| Time: 0:00:01
Parsing of 927 .bb files complete (926 cached, 1 parsed). 1880 targets, 49 skipped,
0 masked, 0 errors.
Removing 1 recipes from the core2-64 sysroot: 100% |###############################
####################################################################################
############################| Time: 0:00:00
NOTE: Resolving any missing task queue dependencies

Build Configuration:
BB_VERSION           = "2.7.3"
BUILD_SYS            = "x86_64-linux"
NATIVELSBSTRING      = "universal"
TARGET_SYS           = "x86_64-poky-linux"
MACHINE              = "qemux86-64"
DISTRO               = "poky"
DISTRO_VERSION       = "4.3+snapshot-30d88a20432d2ddca555c9b6690450b260e523ec"
TUNE_FEATURES        = "m64 core2"
TARGET_FPU           = ""
meta
meta-poky
meta-yocto-bsp       = "scarthgap:30d88a20432d2ddca555c9b6690450b260e523ec"
meta-customer        = "main:360d2b910929791657f7428c7494edfa7e26a9b4"

Sstate summary: Wanted 1 Local 0 Mirrors 0 Missed 1 Current 0 (0% match, 0%
complete)###########################################################################
###############                 | ETA:  0:00:00
Initialising tasks: 100% |######################################################
####################################################################################
#############################| Time: 0:00:00
```

```
    NOTE: Executing Tasks
    NOTE: Tasks Summary: Attempted 3 tasks of which 0 didn't need to be rerun and all
succeeded.
    DEBUG: Directory listing (excluding filtered out):
      git
    DEBUG: Trying pyproject.toml parser
    DEBUG: No pyproject.toml found
    DEBUG: Trying setup.py parser
    DEBUG: No setup.py found
    DEBUG: Loading cmake handlers
    DEBUG: Parsing file /home/jerry/yocto/poky/build/tmp/work/recipetool-687lras7/
source/git/CMakeLists.txt
    DEBUG: Determined from source URL: name = "flowingled", version = "None"
    INFO: Recipe flowingled_git.bb has been created; further editing may be required
to make it fully functional
```

从以上输出可以看到，recipetool create 在创建 flowingled_git.bb 菜谱的过程中输出了详细的调试信息，涵盖了 BitBake 服务器启动、源代码获取与解析以及菜谱创建等关键步骤。完成 flowingled_git.bb 菜谱的创建后，其内容如下：

```
    # Recipe created by recipetool
    # This is the basis of a recipe and may need further editing in order to be fully
functional.
    # (Feel free to remove these comments when editing.)

    # Unable to find any files that looked like license statements. Check the accompanying
    # documentation and source headers and set LICENSE and LIC_FILES_CHKSUM accordingly.
    #
    # NOTE: LICENSE is being set to "CLOSED" to allow you to at least start building - if
    # this is not accurate with respect to the licensing of the software being built (it
    # will not be in most cases) you must specify the correct value before using this
    # recipe for anything other than initial testing/development!
    LICENSE = "CLOSED"
    LIC_FILES_CHKSUM = ""

    SRC_URI = "git://github.com/*****/flowingLED.git;protocol=https;branch=master"
```

```
# Modify these as desired
PV = "1.0+git"
SRCREV = "977d5050f098efa1897b16a50b980bd37cccc4d8"

S = "${WORKDIR}/git"

inherit cmake

# Specify any options you want to pass to cmake using EXTRA_OECMAKE:
EXTRA_OECMAKE = ""
```

从以上输出可以看出，在生成的菜谱中，SRC_URI 变量定义了获取源代码的远程地址。系统自动检测源代码为 CMake 工程，并通过添加 inherit cmake 指令指定继承 cmake.bbclass，可使用其提供的编译工具支持。

4.2.5 菜谱工作流

在前面的内容中，我们介绍了如何使用 recipetool create 命令根据源代码创建基础菜谱。然而，要编写出符合要求的菜谱并构建理想的软件包，需要深入理解菜谱工作流。菜谱工作流是构建系统工作流的一个子集，构建系统通过执行多个菜谱工作流来完成整个系统的构建。深入理解菜谱工作流，不仅有助于准确编写菜谱，还能为更好地理解构建系统的运行机制奠定基础。本节将详细讲解菜谱工作流，为深入学习和实战应用奠定基础。

4.2.5.1 菜谱工作流程图

在详细讲解菜谱工作流的各个子任务之前，我们先通过图 4-1 整体了解构建系统运行菜谱的完整流程。流程图以创建菜谱为起点，展示了菜谱各项子任务在构建系统中的执行流程，直至最终生成软件包、镜像或 SDK。该流程清晰地反映了菜谱工作流的逻辑结构和任务执行顺序。接下来，我们将逐一讲解菜谱工作流中的关键子任务。

4.2.5.2 获取源代码

在执行任何操作之前，必须明确操作对象。对于菜谱而言，操作对象就是源代码，因此获取源代码是菜谱工作流的第一步。在这一步，构建系统通过 do_fetch 任务，依据 SRC_URI 变量中指定的源代码地址，自动下载所需的源代码。SRC_URI 支持多种来源，包括本地仓库和远程仓库。

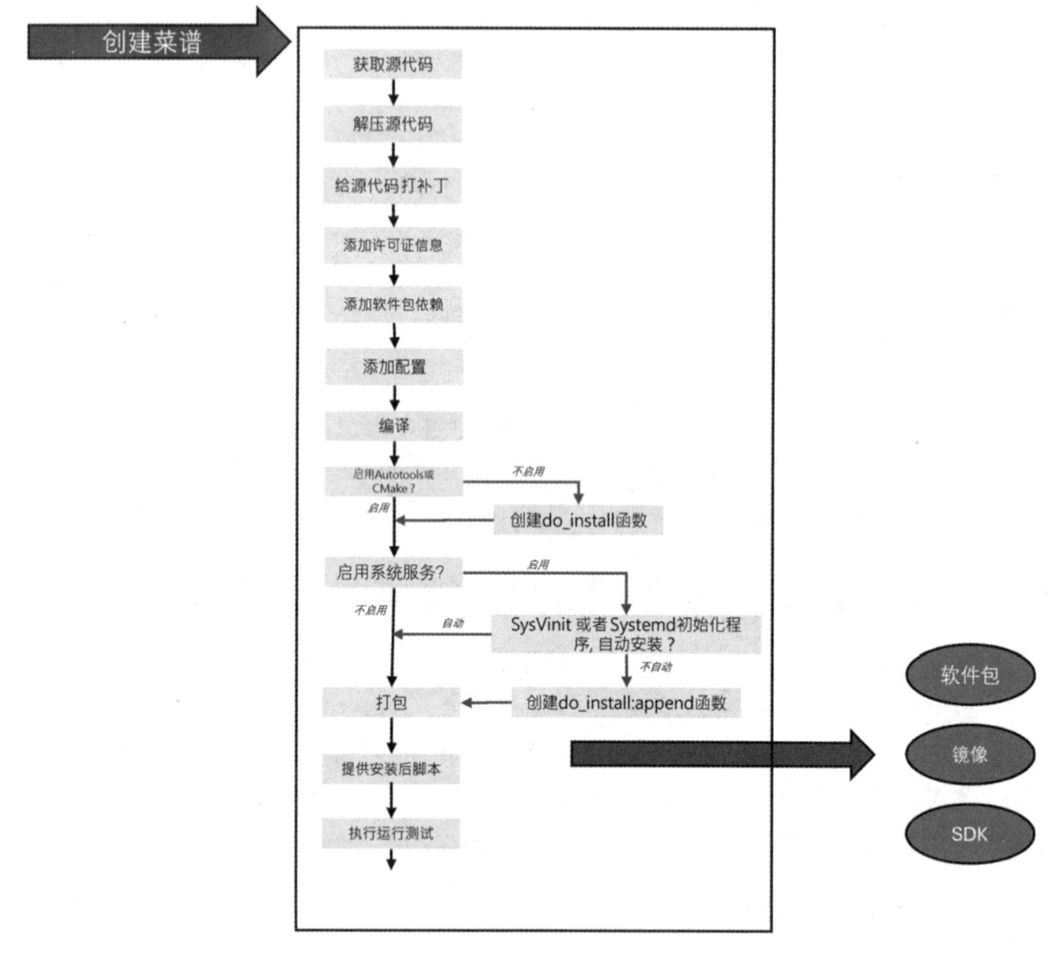

图 4-1　菜谱工作流

从本地系统获取

源代码可以从本地系统获取，在 4.2.1 节中，源代码 helloworld.c 文件就是从本地获取的，代码如下：

```
SRC_URI = "file://helloworld.c"
```

在以上代码中，helloworld.c 文件通常位于<菜谱目录>/files 下，该目录是 FILESPATH 变量指定的默认路径之一。BitBake 会通过 FILESPATH 搜索并找到 helloworld.c 文件。

从远程仓库获取

如果通过 Git 仓库获取源代码，则必须指定 SRCREV。如下示例代码所示：

```
SRC_URI = "git://github.com/***/project.git;protocol=https;branch=main"
SRCREV = "3e95f268ce04b49ba6731fd4bbc53b1693c21963"
```

在上述代码中，SRC_URI 变量定义了一个 Git 仓库地址，指定了协议为 https，分支为 main，并通过 SRCREV 变量定义了需要拉取的修订版本（commit）。

限制并行连接数量

在某些情况下，用户可能位于防火墙后或服务器对并行连接数量有限制。这时可以通过在 local.conf 文件中添加以下配置，限制 do_fetch 任务的并行运行数量：

```
do_fetch[number_threads]="8"
```

上述配置将并行运行的获取任务数量限制为 8。

4.2.5.3 解压源代码

在菜谱工作流中，获取源代码任务完成后，下一步就是通过 do_unpack 任务解压源代码，并将${S}变量指向解压后的目录位置。如果源代码来自 Git 或 Subversion 等版本控制系统，或者解压后的目录结构与默认值${WORKDIR}/${BPN}-${PV}不一致，则需要在菜谱中显式设置${S}，以确保构建系统能够正确找到源代码目录。

例如：

```
SRC_URI = "git://github.com/***/project.git;branch=main"
S = "${WORKDIR}/git"
```

在上述代码中，源代码是从 Git 仓库的 main 分支拉取的。默认情况下，从 Git 仓库拉取的源代码会被克隆到${WORKDIR}/git，而非默认值${WORKDIR}/${BPN}-${PV}。因此，上述代码显式地将${S}设置为${WORKDIR}/git，以确保 BitBake 能正确定位源代码并完成后续任务。

4.2.5.4 给源代码打补丁

在某些情况下，为修复源代码中的已知问题或满足特定需求，可能需要对源代码进行调整。这些调整通常通过补丁文件实现，文件格式包括.patch 或.diff，以及它们的压缩版本（例如.patch.bz2 或.diff.gz）。

与通过 file://引用的本地源代码文件一样，补丁文件应存放在 FILESPATH 变量指定的目录中（默认为 files）。构建系统在搜索到符合格式的补丁文件后，会使用-p1 选项自动应用补丁，即从补丁文件路径中移除一级目录，以匹配源代码实际的目录结构，并将这些补丁正确应用到源代码中。

例如：

```
SRC_URI += "file://fix-issue.patch"
```

通过以上代码，构建系统会在指定的文件夹（例如 files）中搜索 fix-issue.patch 文件，找到后自动应用该补丁。

4.2.5.5　添加许可证信息

在菜谱工作流中，源代码的许可证信息通过 LICENSE 和 LIC_FILES_CHKSUM 两个变量定义。其中，LICENSE 变量指定软件的许可证类型，LIC_FILES_CHKSUM 变量用于验证许可证文件的校验和是否匹配，以确保许可证内容符合要求并规避潜在的法律风险。

例如：

```
LICENSE = "MIT"
LIC_FILES_CHKSUM = "file://LICENSE;md5=abcd1234"
```

在上述代码中，LICENSE 变量指定软件的许可证为 MIT，LIC_FILES_CHKSUM 定义了 LICENSE 文件的路径及其 MD5 校验和。构建系统会根据这两项信息验证源代码的许可证完整性。

对于不提供具体许可证信息的情况，可以使用以下设置：

```
LICENSE = "CLOSED"
```

在上述代码中，将 LICENSE 设置为 CLOSED，从而无须指定 LIC_FILES_CHKSUM 变量，适用于闭源项目，可简化许可证处理。

4.2.5.6　添加软件包依赖

大多数软件包都需要一小部分其他软件包支持，这被称为依赖关系。添加依赖关系是菜谱工作流能否正常运行的关键，可通过 DEPENDS、RDEPENDS 和 RECOMMENDS 等变量实现。关于依赖关系的具体功能和使用方法，请参考 4.2.3.4 节。

4.2.5.7　添加配置

在编译源代码之前，通常需要进行一系列的配置工作，如检查系统环境、设置编译选项以及确定安装路径等。OpenEmbedded 构建系统支持两种常见的自动配置方法，Autotools 和 CMake。当源代码支持这两种方法时，在菜谱中可以直接通过 inherit 语句继承相应的类文件，从而自动进行配置。如果源代码不支持这两种标准配置方法，也可以通过定义

do_configure 任务实施配置。下面分别讲解如何在菜谱中进行配置的三种方法：Autotools、CMake 和 do_configure 任务。

Autotools

如果源代码使用 Autotools 构建工具，通常源文件中会包含 configure.ac 文件。在这种情况下，只需在菜谱中继承 autotools 类，而无须显式定义 do_configure 任务。

例如：

```
inherit autotools
EXTRA_OECONF = "--enable-feature"
```

运行以上代码后，构建系统会检测源代码中是否存在 configure.ac，如果存在就会自动使用 Autotools 构建工具配置，而 EXTRA_OECONF 变量用于传递额外的配置选项"--enable-feature"。

CMake

如果源代码使用 CMake 构建工具，通常源文件中会包含 CMakeLists.txt 文件。在这种情况下，只需在菜谱中继承 cmake 类，并可以通过设置 EXTRA_OECMAKE 参数来传递额外的配置选项。

例如：

```
inherit cmake
EXTRA_OECMAKE = "-DCMAKE_BUILD_TYPE=Release"
```

在上述代码中，构建系统会自动检测 CMakeLists.txt 文件并使用 CMake 构建工具，EXTRA_OECMAKE 变量将配置选项"-DCMAKE_BUILD_TYPE=Release"传递给 CMake。

do_configure 任务

当源代码中没有 configure.ac 或 CMakeLists.txt 文件时，菜谱无法使用 Autotools 或 CMake 进行配置。在这种情况下，菜谱会使用构建系统默认的 do_configure 任务。然而，如果需要自定义源代码配置，可以通过在菜谱中显式定义 do_configure 任务来覆盖默认行为，并实现自定义配置选项。

例如，在菜谱中定义以下代码：

```
do_configure() {
    ./configure  --prefix=${D}
}
```

在上述代码中，自定义的 do_configure 任务会运行源代码中的 configure 配置脚本，并通过--prefix 选项指定安装路径为${D}。

4.2.5.8　编译

在菜谱工作流中，do_compile 任务会在源代码被获取、解压、应用补丁和配置之后执行源代码编译，生成相应的可执行文件、库文件以及辅助文件。构建系统为菜谱配置了默认的 do_compile 任务，该任务在${B}指定的目录中运行。

使用默认的 do_compile 任务，如果源代码中存在 Makefile（包括 Makefile、makefile 或 GNUmakefile），会自动调用 oe_runmake 函数进行构建。如果未找到这些文件，do_compile 任务将不会执行任何操作。

如果默认的 do_compile 任务运行成功，则无须额外操作。否则，可以在菜谱中自定义 do_compile 任务，根据具体需求定义源代码的编译流程。

4.2.5.9　安装任务

在完成源代码编译之后，将生成相应的文件和目录，例如二进制文件、库文件和辅助文件。安装任务会将指定的文件和目录从${S}、${B}和${WORKDIR}复制到暂存安装目录${D}中，${D}默认为${WORKDIR}/image。安装操作完成后，${D}目录中将包含用于构建目标镜像或 SDK 的所有必要文件和目录。

在菜谱中，可以运用多种方法执行安装任务，包括直接使用 Autotools 或 CMake 构建工具，或通过自定义 do_install 任务添加安装代码。接下来，我们将讲解如何在菜谱中实现安装操作。

Autotools 和 CMake

如果菜谱继承了 autotools 类或 cmake 类，构建系统会根据类中定义的逻辑自动完成安装任务。因此，通常无须在菜谱中显式定义 do_install 任务，只需确保源代码正确配置了 Autotools 或 CMake 构建工具。

在某些情况下，如果需要执行额外的安装操作，可以使用 do_install:append 函数和 install 命令手动完成额外的安装步骤。例如：

```
inherit autotools
do_install:append() {
    install -m 0644 extra_file ${D}
}
```

在以上代码中，do_install:append()函数会在构建系统执行 Autotools 安装逻辑后，将 extra_file 文件以权限 0644 安装到${D}目录。

使用 make install

如果菜谱未继承 autotools 类或 cmake 类，但源代码中提供了 Makefile 并定义了安装规则，那么可以在菜谱中自定义 do_install 任务，添加 oe_runmake install 代码。此时可能需要传递目标安装目录路径，具体路径参数的形式取决于 Makefile 的编写方式，例如 DESTDIR=${D}、PREFIX=${D}或 INSTALLROOT=${D}等。

例如，在菜谱中添加以下代码：

```
do_install() {
    oe_runmake install DESTDIR=${D}
}
```

在上述代码中，do_install 函数调用了 oe_runmake install，并通过 DESTDIR=${D}参数指定目标安装目录为${D}。

手动安装

如果源代码中未提供自动安装工具或带有安装规则的文件，例如 Autotools、CMake 或 Makefile，则需要在菜谱中添加自定义的 do_install 任务。在 do_install 任务中，根据需求手动定义安装步骤，包括复制文件、设置权限以及执行其他必要的安装操作。

例如，在菜谱中添加以下代码：

```
do_install() {
   install -d ${D}${bindir}
   install -m 0755 my_program ${D}${bindir}
}
```

在上述代码中，install 命令会在${D}路径下创建${bindir}目标目录，并将 my_program 文件以权限 0755 安装到该目录中。

安装路径变量

安装任务会将文件和目录放置在${D}目录下，并根据构建系统定义的路径变量将文件安装到相应的目标目录。以下是常见的路径变量及其初始值。

- sysconfdir：/etc
- localstatedir：/var
- bindir：/usr/bin
- sbindir：/usr/sbin
- libdir：/usr/lib
- libexecdir：/usr/libexec

- datadir：/usr/share
- includedir：/usr/include
- infodir：/usr/share/info
- mandir：/usr/share/man

这些变量通过${D}连接形成完整的安装路径，例如${D}${bindir}或${D}${libdir}，以确保文件和目录安装到目标系统的预期位置。

4.2.5.10　启用系统服务

构建系统支持两种常用的系统管理器：SysVinit 和 Systemd。在 Poky 中，构建系统默认启用 SysVinit，但可以根据需求切换为 Systemd，相关配置详见 9.4.4 节。系统管理器负责控制系统服务的启动和停止，是目标系统正常运行的核心组件。

针对具体服务的安装和配置，需要在菜谱中进行定义，以确保服务文件正确安装并在目标系统中按需启动。这些服务（例如 init 进程）通常随系统启动自动运行，并在后台持续工作。如果服务的初始化脚本或服务文件未包含在默认安装中，可以通过 do_install:append 函数添加安装逻辑，或在现有的 do_install 函数末尾更新。安装方法应遵循 make install 的规范，确保安装的文件结构与目标系统的布局一致。以下将说明在菜谱中配置 SysVinit 和 Systemd 服务的关键步骤。

添加 SysVinit 服务

SysVinit 是一种系统和服务管理工具，负责 init 系统的运行以及服务的启动、运行和关闭。在菜谱中添加和配置 SysVinit 服务时，需要继承 update-rc.d 类，该类用于安全地将服务脚本安装到目标系统。此外，需要在菜谱中设置以下变量来定义服务的相关配置。

- INITSCRIPT_PACKAGES：指定包含服务脚本的包名称。
- INITSCRIPT_NAME：指定服务脚本的文件名。
- INITSCRIPT_PARAMS：定义服务脚本的启动优先级和运行级别。

以下是一个示例，展示如何在 meta/recipes-connectivity/openssh/openssh_9.6p1.bb 菜谱中配置 SysVinit 服务：

```
inherit update-rc.d
INITSCRIPT_PACKAGES = "${PN}-sshd"
INITSCRIPT_NAME:${PN}-sshd = "sshd"
INITSCRIPT_PARAMS:${PN}-sshd = "defaults 9"
```

在上述代码中，使用 inherit 语句继承了 update-rc.d 类，用于处理服务脚本的安装和初始化配置。${PN}-sshd 将服务的包名称指定为 openssh-sshd，sshd 为服务脚本的文件名，“defaults 9”设置服务使用默认运行级别并定义启动优先级为 9，确保服务脚本按预期正确安装并在目标系统中自动启动运行。

添加 Systemd 服务

系统管理守护进程 Systemd 是一个提供强大服务管理功能的系统和服务管理器。要在系统中使用 Systemd，通过菜谱添加相关服务时，需要添加以下代码继承 systemd 类，并正确添加服务文件和设置相关变量：

```
inherit systemd
```

相关实例演示请参考 11.4.4 节。

4.2.5.11 打包

在菜谱工作流中，打包由 do_package 任务完成，其可将软件分配到相应的软件包中。在通常情况下，无须在菜谱中显式定义 do_package 任务，构建系统会使用默认的 do_package 任务，根据 PACKAGES 和 FILES 变量自动拆分软件包并完成打包过程。在 do_package 任务完成后，软件包会存放在 PKGDEST 变量指定的目录中，默认为${WORKDIR}/packages-split。

以下内容将详细介绍打包过程中的关键变量和重要环节。

FILES 变量

FILES 变量用于定义软件包中包含的目录和文件列表，默认值为空。这些软件包的名称由 PACKAG 变量指定。

使用 FILES 变量时，需要指定目标软件包名称，并提供一个以空格分隔的文件或路径列表，以定义该软件包应包含的文件和目录。

例如，在菜谱中添加以下代码：

```
FILES:${PN} += "${bindir}/myapp ${bindir}/config"
```

在上述代码中，FILES 变量指定名称为${PN}的软件包（即与菜谱名称相同的软件包）应包含${bindir}目录下的 myapp 和 config 文件，以确保这些文件被正确打包至该软件包。

PACKAGES 变量

PACKAGES 变量定义了菜谱生成的包列表，值以空格分隔。其默认值如下：

```
PACKAGES = "${PN}-src ${PN}-dbg ${PN}-staticdev ${PN}-dev ${PN}-doc ${PN}-locale
${PACKAGE_BEFORE_PN} ${PN}"
```

在打包过程中，do_package 任务会遍历 PACKAGES 变量中的包列表，并根据每个包对应的 FILES 变量将文件分配到相应的包中。如果某个文件同时被多个包的 FILES 变量匹配，它将优先被分配到 PACKAGES 列表中最左侧的包。

常用软件包的功能描述如下所示。

- ${PN}：主软件包，包含软件的主要运行时组件。
- ${PN}-dbg：调试符号包，包含调试信息，用于在开发和调试时提供更详细的错误报告和调试信息。
- ${PN}-dev：开发包，通常包含头文件和开发库，用于开发过程中引用该包的接口和库。
- ${PN}-doc：文档包，包含文档文件，如手册页、README 文件等。
- ${PN}-staticdev：静态开发包，包含静态库文件（.a 文件），用于在链接时使用静态链接库。
- ${PN}-src：源代码包，包含源代码文件，用于需要源代码的场景，例如审核、修改或重新编译。
- ${PN}-locale：本地化包，包含本地化文件，如语言包和区域设置文件，用于支持多语言功能。
- ${PACKAGE_BEFORE_PN}：一个可自定义的包，其名称在${PN}之前，用于插入特定的软件包。

文件分配

do_package 任务根据 PACKAGES 和 FILES 变量，将文件分配到指定的软件包中。即使构建过程仅生成一个二进制文件，也可能包含调试符号、文档和其他逻辑组件，这些都需要单独拆分。do_package 任务确保文件被正确分类并打包到相应的软件包中。

例如，在 example.bb 菜谱中添加以下代码：

```
do_install() {
    install -d ${D}${bindir}
    install -d ${D}${includedir}
    install -m 0755 example-binary ${D}${bindir}
    install -m 0644 ${S}/example-header.h ${D}${includedir}
}

PACKAGES = "${PN}-doc ${PN}-dev ${PN}"
FILES:${PN}-dev = "${includedir}/example-header.h"
FILES:${PN} = "${bindir}/example-binary"
```

在以上代码中，${PN}对应 example，可执行文件 example-binary 被分配到主软件包

example，头文件 example-header.h 被分配到开发包 example-dev，而软件包 example-doc 未匹配到文件，因此不生成。

如果需要验证软件包的生成结果，可以到相应的${WORKDIR}/packages-split 目录中检查。

运行质量检查

在软件包生成过程中，insane 类会在生成步骤中添加一个质量检查（QA）环节。该环节通过构建系统自动执行一系列检查，确保打包结果在运行时不会出现常见问题。如果需要为菜谱禁用特定的质量检查，可以使用 INSANE_SKIP 变量。

例如：

```
INSANE_SKIP:${PN} = "license-checksum"
```

上述代码可以跳过对软件包${PN}的许可证文件校验和检查。

标记包架构

根据菜谱构建内容及其配置，有时需要标记生成的包是否特定于某一机器架构，或标记为与任何机器或架构无关。

在菜谱中，让生成的软件包仅适用于某一特定机器架构，可以通过添加 PACKAGE_ARCH 变量来实现。

例如：

```
PACKAGE_ARCH = "${MACHINE_ARCH}"
```

以上代码指定该菜谱生成的软件包仅适用于${MACHINE_ARCH}对应的机器架构。

对于与特定机器或架构无关的包（例如仅包含脚本或配置文件的包），则只需要菜谱继承 allarch 类。

例如：

```
inherit allarch
```

以上代码让生成的包适用于所有类型的机器架构。

标记包架构虽然在初步构建阶段不是强制要求，但在后续配置更改、适当重建以及为目标机器安装正确包的过程中非常重要，特别是在为多个目标架构进行构建时显得尤为关键。

4.3 层

在 4.2 节中，我们详细介绍了菜谱的结构、语法，以及如何创建菜谱和使用菜谱工作流管理软件包的构建过程。菜谱是元数据的重要组成部分，定义了软件包的构建逻辑和依赖关系，是构建系统的基础单元。

层进一步提供了模块化管理元数据的机制。通过层，可以将元数据按照硬件支持、功能模块或系统配置等进行分类和隔离，使构建系统更具灵活性和可扩展性。层的引入不仅提升了元数据的可维护性，还为复杂项目中的协作与复用提供了有力支持。

本节将详细讲解层的概念、结构及分类，结合实际案例，介绍如何利用层管理工具 bitbake-layers 高效组织和管理元数据。这些内容将为后续的学习与实战操作打下坚实基础，帮助有效应对复杂项目中的多样化需求。

4.3.1 层的概念

在 3.2.1 节中已介绍了层模型（Layer Model）的整体概念。Yocto 项目通过层模型来组织和管理元数据，其中的元数据层（简称层）是实现具体功能的基本单元。

4.3.1.1 层的定义

在 Yocto 项目中，层是用于模块化管理元数据的核心单元，这些元数据指示 OpenEmbedded 构建系统如何构建目标。每个层包含菜谱文件、配置文件和类文件等，构成一个独立的模块。通过对元数据的分组，层能够对功能和硬件支持进行逻辑隔离。

层的命名通常以“meta-”为前缀，后接功能或硬件相关的描述名称，例如“meta-qt5”表示支持 Qt 框架的层，“meta-poky”则用于定义 Poky 参考发行版相关的元数据。这种命名方式并非强制要求，但已成为社区的通用规范，能够帮助开发者和工具快速识别层的内容和用途。

4.3.1.2 层的特点

Yocto 项目的层模型通过模块化设计和逻辑分离，为元数据的管理提供了清晰的框架。层作为独立的功能单元，包含完整的元数据，用于指导构建系统完成特定任务，同时能够与其他层协同工作。这种独立性和开放性，使开发者能够在不破坏现有功能的情况下，轻松添加新功能或支持新硬件，从而显著提升系统的维护性和复用性。随着 Yocto 项目的不断发展，元数据层在长期实践中不断演进，逐渐形成了以下特点。

- 模块化管理：层通过模块化管理，将元数据分组到独立的功能单元中，实现逻辑上的分离。这种设计允许开发者将硬件支持、功能模块和系统配置分别存放到不同的层中，避免了元数据之间的冲突和耦合，使项目结构更加清晰且易维护。
- 灵活的扩展性：层的独立性使其能够轻松扩展。开发者可以通过新增层来支持新的硬件或功能，而无须改动现有层。这种灵活性确保了系统可以快速适应需求的变化，同时保持其他模块的稳定性和完整性。
- 覆盖机制：层支持通过覆盖机制实现元数据的定制化，例如使用.bbappend 文件扩展现有菜谱或修改配置。这种机制保护了原有层的完整性，同时提供了高度的灵活性，满足复杂项目快速迭代的需求。
- 社区支持：社区为层的使用和发展提供了丰富的资源和标准，包括 Yocto 项目兼容层和 OpenEmbedded 层索引，开发者可以利用这些经过验证的层，减少重复劳动，并确保项目符合社区最佳实践。
- 高效的协作与复用：层的模块化设计和逻辑分离使不同团队能够独立开发各自的层，同时实现高效协作。通用功能模块则可以封装为独立的层，供多个项目复用，从而提升效率并降低成本。

4.3.2 层的结构与功能

层的结构是元数据管理的核心，通过标准化的目录和文件组织方式，构建系统能够高效解析和管理层中的内容。每个层通常不仅包含元数据文件，还包括支持构建的其他资源，例如脚本、本地源代码、补丁和文档等。标准化的结构便于开发者组织和维护元数据，同时确保层之间的协作与依赖关系的正确管理。以下将详细介绍层的主要组成部分及其功能。

4.3.2.1 通用结构

虽然 Yocto 项目未对层的具体结构进行强制规范，但社区普遍采用了一套标准化的目录和文件组织方式。这种结构便于构建系统解析层中的内容，同时提升元数据的管理效率和扩展能力。

以下是一个简化的通用层结构：

```
meta-<layername>
├── classes
│   └── <classname>.bbclass
├── conf
│   ├── layer.conf
```

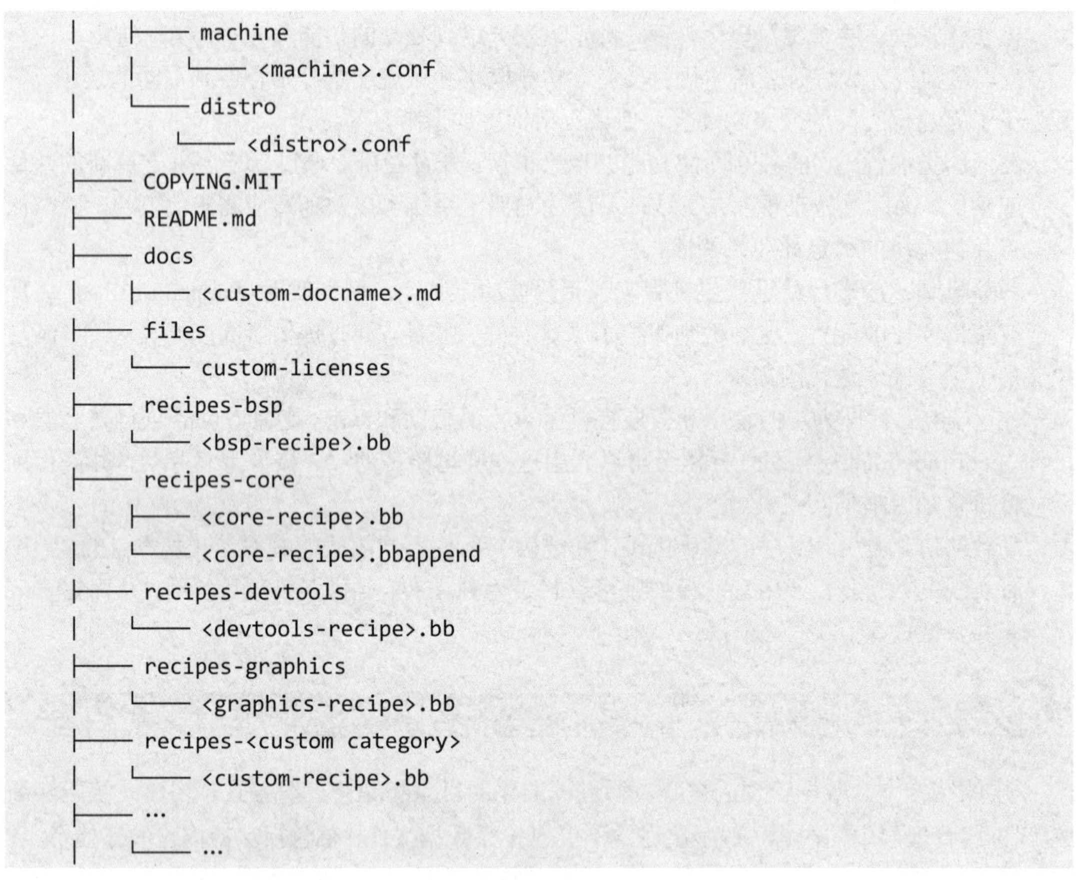

```
|   ├── machine
|   |   └── <machine>.conf
|   └── distro
|       └── <distro>.conf
├── COPYING.MIT
├── README.md
├── docs
|   ├── <custom-docname>.md
├── files
|   └── custom-licenses
├── recipes-bsp
|   └── <bsp-recipe>.bb
├── recipes-core
|   ├── <core-recipe>.bb
|   └── <core-recipe>.bbappend
├── recipes-devtools
|   └── <devtools-recipe>.bb
├── recipes-graphics
|   └── <graphics-recipe>.bb
├── recipes-<custom category>
|   └── <custom-recipe>.bb
├── …
|   └── …
```

以下是对通用结构中关键目录和文件的解释。

- conf 目录：包含层的核心配置文件，例如 layer.conf，它定义了层的优先级、兼容性等属性。此外，还可能包含特定机器配置文件和发行版配置文件等。
- classes 目录（可选）：包含.bbclass 类文件，这些文件定义了可重用的构建逻辑和设置，可以被多个菜谱文件继承。
- recipes-*目录：以 recipes-开头的目录用于存放构建软件包的菜谱文件。这些目录根据软件包的功能或类型进行分类，例如 recipes-core、recipes-bsp、recipes-graphics。
- COPYING.*文件（可选）：许可证文件，例如 COPYING.MIT，用于说明层的许可条款。
- README 文件：层的说明文件，通常包含关于层的目的、用法、作者信息以及可能的安装和配置步骤。
- docs 目录（可选）：包含额外的文档，例如贡献指南、层内容描述等。

- files 目录（可选）：用于存放与特定功能或构建需求相关的辅助文件，例如静态配置、测试资源或服务脚本。

从以上层的通用结构可以看出，层通过核心配置、菜谱文件和辅助资源的模块化组织，实现了高效的元数据管理。这种结构既方便构建系统解析层内容，也为扩展和灵活调整提供了支持，是复杂项目管理的重要基础。

4.3.2.2 层配置文件

每个元数据层的 conf 目录中都包含一个层配置文件 layer.conf，用于定义层的基本属性、元数据文件路径及构建系统如何解析和使用该层的内容，是构建过程中不可或缺的关键组件。

以下是 meta-poky 层的 layer.conf 文件示例，其中定义了多个关键配置变量：

```
# We have a conf and classes directory, add to BBPATH
BBPATH =. "${LAYERDIR}:"

# We have recipes-* directories, add to BBFILES
BBFILES += "${LAYERDIR}/recipes-*/*/*.bb \
            ${LAYERDIR}/recipes-*/*/*.bbappend"

BBFILE_COLLECTIONS += "yocto"
BBFILE_PATTERN_yocto = "^${LAYERDIR}/"
BBFILE_PRIORITY_yocto = "5"

LAYERSERIES_COMPAT_yocto = "scarthgap"

# This should only be incremented on significant changes that will
# cause compatibility issues with other layers
LAYERVERSION_yocto = "3"

LAYERDEPENDS_yocto = "core"

REQUIRED_POKY_BBLAYERS_CONF_VERSION = "2"
```

通过以上变量，层配置文件实现了路径设置、优先级控制、兼容性声明和依赖管理等核心功能。接下来将逐一讲解这些功能，并解释相关变量在构建系统中的具体作用。

路径设置

层配置文件的核心功能之一是支持构建系统找到该层中的元数据文件。此功能主要通过 BBPATH 和 BBFILES 两个变量实现。

- BBPATH：将层的根目录添加到 BitBake 的搜索路径，使其能够定位类文件、配置文件以及被 include 和 require 语句引用的包含文件。为避免文件名冲突，建议自定义层使用唯一的类文件名和配置文件名。
- BBFILES：指定层中菜谱文件的位置，包括.bb 和.bbappend 文件。通常使用通配符匹配 recipes-*目录下的菜谱文件，以确保构建系统正确加载和解析。

层标识

每个元数据层在 OpenEmbedded 构建系统中都有一个唯一标识符，通过 BBFILE_COLLECTIONS 变量定义，用于标记该层。在层配置文件中，通过 BBFILE_COLLECTIONS 添加这一标识符。在 meta-poky 层中，标识符被设置为 yocto，用于明确层的身份和作用，确保构建过程的准确性。

层优先级

层的优先级由层配置文件中的 BBFILE_PRIORITY 变量定义，用于决定构建系统在解析同名菜谱时优先选择的层。在 meta-poky 层中，优先级被设置为 5。该变量的值越高，层中菜谱文件的优先级越高。通过设置优先级，构建系统能够在多层重叠时有序解析菜谱，确保构建的正确性和稳定性。

层依赖关系

在构建系统中，元数据层之间的依赖通过 LAYERDEPENDS 变量定义，该变量在层配置文件中列出当前层所依赖的其他层，并可指定版本号。如果依赖层缺失或版本不匹配，构建系统将报错。LAYERDEPENDS 确保构建过程中所需的所有元数据层被正确加载，以保证构建的完整性，从而明确层间关系并避免潜在冲突。在 meta-poky 层的层配置文件中，通过 LAYERDEPENDS_yocto 定义其依赖 core 层。

兼容性

随着 Yocto 项目版本的不断更新，不是所有的元数据层都能兼容所有版本。为了解决这一问题，层配置文件中的 LAYERSERIES_COMPAT 变量用于明确当前层与哪些 Yocto 项目版本兼容。通过列出兼容的版本，该变量可以帮助构建系统检测层的适配性，从而确保构建过程的稳定性和一致性。如果未设置 LAYERSERIES_COMPAT，构建系统会发出警告，以提醒层可能未经过充分测试或未维护。

4.3.2.3 recipes-*目录

在 Yocto 项目的层结构中，recipes-*是一种通用的目录命名规范，用于分类和存储菜谱文件及其追加菜谱文件。通过功能模块或类型对菜谱进行组织，这种分类方式提升了层的可读性、可维护性以及构建系统的效率。

根据官方建议，recipes-*目录的命名和用途通常与功能模块紧密相关。以下是 meta 层中的 recipes.txt 定义的一些常见目录及其用途。

- recipes-bsp：与特定硬件或硬件配置相关的内容。
- recipes-connectivity：与设备通信相关的库和应用程序。
- recipes-core：构建基本 Linux 镜像所需的核心内容，包括常用依赖项。
- recipes-devtools：主要供构建系统使用的开发工具，也能在目标设备上运行。
- recipes-extended：非必需的应用程序，用于扩展功能，在某些场景下为核心工具提供额外支持。
- recipes-gnome：与 GTK+应用框架相关的内容。
- recipes-graphics：与 X 和其他图形系统相关的库和支持文件。
- recipes-kernel：内核及与内核强相关的通用应用程序或库。
- recipes-multimedia：音频、图像和视频的编解码器及支持工具。
- recipes-rt：提供与 PREEMPT_RT 内核相关的软件包和镜像菜谱，以及用于测试实时性能的支持。
- recipes-sato：包含 Sato 演示或参考 UI/UX 的菜谱，以及其相关的应用程序和配置文件。
- recipes-support：提供支持功能的菜谱，这些菜谱被其他菜谱依赖，但不会直接包含在生成的镜像中。

在构建自定义层时，若 recipes.txt 中未提供适合某个菜谱的类别，开发者可以根据具体需求创建新的 recipes-*子目录。这种灵活性允许开发者根据功能模块或特定项目需求，合理组织菜谱文件，使得复杂项目的构建和维护更加高效。

4.3.2.4 meta-skeleton 层示例

meta-skeleton 层是 Yocto 项目官方提供的示例层，旨在为开发者提供元数据文件的模板及层结构的参考标准。该层通过展示一个完整的层结构，包括参考配置文件和适用于 BSP 及内核开发的模板菜谱文件，为开发者构建自定义层提供了规范化的指导。它既是元数据文件的模板库，也是标准化层结构的示范。

以下是 Poky 参考发行版 scarthgap 分支下 meta-skeleton 层的完整结构：

```
meta-skeleton/
├── conf
│   ├── layer.conf
│   ├── multilib-example2.conf
│   └── multilib-example.conf
├── README.skeleton
├── recipes-core
│   └── busybox
│       ├── busybox
│       │   └── no_rfkill.cfg
│       └── busybox_%.bbappend
├── recipes-kernel
│   ├── hello-mod
│   │   ├── files
│   │   │   ├── COPYING
│   │   │   ├── hello.c
│   │   │   └── Makefile
│   │   └── hello-mod_0.1.bb
│   └── linux
│       ├── linux-yocto-custom
│       │   ├── 0001-linux-version-tweak.patch
│       │   ├── feature.scc
│       │   └── smp.cfg
│       └── linux-yocto-custom.bb
├── recipes-multilib
│   └── images
│       └── core-image-multilib-example.bb
└── recipes-skeleton
    ├── hello-autotools
    │   └── hello_2.10.bb
    ├── hello-single
    │   ├── files
    │   │   └── helloworld.c
    │   └── hello_1.0.bb
    ├── libxpm
    │   └── libxpm_3.5.6.bb
    ├── service
    │   ├── service
```

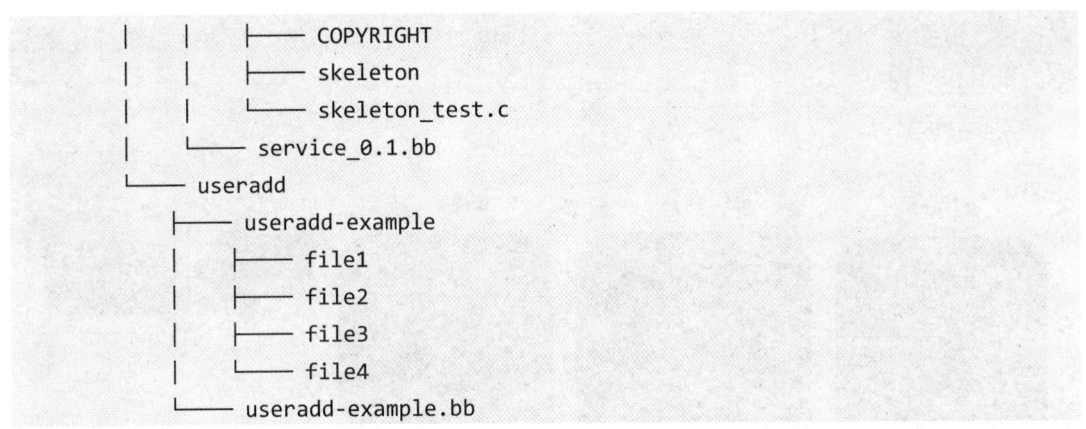

```
|   |   ├── COPYRIGHT
|   |   ├── skeleton
|   |   └── skeleton_test.c
|   └── service_0.1.bb
└── useradd
    ├── useradd-example
    |   ├── file1
    |   ├── file2
    |   ├── file3
    |   └── file4
    └── useradd-example.bb
```

meta-skeleton 层通过标准化的目录结构和模板化的菜谱文件，展示了层的基本组织方式及功能布局，为开发者构建自定义层提供了清晰的参考和指导。其结构规范，包含核心配置文件 conf/layer.conf，以及根据功能模块分类的 recipes-*目录。例如，recipes-core 目录包含用于扩展核心组件 BusyBox 的 busybox_%.bbappend 追加菜谱文件，recipes-kernel 目录则包含与内核相关的 linux-yocto-custom.bb 菜谱文件。

4.3.3 层的分类

在前一节中，我们讲解了层配置文件（conf/layer.conf）中定义的元数据层的通用特性，例如元数据文件路径的设置、优先级的定义、兼容性声明以及依赖关系管理等。这些通用特性适用于所有元数据层，是构建系统正常运行的基础。此外，每个元数据层的 conf 目录下还可能包含其他类型的配置文件，例如机器配置文件和发行版配置文件，这些特殊的配置文件仅适用于特定类型的层。

元数据层通常分为三类：软件层、BSP 层和发行版层。它们虽然共享一些通用属性，但各自的功能和作用不同，主要区别体现在 conf 目录中的配置文件内容。

- 发行版层：包含发行版配置文件（例如 poky.conf），用于定义系统策略和构建规则。
- BSP 层：包含机器配置文件（例如 machine.conf）和硬件适配的菜谱，专注于目标硬件支持。
- 软件层：不包含发行版配置和机器配置相关的元数据文件，主要由软件菜谱、追加菜谱和补丁组成，用于构建可复用的应用程序、库和工具等。

不同类型的元数据层通过 conf/bblayers.conf 加载到构建环境中，根据其特定功能支持软件包、镜像或 SDK 的生成。参考图 4-2，可以更加直观地理解各类元数据层在构建系统中的作用和结构。

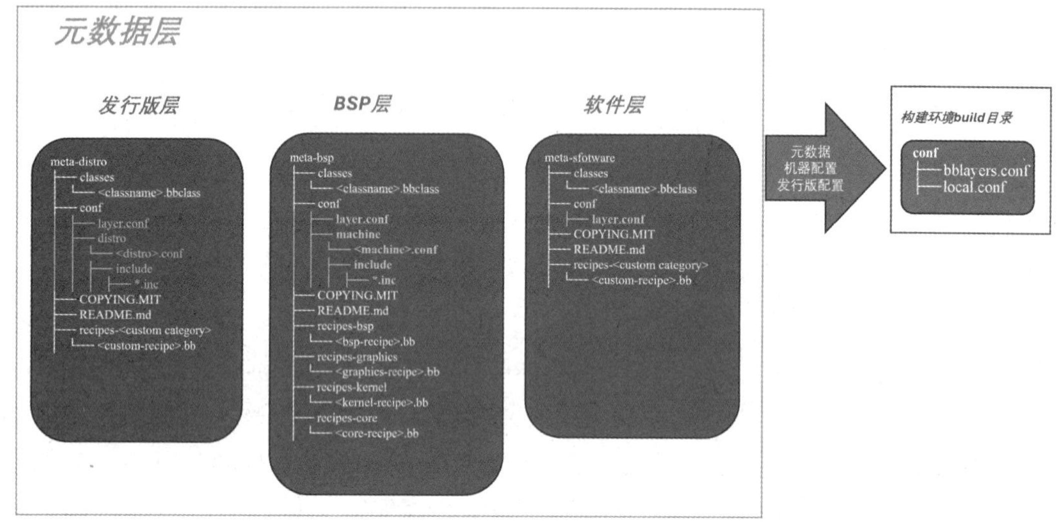

图 4-2　元数据层的分类

4.3.3.1　发行版层

发行版层（Distro Layer）在 Yocto 项目中具有关键作用，定义了发行版的顶层策略和配置，直接影响镜像和 SDK 的构建方式。在发行版层的 conf/distro/目录中，存放发行版配置文件（<distro>.conf）及相关的 include 文件。在构建环境中，通过 conf/local.conf 文件中的 DISTRO 变量指定发行版配置文件名。发行版配置文件具有全局优先级，其内容会覆盖 local.conf 中的相同配置项，从而统一发行版的构建规则。关于发行版配置文件及相关变量的详细说明，将在 6.4 节中进行介绍。

meta-poky 是 Poky 的发行版层，提供了默认的软件包集合、镜像类型定义和安全策略，为开发者构建标准化发行版环境提供了基础支持。以下是 meta-poky 层的目录结构：

```
meta-poky/
├── classes
│   ├── poky-bleeding.bbclass
│   └── poky-sanity.bbclass
├── conf
│   ├── distro
│   │   ├── include
│   │   │   ├── gcsections.inc
```

```
│   │   │   ├── poky-distro-alt-test-config.inc
│   │   │   ├── poky-floating-revisions.inc
│   │   │   └── poky-world-exclude.inc
│   │   ├── poky-altcfg.conf
│   │   ├── poky-bleeding.conf
│   │   ├── poky.conf
│   │   └── poky-tiny.conf
│   ├── layer.conf
│   └── templates
│       └── default
│           ├── bblayers.conf.sample
│           ├── conf-notes.txt
│           ├── conf-summary.txt
│           ├── local.conf.sample
│           ├── local.conf.sample.extended
│           └── site.conf.sample
├── README.poky.md
└── recipes-core
    ├── base-files
    │   ├── base-files_%.bbappend
    │   └── files
    │       └── poky
    │           └── motd
    ├── busybox
    │   ├── busybox
    │   │   └── poky-tiny
    │   │       └── defconfig
    │   └── busybox_%.bbappend
    ├── psplash
    │   ├── files
    │   │   └── psplash-poky-img.h
    │   └── psplash_git.bbappend
    └── tiny-init
        ├── files
        │   ├── init
        │   └── rc.local.sample
        └── tiny-init.bb
```

上述目录结构展示了 meta-poky 层的主要组成部分，其中：

- conf/distro/目录定义了发行版的策略和全局配置规则，例如 poky.conf 和相关的 include 文件。
- recipes-core 目录中包含核心菜谱文件（例如 tiny-init.bb）、追加菜谱文件（例如 base-files_%.bbappend）以及相关支持文件，例如 init 脚本和启动配置文件。

通过这些文件，meta-poky 层实现了发行版构建的核心功能，并为开发者提供了灵活的扩展能力。

4.3.3.2 BSP 层

BSP 层（BSP Layer）为目标硬件平台提供适配所需的元数据，支持构建与硬件兼容的镜像和 SDK。其内容涵盖内核配置、设备树文件、硬件驱动程序等关键元数据，是硬件适配的核心组成部分。

在 BSP 层中，特定硬件平台的配置通过 conf/machine 目录下的机器配置文件（<machine>.conf）定义。该文件包括启动参数和设备树文件路径等硬件相关的配置选项。在构建环境中，通过 conf/local.conf 文件中的 MACHINE 变量指定要使用的机器配置文件。有关机器配置文件和配置变量的详细说明，将在 6.3 节详细介绍。

此外，BSP 层还包括多个按功能分类的子目录，用于存放和管理不同类型的菜谱和追加菜谱，常见的子目录及其描述如下。

- recipes-bsp：存放与硬件适配直接相关的菜谱，例如引导加载程序（u-boot、grub）和硬件配置文件。
- recipes-core：包含构建基础 Linux 系统所需的核心菜谱，例如文件系统和系统服务。
- recipes-graphics：包含图形支持系统的相关菜谱，例如 X 窗口系统和其他图形库。
- recipes-kernel：包含内核及其依赖的菜谱，例如以太网驱动程序或无线网络支持。

meta-intel 层是一个典型的 BSP 层，专为 Intel 架构的硬件平台提供支持。该层提供内核配置、设备树文件和驱动程序等与硬件适配相关的元数据，确保构建的系统在 Intel 硬件平台上稳定且高效地运行。以下是 Yocto 项目源代码库中 meta-intel 层 scarthgap 分支的部分目录结构：

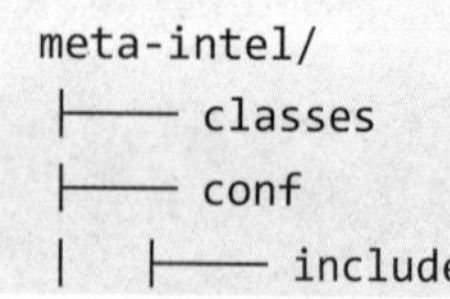

```
meta-intel/
├── classes
├── conf
│   ├── include
```

```
│   ├── layer.conf
│   └── machine
│       ├── include
│       │   ├── intel-common-pkgarch.inc
│       │   ├── intel-core2-32-common.inc
│       │   ├── intel-corei7-64-common.inc
│       │   ├── meta-intel.inc
│       │   ├── qemuboot-intel.inc
│       │   └── qemu-intel.inc
│       ├── intel-core2-32.conf
│       ├── intel-corei7-64.conf
│       └── intel-skylake-64.conf
├── COPYING.MIT
├── custom-licenses
├── documentation
├── dynamic-layers
├── lib
├── LICENSE
├── README.md
├── recipes-bsp
├── recipes-core
├── recipes-devtools
├── recipes-graphics
├── recipes-kernel
│   ├── intel-ethernet
│   │   ├── ixgbe_5.19.6.bb
│   │   └── ixgbevf_4.18.7.bb
│   ├── iwlwifi
│   │   ├── backport-iwlwifi
│   │   │   ├── 0001-Makefile.real-skip-host-install-scripts.patch
│   │   │   └── iwlwifi.conf
│   │   └── backport-iwlwifi_git.bb
│   └── linux
│       ├── linux-intel
│       │   ├── 0001-lib-build_OID_registry-fix-reproducibility-issues.patch
│       ├── linux-intel_6.6.bb
│       ├── linux-intel_6.8.bb
```

```
|       ├── linux-intel.inc
|       ├── linux-intel-rt_6.6.bb
|       ├── linux-yocto_%.bbappend
|       ├── linux-yocto-dev.bbappend
|       ├── linux-yocto-rt_%.bbappend
|       └── meta-intel-compat-kernel.inc
├── recipes-multimedia
├── recipes-oneapi
├── recipes-rt
├── recipes-selftest
├── recipes-support
├── SECURITY.md
└── wic
```

上述目录结构展示了 BSP 层的核心组成部分。其中，conf/machine 目录定义了硬件平台配置文件和相关头文件，recipes-*目录包含构建所需的功能性菜谱，为 Intel 平台的镜像和 SDK 构建提供了全面的硬件适配支持。

4.3.3.3　软件层

软件层（Software Layer）是专注于软件包管理的元数据层，主要提供构建应用程序、库或工具所需的元数据。该层独立于硬件平台的具体配置和发行版策略，支持软件功能的复用与集成，显著优化构建过程的模块化和灵活性。

以 OpenEmbedded 层索引中的 meta-qt5 层为例，meta-qt5 层提供了构建 Qt 5.0 所需的元数据，使开发者能够在 Yocto 项目中高效构建和集成与 Qt 相关的软件包和库文件。Qt 作为一种广泛应用于桌面、嵌入式和移动设备的跨平台应用程序开发框架，通过 meta-qt5 层高效支持其在不同硬件平台上的集成与适配。

以下是 meta-qt5 层的结构：

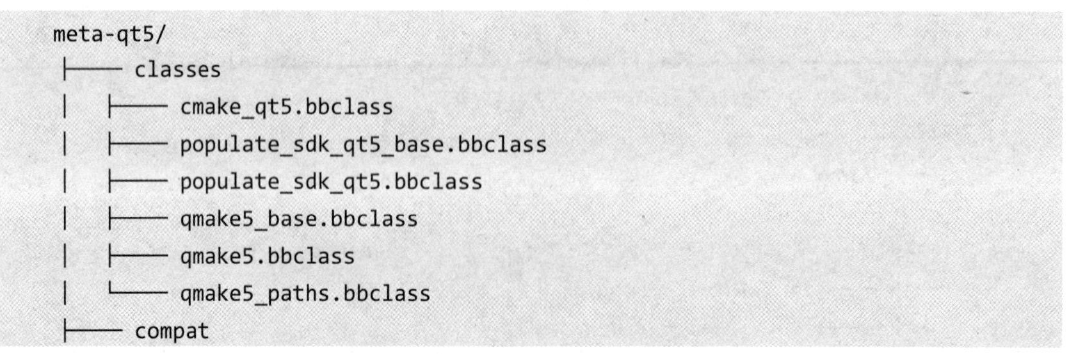

```
meta-qt5/
├── classes
|   ├── cmake_qt5.bbclass
|   ├── populate_sdk_qt5_base.bbclass
|   ├── populate_sdk_qt5.bbclass
|   ├── qmake5_base.bbclass
|   ├── qmake5.bbclass
|   └── qmake5_paths.bbclass
├── compat
```

```
|   ├── legacy
|   └── scarthgap
├── conf
|   └── layer.conf
├── COPYING.MIT
├── files
|   └── YoctoProject_Badge_Compatible.png
├── lib
|   └── recipetool
├── licenses
|   ├── Digia-Qt-LGPL-Exception-1.1
|   ├── SIP
|   ├── The-Qt-Company-Commercial
|   └── The-Qt-Company-GPL-Exception-1.0
├── README.md
├── recipes-connectivity
|   ├── libconnman-qt
|   ├── libqofono
|   └── libvcard
├── recipes-python
|   ├── pyqt5
|   ├── pyqtchart
|   └── pytest-qt
└── recipes-qt
    ├── demo-extrafiles
    ├── examples
    ├── maliit
    ├── meta
    ├── packagegroups
    ├── qmllive
    ├── qsiv
    ├── qt5
    ├── qtchooser
    ├── qt-kiosk-browser
    ├── quazip
    ├── qwt
    └── tufao
```

以上层结构展示了 meta-qt5 软件层的核心内容，它不包含硬件平台适配配置（例如，机器配置文件和设备树文件）或系统级策略配置（例如，发行版配置文件）。conf 目录仅包含 layer.conf 文件，用于定义层的属性和依赖关系，而 recipes-*目录主要存放构建 Qt5 相关应用程序和库的菜谱文件，体现了软件层专注于特定上层软件构建的特点。

4.3.4　bitbake-layers 层管理工具

在前面的内容中，我们围绕层的概念、结构及其功能展开了详细介绍，并明确了层的主要类别，包括软件层、BSP 层和发行版层。这些内容阐明了层在管理和组织元数据、实现模块化与功能复用中的重要作用，同时为进一步理解如何高效管理与使用层奠定了基础。

在本节中，我们将重点介绍 bitbake-layers 工具，这是一个管理、分析和配置层的 BitBake 工具。bitbake-layers 提供了多种功能，包括显示层的属性和依赖关系、管理层的优先级以及创建和添加新层等。它是协助开发者优化构建流程、快速定位问题并扩展功能的重要工具。

本节将以/home/jerry/yocto 目录中的 poky 子目录为例，该目录存储了 Poky 参考发行版的 scarthgap 分支。本节将详细介绍 bitbake-layers 工具的常用功能及其实际应用，帮助读者更好地理解如何通过该工具管理和配置 Yocto 项目的层。

在使用 bitbake-layers 工具前，确保已经正确设置构建环境，使用以下命令设置 Poky 的构建环境：

```
jerry@ubuntu:~/yocto$ source poky/oe-init-build-env
```

查看 bitbake-layers 工具的具体功能和可用子命令，可以通过以下命令获取详细信息：

```
jerry@ubuntu:~/yocto/build$ bitbake-layers -h
```

以下是该命令的输出结果：

```
NOTE: Starting bitbake server...
usage: bitbake-layers [-d] [-q] [-F] [--color COLOR] [-h] <subcommand> ...

BitBake layers utility

options:
  -d, --debug           Enable debug output
  -q, --quiet           Print only errors
  -F, --force           Force add without recipe parse verification
  --color COLOR         Colorize output (where COLOR is auto, always, never)
```

```
  -h, --help           show this help message and exit

subcommands:
  <subcommand>
    add-layer            Add one or more layers to bblayers.conf.
    remove-layer         Remove one or more layers from bblayers.conf.
    flatten              flatten layer configuration into a separate output directory.
    layerindex-fetch     Fetches a layer from a layer index along with its dependent
                         layers, and adds them to conf/bblayers.conf.
    layerindex-show-depends   Find layer dependencies from layer index.
    show-layers          show current configured layers.
    show-overlayed       list overlayed recipes (where the same recipe exists in another
                         layer)
    show-recipes         list available recipes, showing the layer they are provided by
    show-appends         list bbappend files and recipe files they apply to
    show-cross-depends   Show dependencies between recipes that cross layer boundaries.
    create-layers-setup   Writes out a configuration file and/or a script that
                         replicate the directory structure and revisions of the layers
                         in a current build.
    save-build-conf      Save the currently active build configuration (conf/local.conf,
                         conf/bblayers.conf) as a template into a layer.
    create-layer         Create a basic layer

Use bitbake-layers <subcommand> --help to get help on a specific command
```

通过以上命令可以快速了解工具的功能和子命令，为后续高效管理元数据层提供支持。接下来的内容将围绕一些常用子命令进行详细说明。

4.3.4.1 create–layers 创建层

在 Yocto 项目中，创建新层有多种方法。常见的两种方法包括手动方法和自动化方法。手动方法通常通过从零创建层目录，然后手动编写 layer.conf 配置文件和相关菜谱文件，或者拷贝其他元数据层的目录，并对 layer.conf 和元数据进行修改，以适配新层。自动化方法则是使用 bitbake-layers create-layer 命令，该命令可以自动生成层的基础结构，并简化层目录、文件和初始化内容的配置。要注意的是，对于早于 2.4 版本的 Yocto 项目，则需使用旧版的 yocto-layer create 命令。

以下步骤展示了如何使用 bitbake-layers create-layer 命令在构建目录下创建一个名为

meta-mylayer 的初始层：

```
jerry@ubuntu:~/yocto/poky/build$ bitbake-layers create-layer meta-mylayer
NOTE: Starting bitbake server...
Add your new layer with 'bitbake-layers add-layer meta-mylayer'
```

执行以上命令后，会在当前目录下创建 meta-mylayer 层，其目录结构如下：

```
meta-mylayer/
├── conf
│   └── layer.conf
├── COPYING.MIT
├── README
└── recipes-example
    └── example
        └── example_0.1.bb
```

从以上层结构可以看出，meta-mylayer 层包含了层的基本结构，包括配置文件 layer.conf、许可证文件 COPYING.MIT、说明文件 README，以及一个示例菜谱目录 recipes-example，其中包含一个示例菜谱 example_0.1.bb。这些文件为新层的初始化提供了基础结构，便于开发者在此基础上添加自定义配置和菜谱。

4.3.4.2　show-layers 显示有效层

在 Yocto 项目的构建环境中，并非所有层都被加载和使用，哪些层参与构建是通过 conf/bblayers.conf 配置文件定义的。可以直接查看该配置文件，或使用 bitbake-layers show-layers 命令列出当前构建环境中配置的层、层的路径及其优先级。

例如，执行以下命令：

```
jerry@ubuntu:~/yocto/build $ bitbake-layers show-layers
```

命令执行后的输出结果如下：

```
NOTE: Starting bitbake server...
layer                path                                            priority
==========================================================================
core                 /home/jerry/yocto/poky/meta                          5
yocto                /home/jerry/yocto/poky/meta-poky                     6
yoctobsp             /home/jerry/yocto/poky/meta-yocto-bsp                5
```

从以上命令的输出可以看出，当前构建环境中列出了 3 个有效层及其路径和优先级。

优先级较高的 yocto 层位于/home/jerry/yocto/poky/meta-poky，优先级为 6，其余两个层的优先级为 5。

4.3.4.3 add-layer 添加层

如果当前构建环境中缺少所需的层，可以使用 bitbake-layers add-layer 命令将新层添加到构建环境中。执行该命令后，层的路径会自动添加到 bblayers.conf 文件的 BBLAYERS 变量中。

例如，执行以下命令：

```
jerry@ubuntu:~/yocto/build$ bitbake-layers add-layer  meta-mylayer
NOTE: Starting bitbake server...
```

使用以下命令验证层是否已添加：

```
jerry@ubuntu:~/yocto/build$ bitbake-layers show-layers
```

命令执行后的输出结果如下：

```
NOTE: Starting bitbake server...
layer                path                                          priority
===========================================================================
core                 /home/jerry/yocto/poky/meta                      5
yocto                /home/jerry/yocto/poky/meta-poky                 6
yoctobsp             /home/jerry/yocto/poky/meta-yocto-bsp            5
meta-mylayer         /home/jerry/yocto/build/meta-mylayer             6
```

以上结果显示，meta-mylayer 层被成功添加到当前构建环境中，优先级为 6。同时，该层的路径也可以在 bblayers.conf 文件的 BBLAYERS 变量中找到。

4.3.4.4 remove-layer 移除层

相对于 add-layer 层添加子命令，remove-layer 子命令可以把当前构建环境中的层移除。它并不会删除实际的层目录，只是从当前构建环境的 conf/bblayers.conf 文件的 BBLAYERS 变量中移除该层。

基于前面通过 bitbake-layers add-layer 命令添加的 meta-mylayer，可以使用以下命令移除：

```
jerry@ubuntu:~/yocto/build$ bitbake-layers remove-layer  meta-mylayer
NOTE: Starting bitbake server...
```

使用以下命令验证 meta-mylayer 层是否已移除：

```
jerry@ubuntu:~/yocto/build$ bitbake-layers show-layers
```

命令执行后的输出结果如下：

```
NOTE: Starting bitbake server...
layer                path                                          priority
============================================================================
core                 /home/jerry/yocto/poky/meta                        5
yocto                /home/jerry/yocto/poky/meta-poky                   6
yoctobsp              /home/jerry/yocto/poky/meta-yocto-bsp             5
```

以上结果显示，meta-mylayer 层已从当前构建环境中移除，构建环境中不再包含该层的元数据。

4.3.4.5　layerindex-fetch 获取层

除了支持本地层的操作，bitbake-layers 工具还提供了 layerindex-fetch 子命令，用于从远程 OpenEmbedded 层索引中自动获取指定层及其所有依赖层，并将它们添加到构建环境中。这一功能特别适用于快速将新的第三方层集成到当前构建环境中，提高了层的引入效率和便捷性。

以下命令展示了如何使用 layerindex-fetch 从 OpenEmbedded 层索引的 scarthgap 分支获取 meta-qt5 层及其依赖：

```
jerry@ubuntu:~/yocto/build$ bitbake-layers layerindex-fetch meta-qt5 -b scarthgap
```

以下是该命令的输出结果：

```
    NOTE: Starting bitbake server...
    Loading https://layers.***.org/layerindex/api/;branch=scarthgap...
    Layer                            Git repository (branch)          Subdirectory
    =============================================================================
    local:HEAD:openembedded-core
ssh://git@github.com:jerrysundev/poky-for-mybook.git (scarthgap) meta
      required by: meta-qt5 meta-oe
    layers.openembedded.org:scarthgap:meta-oe
git://git.openembedded.org/meta-openembedded (scarthgap) meta-oe
      required by: meta-qt5
    layers.openembedded.org:scarthgap:meta-qt5
https://***.com/meta-qt5/meta-qt5.git (scarthgap)
```

```
Cloning into '/home/jerry/yocto/poky/meta-qt5'...
remote: Enumerating objects: 16784, done.
remote: Counting objects: 100% (1857/1857), done.
remote: Compressing objects: 100% (380/380), done.
remote: Total 16784 (delta 1620), reused 1557 (delta 1463), pack-reused 14927 (from 1)
Receiving objects: 100% (16784/16784), 4.09 MiB | 650.00 KiB/s, done.
Resolving deltas: 100% (12210/12210), done.
Adding layer "meta-oe" (/home/jerry/yocto/poky/meta-openembedded/meta-oe) to
conf/bblayers.conf
Adding layer "meta-qt5" (/home/jerry/yocto/poky/meta-qt5/) to conf/bblayers.conf
```

以上结果显示，命令成功获取了 meta-qt5 和 meta-oe 层及其依赖，自动克隆了相应的 Git 仓库，并将这些层的路径添加到 conf/bblayers.conf 文件中的 BBLAYERS 变量中，确保它们在后续构建中被加载和使用。

4.3.4.6 show-recipes 显示菜谱

bitbake-layers 工具不仅支持层的操作，还能列出当前构建环境中所有有效的菜谱及其对应的层。show-recipes 子命令遍历已配置的层，显示构建环境中使用的菜谱及其所属层和版本信息。此功能对于较复杂的项目特别实用，尤其是在同名菜谱出现在多个层中时，能够帮助用户快速了解构建环境中包含的菜谱及其来源。

执行以下命令，会加载依赖缓存并列出所有有效的菜谱：

```
jerry@ubuntu:~/yocto/build$ bitbake-layers show-recipes
```

以下是该命令的部分输出结果：

```
NOTE: Starting bitbake server...
Loading cache...done.
Loaded 1878 entries from dependency cache.
=== Available recipes: ===
acl:
  meta                 2.3.2
acpica:
  meta                 20240322
acpid:
  meta                 2.0.34
adwaita-icon-theme:
  meta                 45.0
```

```
alsa-lib:
  meta                 1.2.11
alsa-plugins:
  meta                 1.2.7.1
alsa-state:
  meta                 0.2.0
alsa-tools:
  meta                 1.2.11
```

以上结果显示了每个菜谱的名称、所属层和有效版本信息，帮助用户快速定位构建环境中的组件，为后续的构建、版本管理和调试提供支持。

4.3.4.7　show-appends 显示追加菜谱

除了使用 show-recipes 子命令列出菜谱，show-appends 子命令用于列出所有追加菜谱文件及其应用的菜谱，并显示每个追加菜谱文件的路径。追加菜谱文件用于扩展或修改现有菜谱的配置。在复杂项目中，同名的追加菜谱文件可能出现在多个层中，使用该命令可以查看哪些追加菜谱文件修改或扩展了菜谱。

通过结合使用 show-recipes 和 show-appends，用户可以全面了解构建环境中菜谱的定义及其扩展来源，有助于优化构建流程和调试过程。

执行以下命令可以查看当前构建环境中的追加菜谱文件及其适用的菜谱：

```
jerry@ubuntu:~/yocto/build$ bitbake-layers show-appends
```

命令相应的输出结果如下：

```
NOTE: Starting bitbake server...
Loading cache: 100% |##############################################| Time: 0:00:00
Loaded 1878 entries from dependency cache.
=== Appended recipes ===
base-files_3.0.14.bb:
  /home/jerry/yocto/poky/meta-poky/recipes-core/base-files/base-files_%.bbappend
busybox_1.36.1.bb:
  /home/jerry/yocto/poky/meta-poky/recipes-core/busybox/busybox_%.bbappend
formfactor_0.0.bb:
  /home/jerry/yocto/poky/meta-yocto-bsp/recipes-bsp/formfactor/formfactor_0.0.bbappend
linux-yocto_6.6.bb:
  /home/jerry/yocto/poky/meta-yocto-bsp/recipes-kernel/linux/linux-yocto_6.6.bbappend
psplash_git.bb:
```

```
      /home/jerry/yocto/poky/meta-poky/recipes-core/psplash/psplash_git.bbappend
    xserver-xf86-config_0.1.bb:
      /home/jerry/yocto/poky/meta-yocto-bsp/recipes-graphics/xorg-xserver/
xserver-xf86-config_0.1.bbappend
    linux-yocto-dev.bb (skipped):
      /home/jerry/yocto/poky/meta-yocto-bsp/recipes-kernel/linux/linux-yocto-
dev.bbappend
    linux-yocto_6.6.bb (skipped):
      /home/jerry/yocto/poky/meta-yocto-bsp/recipes-kernel/linux/linux-yocto_6.6.
bbappend
```

从上述结果中可以清晰地查看每个追加菜谱文件及其所应用的菜谱。例如，base-files_3.0.14.bb 被/home/jerry/yocto/poky/meta-poky/recipes-core/base-files/base-files_%.bbappend 追加菜谱所扩展。

第 5 章 BitBake 构建引擎

在第 4 章中，我们已经详细解析了 Yocto 项目元数据的基础架构，包括元数据变量和文件、菜谱工作流、层结构和层管理工具。这些内容可帮助读者理解元数据如何描述构建系统的行为。然而，无论是元数据变量还是菜谱任务，都需要通过 BitBake 构建引擎进行解析，并在复杂的任务依赖关系中完成调度和执行。

本章将以第 4 章的内容为基础，深入剖析 BitBake 构建引擎的核心工作原理。内容将涵盖 BitBake 的获取方式、常用的操作命令，以及其在解析元数据和执行任务时的具体机制。通过对 BitBake 的系统学习，读者将全面理解 BitBake 的工作机制，并为后续深入学习和灵活运用它打下坚实基础。

5.1 BitBake 的起源与发展

BitBake 是由 Python 编写的通用任务执行引擎，最早于 2003 年在 OpenEmbedded 项目中引入，其设计灵感来源于 Gentoo Linux 的包管理系统 Portage。2004 年，BitBake 从 OpenEmbedded 项目中独立出来，成为一个独立的构建工具，专注于嵌入式 Linux 开发。它能够解析元数据，并支持高效并行地运行 Shell 和 Python 任务，同时能够智能解析复杂的任务依赖关系。除单个软件包的构建，BitBake 还可以生成完整的嵌入式 Linux 系统镜像，包括根文件系统和内核，从而大幅提升开发的灵活性和效率。

在 Yocto 项目成立后，BitBake 由 Yocto 项目和 OpenEmbedded 项目共同维护，它与 OpenEmbedded-Core 共同构成了 OpenEmbedded 构建系统，并被集成到 Poky 参考发行版中。在 Yocto 项目中，BitBake 的功能得到进一步增强，例如支持多种基础菜谱变体（如 native、sdk 和 multilib），以灵活应对不同的构建需求。此外，通过模块化的元数据管理，BitBake 将元数据划分为多个层，并支持层之间的增强与覆盖。同时，BitBake 支持基于任务输入变量生成校验和，并利用预构建组件加速构建过程，显著提升了构建效率。

5.2 BitBake 的源代码

BitBake 作为一个通用的任务执行引擎，广泛应用于嵌入式 Linux 系统的开发中。其模块化设计不仅支持任务调度、数据管理和资源获取，还为复杂构建流程提供了高效的支持。本节将深入介绍 BitBake 源代码的获取方式及其核心结构，结合关键模块的功能解析，帮助读者更好地理解 BitBake 在 Yocto 项目中的运行原理与实际应用。

5.2.1 BitBake 源代码的获取

为了满足不同的开发需求，用户可以通过多种方法获取 BitBake 工具。根据使用场景和需求的不同，主要有以下四种获取方法。

1. 使用 Git 克隆 BitBake 源代码库：适合需要获取最新稳定版本或希望参与开发的用户。
2. 通过发行版的包管理系统安装：操作简单，但版本通常较旧，适合快速验证或简单部署，不推荐用于开发和调试。
3. 下载 BitBake 快照：便于访问特定版本，适合调试或验证历史功能。
4. 使用 OpenEmbedded 构建系统自带的 BitBake：与构建系统完全兼容，适合生产环境，确保工具链的一致性。

在实际应用中，最常用的方法包括通过 Git 克隆 BitBake 源代码库和使用 OpenEmbedded 构建系统中自带的 BitBake，两者既能满足开发需求，又能确保工具与环境的匹配性。以下将对这两种方法和源代码结构进行详细说明。

5.2.1.1 克隆 BitBake

使用 Git 克隆 BitBake 源代码库是获取 BitBake 的推荐方式。这种方式能够便捷地获取最新的错误修复，同时访问稳定分支和开发中的主分支。完成克隆后，建议使用最新的稳定分支进行开发，因为主分支主要用于 BitBake 的持续开发，所以可能包含尚未完全测试的更改。

例如，要克隆 BitBake 的 2.8 分支，可以运行以下命令：

```
$git clone git://git.***.org/bitbake -b 2.8
```

执行上述命令后，Git 会从服务器下载 BitBake 源代码，并将其存放在当前目录下名为 bitbake 的文件夹中。

克隆完成后，可运行以下命令验证安装是否成功并查看 BitBake 的版本信息：

```
$bitbake/bin/bitbake --version
```

以下是执行该命令后的输出结果：

```
BitBake Build Tool Core version 2.8.0
```

通过这种方式，开发者不仅可以快速获取最新的源代码和错误修复，还能选择适合开发需求的稳定分支，确保项目的可靠性和可维护性。

5.2.1.2　构建系统中的 BitBake

在 Yocto 项目中，BitBake 是 OpenEmbedded 构建系统的核心组件，而 OpenEmbedded 构建系统是 Poky 参考发行版的重要组成部分。因此，在获取 Poky 源代码时，BitBake 工具已包含在其中，其主要源代码位于 Poky 的 bitbake 目录下。

在使用 Poky 参考发行版的 scarthgap 分支构建环境时，可通过以下命令在构建目录中查看当前使用的 BitBake 工具版本：

```
jerry@ubuntu:~/yocto/build$bitbake--version
```

输出如下：

```
BitBake Build Tool Core version 2.8.0
```

以上输出表明，当前构建系统中使用的是 2.8.0 版本的 BitBake 工具。

5.2.2　BitBake 源代码结构及核心模块

BitBake 源代码采用模块化的设计方式，清晰划分了任务调度、数据管理、配置处理和功能扩展等模块，为构建系统的灵活性和可维护性提供了基础支持。以下是 BitBake 源代码的核心结构：

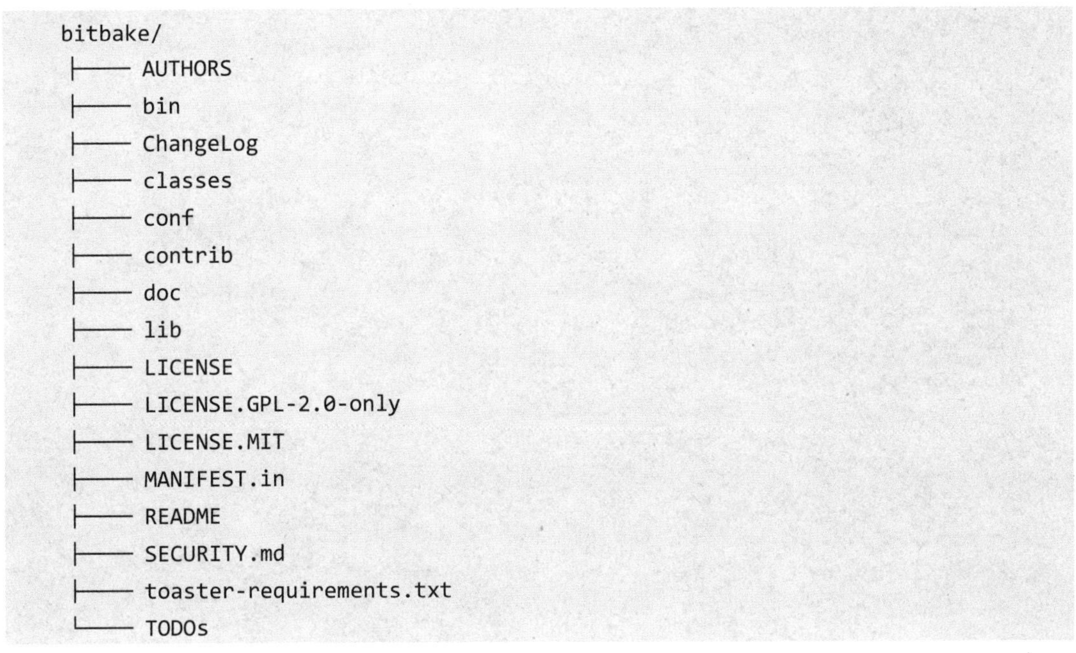

```
bitbake/
├── AUTHORS
├── bin
├── ChangeLog
├── classes
├── conf
├── contrib
├── doc
├── lib
├── LICENSE
├── LICENSE.GPL-2.0-only
├── LICENSE.MIT
├── MANIFEST.in
├── README
├── SECURITY.md
├── toaster-requirements.txt
└── TODOs
```

以下是对上面结构中重点目录的讲解。

- bin：存放 BitBake 的核心可执行脚本，例如，bitbake 和 bitbake-layers。它们分别用于初始化构建系统和管理构建层，是 BitBake 的入口组件。
- classes：定义通用构建逻辑的类文件（以.bbclass 为后缀），例如 base.bbclass。这些类通过继承机制为菜谱文件（.bb）提供构建流程的逻辑复用。
- conf：包含全局配置文件，例如 bitbake.conf，用于定义构建系统的核心变量和默认环境设置。这些文件是构建流程的基础配置来源。
- lib：存放 BitBake 的核心实现模块，包括数据存储系统（Datastore）、任务调度模块和 Fetcher 子模块（源代码下载模块）。lib 目录是整个系统的逻辑核心，支持构建系统的功能实现与扩展。

在 lib 目录下，bb 子目录是核心实现所在，包含 Fetcher 子模块和数据存储模块。接下来，将详细讲解这些模块及其在 Yocto 项目中的具体应用，以让大家深入理解 BitBake 的运行原理。

5.2.2.1　bb模块

bb 模块位于 BitBake 源代码的 lib/bb 目录下，是实现 BitBake 核心功能的关键模块。它涵盖资源获取、任务调度、数据管理、事件处理等核心功能，通过多个 Python 文件和子目录实现。以下是 lib/bb 目录的主要结构：

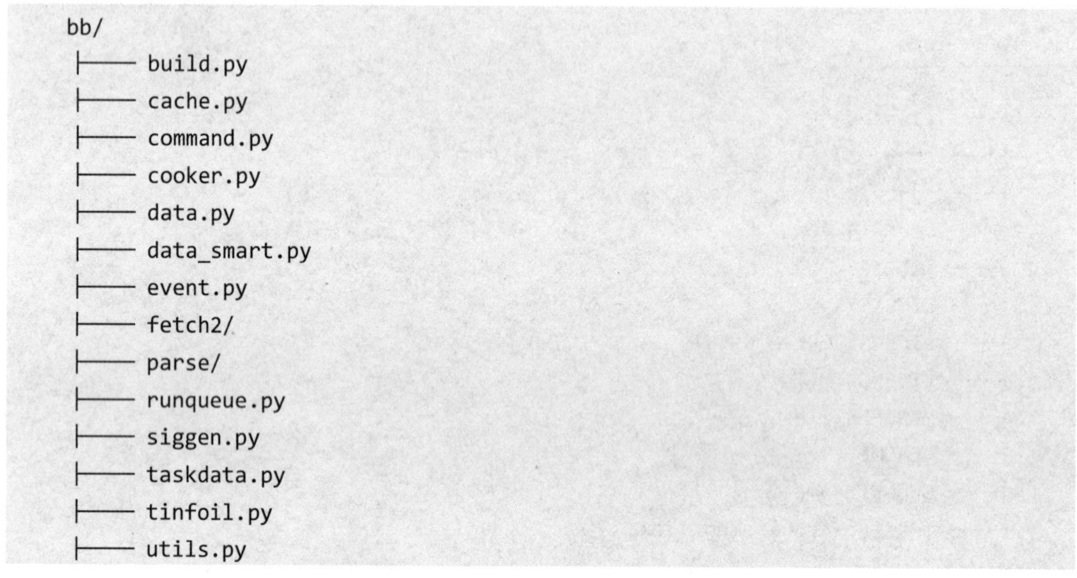

```
bb/
├── build.py
├── cache.py
├── command.py
├── cooker.py
├── data.py
├── data_smart.py
├── event.py
├── fetch2/
├── parse/
├── runqueue.py
├── siggen.py
├── taskdata.py
├── tinfoil.py
├── utils.py
```

以下是核心模块的功能解释。

- data.py：定义基础的数据存储逻辑，用于管理构建过程中的变量。
- data_smart.py：扩展了数据存储功能，支持动态变量解析和作用域管理。
- runqueue.py：负责解析任务依赖并调度执行，确保构建流程的顺序性和并行性。
- taskdata.py：管理任务的元数据信息，包括依赖关系和执行状态。
- fetch2/：资源获取模块，支持多种协议，例如 HTTP、Git 和 FTP。
- parse/：解析.bb 和.bbclass 文件，将构建逻辑和变量加载到数据存储中。
- event.py：生成和分发事件，为构建流程提供事件驱动支持。
- command.py：处理用户命令和远程调用，为 BitBake 的交互操作提供接口。
- utils.py：提供一些常用的 Python 函数，通常用于内联 Python 表达式（例如${@...}）。

这些模块和目录共同构成了 BitBake 的核心逻辑，实现了从数据存储到任务调度、事件驱动以及源代码下载的完整功能，为构建系统提供了高效的支持。

5.2.2.2 资源获取模块

资源获取模块位于 lib/bb 目录的 fetch2 子目录下，是 BitBake 中实现资源获取功能的重要模块。其中包含了多个 Fetcher 子模块，支持多种协议，满足构建过程中不同的资源管理需求。以下是 fetch2 目录中核心子模块的文件结构：

```
fetch2/
├── git.py
├── gitsm.py
├── hg.py
├── svn.py
├── wget.py
├── local.py
├── npm.py
├── s3.py
```

在菜谱文件中，SRC_URI 变量用于定义构建过程中需要获取的资源文件及其访问方式。SRC_URI 中的 URL 前缀决定了 BitBake 使用的 Fetcher 子模块，用于处理资源的下载和管理。Fetcher 子模块通过解析这些前缀，调用相应的模块完成资源获取操作。以下是常见的子模块及其功能描述。

- git.py 和 gitsm.py：处理以 git://或 gitsm://开头的 SRC_URI，支持从 Git 仓库获取资源，包括指定分支或提交点。
- wget.py：处理 http://、https://和 ftp://协议，用于从网络服务器获取资源。
- hg.py 和 svn.py：分别处理 hg://和 svn://协议，用于从 Mercurial 和 Subversion 仓库获取资源。
- local.py：处理以 file://开头的 SRC_URI，支持从本地或以相对路径获取文件。
- npm.py：处理以 npm://开头的 SRC_URI，支持从 NPM 注册表中获取模块。

Fetcher 子模块通过对不同协议的模块化实现和对 SRC_URI 参数的灵活解析，为 BitBake 提供了统一的资源获取能力，确保了构建过程的高效性和灵活性。

5.2.2.3 数据存储模块

BitBake 的数据存储功能主要由 data.py 和 data_smart.py 模块实现，这两个模块提供了管理和操作构建过程中变量和标志（flag）的核心功能。在 Python 函数中，开发者可以通过 d 对象访问这些功能，并调用相应的函数实现数据存储的操作。

表 5-1 提供了常见的 BitBake 的数据操作函数及其功能描述。

表 5-1 BitBake 的数据操作函数及其功能描述

数据操作函数	功能描述
d.getVar("X",expand)	返回变量 X 的值。如果 expand=True，将展开变量值。如果变量 X 不存在，则返回 None

续表

数据操作函数	功能描述
d.setVar("X","value")	设置变量 X 的值为 value
d.appendVar("X","value")	将 value 添加到变量 X 的末尾。如果变量 X 不存在，则等同于 d.setVar("X","value")
d.prependVar("X","value")	将 value 添加到变量 X 的开头。如果变量 X 不存在，则等同于 d.setVar("X","value")
d.delVar("X")	从数据存储中删除变量 X。如果变量 X 不存在，则不执行任何操作
d.renameVar("X","Y")	将变量 X 重命名为 Y。如果变量 X 不存在，则不执行任何操作
d.getVarFlag("X",flag,expand)	返回变量 X 的指定标志 flag 的值。如果 expand=True，将展开标志值。如果变量或标志不存在，则返回 None
d.setVarFlag("X",flag,"value")	设置变量 X 的指定标志 flag 的值为 value
d.appendVarFlag("X",flag,"value")	将 value 添加到变量 X 的指定标志 flag 的末尾。如果标志不存在，则等同于 d.setVarFlag("X",flag,"value")

通过 data.py 和 data_smart.py 模块提供的接口函数，开发者能够轻松完成对数据存储中变量的读取、修改及标志的灵活管理，为构建过程中实现复杂逻辑提供了高效且直观的接口。

5.2.2.4　实用函数

utils.py 是 BitBake 核心功能模块之一，提供了常用的 Python 函数，通常用于内联 Python 表达式（例如${@...}）。这些函数简化了构建过程中的条件判断、目录创建和其他常见任务，极大地提高了构建脚本的编写效率。表 5-2 列出了 utils.py 中一些常用函数的介绍。

表 5-2　常用函数

函　数　名	描　　述	示　　例
bb.utils.contains()	检查列表中是否包含指定元素	${@bb.utils.contains("DISTRO_FEATURES","opengl","-m 512","-m 256",d)} 检查 DISTRO_FEATURES 是否包含 opengl，如果包含则返回-m 512，否则返回-m 256
bb.utils.mkdirhier()	递归创建目录，确保路径中所有必要的父目录都被创建	${@bb.utils.mkdirhier('/tmp/build/directory')} 确保路径中的所有父目录都被创建
bb.utils.filter()	过滤列表中的元素，返回符合条件的部分	${@bb.utils.filter("DISTRO_FEATURES","pam",d)} 筛选 DISTRO_FEATURES 中包含 pam 的元素

续表

函数名	描述	示例
bb.utils.contains_any()	检查列表中是否包含任意指定元素	${@bb.utils.contains_any("DISTRO_FEATURES","testval2 testval3","lastone","","d)} 检查 DISTRO_FEATURES 是否包含任意一个指定的元素，如果包含则返回 lastone
bb.utils.remove()	删除指定路径的文件或目录	bb.utils.remove('/tmp/build/directory',recurse=True) 删除 /tmp/build/directory 目录及其内容

在 Yocto 项目中，其中的一些函数在 MACHINE_FEATURES 和 DISTRO_FEATURES 配置中被广泛应用，帮助根据不同硬件平台和发行版特性灵活调整构建配置，优化构建过程，并提高跨平台的兼容性与可维护性。

5.3 BitBake 命令

通过前面内容的学习，我们深入了解了 BitBake 的起源与发展及其模块化的源代码结构，对其设计理念和内部核心功能有了全面认识。然而，掌握理论只是第一步，要在 Yocto 项目中高效运用 BitBake 构建引擎，还需熟练掌握其提供的命令行接口工具。本节将详细讲解 BitBake 的常用命令，这些命令不仅是解析元数据和执行任务的核心工具，也是调试和优化构建流程的关键手段。通过本节内容的学习，读者将能够熟练运用 BitBake 命令，为后续高效完成构建任务和实现定制化开发提供有力支持。

5.3.1 BitBake 的命令语法

要了解和使用 BitBake 的命令行接口，你可以在设置好的构建环境中运行以下命令查看其用法和语法：

```
poky/build$ bitbake -h
```

执行上述命令后，系统将输出以下 BitBake 的完整使用说明，包括命令格式和支持的选项：

```
Usage: bitbake [options] [recipename/target recipe:do_task ...]

    Executes the specified task (default is 'build') for a given set of target recipes
(.bb files).
    It is assumed there is a conf/bblayers.conf available in cwd or in BBPATH which
    will provide the layer, BBFILES and other configuration information.
```

```
Options:
  --version             show program's version number and exit
  -h, --help            show this help message and exit
  -b BUILDFILE, --buildfile=BUILDFILE
                        Execute tasks from a specific .bb recipe directly.
                        WARNING: Does not handle any dependencies from other
                        recipes.
  -k, --continue        Continue as much as possible after an error. While the
                        target that failed and anything depending on it cannot
                        be built, as much as possible will be built before
                        stopping.
  -f, --force           Force the specified targets/task to run (invalidating
                        any existing stamp file).
  -c CMD, --cmd=CMD     Specify the task to execute. The exact options
                        available depend on the metadata. Some examples might
                        be 'compile' or 'populate_sysroot' or 'listtasks' may
                        give a list of the tasks available.
  -C INVALIDATE_STAMP, --clear-stamp=INVALIDATE_STAMP
                        Invalidate the stamp for the specified task such as
                        'compile' and then run the default task for the
                        specified target(s).
  -r PREFILE, --read=PREFILE
                        Read the specified file before bitbake.conf.
  -R POSTFILE, --postread=POSTFILE
                        Read the specified file after bitbake.conf.
  -v, --verbose         Enable tracing of shell tasks (with 'set -x'). Also
                        print bb.note(...) messages to stdout (in addition to
                        writing them to ${T}/log.do_<task>).
  -D, --debug           Increase the debug level. You can specify this more
                        than once. -D sets the debug level to 1, where only
                        bb.debug(1, ...) messages are printed to stdout; -DD
                        sets the debug level to 2, where both bb.debug(1, ...)
                        and bb.debug(2, ...) messages are printed; etc.
                        Without -D, no debug messages are printed. Note that
                        -D only affects output to stdout. All debug messages
                        are written to ${T}/log.do_taskname, regardless of the
                        debug level.
```

```
-q, --quiet           Output less log message data to the terminal. You can
                      specify this more than once.
-n, --dry-run         Don't execute, just go through the motions.
-S SIGNATURE_HANDLER, --dump-signatures=SIGNATURE_HANDLER
                      Dump out the signature construction information, with
                      no task execution. The SIGNATURE_HANDLER parameter is
                      passed to the handler. Two common values are none and
                      printdiff but the handler may define more/less. none
                      means only dump the signature, printdiff means compare
                      the dumped signature with the cached one.
-p, --parse-only      Quit after parsing the BB recipes.
-s, --show-versions   Show current and preferred versions of all recipes.
-e, --environment     Show the global or per-recipe environment complete
                      with information about where variables were
                      set/changed.
-g, --graphviz        Save dependency tree information for the specified
                      targets in the dot syntax.
-I EXTRA_ASSUME_PROVIDED, --ignore-deps=EXTRA_ASSUME_PROVIDED
                      Assume these dependencies don't exist and are already
                      provided (equivalent to ASSUME_PROVIDED). Useful to
                      make dependency graphs more appealing
-l DEBUG_DOMAINS, --log-domains=DEBUG_DOMAINS
                      Show debug logging for the specified logging domains
-P, --profile         Profile the command and save reports.
-u UI, --ui=UI        The user interface to use (knotty, ncurses, taskexp,
                      teamcity or toasterui - default knotty).
--token=XMLRPCTOKEN   Specify the connection token to be used when
                      connecting to a remote server.
--revisions-changed   Set the exit code depending on whether upstream
                      floating revisions have changed or not.
--server-only         Run bitbake without a UI, only starting a server
                      (cooker) process.
-B BIND, --bind=BIND
                      The name/address for the bitbake xmlrpc server to bind to.
-T SERVER_TIMEOUT, --idle-timeout=SERVER_TIMEOUT
                      Set timeout to unload bitbake server due to
                      inactivity, set to -1 means no unload, default:
```

```
                        Environment variable BB_SERVER_TIMEOUT.
  --no-setscene         Do not run any setscene tasks. sstate will be ignored
                        and everything needed, built.
  --skip-setscene       Skip setscene tasks if they would be executed. Tasks
                        previously restored from sstate will be kept, unlike
                        --no-setscene
  --setscene-only       Only run setscene tasks, don't run any real tasks.
  --remote-server=REMOTE_SERVER
                        Connect to the specified server.
  -m, --kill-server     Terminate any running bitbake server.
  --observe-only        Connect to a server as an observing-only client.
  --status-only         Check the status of the remote bitbake server.
  -w WRITEEVENTLOG, --write-log=WRITEEVENTLOG
                        Writes the event log of the build to a bitbake event
                        json file. Use '' (empty string) to assign the name
                        automatically.
  --runall=RUNALL       Run the specified task for any recipe in the taskgraph
                        of the specified target (even if it wouldn't otherwise
                        have run).
  --runonly=RUNONLY     Run only the specified task within the taskgraph of
                        the specified targets (and any task dependencies those
                        tasks may have).
```

通过以上选项，开发者可以灵活控制 BitBake 的行为，从而更高效地管理构建流程。接下来将重点介绍常用命令及其典型使用场景。

5.3.2　执行默认任务

在使用 bitbake 命令不指定具体任务时，BitBake 将默认执行每个菜谱的核心任务 do_build。do_build 是所有菜谱的默认目标任务，用于驱动整个构建流程，依赖构建指定菜谱所需的所有其他常规任务。

对于非镜像菜谱，在执行 do_build 任务时，通常会运行以下任务。

- do_fetch：下载源代码。
- do_unpack：解压源代码。
- do_patch：应用任何必要的补丁。
- do_configure：配置构建环境。

- do_compile：编译源代码。
- do_install：安装编译好的二进制文件。
- do_populate_sysroot：将构建结果复制到 sysroot。
- do_package：打包文件。
- do_packagedata：生成包数据。
- do_package_qa：执行包质量检查。
- do_package_write_rpm（或其他格式，如 deb、ipk）：生成 RPM 包。
- do_populate_lic：处理许可证信息。

对于镜像菜谱，do_build 的任务还包括生成镜像所需的额外任务，例如如下几项。

- do_rootfs：创建镜像的根文件系统，包括文件和目录结构。
- do_image：生成最终的系统镜像文件（支持多种格式，例如.wic.zst、.tar.bz2）。

例如，在初始化好的构建环境中，通过运行以下命令，会执行默认的 do_build 任务生成镜像：

```
$ bitbake core-image-minimal
```

构建完成后，在构建输出目录 tmp/deploy/images/<machine>中，可以找到生成的镜像压缩文件 core-image-minimal.wic.zst。

5.3.3 执行指定任务

在构建过程中，除了默认执行的 do_build 任务，BitBake 还支持用户灵活地指定并运行菜谱中的特定任务。以下将详细介绍两种执行指定任务的方法：通过添加-c 选项的方法，以及通过菜谱与任务组合列表的方法。这两种方法各有用途和优势，可根据需求灵活选择。

5.3.3.1 使用-c 选项

通过-c 选项，用户可以快速指定并执行单个菜谱中的特定任务。这种方法简单直观，适用于单任务执行或快速验证任务功能的场景。其命令格式如下：

```
$ bitbake  -c <taskname> <recipename>
```

例如，在使用 bitbake-layers create-layer 创建一个新层时，通常会生成一个示例菜谱 example_0.1.bb，内容如下：

```
SUMMARY = "bitbake-layers recipe"
```

```
DESCRIPTION = "Recipe created by bitbake-layers"
LICENSE = "MIT"

python do_display_banner() {
    bb.plain("***********************************************");
    bb.plain("*                                             *");
    bb.plain("*    Example do_display_banner implemented    *");
    bb.plain("*                                             *");
    bb.plain("***********************************************");
}

addtask display_banner before do_build
```

将 example_0.1.bb 所在层添加到构建环境后，可以通过以下命令执行 do_display_banner 任务：

```
build$ bitbake -c display_banner example
```

执行完成后，控制台上会包含以下输出：

```
***********************************************
*                                             *
*    Example do_display_banner implemented    *
*                                             *
***********************************************
```

输出显示任务的自定义打印内容已成功执行，表明该任务运行正常。这种方式非常适合测试和验证单个任务的功能，尤其是在调试和开发自定义任务时。

5.3.3.2　菜谱和任务组合

通过菜谱与任务组合列表，可以在一个命令中同时指定多个菜谱和任务。其灵活性更高，适用于需要测试或验证多个任务的复杂场景。命令格式如下：

```
$ bitbake <recipename1>:<do_taskA> <recipename2>:<do_taskB>
```

以下示例展示了如何同时执行两个菜谱的不同任务。在 example_0.1.bb 的基础上，新建一个 example2_0.1.bb 菜谱，内容如下：

```
SUMMARY = "Another example recipe"
DESCRIPTION = "Second recipe with a custom task"
```

```
LICENSE = "MIT"

python do_print_message() {
    bb.plain("***********************************************");
    bb.plain("*                                             *");
    bb.plain("*    Executing custom do_print_message task   *");
    bb.plain("*                                             *");
    bb.plain("***********************************************");
}

addtask do_print_message before do_build
```

通过以下命令同时执行两个菜谱的任务：

```
build$ bitbake example:do_display_banner example2:do_print_message
```

执行完以上命令，控制台上会包含以下输出：

```
***********************************************
*                                             *
*    Executing custom do_print_message task   *
*                                             *
***********************************************
***********************************************
*                                             *
*  Example recipe created by bitbake-layers   *
*                                             *
***********************************************
```

这种方法适用于批量验证和进行复杂任务调度。例如，当需要同时测试多个菜谱的功能或验证多个任务的交互时，菜谱与任务组合列表能够显著提高测试效率，避免逐个执行的冗余操作。

5.3.4 强制执行任务

在运行 BitBake 命令执行构建任务时，如果发生错误，默认情况下 BitBake 会停止当前任务的执行，并中断整个构建过程。这种行为可能在构建大型项目或处理多个任务时带来困扰，特别是当某些关键任务因非关键性任务的构建错误停止构建时。

为了解决这种困扰，BitBake 提供了-f（或--force）选项，能够跳过错误并继续执行剩余任务。以下是通用命令格式：

```
$ bitbake -f <recipename>
```

或者：

```
$ bitbake --force <recipename>
```

例如，假设需要获取与 Sato 镜像相关的所有软件包，可以运行以下命令：

```
$ bitbake -c fetch core-image-sato
```

在默认情况下，如果某些软件包获取失败，BitBake 会停止构建。而如果添加了-f 选项，即使部分软件包获取失败，BitBake 仍会继续尝试获取其他软件包：

```
$ bitbake -f -c fetch core-image-sato
```

-f 选项在构建大型项目时尤为实用，特别是在处理多个相互依赖的菜谱时。它能够有效减少因单个错误导致的构建中断，提高整体构建效率，同时确保尽可能多的任务被正确执行。

5.4　BitBake 调试与优化

在上一节中，我们介绍了 BitBake 命令的基础语法和任务执行方式，包括运行默认任务、指定任务和强制执行任务。这些内容涵盖了 BitBake 的基本使用方法。但在实际项目中，仅掌握基础功能往往不足以应对复杂的构建需求。

为了帮助开发者更高效地解决构建问题并优化性能，BitBake 还提供了一系列进阶工具和选项，例如清理构建缓存、查看变量解析结果、分析依赖关系以及获取详细调试信息。这些功能可以深入剖析构建过程，快速定位问题并优化流程。

以下将详细介绍这些进阶功能及其实际应用场景。

5.4.1　清除共享状态缓存

为避免每次都从头开始构建并提升效率，Yocto 项目引入了任务级共享状态缓存（Shared State Cache，简称 SState）。SState 通过校验任务的输入，判断任务结果是否可复用，从而决定是否需要重新执行任务。缓存的存储路径由变量 SSTATE_DIR 指定，默认位置为 build/sstate-cache。

虽然 SState 显著提升了构建效率，但在某些情况下可能引发问题，例如缓存数据过期、不一致或环境变量的变更未被正确检测到。这些问题可能导致构建结果与预期不符，因此需要对缓存进行管理以确保构建的可靠性。BitBake 提供了 do_cleansstate 和 do_cleanall 两种清理任务，用于灵活管理构建数据和缓存文件。

以 zlib_1.3.1.bb 菜谱为例，在完成构建后，可以在 downloads 目录中找到下载的源代码文件：

```
build $ ls downloads/zlib-1.3.1.tar.gz
zlib-1.3.1.tar.gz
```

构建的中间文件和最终输出则位于 tmp/work 目录下：

```
build$ ls tmp/work/core2-64-poky-linux/zlib/1.3.1/
0001-configure-Pass-LDFLAGS-to-link-tests.patch  package  recipe-sysroot-native
build                                           packages-split        run-ptest
debugsources.list                               pkgdata               source-date-epoch
deploy-debs                                     pkgdata-pdata-input   spdx
deploy-source-date-epoch                        pkgdata-sysroot       sysroot-destdir
image                                           pseudo                temp
license-destdir                                 recipe-sysroot        zlib-1.3.1
```

同时，在 sstate-cache 目录中会存储与该任务相关的缓存文件，包括 compile、install 和 configure 等任务的共享状态：

```
build$ find sstate-cache/* -name *:zlib:core2-64-poky-linux*
sstate-cache/07/28/sstate:zlib:core2-64-poky-linux:1.3.1:r0:core2-64:12:0728e4
b086e6f6f2a3465d1a229fabef9ade41b68662011394b8e54cd307179b_compile.tar.zst.siginfo
sstate-cache/24/49/sstate:zlib:core2-64-poky-linux:1.3.1:r0:core2-64:12:2449fc
058340440afcd2a5dcaabdcbe17b9453d47257b21a1226a673f6fa4ee9_install.tar.zst.siginfo
sstate-cache/2a/28/sstate:zlib:core2-64-poky-linux:1.3.1:r0:core2-64:12:2a282502
634d586a38e69a304a1e03c59a468ccff9a1c1488a616e301d6966d6_configure.tar.zst.siginfo
…
```

如果需要从头开始构建 zlib，可以使用清理任务来移除相关构建数据和缓存。

5.4.1.1 do_cleansstate 任务

do_cleansstate 任务会清理目标菜谱的所有输出文件和共享状态缓存，但是不会删除已下载的源代码。清理后，构建系统不会再使用相关的缓存，确保目标菜谱完全重新构建。

例如，运行以下命令清理 zlib 的构建输出和缓存：

```
build$ bitbake -c cleansstate zlib
```

执行以上命令之后，会删除 tmp/work/core2-64-poky-linux/zlib/1.3.1 路径中的所有输出文件（仅保留 temp 目录中的日志和脚本）以及 sstate-cache 目录中与 zlib 相关的缓存文件。

5.4.1.2　do_cleanall 任务

do_cleanall 任务比 do_cleansstate 任务清除得更为彻底，除了清理目标菜谱的所有构建输出文件和共享状态缓存外，还会删除下载的源代码文件。通常，源代码文件存储在 downloads 目录中，由变量 DL_DIR 指定。

例如，针对 zlib 菜谱，在设置好的构建环境下运行以下命令：

```
build$ bitbake -c cleanall zlib
```

成功执行此命令后，与 do_cleansstate 任务相同，会删除 tmp/work 目录下 zlib 的所有构建输出文件和 sstate-cache 目录中的共享状态缓存文件，同时还会额外删除 downloads 目录中的 zlib-1.3.1.tar.gz 源代码文件。

5.4.2　查看任务列表

BitBake 命令不仅可以用于执行菜谱中的任务，还能列出菜谱中定义的所有任务。通过执行 do_listtasks 任务，开发者可以清晰地了解菜谱中各任务的定义和功能，为构建流程的调试和优化提供参考。

以下示例展示了如何使用 do_listtasks 查看 example 菜谱中的任务：

```
build$ bitbake -c listtasks example
```

执行上述命令后，会输出如下结果：

```
Loading cache: 100%
|#############################################################################
##############################################################| Time: 0:00:00
Loaded 1879 entries from dependency cache.
Parsing recipes: 100%
|#############################################################################
############################################################| Time: 0:00:00
Parsing of 923 .bb files complete (922 cached, 1 parsed). 1879 targets, 47 skipped,
0 masked, 0 errors.
NOTE: Resolving any missing task queue dependencies

Build Configuration:
```

```
    BB_VERSION            = "2.8.0"
    BUILD_SYS             = "x86_64-linux"
    NATIVELSBSTRING       = "universal"
    TARGET_SYS            = "x86_64-poky-linux"
    MACHINE               = "qemux86-64"
    DISTRO                = "poky"
    DISTRO_VERSION        = "5.0.3"
    TUNE_FEATURES         = "m64 core2"
    TARGET_FPU            = ""
    meta
    meta-poky
    meta-yocto-bsp        = "scarthgap:0b37512fb4b231cc106768e2a7328431009b3b70"
    meta-helloworld       = "<unknown>:<unknown>"

    Sstate summary: Wanted 0 Local 0 Mirrors 0 Missed 0 Current 0 (0% match, 0%
complete)############################################################## | ETA: 0:00:00
    Initialising tasks: 100%
|#################################################################################
############################################################| Time: 0:00:00
    NOTE: No setscene tasks
    NOTE: Executing Tasks
    do_build                          Default task for a recipe - depends on all other
normal tasks required to 'build' a recipe
    do_checkuri                       Validates the SRC_URI value
    do_clean                          Removes all output files for a target
    do_cleanall                       Removes all output files, shared state cache,
and downloaded source files for a target
    do_cleansstate                    Removes all output files and shared state
cache for a target
    do_collect_spdx_deps
    do_compile                        Compiles the source in the compilation
directory
    do_configure                      Configures the source by enabling and
disabling any build-time and configuration options for the software being built
    do_create_runtime_spdx
    do_create_runtime_spdx_setscene        (setscene version)
    do_create_spdx
```

```
    do_create_spdx_setscene               (setscene version)
    do_deploy_source_date_epoch
    do_deploy_source_date_epoch_setscene   (setscene version)
    do_devshell                          Starts a shell with the environment set up for
development/debugging
    do_display_banner
    do_fetch                             Fetches the source code
    do_install                           Copies files from the compilation directory to
a holding area
    do_listtasks                         Lists all defined tasks for a target
    do_package                           Analyzes the content of the holding area and
splits it into subsets based on available packages and files
    do_package_qa                        Runs QA checks on packaged files
    do_package_qa_setscene                Runs QA checks on packaged files (setscene
version)
    do_package_setscene                  Analyzes the content of the holding area and
splits it into subsets based on available packages and files (setscene version)
    do_package_write_rpm                 Creates the actual RPM packages and places
them in the Package Feed area
    do_package_write_rpm_setscene         Creates the actual RPM packages and places
them in the Package Feed area (setscene version)
    do_packagedata                       Creates package metadata used by the build
system to generate the final packages
    do_packagedata_setscene              Creates package metadata used by the build
system to generate the final packages (setscene version)
    do_patch                             Locates patch files and applies them to the
source code
    do_populate_lic                      Writes license information for the recipe that
is collected later when the image is constructed
    do_populate_lic_setscene             Writes license information for the recipe
that is collected later when the image is constructed (setscene version)
    do_populate_sysroot                  Copies a subset of files installed by
do_install into the sysroot in order to make them available to other recipes
    do_populate_sysroot_setscene          Copies a subset of files installed by
do_install into the sysroot in order to make them available to other recipes (setscene
version)
    do_prepare_recipe_sysroot
```

```
    do_pydevshell                            Starts an interactive Python shell for
development/debugging
    do_recipe_qa
    do_recipe_qa_setscene                     (setscene version)
    do_unpack                                Unpacks the source code into a working
directory
    NOTE: Tasks Summary: Attempted 1 tasks of which 0 didn't need to be rerun and all
succeeded.
```

通过以上 do_listtasks 任务的输出，可以直观地查看 example 菜谱中定义的所有已解析任务，包括任务名称和简要描述。需要注意，输出仅包含被解析和调度的有效任务，孤立或未关联的任务可能不会显示。

5.4.3 查看变量值

在 Yocto 项目中，元数据变量可能在多个配置文件、菜谱文件或追加菜谱文件中被定义或修改。BitBake 提供的-e 选项能够显示构建环境中的有效配置文件或指定菜谱中变量的最终解析值，帮助开发者验证配置的正确性并高效排查构建问题。

5.4.3.1 查看配置文件中的变量值

在构建环境中，可以通过以下命令查看所有配置文件解析后的变量值，包括 local.conf、bblayers.conf、bitbake.conf 以及 BBLAYERS 变量中指定层的 layer.conf 文件：

```
    $ bitbake -e
```

例如，通过以下命令可以查看 BBFILES 变量的解析结果：

```
    build$ bitbake -e | grep BBFILES
```

输出结果如下：

```
    # $BBFILES [10 operations]
    BBFILES=" /home/jerry/yocto/poky/meta/recipes-*/*/*.bb /home/jerry/yocto/poky/
meta-poky/recipes-*/*/*.bb
    /home/jerry/yocto/poky/meta-poky/recipes-*/*/*.bbappend
    /home/jerry/yocto/poky/meta-yocto-bsp/recipes-*/*/*.bb
    /home/jerry/yocto/poky/meta-yocto-bsp/recipes-*/*/*.bbappend
    /home/jerry/yocto/build/meta-helloworld/recipes-*/*/*.bb
    /home/jerry/yocto/build/meta-helloworld/recipes-*/*/*.bbappend"
```

上述输出展示了 BBFILES 的解析值，包含所有有效层中定义的菜谱和追加菜谱文件路径。通过该变量，开发者可以间接确定当前构建环境中可用的菜谱文件和追加菜谱文件。

5.4.3.2　查看指定菜谱中的变量值

通过在 bitbake -e 命令后加上指定的菜谱名称，可以查看该菜谱特有的变量和配置文件中的变量的最终解析值，命令格式如下：

```
$ bitbake -e <recipename>
```

每个菜谱拥有独立的变量集和存储空间。在解析配置后，BitBake 会为每个菜谱生成一个独立的数据存储副本，因此一个菜谱中的变量不会对其他菜谱可见。同样，每个菜谱中的任务也有其独立的数据存储副本，因此一个任务内设置的变量不会影响菜谱的其他任务。

以下以 example 菜谱的 SUMMARY 变量为例：

```
build$ bitbake -e example | grep "SUMMARY="
```

输出结果为：

```
SUMMARY="bitbake-layers recipe"
```

上述结果展示了 SUMMARY 变量为 example 菜谱专门设置的值。类似 SUMMARY 的变量是每个菜谱独有的一部分，其他菜谱中的变量不会共享或影响这些值。

5.4.4　查看依赖关系

在 Yocto 项目中，构建流程涉及复杂的菜谱和任务之间的依赖关系。理解这些依赖关系不仅有助于分析构建逻辑，还能帮助开发者快速定位和解决构建问题。BitBake 提供了-g（或--graphviz）选项，用于生成菜谱和任务的依赖信息。

运行以下命令可以生成指定菜谱的依赖信息：

```
$ bitbake -g <recipename>
```

成功执行此命令，会在当前目录生成以下两个文件。

- pn-buildlist：列出所有直接或间接参与<recipename>构建的菜谱。这些菜谱中至少包含一个需要执行的任务。
- task-depends.dot：显示任务之间依赖关系的图表，采用 DOT 格式，便于进一步处理和可视化。

以 example 菜谱为例，执行以下命令：

```
build$ bitbake -g example
```

执行上述命令后的输出为：

```
    Loading cache: 100%
|##################################################################################
###################################################################################
| Time: 0:00:00
    Loaded 1879 entries from dependency cache.
    NOTE: Resolving any missing task queue dependencies
    NOTE: PN build list saved to 'pn-buildlist'
    NOTE: Task dependencies saved to 'task-depends.dot'
```

出现上述输出结果后，可以在当前目录中找到 pn-buildlist 和 task-depends.dot 文件。

5.4.4.1 菜谱之间的依赖关系

pn-buildlist 文件列出了构建过程中直接或间接参与的菜谱，以下是执行 example 菜谱后，生成的 pn-buildlist 文件的部分内容：

```
build$ cat pn-buildlist
example
quilt-native
patch-native
binutils-cross-x86_64
pseudo-native
rpm-native
dwarfsrcfiles-native
dpkg-native
```

可以看出，这些都是在构建 example 菜谱的过程中，直接或者间接参与的菜谱的名单。

5.4.4.2 任务之间的依赖关系

除了菜谱间的依赖，task-depends.dot 文件记录了任务间的依赖关系。例如，通过以下命令查看 example 菜谱中 do_build 任务的依赖关系：

```
build$ cat task-depends.dot | grep "example.do_build"
```

运行以上命令后的输出如下：

```
    "example.do_build" [label="example do_build\n:0.1-r0\n/home/jerry/yocto/build/
meta-helloworld/recipes-example/example/example_0.1.bb"]
    "example.do_build" -> "example.do_create_runtime_spdx"
```

```
"example.do_build" -> "example.do_create_spdx"
"example.do_build" -> "example.do_display_banner"
"example.do_build" -> "example.do_package_qa"
"example.do_build" -> "example.do_package_write_deb"
"example.do_build" -> "example.do_packagedata"
"example.do_build" -> "example.do_populate_lic"
"example.do_build" -> "example.do_populate_sysroot"
```

从上述输出可以看出，example 菜谱的默认 do_build 任务依赖该菜谱中的多个其他任务，包括 do_create_runtime_spdx、do_create_spdx、do_package_qa、do_package_write_deb、do_packagedata、do_populate_lic、do_populate_sysroot 以及通过 addtask 添加的自定义任务 do_display_banner。

此外，还可以通过 GUI 方式更直观地查看任务间的依赖关系。通用命令格式如下：

```
$ bitbake -g -u taskexp <recipename>
```

或者

```
$ bitbake -g -u taskexp_ncurses <recipename>
```

例如，运行以下命令查看 example 菜谱的任务依赖关系：

```
$bitbake -g -u taskexp example
```

成功执行以上命令后，将显示如图 5-1 所示的任务依赖关系图。

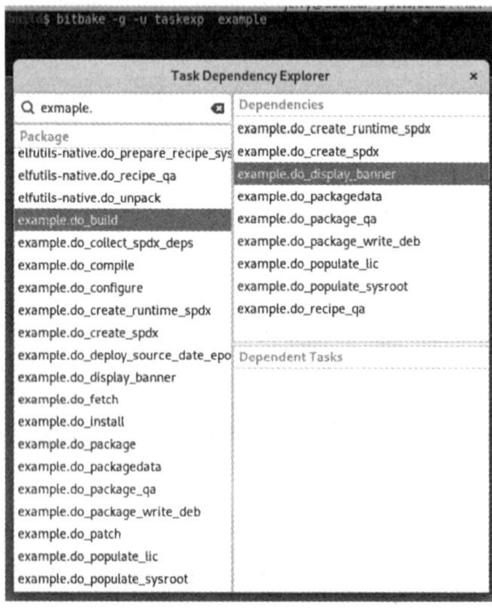

图 5-1　任务依赖关系图

通过图 5-1，可以直观地查看参与构建 example 菜谱的所有任务，以及其 do_build 任务所依赖的所有任务。

5.4.5 查看调试信息

在 Yocto 项目中，调试信息是分析构建问题、解决任务失败的关键工具。BitBake 提供了查看调试信息的手段，包括调试级别选项和任务日志文件，可帮助开发者深入了解构建过程并快速定位问题。关于任务日志的记录和分析，请参考 5.5.4 节。本节重点介绍如何使用调试级别选项生成更详细的调试信息。

BitBake 的-D（或--debug）选项可用于提高调试级别并在标准输出中显示更多调试信息。此选项支持多次使用以增加调试深度。

- -D：设置调试级别为 1，仅输出 bb.debug(1,...)消息。
- -DD：设置调试级别为 2，输出 bb.debug(1,...)和 bb.debug(2,...)消息。
- -DDD：设置调试级别为 3，依此类推。

如果未使用-D 选项，标准输出不会显示任何调试信息。然而，无论是否使用-D，所有调试信息均会被保存在${T}/log.do_taskname 日志文件中，供进一步分析。

例如，使用以下命令运行 example 菜谱时，通过-D 选项可以查看详细的调试信息：

```
build$ bitbake -D example
```

部分调试输出如下：

```
DEBUG: Using cache in '/home/jerry/yocto/build/cache/bb_unihashes.dat'
DEBUG: Processing core in collection list
DEBUG: Processing yocto in collection list
DEBUG: Processing yoctobsp in collection list
DEBUG: Processing meta-helloworld in collection list
DEBUG: collecting .bb files
Loading cache...DEBUG: Cache: default: Cache dir:
/home/jerry/yocto/build/tmp/cache
DEBUG: Cache: default: Loading cache file:
/home/jerry/yocto/build/tmp/cache/bb_cache.dat.f592fce587fb79e854b62c42aa948980cea868387f08ce0ece2a5e921043972d
done.
Loaded 1879 entries from dependency cache.
DEBUG: parsing complete
```

```
    DEBUG: Target list: ['example']
    DEBUG: providers for example are: ['example']
    DEBUG: sorted providers for example are:
['/home/jerry/yocto/build/meta-helloworld/recipes-example/example/example_0.1.bb']
    NOTE: Resolving any missing task queue dependencies
    DEBUG: providers for quilt-native are: ['quilt-native']
    DEBUG: sorted providers for quilt-native are:
['/home/jerry/yocto/poky/meta/recipes-devtools/quilt/quilt-native_0.67.bb']
    DEBUG: providers for patch-replacement-native are: ['patch-native']
    DEBUG: sorted providers for patch-replacement-native are:
['virtual:native:/home/jerry/yocto/poky/meta/recipes-devtools/patch/patch_2.7.6.bb']
    DEBUG: providers for virtual/x86_64-poky-linux-binutils are:
['binutils-cross-x86_64']
    DEBUG: selecting
/home/jerry/yocto/poky/meta/recipes-devtools/binutils/binutils-cross_2.42.bb as
PREFERRED_VERSION 2.42% of package binutils-cross-x86_64 (for item
virtual/x86_64-poky-linux-binutils)
    NOTE: selecting binutils-cross-x86_64 to satisfy
virtual/x86_64-poky-linux-binutils due to PREFERRED_PROVIDERS
    DEBUG: sorted providers for virtual/x86_64-poky-linux-binutils are:
['/home/jerry/yocto/poky/meta/recipes-devtools/binutils/binutils-cross_2.42.bb']
    DEBUG: providers for virtual/fakeroot-native are: ['pseudo-native']
```

通过上述调试信息，开发者可以了解 BitBake 的内部运行逻辑，例如缓存加载、依赖解析、任务调度等。这些信息能够有效帮助开发者快速定位问题、验证配置，并优化构建过程。

5.5　BitBake 执行流程

在 4.2.5 节中，我们详细探讨了菜谱的工作流，它是 BitBake 整个执行流程的一部分，为本节讲解 BitBake 执行流程打下了基础。掌握 BitBake 不仅需要掌握前面介绍的 BitBake 命令和调试方法，还需要深入理解其执行流程。本节将在前面内容的基础上，系统地解析 BitBake 的执行机制，帮助读者更全面地掌握其运作方式，从而高效地构建目标系统。

BitBake 的执行流程主要分为四个阶段：基础配置解析、菜谱解析与管理、任务依赖与调度、任务执行与日志记录。阶段间环环相扣，为最终能够高效地生成软件包、SDK 或系统镜像提供支持。

5.5.1　基础配置解析

BitBake 的执行流程从解析基础配置元数据开始，这一步通过加载全局变量和核心配置文件，建立起构建环境的基本框架，确保后续操作的准确性和一致性。通过使用 bitbake –e 命令，用户可以查看当前构建环境中所有基础配置变量的最终解析值，以便更清晰地了解全局变量的状态。

检查环境变量

在正式解析配置文件之前，BitBake 会检查一系列关键环境变量，包括 BB_ENV_PASSTHROUGH、BB_ENV_PASSTHROUGH_ADDITIONS、BB_PRESERVE_ENV、BB_ORIGENV 和 BITBAKE_UI。这些变量决定了 BitBake 在任务执行过程中如何处理和传递 Shell 环境变量，以确保构建环境的正确性和一致性。

解析核心配置文件

完成环境变量检查后，BitBake 随即进入核心配置文件的解析阶段。首先，BitBake 解析构建环境中的 bblayers.conf 文件，该文件通过 BBLAYERS 变量定义当前构建环境中有效的元数据层，明确构建操作所依赖的范围。随后，BitBake 解析每个元数据层的 layer.conf 文件。这些文件通过对路径、层优先级等关键变量的设置，构建菜谱搜索路径、类文件加载规则及依赖关系解析策略，从而为后续构建过程奠定基础。最后，BitBake 通过 BBPATH 变量定位并解析全局配置文件 bitbake.conf。此文件作为基础配置框架的核心，通常通过 include 或 require 指令进一步加载其他配置文件（例如 local.conf），以完善硬件平台、发行版特性等构建参数的定义。有关配置文件的详细结构与作用，请参考 4.1.2 节的相关内容。

继承类文件

在解析完核心配置文件后，BitBake 进入类文件的继承机制解析阶段。通过 inherit 指令和 INHERIT 变量，BitBake 能够加载并解析指定的类文件（.bbclass），以扩展菜谱的功能和行为。

在默认情况下，BitBake 始终加载 base.bbclass 文件，作为构建任务的基础类。此外，通过 INHERIT 变量定义的类文件会在全局生效，影响所有菜谱的构建过程。类文件的搜索路径由 BBPATH 变量决定，BitBake 在 classes 目录中查找符合规则的类文件并进行加载。

这一继承机制为菜谱的模块化与构建流程的灵活性提供了强有力的支持。有关 inherit 指令与 INHERIT 变量的详细使用方法，请参考 4.1.3 节的相关内容。

5.5.2　菜谱解析与管理

在完成基础配置解析后，BitBake 随即进入菜谱文件的解析阶段。在该阶段，BitBake 通过构建并解析菜谱文件列表，为任务生成和构建上下文的创建提供了核心支持。同时，BitBake 通过菜谱管理机制，确保构建过程中关键菜谱选择的唯一性与准确性。

5.5.2.1　菜谱定位与解析

在基础配置解析过程中，每个有效元数据层的 layer.conf 文件定义了 BBFILES 变量。BitBake 通过解析这些 BBFILES 变量生成完整的菜谱文件列表。BBFILES 是一个以空格分隔的路径列表，支持通配符，用于定位当前层中所有有效的菜谱文件及追加菜谱文件（.bbappend）。例如：

```
BBFILES += "${LAYERDIR}/recipes-*/*/*.bb {LAYERDIR}/recipes-*/*/*.bbappend"
```

基于这些路径，BitBake 定位需要解析的菜谱文件和追加菜谱文件。对于每个菜谱文件，BitBake 创建包含基础配置的副本，并逐行解析菜谱内容。在解析过程中，若遇到 inherit 指令，BitBake 会依据 BBPATH 路径定位并解析对应的类文件（.bbclass）。最后，BitBake 按顺序解析 BBFILES 中包含的所有追加菜谱文件，并将变量的解析结果存储到数据存储系统（datastore）中，形成完整的构建上下文。这些解析结果为后续任务的调度与执行提供了重要依据。

5.5.2.2　关键菜谱管理

在复杂的构建系统中，常常会出现多个菜谱定义了相同的功能或组件，但通常目标系统只需要一个具体的实现的情况。因此，BitBake 通过菜谱管理机制解决了多菜谱选择的问题。该机制主要通过 PROVIDES、PREFERRED_PROVIDER 和 PREFERRED_VERSION 三个关键变量实现。

PROVIDES

PROVIDES 变量在构建系统中是一个关键变量，它可以为特定菜谱设定一系列别名。这些别名在构建过程中可以作为菜谱的同义词，使得其他菜谱可以通过这些别名来依赖特定的功能或包。

在实战项目中，比较常见的例子就是构建系统中有多个内核菜谱，而 BitBake 实际只需要一个菜谱。例如在 Poky 参考发行版 scarthgap 分支下的 meta 层定义了多种内核菜谱，包括：

```
meta/recipes-kernel/linux/linux-yocto-rt_6.6.bb
meta/recipes-kernel/linux/linux-dummy.bb
```

```
meta/recipes-kernel/linux/linux-yocto-tiny_6.6.bb
meta/recipes-kernel/linux/linux-yocto_6.6.bb
meta/recipes-kernel/linux/linux-yocto-dev.bb
meta/recipes-kernel/linux-firmware/linux-firmware_20240220.bb
```

如果我们还加入其他的元数据层，例如，树莓派的 meta-raspberrypi 层，其中也定义了多个内核菜谱，包括：

```
meta-raspberrypi/recipes-kernel/linux/linux-raspberrypi_6.1.bb
meta-raspberrypi/recipes-kernel/linux/linux-raspberrypi-v7_6.1.bb
meta-raspberrypi/recipes-kernel/linux/linux-raspberrypi-dev.bb
meta-raspberrypi/recipes-kernel/linux/linux-raspberrypi-v7_6.6.bb
meta-raspberrypi/recipes-kernel/linux/linux-raspberrypi_6.6.bb
meta-raspberrypi/recipes-kernel/linux-firmware-rpidistro/linux-firmware-rpidis
tro_git.bb
```

我们可以在上述这些菜谱中使用 PROVIDES 变量，给这些菜谱定义相同功能的别名，如“virtual/kernel”，代码示例如下：

```
PROVIDES += "virtual/kernel"
```

有了 PROVIDES 变量之后，BitBake 不仅可以通过菜谱名来找到菜谱，还可以通过 PROVIDES 提供的别名来查找和执行菜谱。

PREFERRED_PROVIDER

在有了这些菜谱提供者之后，我们可以在这些提供者中挑选其一，这时候就要用到 PREFERRED_PROVIDER 了。例如，我们在指定的树莓派的机器配置文件中，定下来最终使用 linux-raspberrypi 命名的菜谱。代码如下：

```
PREFERRED_PROVIDER_virtual/kernel="linux-raspberrypi"
```

这样，BitBake 可以通过 virtual/kernel 找到指定命名的菜谱。

PREFERRED_VERSION

在通过 PREFERRED_PROVIDER 找到指定命名的菜谱后，往往还会遇到另一问题，就是同名的菜谱可能有多个不同版本的菜谱同时存在。例如，在 meta-raspberrypi 层下，有两个不同版本的 linux-raspberrypi 菜谱：

```
recipes-kernel/linux/linux-raspberrypi_6.1.bb
recipes-kernel/linux/linux-raspberrypi_6.6.bb
```

这时候变量 PREFERRED_VERSION 就派上用场了，可以通过它指定菜谱版本。代码示例如下：

```
PREFERRED_VERSION_linux-raspberrypi = "6.6%"
```

这个例子使用“%”通配符，指定了选择 6.6 开头的 linux-raspberrypi 最新版本的菜谱。

5.5.3　任务依赖与调度

完成基础配置和菜谱解析后，BitBake 进入任务依赖解析与调度阶段。通过分析任务依赖关系，BitBake 确定任务的执行顺序，并结合调度策略高效组织任务的执行。借助时间戳机制和任务校验和机制，BitBake 能精确判断任务是否需要重新运行，同时通过线程并发机制加速任务的执行，最终以最优方式完成目标系统的构建。

5.5.3.1　解析任务依赖

在 BitBake 的执行流程中，任务依赖关系的解析是确保构建流程正确性和高效性的关键步骤。依赖关系定义了各任务的执行顺序，保证每个任务在其所有依赖任务完成后再进行，从而避免错误或冲突。通过解析依赖关系，BitBake 生成一套完整的任务序列，为后续的高效并发执行提供可靠依据。有关依赖关系语法的具体定义，请参考 4.2.3.4 节的相关内容。

5.5.3.2　任务并发

在解析依赖关系的基础上，BitBake 通过线程并发机制启动构建过程，最大线程数由变量 BB_NUMBER_THREADS 定义。当任务满足所有依赖条件且线程数未超出限制时，BitBake 会自动分配线程执行任务。合理设置 BB_NUMBER_THREADS 可有效提升构建效率，是优化构建流程的重要手段。

5.5.3.3　时间戳机制

时间戳机制是 BitBake 判断任务是否需要重新运行的重要依据。每个任务成功执行完后，BitBake 会在由 STAMP 变量指定的目录中生成或修改时间戳文件，该文件名包含了任务名称和任务输入的校验和。在后续任务构建中，BitBake 检查 tmp/stamps 目录中该任务的时间戳文件是否存在。如果不存在，立即执行；如果存在，则通过任务校验和进一步判断。

时间戳文件仅对具体任务生效，即使某任务重新运行，也不会直接影响依赖该任务的其他目标。例如，以下是 example 菜谱的部分任务时间戳文件，存储在 build/tmp/stamps/

core2-64-poky-linux/example 目录中：

```
    build/tmp/stamps/core2-64-poky-linux/example$ ls
    0.1.do_build.1f1581fc05b53798d4051e9c8b3fb4fcb33042c5e650c88d318701749e3d1c6e
    0.1.do_collect_spdx_deps.755c5bcf7e5588c47b1aefe747d9d7ead9852ff3e055d03ac5a23a9
80796526f
    0.1.do_collect_spdx_deps.sigdata.755c5bcf7e5588c47b1aefe747d9d7ead9852ff3e055d03
ac5a23a980796526f
    0.1.do_compile.9dff14751822480021ad4072b06428c766e260ef2ccbbf7489a443e0fbdf565b
```

BitBake 利用这些时间戳文件，确保任务执行的准确性和高效性，同时避免不必要的任务重新运行。

5.5.3.4 任务校验和

相比时间戳机制，任务校验和机制为 BitBake 提供了更细粒度的判断能力，用于检测任务输入的变化。校验和是任务输入的唯一标识，用于判断任务是否需要重新运行。BitBake 在任务执行前计算任务输入的校验和，并与之前记录的校验和进行比较。如果校验和一致，则任务无须重新运行，可有效避免冗余构建。

任务校验和的生成基于任务的多项输入，包括菜谱元数据（如变量定义和函数实现）、依赖任务的输出结果、相关环境变量以及其他关键数据。为确保校验和的准确性，BitBake 排除了与任务输出无关的变量（例如任务的实际构建路径变量 WORKDIR）。开发者可以通过 BB_BASEHASH_IGNORE_VARS 变量自定义需要忽略的变量列表，以确保校验和仅反映与任务输出相关的变化。

5.5.4 任务执行与日志记录

在完成任务的依赖解析、时间戳和校验和判断后，BitBake 将任务推进到实际执行阶段。本节从任务执行和日志记录两个方面解析 BitBake 如何管理和记录任务运行情况，确保构建过程的可追溯性和调试的高效性。

5.5.4.1 执行任务

通常在完成依赖解析、时间戳和校验和判断后，任务进入实际执行阶段。BitBake 根据任务类型，采用不同的执行方式。对于 Shell 任务，BitBake 会将任务生成一个 Shell 脚本文件，保存在${T}/run.do_taskname.pid 中执行，并将执行过程记录在${T}/log.do_taskname.pid 日志文件中，便于调试和问题复现。

对于 Python 任务，BitBake 直接在内部环境中运行，输出信息实时显示在终端，并记录在 ${T}/log.do_taskname.pid 日志文件中。同时，任务的代码内容也会保存为 ${T}/run.do_taskname.pid，便于分析和重现任务执行流程。未来的版本可能会进一步优化 Python 任务的日志管理方式，使其与 Shell 任务的日志机制更加统一和规范。

有关菜谱中任务执行的具体流程和功能说明，请参阅 4.2.5 节。

5.5.4.2　日志记录

任务执行完成后，无论成功还是失败，BitBake 都会生成日志记录，详细记录任务的运行情况。这些日志文件分为通用日志文件和任务日志文件，用于不同层面的信息记录。其中，任务日志文件更为常用，因其记录了每个任务的具体执行细节，是开发者追踪任务状态、定位问题以及复现任务过程的重要工具。

通用日志文件

通用日志文件由 OpenEmbedded 构建系统生成，默认存储在由 LOG_DIR 变量指定的目录中（默认为${TMPDIR}/log），并通过 BitBake 根据进程启动时的时间戳命名。它记录了依赖解析、任务调度顺序和辅助任务（例如，do_distro_check 和 do_check_pkg）的执行结果，为开发者提供系统运行的整体视图。通用日志文件专注于全局状态记录，是分析系统性问题的重要工具。当构建因环境配置错误或依赖冲突失败时，通用日志能帮助开发者回溯构建过程，快速定位问题根源。

任务日志文件

与通用日志文件侧重全局状态不同，任务日志文件专注于记录每个任务的具体执行过程，默认存储在${T}/log.do_taskname.pid 中，其中${T}的默认值为${WORKDIR}/temp。日志文件包含任务执行的命令、调试信息以及错误输出，完整反映任务的运行状态，是开发者定位单个任务问题的核心工具。

任务日志文件的主要作用是支持任务级别的调试和问题复现。当某任务因依赖或配置错误失败时，开发者可以通过任务日志快速查明问题来源，并结合${T}/run.do_taskname.pid 中的运行脚本复现任务执行过程，从而验证问题修复的效果。

菜谱日志机制

构建系统提供了一套标准的日志函数，用于生成调试信息以及报告警告和错误。这些函数适用于 Python 和 Shell 函数，能够将日志写入${T}/log.do_taskname.pid 文件，并根据系统设置选择性地输出到标准输出（stdout）。

在 Python 函数中，常用的日志函数包括如下一些。

- bb.plain(msg)：将消息 msg 原样写入日志，同时输出到标准输出。
- bb.note(msg)：将“NOTE: msg”写入日志。如果 BitBake 使用了-v 选项，还会输出到标准输出。
- bb.debug(level, msg)：将“DEBUG: msg”写入日志。当日志级别大于或等于指定的 level 时，也会输出到标准输出。
- bb.warn(msg)：将“WARNING: msg”写入日志，同时输出到标准输出。
- bb.error(msg)：将“ERROR: msg”写入日志，同时输出到标准输出，但不会导致任务失败。
- bb.fatal(msg)：将“FATAL: msg”写入日志，并使任务失败。bb.fatal()会抛出异常，因此不需要在其后添加 return 语句。

在上述日志函数中，bb.plain、bb.warn、bb.error 和 bb.fatal 输出的内容会直接显示在控制台，便于开发者实时监控关键问题。

在 Shell 函数中，等效的日志函数包括：bbplain、bbnote、bbdebug、bbwarn、bberror 和 bbfatal。这些函数的行为与 Python 函数中相应的日志函数一致，方便开发者在不同的任务类型中保持一致的日志记录风格。这些日志函数由 meta/classes-global/logging.bbclass 实现。

查看任务日志文件

根据菜谱日志机制中的日志函数，每个任务生成的日志文件都会包含函数输出的调试信息。这些日志与任务执行过程中生成的运行脚本结合，为开发者提供了全面的任务执行记录和分析依据，有助于快速定位问题并复现任务执行过程。

以下是一个 example 菜谱的 do_display_banner 任务日志文件示例：

```
build$ cat  tmp/work/core2-64-poky-linux/example/0.1/temp/log.do_display_banner
DEBUG: Executing python function do_display_banner
***********************************************
*                                             *
*  Example recipe created by bitbake-layers   *
*                                             *
***********************************************
DEBUG: Python function do_display_banner finished
```

运行脚本内容如下：

```
build$ cat  tmp/work/core2-64-poky-linux/example/0.1/temp/run.do_display_banner
def do_display_banner(d):
```

```
    bb.plain("***********************************************");
    bb.plain("*                                             *");
    bb.plain("*  Example recipe created by bitbake-layers   *");
    bb.plain("*                                             *");
    bb.plain("***********************************************");

do_display_banner(d)
```

从以上日志文件和运行脚本可以看出，该任务的功能是输出一条定制的信息。日志文件记录了任务的执行动态，运行脚本则提供了任务逻辑的实际实现。需要注意的是，日志文件和运行脚本实际上是符号链接，指向文件名中包含任务运行时进程 ID（PID）的文件（例如 log.do_taskname.pid 和 run.do_taskname.pid）。这些链接始终指向最近一次执行任务时生成的文件，确保开发者查看到最新的任务执行信息。

第 6 章

Poky 参考发行版

在第 4 章和第 5 章中，我们详细讲解了构建系统的元数据架构和 BitBake 构建引擎。元数据架构章节介绍了元数据的基础语法、菜谱元数据文件和元数据层。BitBake 构建引擎章节则主要讲解了 BitBake 相关的命令和执行流程。这些技术虽然最初源自 OpenEmbedded，但经过 Yocto 项目的整合与优化，形成了更加规范化且广泛适配的嵌入式 Linux 开发体系。

作为 Yocto 项目的参考发行版，Poky 不仅集成了构建系统，还扩展了元数据层和相关文档，提供了适用于嵌入式 Linux 开发的标准化工具链和示例配置。本章将系统解析 Poky 的核心组件和功能，包括核心镜像菜谱、发行版配置文件、机器配置文件以及 QEMU 模拟器工具。通过这些知识点的学习，你将逐步完善对 Yocto 项目的整体认识，并为后续章节中的实战学习和实践操作奠定坚实的基础。

6.1 Poky

Poky 作为 Yocto 项目的参考发行版，其核心价值在于为用户提供一个可靠的基础环境，用于学习和构建嵌入式 Linux 系统示例。Poky 的开发历程与特性紧密相关，它在 Yocto 项目中既是重要的工具，又是探索嵌入式系统开发的理想起点。

6.1.1 发行版与特性

针对 Poky 的学习从发行版和其起源与特性开始。

6.1.1.1 发行版

要理解 Poky 的作用，首先需要明确"发行版"（distribution）的概念。发行版可以定义为"将软件、功能或内容打包为一个独立实体，即可用于分发的集合"。简而言之，发行版是一个经过预配置的软件集合，用户可以直接使用，无须从零开始配置和安装各个组件，从而显著简化部署过程。

在 Yocto 项目的文档和本书中，"发行版"一词通常出现在以下几种场景中。

- Yocto 项目参考发行版：指本章讨论的 Poky，它是 Yocto 项目提供的参考发行版，用于提供完整的嵌入式 Linux 系统构建示例，帮助用户快速理解和使用 Yocto 项目。
- 发行版配置文件：定义系统全局功能特性和软件堆栈的核心元数据文件。
- 发行版层：包含发行版配置文件的元数据层，用于定义系统特性并支持个性化定制。
- Linux 系统发行版：用于指代如 Ubuntu、Debian 或 Fedora 等通用 Linux 系统，这些发行版通常是基于 Linux 内核和用户空间工具的完整操作系统。

通过对以上"发行版"在这些不同场景中的具体描述，可以让大家更准确地理解这些术语的具体含义和用法。有关发行版层的详细内容，可以参考 4.3.3 节的相关内容。

6.1.1.2 Poky 的起源及核心特性

Poky，发音为 Pock-ee，最初由 OpenedHand 开发，作为一个基于 OpenEmbedded 构建系统的开源项目，其目标是创建一个适用于嵌入式 Linux 的商业支持开发框架。在英特尔公司收购 OpenedHand 之后，Poky 被引入并进一步发展为 Yocto 项目的核心基础，成为其开发流程的重要组成部分，并在此基础上被持续优化和完善。

Poky 集成了构建嵌入式 Linux 系统所需的工具链、元数据和配置，并经过严格的测试与质量验证，确保了其功能与稳定性。它具有固定的六个月的发布周期，与 Yocto 项目的主要版本同步发布。Poky 提供了一种"默认配置"，用户可以基于此生成从最小化命令行系统到复杂 Linux 标准库（LSB）镜像的多种镜像类型，甚至是包含 GNOME 移动嵌入式（GMAE）参考界面的 Sato 镜像。此外，Poky 的构建过程完全由元数据控制，开发者可以通过扩展元数据层灵活地满足各种开发需求，例如添加软件堆栈、硬件支持包（BSP）或定义新的镜像类型。

作为 Yocto 项目的核心参考发行版，Poky 的设计目标是作为一个参考实现，而非直接用于生产环境的最终产品。它为开发者提供了一个经过验证的起点，既适合作为学习和探索 Yocto 项目的理想选择，又常被半导体厂商和嵌入式开发者用作项目开发的基础工具。通过调整配置文件或添加特定元数据层，开发者可以基于 Poky 灵活扩展以满足具体应用场景的需求。

6.1.2 源代码接口与核心文件

在 3.1 节的快速构建指南中，我们使用 Git 工具克隆了 Poky 源代码，并成功构建了 Sato 图形镜像。这一实践过程帮助初学者快速了解了嵌入式 Linux 系统的构建流程。要深入理解 Poky 的镜像构建机制，还需要进一步了解其内部架构和核心组件。

6.1.2.1 源代码结构

Poky 的核心组件包括 BitBake 构建引擎、OE-Core（包含 meta 层）、meta-poky、meta-yocto-bsp 元数据层和相关文档等，它们共同构成了功能完整且高度可扩展的嵌入式 Linux 开发框架。以下是本书使用的 scarthgap 分支 Poky 源代码的目录结构：

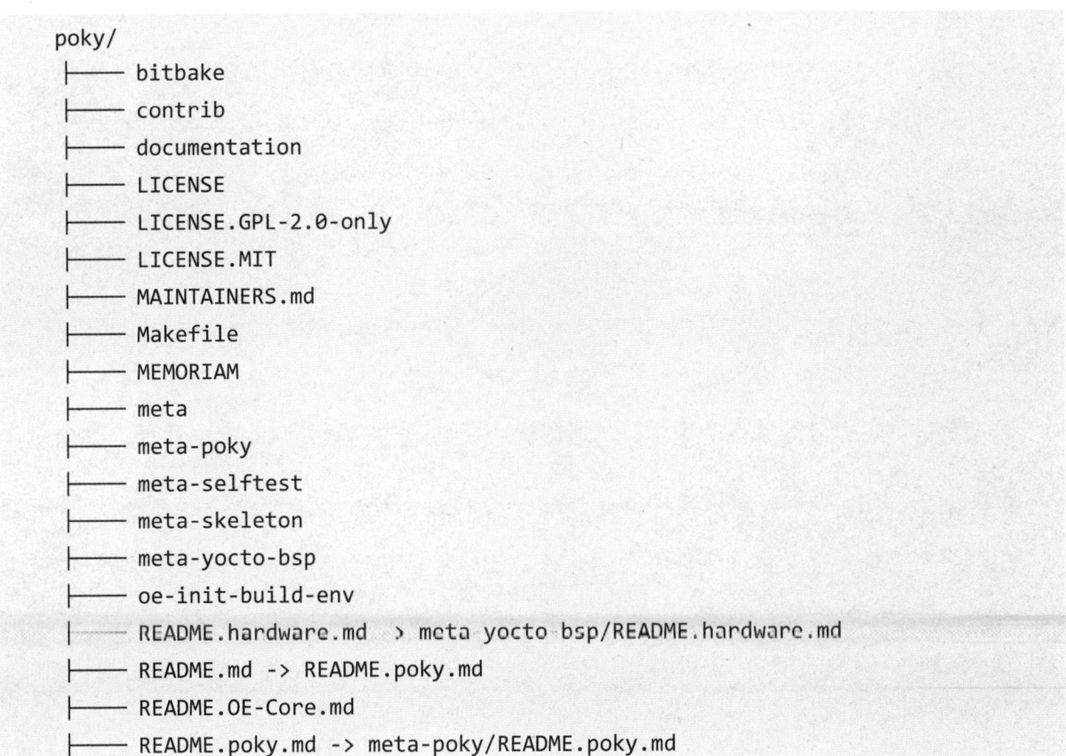

```
poky/
├── bitbake
├── contrib
├── documentation
├── LICENSE
├── LICENSE.GPL-2.0-only
├── LICENSE.MIT
├── MAINTAINERS.md
├── Makefile
├── MEMORIAM
├── meta
├── meta-poky
├── meta-selftest
├── meta-skeleton
├── meta-yocto-bsp
├── oe-init-build-env
├── README.hardware.md -> meta-yocto-bsp/README.hardware.md
├── README.md -> README.poky.md
├── README.OE-Core.md
├── README.poky.md -> meta-poky/README.poky.md
```

```
├── README.qemu.md
└── scripts
```

以下是这些目录及文件的功能的简要说明。

- bitbake：包含 BitBake 构建工具，是整个构建系统的核心引擎，负责解析和执行元数据中的任务。
- meta：核心元数据层，提供基础菜谱、全局配置和类，是构建系统的关键模块。
- meta-poky：提供 Poky 特有的元数据层，定义参考发行版的配置。
- meta-yocto-bsp：提供特定硬件的板级支持包（BSP）。
- meta-selftest：包含用于测试的元数据层，便于验证构建系统功能。
- meta-skeleton：提供示例模板，便于用户创建自定义层。
- scripts：包含一组辅助脚本，用于简化构建和开发流程。
- oe-init-build-env：初始化构建环境的脚本，设置构建目录和必要的环境变量。
- documentation：项目文档，详细介绍了使用 Poky 和 Yocto 项目的流程及注意事项。
- LICENSE 和 README 文件：提供许可证信息和项目说明，帮助用户理解代码的使用限制和功能概览。

从 Poky 的目录结构和文件设计中可以看出，其构建体系以模块化和层次化为核心理念。这种设计既便于用户理解，又提供了极大的扩展灵活性，有效降低了开发过程中可能出现的重复工作量。

6.1.2.2　核心元数据文件

Poky 的核心目标是为嵌入式 Linux 系统的定制开发提供灵活的构建框架。在定制镜像的过程中，三类核心元数据文件发挥着重要作用：镜像菜谱、发行版配置文件和机器配置文件。

- 镜像菜谱：明确最终镜像的内容，包括镜像中需要包含的软件包和功能模块，以满足特定场景的需求。
- 发行版配置文件：定义系统的全局功能特性，例如安全机制、图形支持或系统优化选项。
- 机器配置文件：定义目标硬件平台的支持范围，包括 CPU 架构、外设支持等硬件特性。

这三类元数据文件紧密协作：机器配置文件确定硬件支持范围，发行版配置文件决定系统软件特性，镜像菜谱定义具体镜像内容。它们共同构成了一个高度模块化的构建系统，用户可以根据需求灵活调整，实现对不同硬件平台和应用场景的支持。

理解这些核心元数据文件及其配置方法，是掌握 Yocto 项目系统开发和优化能力的关键。接下来，我们将深入解析这三类文件及其在构建流程中的作用，有助于大家更好地理解后续章节中的实战定制镜像的内容。

6.2 镜像菜谱

Linux 系统镜像是嵌入式系统开发的核心目标，作为硬件设备运行的完整操作系统环境，包含内核、根文件系统和应用程序等关键部分。它为设备提供基础支持，并根据需求实现特定功能。

Yocto 项目通过镜像菜谱支持多种类型的 Linux 系统镜像构建，从仅含基础功能的最小化镜像到具备 X11 图形界面的完整镜像。生成的镜像文件可写入存储设备（例如 SD 卡或 eMMC），用于设备启动并运行嵌入式 Linux 系统。

6.2.1 镜像菜谱详解

在 Yocto 项目中，镜像菜谱是一类专门用于构建 Linux 系统镜像文件的菜谱，通常以 core-image-为前缀命名，存放于元数据层的 recipes-*/images 目录中。它通过继承 image.bbclass 基础类或 core-image.bbclass 核心类，定义构建基础镜像所需的软件包组合、文件系统配置及镜像特性等。开发者可以根据硬件平台和功能需求，扩展镜像菜谱以生成满足特定场景的系统镜像。本节将详细讲解 Poky 中的镜像菜谱及其功能描述。

6.2.1.1 Poky 中的镜像菜谱

Poky 中包含着多种不同功能和用途的镜像菜谱文件，主要分布在 meta 核心层以及 meta-selftest 和 meta-skeleton 等辅助层中。以下是 Poky 源代码 scarthgap 分支中所有镜像菜谱文件的路径和名称：

```
poky$ ls  ./meta*/recipes*/images/*.bb
./meta/recipes-core/images/build-appliance-image_15.0.0.bb
./meta/recipes-core/images/core-image-base.bb
./meta/recipes-core/images/core-image-initramfs-boot.bb
./meta/recipes-core/images/core-image-minimal.bb
./meta/recipes-core/images/core-image-minimal-dev.bb
./meta/recipes-core/images/core-image-minimal-initramfs.bb
./meta/recipes-core/images/core-image-minimal-mtdutils.bb
./meta/recipes-core/images/core-image-ptest-all.bb
./meta/recipes-core/images/core-image-ptest.bb
```

```
./meta/recipes-core/images/core-image-ptest-fast.bb
./meta/recipes-core/images/core-image-tiny-initramfs.bb
./meta/recipes-extended/images/core-image-full-cmdline.bb
./meta/recipes-extended/images/core-image-kernel-dev.bb
./meta/recipes-extended/images/core-image-testcontroller.bb
./meta/recipes-extended/images/core-image-testcontroller-initramfs.bb
./meta/recipes-graphics/images/core-image-weston.bb
./meta/recipes-graphics/images/core-image-weston-sdk.bb
./meta/recipes-graphics/images/core-image-x11.bb
./meta/recipes-rt/images/core-image-rt.bb
./meta/recipes-rt/images/core-image-rt-sdk.bb
./meta/recipes-sato/images/core-image-sato.bb
./meta/recipes-sato/images/core-image-sato-dev.bb
./meta/recipes-sato/images/core-image-sato-sdk.bb
./meta-selftest/recipes-test/images/error-image.bb
./meta-selftest/recipes-test/images/oe-selftest-image.bb
./meta-selftest/recipes-test/images/test-empty-image.bb
./meta-selftest/recipes-test/images/wic-image-minimal.bb
./meta-skeleton/recipes-multilib/images/core-image-multilib-example.bb
```

从以上内容可以看出，meta 核心层主要定义用于基础功能和常见用途的镜像菜谱，例如 core-image-minimal 和 core-image-sato；meta-selftest 层则包括面向测试场景的镜像菜谱，例如 oe-selftest-image；meta-skeleton 层提供模板化的镜像菜谱，用于自定义开发，例如 core-image-multilib-example。这些镜像菜谱的命名通常能够直观反映其核心功能和应用场景。表 6-1 列出了 meta 核心层中镜像菜谱名称及详细功能描述。

表 6-1　镜像菜谱及功能描述

镜像菜谱名称	功能描述
build-appliance-image	示例虚拟机镜像，包含运行构建系统所需的所有组件以及构建系统本身。可通过 VMware Player 或 VMware Workstation 启动运行
core-image-base	包含控制台的基础镜像，完全支持目标设备硬件
core-image-full-cmdline	包含控制台的镜像，安装了更完整的 Linux 系统功能
core-image-lsb	符合 Linux 标准库（LSB）规范的镜像。此镜像需要启用 LSB 合规性的发行版配置（例如 poky-lsb）。如果在没有该配置的情况下构建 core-image-lsb，镜像将不符合 LSB 规范。注意：自 Yocto 项目 3.0（Zeus）版本起，该镜像菜谱已被移除，不再受官方支持

续表

镜像菜谱名称	功能描述
core-image-lsb-dev	适合在主机上进行开发工作的 core-image-lsb 镜像。镜像包括可以在主机开发环境中使用的头文件和库。此镜像需要启用 LSB 合规性的发行版配置（例如 poky-lsb）。如果在没有该配置的情况下构建 core-image-lsb-dev，镜像将不符合 LSB 规范。注意：自 Yocto 项目 3.0（Zeus）版本起，该镜像菜谱已被移除，不再受官方支持
core-image-lsb-sdk	包含交叉工具链中所有内容的 core-image-lsb，还包括形成完整独立 SDK 的开发头文件和库。此镜像需要启用 LSB 合规性的发行版配置(例如 poky-lsb）。如果在没有该配置的情况下构建 core-image-lsb-sdk，镜像将不符合 LSB 规范。此镜像适合在目标设备上进行开发。注意：自 Yocto 项目 3.0（Zeus）版本起，该镜像菜谱已被移除，不再受官方支持
core-image-minimal	一个小型镜像，仅包含启动设备所需的最基本组件
core-image-minimal-dev	适合在主机上进行开发工作的 core-image-minimal 镜像。镜像包括可以在主机开发环境中使用的头文件和库
core-image-minimal-initramfs	包含最小 RAM 初始根文件系统（Initramfs）的 core-image-minimal 镜像，作为内核的一部分，可使系统更高效地找到第一个 init 程序
core-image-minimal-mtdutils	支持最小 MTD 工具的 core-image-minimal 镜像，允许用户通过与内核中的 MTD 子系统交互来实现对闪存设备的操作
core-image-rt	包含实时测试套件和工具的 core-image-minimal 镜像，适用于需要实时操作的使用场景，确保低延迟和实时调度功能
core-image-rt-sdk	基于 core-image-rt 的镜像，除了包含实时操作系统的功能外，其还包含一个完整的开发环境。该镜像包括交叉工具链、开发头文件和库，形成一个完整的独立 SDK，适合在目标硬件上进行开发
core-image-sato	支持 Sato 的镜像，适用于移动设备的移动环境和视觉风格。镜像支持 X11 服务器，并包含 Sato 主题和常用的应用程序（如终端、编辑器、文件管理器、媒体播放器等）
core-image-sato-dev	适合在主机上进行开发的 core-image-sato 镜像。该镜像包括在设备上构建应用程序所需的库、测试和分析工具以及调试信息
core-image-sato-sdk	基于 core-image-sato 镜像，包含交叉工具链中所有内容，并附带用于形成完整独立 SDK 的开发头文件和库，适合在目标设备上进行开发
core-image-testmaster	一种专用于自动化运行时测试的控制器镜像。该镜像用于提供已验证的稳定运行环境，部署于单独的分区中，可用作启动系统并进一步部署待测试镜像的基础环境。注意：自 Yocto 项目 4.0（Kirkstone）版本起，该镜像菜谱已被移除，不再受官方支持

续表

镜像菜谱名称	功能描述
core-image-testmaster-initramfs	为 core-image-testmaster 镜像量身定制的基于 RAM 的初始根文件系统（Initramfs）镜像。注意：自 Yocto 项目 4.0（Kirkstone）版本起，该镜像菜谱已被移除，不再受官方支持
core-image-weston	一个非常基础的 Wayland 镜像，带有终端。该镜像提供 Wayland 协议库和参考 Weston 合成器
core-image-x11	一个支持 X11 协议的基础镜像，带有终端

6.2.1.2　Sato 镜像构建

在 3.1 节的快速构建指南中，BitBake 通过运行 core-image-sato 菜谱，成功构建了一个可通过 QEMU 启动的 Sato 桌面系统镜像。core-image-sato 是 Poky 中专为创建适用于移动设备的图形用户界面镜像而设计的镜像菜谱。其特点是构建的系统能够直接进入图形界面环境，非常适合初学者快速学习和探索 Yocto 项目。

以下是 core-image-sato 菜谱的核心内容：

```
    SUMMARY = "Image with Sato, a mobile environment and visual style for mobile
devices."
    DESCRIPTION = "Image with Sato, a mobile environment and visual style for \
    mobile devices. The image supports X11 with a Sato theme, Pimlico \
    applications, and contains terminal, editor, and file manager."
    HOMEPAGE = "https://www.***project.org/"

    IMAGE_FEATURES += "splash package-management x11-base x11-sato ssh-server-dropbear
hwcodecs"

    LICENSE = "MIT"

    inherit core-image

    TOOLCHAIN_HOST_TASK:append = " nativesdk-intltool nativesdk-glib-2.0"
    TOOLCHAIN_HOST_TASK:remove:task-populate-sdk-ext = " nativesdk-intltool
nativesdk-glib-2.0"

    QB_MEM = '${@bb.utils.contains("DISTRO_FEATURES", "opengl", "-m 512", "-m 256", d)}'
    QB_MEM:qemuarmv5 = "-m 256"
    QB_MEM:qemumips = "-m 256"
```

以上内容通过 IMAGE_FEATURES 变量扩展了系统的功能特性，并通过 inherit 语句继承 core-image 核心镜像类，高效提供了构建图形界面镜像所需的基础支持。后续将进一步讲解镜像菜谱的核心语法和关键知识点。

6.2.2 镜像菜谱语法

在前一节中，我们介绍了镜像菜谱的定义及 Poky 中的典型镜像菜谱。本节将重点解析镜像菜谱的核心元数据配置，详细讲解构建镜像时涉及的关键元数据变量，包括 IMAGE_INSTALL、IMAGE_FEATURES 和 IMAGE_FSTYPES 等。通过对这些变量的深入剖析，可帮助读者全面理解镜像构建过程，并掌握镜像定制的实现方法。

6.2.2.1 软件包安装

IMAGE_INSTALL 变量用于定义在生成镜像时需要安装的软件包列表。通过 IMAGE_INSTALL 变量，开发者可以明确指定哪些软件包需要被安装到最终生成的镜像中，使得镜像的构建过程更加可控和可预测。

通常使用覆盖式追加或移除操作符将软件包添加到 IMAGE_INSTALL 变量中，以避免因直接重定义导致数据丢失。以下是参考代码：

```
IMAGE_INSTALL:append = " <package> <package group>"
```

在使用“:append”操作符时，应在第一个变量前添加一个空格。此外，不建议在构建目录中的 local.conf 配置文件或镜像菜谱中使用“+=”操作符修改 IMAGE_INSTALL，因为这种用法可能引发顺序问题，导致意外行为。

6.2.2.2 镜像特性

镜像特性是一种高效的镜像内容管理机制，通过指定特性可实现对镜像内容的灵活定制。其实现主要依赖 IMAGE_FEATURES 和 EXTRA_IMAGE_FEATURES 变量，这些变量通过 FEATURE_PACKAGES 关联具体的软件包，从而简化了镜像的配置过程。

IMAGE_FEATURES 和 EXTRA_IMAGE_FEATURES

IMAGE_FEATURES 和 EXTRA_IMAGE_FEATURES 变量用于启用或禁用镜像特性。通常建议在镜像菜谱中使用 IMAGE_FEATURES 变量，而在其他类型元数据文件（例如 local.conf 配置文件）中使用 EXTRA_IMAGE_FEATURES 变量。构建系统会根据这些变量自动添加对应的软件包或配置，从而优化镜像的构建流程。以下为基本用法：

```
IMAGE_FEATURES = "<feature1> <feature2>"
```

FEATURE_PACKAGES

镜像特性的具体功能由 FEATURE_PACKAGES 变量实现。该变量用于定义与每个镜像特性关联的软件包集合，从而实现特定功能并确保镜像构建时所需的软件包被正确配置与集成。以下为变量参考代码：

```
FEATURE_PACKAGES_<feature> = "<package1> <package2>"
```

例如，在 core-image-sato.bb 镜像菜谱中启用 splash 特性，可以添加如下配置：

```
IMAGE_FEATURES += "splash"
```

在 image.bbclass 文件中，通过以下方式定义与 splash 特性相关的软件包：

```
FEATURE_PACKAGES_splash = "psplash"
```

构建系统会根据上述定义，将 psplash_git.bb 菜谱生成的 psplash 软件包自动集成到由 core-image-sato 菜谱构建的 Sato 镜像中。这一过程通过在类文件中定义 FEATURE_PACKAGES_splash，并在镜像菜谱中启用 splash 特性完成，确保了镜像构建时所需 psplash 软件包的正确安装。

6.2.2.3　镜像类型与根文件系统类型

镜像类型和根文件系统类型是嵌入式系统构建中的关键元素，决定了镜像文件的格式和根文件系统的存储方式。在 Yocto 项目中，IMAGE_TYPES 和 IMAGE_FSTYPES 变量用于定义和管理这些类型。

IMAGE_FSTYPES 变量指定生成的根文件系统的输出格式，其值应从 IMAGE_TYPES 变量支持的格式中选择。

IMAGE_TYPES 变量定义了构建系统支持的所有标准镜像类型。用户可以参考此变量，添加自定义镜像类型或查看支持的格式。默认支持的镜像类型包括：

```
btrfs
container
cpio（支持压缩格式：cpio.gz、cpio.lz4、cpio.lzma、cpio.xz）
cramfs
erofs（支持扩展格式：erofs-lz4、erofs-lz4hc）
ext2（支持压缩格式：ext2.bz2、ext2.gz、ext2.lzma）
ext3（支持压缩格式：ext3.gz）
ext4（支持压缩格式：ext4.gz）
f2fs
hddimg
```

```
iso
jffs2（支持校验格式：jffs2.sum）
multiubi
squashfs（支持压缩格式：squashfs-lz4、squashfs-lzo、squashfs-xz）
tar（支持压缩格式：tar.bz2、tar.gz、tar.lz4、tar.xz、tar.zst）
ubi
ubifs
```

在嵌入式开发中，ext4、tar.gz 和 wic 是常用的镜像类型，能够满足大多数构建需求。IMAGE_TYPES 变量的完整定义存储在 meta/classes-recipe/image_types*.bbclass 文件中，提供了默认类型支持，并为自定义类型扩展提供了参考。

6.2.3 镜像类

在 Yocto 项目中，创建镜像菜谱必须继承 image 基础镜像类或 core-image 核心镜像类。这些类提供了镜像的通用定义，可帮助开发者构建不同类型的镜像，并配置镜像的基础镜像特性以及相关基础软件包。通过继承这些类，用户可以根据需要定制和扩展镜像。

6.2.3.1 core-image 类

镜像菜谱通常都会继承 core-image.bbclass 核心镜像类，以获取相关核心镜像特性和软件包。以下是 meta/classes-recipe/core-image.bbclass 类文件的代码内容：

```
# Common code for generating core reference images
#
# Copyright (C) 2007-2011 Linux Foundation
#
# SPDX-License-Identifier: MIT

# IMAGE_FEATURES control content of the core reference images
#
# By default we install packagegroup-core-boot and packagegroup-base-extended
packages;
# this gives us working (console only) rootfs.
#
# Available IMAGE_FEATURES:
#
# - weston              - Weston Wayland compositor
```

```
    # - x11                 - X server
    # - x11-base            - X server with minimal environment
    # - x11-sato            - OpenedHand Sato environment
    # - tools-debug         - debugging tools
    # - eclipse-debug       - Eclipse remote debugging support
    # - tools-profile       - profiling tools
    # - tools-testapps      - tools usable to make some device tests
    # - tools-sdk           - SDK (C/C++ compiler, autotools, etc.)
    # - nfs-server          - NFS server
    # - nfs-client          - NFS client
    # - ssh-server-dropbear - SSH server (dropbear)
    # - ssh-server-openssh  - SSH server (openssh)
    # - hwcodecs            - Install hardware acceleration codecs
    # - package-management  - installs package management tools and preserves the
package manager database
    # - debug-tweaks        - makes an image suitable for development, e.g. allowing
passwordless root logins
    #   - empty-root-password
    #   - allow-empty-password
    #   - allow-root-login
    #   - post-install-logging
    # - serial-autologin-root - with 'empty-root-password': autologin 'root' on the
serial console
    # - dev-pkgs            - development packages (headers, etc.) for all installed
packages in the rootfs
    # - dbg-pkgs            - debug symbol packages for all installed packages in the
rootfs
    # - lic-pkgs            - license packages for all installed pacakges in the rootfs,
requires
    #                         LICENSE_CREATE_PACKAGE="1" to be set when building
packages too
    # - doc-pkgs            - documentation packages for all installed packages in the
rootfs
    # - bash-completion-pkgs - bash-completion packages for recipes using
bash-completion bbclass
    # - ptest-pkgs          - ptest packages for all ptest-enabled recipes
    # - read-only-rootfs    - tweaks an image to support read-only rootfs
```

```
    # - stateless-rootfs    - systemctl-native not run, image populated by systemd at
runtime
    # - splash              - bootup splash screen
    #
    FEATURE_PACKAGES_weston = "packagegroup-core-weston"
    FEATURE_PACKAGES_x11 = "packagegroup-core-x11"
    FEATURE_PACKAGES_x11-base = "packagegroup-core-x11-base"
    FEATURE_PACKAGES_x11-sato = "packagegroup-core-x11-sato"
    FEATURE_PACKAGES_tools-debug = "packagegroup-core-tools-debug"
    FEATURE_PACKAGES_eclipse-debug = "packagegroup-core-eclipse-debug"
    FEATURE_PACKAGES_tools-profile = "packagegroup-core-tools-profile"
    FEATURE_PACKAGES_tools-testapps = "packagegroup-core-tools-testapps"
    FEATURE_PACKAGES_tools-sdk = "packagegroup-core-sdk packagegroup-core-
standalone-sdk-target"
    FEATURE_PACKAGES_nfs-server = "packagegroup-core-nfs-server"
    FEATURE_PACKAGES_nfs-client = "packagegroup-core-nfs-client"
    FEATURE_PACKAGES_ssh-server-dropbear = "packagegroup-core-ssh-dropbear"
    FEATURE_PACKAGES_ssh-server-openssh = "packagegroup-core-ssh-openssh"
    FEATURE_PACKAGES_hwcodecs = "${MACHINE_HWCODECS}"


    # IMAGE_FEATURES_REPLACES_foo = 'bar1 bar2'
    # Including image feature foo would replace the image features bar1 and bar2
    IMAGE_FEATURES_REPLACES_ssh-server-openssh = "ssh-server-dropbear"
    # Do not install openssh complementary packages if either
packagegroup-core-ssh-dropbear or dropbear
    # is installed # to avoid openssh-dropbear conflict
    # see [Yocto #14858] for more information
    PACKAGE_EXCLUDE_COMPLEMENTARY:append =
"${@bb.utils.contains_any('PACKAGE_INSTALL', 'packagegroup-core-ssh-dropbear
dropbear', ' openssh', '' , d)}"

    # IMAGE_FEATURES_CONFLICTS_foo = 'bar1 bar2'
    # An error exception would be raised if both image features foo and bar1(or bar2)
are included

    MACHINE_HWCODECS ??= ""
```

```
CORE_IMAGE_BASE_INSTALL = '\
    packagegroup-core-boot \
    packagegroup-base-extended \
    \
    ${CORE_IMAGE_EXTRA_INSTALL} \
    '


CORE_IMAGE_EXTRA_INSTALL ?= ""


IMAGE_INSTALL ?= "${CORE_IMAGE_BASE_INSTALL}"


inherit image
```

从以上代码内容中可看出，core-image 类通过 FEATURE_PACKAGES 变量定义了与镜像特性相关的软件包，使得通过继承该类后，可以轻松添加和管理镜像特性。它还通过 CORE_IMAGE_BASE_INSTALL 变量提供了基础包组的支持，并允许通过 CORE_IMAGE_EXTRA_INSTALL 扩展额外的包。在继承 core-image 类后，镜像构建会自动包括相关的软件包和特性，以满足不同的系统需求。

6.2.3.2　镜像特性列表

镜像特性通常定义在镜像类中，例如 image.bbclass 和 image-core.bbclass 类文件。镜像菜谱通常通过继承镜像类来使用特定的镜像特性。镜像类也可以通过 inherit 变量继承其他类的特性，例如，image-core.bbclass 继承了 image.bbclass，因此在镜像菜谱中继承 core-image.bbclass 后，也可以使用 image.bbclass 定义的相关镜像特性。

表 6-2 列出了在继承 image.bbclass 类后可用的镜像特性。通常，所有镜像菜谱都会直接或间接地继承该类，这样其中定义的所有镜像特性都可以被使用。

表 6-2　基础镜像菜谱支持的镜像特性

镜像特性	说　明
allow-empty-password	允许 Dropbear 和 OpenSSH 接受空密码的账户登录
allow-root-login	允许 Dropbear 和 OpenSSH 接受 root 用户登录
dbg-pkgs	为安装在镜像中的所有软件包安装调试符号包，以便进行调试
debug-tweaks	使镜像更适合开发使用，包括允许 root 登录、无密码登录（包括 root 用户）以及启用安装后日志记录。具体细节请参考 allow-empty-password、allow-root-login、empty-root-password 和 post-install-logging 特性

续表

镜像特性	说　明
dev-pkgs	为镜像中安装的所有软件包提供开发包（头文件和额外的库链接）
doc-pkgs	安装镜像中所有软件包的文档包
empty-root-password	允许使用空密码进行 root 登录。如果 IMAGE_FEATURES 中未包含此特性，且/etc/passwd 和/etc/shadow 文件存在，则 root 用户会被强制要求设置为非空密码
lic-pkgs	安装镜像中所有软件包的许可证文件
overlayfs-etc	将/etc 目录配置为 overlayfs 文件系统，这允许设备特定的信息被存储在其他位置，而不是直接写入/etc 目录。这种配置特别适用于根文件系统为只读的情况，因为它可以在不修改根文件系统的情况下动态管理和更新配置文件
package-management	安装包管理系统
post-install-logging	在目标系统上首次启动镜像时，将安装后脚本的运行日志记录到/var/log/postinstall.log 文件中
ptest-pkgs	为所有 ptest-enabled 的菜谱安装 ptest 包
read-only-rootfs	创建一个根文件系统为只读的镜像
read-only-rootfs-delayed-postinsts	与 read-only-rootfs 一起使用时，仍允许启用安装后脚本
serial-autologin-root	与 empty-root-password 一起指定时，将在串行控制台上自动以 root 身份登录。如果串行控制台可能被攻击者访问，请谨慎使用，因为这会打开一个安全漏洞
splash	启用启动时的启动画面。默认使用 psplash，也可自定义为其他启动画面包
stateless-rootfs	指定创建无状态镜像。当使用 systemd 时，systemctl-native 不会在构建过程中运行，而是让 systemd 在系统运行时动态填充配置和状态数据
staticdev-pkgs	为镜像中安装的所有软件包提供静态库

此外，表 6-3 列出了仅在继承 core-image.bbclass 类时可用的所有镜像特性。

表 6-3　仅核心镜像菜谱支持的镜像特性

镜像特性	说　明
hwcodecs	安装硬件加速编解码器，支持视频和音频处理
nfs-server	在镜像中安装 NFS 服务器，支持网络文件共享
perf	安装性能分析工具，如 perf、systemtap 和 LTTng，支持性能调优和诊断

续表

镜像特性	说　明
ssh-server-dropbear	安装轻量级的 Dropbear SSH 服务器。注意：从 4.1 版本开始，默认推荐安装 openssh-sftp-server 以支持 SFTP 连接
ssh-server-openssh	安装功能更全面的 OpenSSH SSH 服务器。如果同时指定了 Dropbear 和 OpenSSH，则将优先安装 OpenSSH
tools-debug	安装调试工具，如 strace 和 gdb，支持远程和本地调试
tools-sdk	在镜像中安装完整的软件开发工具包（SDK），支持在目标设备上直接开发
tools-testapps	安装设备测试工具，如触摸屏调试工具，支持设备功能验证
weston	安装 Weston，作为 Wayland 显示服务器的参考实现
x11	安装 X 服务器，支持传统的 X11 图形用户界面
x11-base	安装配置最基础的 X 服务器
x11-sato	安装 OpenedHand Sato 环境，提供特定的桌面布局和应用程序

6.2.4　包组菜谱

在上一节讲解的 core-image.bbclass 核心镜像类代码中，包含如下代码：

```
IMAGE_INSTALL ?= "${CORE_IMAGE_BASE_INSTALL}"
```

在上述代码中，CORE_IMAGE_BASE_INSTALL 变量的实际值为“packagegroup-core-boot packagegroup-base-extended”。因此，IMAGE_INSTALL 变量通过引用以 packagegroup-为前缀的变量值指定要安装的软件包集合。这些变量值对应一种特殊的菜谱文件，称为包组菜谱。以下是对包组菜谱和包组类的详细解释。

包组菜谱

包组菜谱是一种特殊的菜谱类型，通常以 packagegroup-为前缀，并被放置在 packagegroups 目录下。包组菜谱本身并不生成任何新的二进制输出和软件包，而是通过整合其他菜谱生成的软件包，构建具有特定功能的包组集合。在镜像构建过程中，这些包组集合可以作为一个整体被添加到镜像中，简化了镜像定制过程。

包组菜谱通过变量（例如 PACKAGES、RDEPENDS 和 RRECOMMENDS）定义包组中的具体内容及依赖关系。自定义包组菜谱能够灵活控制镜像中包含的软件包，以满足特定的功能需求和系统配置要求。

包组类

包组菜谱通常会继承包组类（packagegroup.bbclass），而包组类的主要作用是为包组菜谱设置一些关键变量的默认值，例如 PACKAGES、PACKAGE_ARCH 和 ALLOW_EMPTY 等。其中，PACKAGES 变量是最常用的，可以为其设置如下默认值：

```
PACKAGES = "${PN} ${PN}-dbg ${PN}-dev ${PN}-ptest"
```

这种默认设置除了确保每个包组生成主要包外，还会自动生成调试包（-dbg）、开发包（-dev）和测试包（-ptest）。这些补充包在开发、调试和测试过程中非常有用。通过这种方式，包组类不仅简化了包组菜谱的编写，还确保了包组的统一性和功能的全面性。

Poky 中的包组菜谱

通过以下命令，可以列出 Poky 中常用的包组菜谱以及路径：

```
poky$ find * -iname packagegroup-*
meta/recipes-extended/packagegroups/packagegroup-core-full-cmdline.bb
meta/recipes-extended/packagegroups/packagegroup-core-base-utils.bb
meta/recipes-graphics/packagegroups/packagegroup-core-x11.bb
meta/recipes-graphics/packagegroups/packagegroup-core-weston.bb
meta/recipes-graphics/packagegroups/packagegroup-core-x11-base.bb
meta/recipes-graphics/packagegroups/packagegroup-core-x11-xserver.bb
meta/recipes-core/packagegroups/packagegroup-core-tools-profile.bb
meta/recipes-core/packagegroups/packagegroup-core-tools-debug.bb
meta/recipes-core/packagegroups/packagegroup-base.bb
meta/recipes-core/packagegroups/packagegroup-go-cross-canadian.bb
meta/recipes-core/packagegroups/packagegroup-core-ssh-dropbear.bb
meta/recipes-core/packagegroups/packagegroup-core-boot.bb
meta/recipes-core/packagegroups/packagegroup-core-buildessential.bb
meta/recipes-core/packagegroups/packagegroup-core-eclipse-debug.bb
meta/recipes-core/packagegroups/packagegroup-core-sdk.bb
meta/recipes-core/packagegroups/packagegroup-rust-cross-canadian.bb
meta/recipes-core/packagegroups/packagegroup-self-hosted.bb
meta/recipes-core/packagegroups/packagegroup-cross-canadian.bb
meta/recipes-core/packagegroups/packagegroup-go-sdk-target.bb
meta/recipes-core/packagegroups/packagegroup-core-ssh-openssh.bb
meta/recipes-core/packagegroups/packagegroup-core-nfs.bb
meta/recipes-core/packagegroups/packagegroup-core-standalone-sdk-target.bb
meta/recipes-core/packagegroups/packagegroup-rust-sdk-target.bb
meta/recipes-core/packagegroups/packagegroup-core-tools-testapps.bb
meta/recipes-sato/packagegroups/packagegroup-core-x11-sato.bb
```

以上内容中的包组菜谱与镜像菜谱类似，其命名通常能够反映其功能，例如

packagegroup-core-boot.bb 定义了与系统启动相关的软件包集合，packagegroup-core-x11.bb 定义了支持 X11 图形系统的软件包集合。包组菜谱通过整合一组逻辑相关的软件包，为镜像构建提供模块化支持。在实际开发中，Poky 或开源元数据层提供的包组菜谱通常可以满足大部分需求。若需自定义包组菜谱，可参考 packagegroup-base.bb 包组菜谱文件，基于已有包组菜谱进行修改，定义满足特定需求的包组集合。

自定义包组菜谱示例

前面对包组菜谱的基本概念进行了介绍，以下通过一个示例展示如何自定义包组菜谱并将其集成到镜像中。以下是自定义包组菜谱 packagegroup-custom.bb 的完整代码：

```
DESCRIPTION = "My Custom Network Tools Package Groups"

inherit packagegroup

PACKAGES = "\
    ${PN}-network-apps \
    ${PN}-network-utils \
    "

RDEPENDS:${PN}-network-apps = "\
    dropbear \
    iproute2 \
    wget"

RDEPENDS:${PN}-network-utils = "\
    ethtool \
    net-tools"

RRECOMMENDS:${PN}-network-utils = "\
    iputils-ping"
```

在以上代码中，${PN}表示自定义包组菜谱的名称，PACKAGES 变量定义了两个主要包组包：packagegroup-custom-network-apps 和 packagegroup-custom-network-utils，并分别列出了运行时依赖项和推荐依赖项。由于继承了 packagegroup.bbclass，构建系统默认会自动为每个软件包额外生成调试包（${PN}-dbg）、开发包（${PN}-dev）和测试包（${PN}-ptest），进一步完善了包组功能。

要将这些包组集成到镜像中，可以使用以下代码将它们添加到 IMAGE_INSTALL 变量中：

```
IMAGE_INSTALL += "packagegroup-custom-network-apps packagegroup-custom-network-utils"
```

以上命令会在镜像构建过程中，将指定的包组及其依赖项自动包含在镜像中，从而简化镜像定制过程，并确保相关软件包能够被正确安装和配置。

6.3 机器配置文件

在 Yocto 项目中，机器配置文件是一种重要的描述文件，用于定义目标硬件的具体特性，包含处理器架构、外设配置、引导加载程序配置、内核类型、图形库、文件系统类型等内容。其核心目的是为构建工具链和镜像提供目标硬件的详细配置信息，确保生成的系统镜像能够与目标平台完全适配。

在 4.3.3 节中提到过，BSP 层是包含至少一个机器配置文件的元数据层，其文件存放在 conf/machine 目录中。BSP 层通过定义多样化的机器配置文件，简化了目标硬件的适配和配置过程。本节将深入解析机器配置文件的相关知识，为后续章节中定制 BSP 层的实践提供基础指导。

6.3.1 Poky 中的机器配置文件

Poky 中包含多个预置的机器配置文件，这些文件覆盖了 QEMU 模拟器和部分硬件平台（例如 BeagleBone）的配置。这些机器配置文件不仅可帮助用户快速了解 Yocto 项目的机器配置机制，同时也为实际开发提供了参考模板和基础支持。

表 6-4 列出了 Poky 中常用的机器配置文件及其路径和主要功能。

表 6-4 常见的机器配置文件及其路径和主要功能

机器配置文件及其路径	主要功能
meta/conf/machine/qemuarm64.conf	专为 QEMU 模拟器中 ARM64 架构平台的配置设计
meta/conf/machine/qemuarm.conf	提供 QEMU 模拟器中 ARM 架构平台的配置支持
meta/conf/machine/qemuarmv5.conf	适用于 QEMU 模拟器中 ARMv5 架构平台的配置
meta/conf/machine/qemuloongarch64.conf	针对 QEMU 模拟器中 LoongArch64 架构平台的配置
meta/conf/machine/qemumips64.conf	服务于 QEMU 模拟器中 MIPS64 架构平台的配置
meta/conf/machine/qemumips.conf	为 QEMU 模拟器中 MIPS 架构平台提供配置
meta/conf/machine/qemuppc64.conf	配置 QEMU 模拟器以模拟 PowerPC64 架构平台
meta/conf/machine/qemuppc.conf	为 QEMU 模拟器中的 PowerPC 架构平台配置

续表

机器配置文件	主要功能
meta/conf/machine/qemuriscv32.conf	适用于 QEMU 模拟器中 RISC-V 32 位架构平台的配置
meta/conf/machine/qemuriscv64.conf	专为 QEMU 模拟器中 RISC-V 64 位架构平台设计
meta/conf/machine/qemux86-64.conf	提供 QEMU 模拟器中 x86-64 架构平台的配置
meta/conf/machine/qemux86.conf	支持 QEMU 模拟器中 x86 架构平台的配置
meta-selftest/conf/machine/qemux86copy.conf	用于测试，模拟 x86 平台特定配置
meta-yocto-bsp/conf/machine/beaglebone-yocto.conf	定制针对 BeagleBone 开发板的详细配置
meta-yocto-bsp/conf/machine/genericarm64.conf	为通用 ARM64 架构平台提供基础配置模板
meta-yocto-bsp/conf/machine/genericx86-64.conf	适用于通用 x86-64 架构平台的标准配置
meta-yocto-bsp/conf/machine/genericx86.conf	为通用 x86 架构平台定义基础配置

为了深入理解机器配置文件的作用及其在不同硬件平台上的适配方式，下面将以 qemux86-64 和 beaglebone-yocto 两个机器配置文件为例，详细分析它们的关键变量定义及具体功能。

6.3.1.1　qemux86-64 机器配置文件

qemux86-64.conf 是构建系统中具有代表性的预置机器配置文件之一，专为 QEMU 模拟器中的 x86-64 架构平台设计。通过分析该配置文件，可以让大家深入理解机器配置文件的结构及其关键元数据变量在硬件配置中的作用。这些变量精确定义了目标硬件的特性和依赖关系，为构建适配 x86-64 架构的系统镜像提供了清晰且可靠的配置指导。

以下是 meta/conf/machine/qemux86-64.conf 文件的内容：

```
#@TYPE: Machine
#@NAME: QEMU x86-64 machine
#@DESCRIPTION: Machine configuration for running an x86-64 system on QEMU

PREFERRED_PROVIDER_virtual/xserver ?= "xserver-xorg"
PREFERRED_PROVIDER_virtual/libgl ?= "mesa"
PREFERRED_PROVIDER_virtual/libgles1 ?= "mesa"
PREFERRED_PROVIDER_virtual/libgles2 ?= "mesa"
PREFERRED_PROVIDER_virtual/libgles3 ?= "mesa"

require conf/machine/include/qemu.inc
DEFAULTTUNE ?= "core2-64"
require conf/machine/include/x86/tune-x86-64-v3.inc
```

```
require conf/machine/include/x86/qemuboot-x86.inc

UBOOT_MACHINE ?= "qemu-x86_64_defconfig"

KERNEL_IMAGETYPE = "bzImage"

SERIAL_CONSOLES ?= "115200;ttyS0 115200;ttyS1"

# Install swrast and glx if opengl is in DISTRO_FEATURES and x32 is not in use.
# This is because gallium swrast driver was found to crash X server on startup in
qemu x32.
XSERVER = "xserver-xorg \
        ${@bb.utils.contains('DISTRO_FEATURES', 'opengl', \
            bb.utils.contains('TUNE_FEATURES', 'mx32', '', 'mesa-driver-swrast
xserver-xorg-extension-glx', d), '', d)} \
        xf86-video-cirrus \
        xf86-video-fbdev \
        xf86-video-vmware \
        xf86-video-modesetting \
        xf86-video-vesa \
        xserver-xorg-module-libint10 \
        "

MACHINE_FEATURES += "x86 pci"

MACHINE_ESSENTIAL_EXTRA_RDEPENDS += "v86d"

MACHINE_EXTRA_RRECOMMENDS = "kernel-module-snd-ens1370 kernel-module-snd-rawmidi"

WKS_FILE ?= "qemux86-directdisk.wks"
do_image_wic[depends] += "syslinux:do_populate_sysroot syslinux-native:
do_populate_sysroot mtools-native:do_populate_sysroot dosfstools-native:
do_populate_sysroot"

#For runqemu
QB_SYSTEM_NAME = "qemu-system-x86_64"
```

从以上代码可以看出，该配置文件针对 x86_64 架构平台设计，其结构和变量配置具有通用性，为理解其他平台的机器配置文件设计提供了重要参考。接下来将根据不同的配置模块（例如图形界面、处理器、系统硬件等），逐一分析文件中的关键变量及作用，以让大家更清晰地理解其结构和功能。

图形界面配置

以下变量定义了与图形界面相关的配置内容。

PREFERRED_PROVIDER_virtual/xserver：指定 xserver-xorg 作为虚拟 X 服务器的菜谱。

PREFERRED_PROVIDER_virtual/libgl 和 libgles 系列变量：指定 mesa 作为 OpenGL 和 GLES 库的菜谱。

XSERVER：定义使用的 X 服务器和视频驱动，包括 xf86-video-cirrus、xf86-video-fbdev 等，确保图形显示正常工作。

处理器配置

下面的变量和配置文件用于指定处理器架构信息。

DEFAULTTUNE：设置默认的架构调优配置为 core2-64，其针对 Intel Core 2 64 位处理器进行优化。

require conf/machine/include/x86/tune-x86-64-v3.inc：通过 require 语句引入 tune-x86-64-v3.inc 包含文件，为 x86-64 架构加载具体的优化配置。

系统硬件配置

以下变量定义了硬件相关的配置，确保系统能够正确启动并支持调试功能。

UBOOT_MACHINE：指定适用于 qemu-x86_64 平台的 U-Boot 配置文件 qemu-x86_64_defconfig，为引导加载程序提供支持。

KERNEL_IMAGETYPE：定义内核映像类型为 bzImage，适用于 x86 架构系统。

SERIAL_CONSOLES：配置串行控制台，使用两个串行端口（ttyS0 和 ttyS1），波特率设置为 115200 波特，确保能够输出 QEMU 控制台的相关信息。

机器特性

以下变量用于定义目标机器的特性。

MACHINE_FEATURES：添加机器特性 x86 和 pci，用于支持 x86 架构和 PCI 总线功能。详细内容将在下一节描述。

软件包依赖

以下变量用于指定与目标机器相关的软件包依赖。

MACHINE_ESSENTIAL_EXTRA_RDEPENDS：添加关键依赖包 v86d，确保镜像构建和目标机器的正常启动。

MACHINE_EXTRA_RRECOMMENDS：添加推荐依赖包 kernel-module-snd-ens1370 和 kernel-module-snd-rawmidi，用于增强系统功能，但不是启动的必要条件。

任务依赖

以下变量定义了 do_image_wic 任务的依赖。

do_image_wic[depends]：添加对指定目标中任务的构建时依赖，包括 syslinux:do_populate_sysroot、syslinux-native:do_populate_sysroot、mtools-native:do_populate_sysroot 和 dosfstools-native:do_populate_sysroot，确保在生成 WIC 文件之前，这些必要的工具和文件已经准备完毕。

磁盘分区

以下变量用于定义生成磁盘映像的分区文件。

WKS_FILE：指定分区描述文件为 qemux86-directdisk.wks，用于定义磁盘映像的布局和内容。

QEMU 配置

以下语句与变量定义了在 QEMU 模拟器中启动 x86 架构系统的配置。

require conf/machine/include/qemu.inc：通过 require 语句引入 qemu.inc 文件，提供通用的 QEMU 配置，包括基本模拟器设置和运行所需的通用参数。

require conf/machine/include/x86/qemuboot-x86.inc：通过 require 语句引入 qemuboot-x86.inc 文件，定义 x86 架构系统在 QEMU 中的启动配置，例如内核启动参数和模拟器设置。

QB_SYSTEM_NAME：定义 QEMU 模拟器的名称为 qemu-system-x86_64，确保在运行时正确调用适配的 QEMU 程序。

6.3.1.2 beaglebone-yocto 机器配置文件

与 qemux86-64.conf 配置文件相比，beaglebone-yocto.conf 文件在结构和配置方式上相似，例如都定义了内核镜像类型、引导加载程序和串行控制台设置。然而，最大的不同在于，qemux86-64.conf 是针对 QEMU 模拟器中的 x86-64 架构设计的，而 beaglebone-yocto.conf 则专为 BeagleBone 硬件开发板设计，位于 meta-yocto-bsp 层。两者在处理器架构、内核镜像类型、引导加载程序以及设备树支持等方面的差异，反映了它们分别针对虚拟化环境和实际硬件平台的不同需求。以下是 meta-yocto-bsp/conf/machine/beaglebone-yocto.conf 文件的内容：

```
MACHINE_EXTRA_RRECOMMENDS #@TYPE: Machine
#@NAME: Beaglebone-yocto machine
#@DESCRIPTION: Reference machine configuration for http://***board.org/bone and http://***board.org/black boards

PREFERRED_PROVIDER_virtual/xserver ?= "xserver-xorg"

MACHINE_EXTRA_RRECOMMENDS = "kernel-modules"

EXTRA_IMAGEDEPENDS += "virtual/bootloader"

DEFAULTTUNE ?= "cortexa8hf-neon"
include conf/machine/include/arm/armv7a/tune-cortexa8.inc

IMAGE_FSTYPES += "tar.bz2 jffs2 wic wic.bmap"
EXTRA_IMAGECMD:jffs2 = "-lnp "
WKS_FILE ?= "beaglebone-yocto.wks"
MACHINE_ESSENTIAL_EXTRA_RDEPENDS += "kernel-image kernel-devicetree"
do_image_wic[depends] += "mtools-native:do_populate_sysroot dosfstools-native:do_populate_sysroot virtual/bootloader:do_deploy"

SERIAL_CONSOLES ?= "115200;ttyS0 115200;ttyO0 115200;ttyAMA0"

PREFERRED_PROVIDER_virtual/kernel ?= "linux-yocto"
PREFERRED_VERSION_linux-yocto ?= "6.6%"

KERNEL_IMAGETYPE = "zImage"
DTB_FILES = "am335x-bone.dtb am335x-boneblack.dtb am335x-bonegreen.dtb"
KERNEL_DEVICETREE = '${@' '.join('ti/omap/%s' % d for d in '${DTB_FILES}'.split())}'

PREFERRED_PROVIDER_virtual/bootloader ?= "u-boot"

SPL_BINARY = "MLO"
UBOOT_SUFFIX = "img"
UBOOT_MACHINE = "am335x_evm_defconfig"

MACHINE_FEATURES = "usbgadget usbhost vfat alsa"
```

```
    IMAGE_BOOT_FILES ?= "u-boot.${UBOOT_SUFFIX} ${SPL_BINARY} ${KERNEL_IMAGETYPE}
${DTB_FILES}"

    # support runqemu
    EXTRA_IMAGEDEPENDS += "qemu-native qemu-helper-native"
    IMAGE_CLASSES += "qemuboot"
    QB_DEFAULT_FSTYPE = "wic"
    QB_FSINFO = "wic:no-kernel-in-fs"
    QB_KERNEL_ROOT = "/dev/vda2"
    QB_SYSTEM_NAME = "qemu-system-arm"
    QB_MACHINE = "-machine virt"
    QB_CPU = "-cpu cortex-a15"
    QB_KERNEL_CMDLINE_APPEND = "console=ttyAMA0 systemd.mask=systemd-networkd"
    QB_OPT_APPEND = "-device virtio-rng-device"
    QB_TAP_OPT = "-netdev tap,id=net0,ifname=@TAP@,script=no,downscript=no"
    QB_NETWORK_DEVICE = "-device virtio-net-device,netdev=net0,mac=@MAC@"
    QB_ROOTFS_OPT = "-drive id=disk0,file=@ROOTFS@,if=none,format=raw -device
virtio-blk-device,drive=disk0"
    QB_SERIAL_OPT = ""
    QB_TCPSERIAL_OPT = "-device virtio-serial-device -chardev socket,id=virtcon,port=
@PORT@,host=127.0.0.1 -device virtconsole,chardev=virtcon"
```

以上代码中有多个关键变量在 qemux86-64.conf 配置文件中也有定义，例如 PREFERRED_PROVIDER_virtual/xserver、SERIAL_CONSOLES 和 KERNEL_IMAGETYPE 等，这说明了机器配置文件在不同平台之间共享相似的结构和配置方式。然而，针对不同平台，这些变量的具体值和配置方式会根据硬件架构和需求进行调整。例如，在 beaglebone-yocto.conf 中，将 KERNEL_IMAGETYPE 设置为 zImage，以适用于 ARM 架构的 BeagleBone 开发板，而在 qemux86-64.conf 中，将 KERNEL_IMAGETYPE 设置为 bzImage，以适用于 x86 架构。

为了更加清晰地对比这两种机器配置文件如何支持不同的目标平台，表 6-5 列出了 beaglebone-yocto.conf 与 qemux86-64.conf 配置文件在关键特性上的差异。

表 6-5 特性对比

特　　性	beaglebone-yocto.conf	qemux86-64.conf
架构	ARM Cortex-A8	x86-64
默认调优配置（DEFAULTTUNE）	cortexa8hf-neon	core2-64

续表

特　　性	beaglebone-yocto.conf	qemux86-64.conf
引导加载程序（PREFERRED_PROVIDER_virtual/bootloader）	u-boot	syslinux
内核镜像类型（KERNEL_IMAGETYPE）	zImage	bzImage
设备树文件（KERNEL_DEVICETREE）	am335x-bone.dtb, am335x-boneblack.dtb, am335x-bonegreen.dtb	无设备树文件要求
串行控制台（SERIAL_CONSOLES）	ttyS0、ttyO0、ttyAMA0	ttyS0、ttyS1
图形支持组件（PREFERRED_PROVIDER_virtual/xserver）	xserver-xorg	xserver-xorg、mesa、xf86-video-cirrus 等
机器特性值（MACHINE_FEATURES）	Usbgadget、usbhost、vfat、alsa	x86、pci
依赖项配置	kernel-image、kernel-devicetree、qemu-native、qemu-helper-native	v86d、kernel-module-snd-ens1370、kernel-module-snd-rawmidi
WKS 文件（WKS_FILE）	beaglebone-yocto.wks	qemux86-directdisk.wks
QEMU 配置	qemu-system-arm、-machine virt、-cpu cortex-a15 等	qemu-system-x86_64、qemuboot-x86.inc 等

这些差异展示了两种机器配置文件在配置不同目标平台时的变化。beaglebone-yocto.conf 主要用于为 BeagleBone 系列开发板提供硬件配置，而 qemux86-64.conf 则专为 QEMU 模拟器中的 x86-64 平台设计。理解这些差异有助于开发者根据不同平台定制和调整机器配置文件。

6.3.2　机器特性与实现

在机器配置文件中，机器特性用于描述目标硬件的功能，并影响软件包选择、内核配置及系统功能调整。MACHINE_FEATURES 变量用于定义这些特性，构建系统可依据其值动态调整相关设置，以确保生成的镜像与硬件匹配。本节介绍 MACHINE_FEATURES 的配置方式、特性函数的实现，并列出 Poky 支持的常见机器特性。

6.3.2.1　MACHINE_FEATURES

MACHINE_FEATURES 变量定义了目标机器所支持的硬件特性和功能，通常在机器配置文件中进行设置。与镜像特性 IMAGE_FEATURES 变量不同，MACHINE_FEATURES

作为一个标志集，并不直接决定特定软件包的安装，而是用于指导构建系统根据硬件特性来选择或排除相关软件包和配置。例如，在构建过程中，MACHINE_FEATURES 指定的变量值可以指导 do_configure 任务是否启用特定的配置选项，以确保编译出的软件包与硬件特性相匹配。

在 beaglebone-yocto.conf 机器配置文件中，MACHINE_FEATURES 变量的设置如下：

```
MACHINE_FEATURES = "usbgadget usbhost vfat alsa"
```

通过以上代码对机器特性的配置，目标机器将支持 USB 设备模式、USB 主机控制器、VFAT 文件系统和 ALSA 音频驱动等功能，这为构建系统提供了硬件功能的描述，并帮助系统在构建过程中正确地选择和配置相关选项。

6.3.2.2 机器特性函数的实现

在 Yocto 项目中，机器特性的配置有多种实现方式，其中通过 BitBake 的 utils.py 模块提供的常用函数，根据特性值调整硬件模块的配置和参数，是一种常见的方式。这种方式同样适用于后续将介绍的发行版特性 DISTRO_FEATURES。相关函数的功能可参考 5.2.2 节。以下展示通过 bb.utils.contains() 函数进行动态配置，该函数用于检查 MACHINE_FEATURES 中是否包含特定特性，并根据结果返回布尔值或指定字符串，常用于条件判断以动态调整构建设置。

例如，在 meta/recipes-kernel/linux/linux-yocto.inc 文件中，使用以下代码动态添加 vfat 相关配置：

```
KERNEL_FEATURES:append = " ${@bb.utils.contains('MACHINE_FEATURES', 'vfat', 'cfg/fs/vfat.scc', '', d)}"
```

以上代码检查 MACHINE_FEATURES 中是否包含 vfat 特性。如果包含，构建系统将向 KERNEL_FEATURES 添加 vfat.scc 通用描述文件，该文件通常用于启用 vfat 文件系统支持。关于通用描述文件的详细讲解，请参考 7.3.2 节。

6.3.2.3 Poky 中的机器特性列表

Yocto 项目支持多种机器特性，表 6-6 列出了 Poky 中支持的机器特性以及功能和描述。

表 6-6　常见的机器特性

机器特性	功能和描述
acpi	硬件支持高级配置和电源接口（ACPI），通常用于 x86 和 x86_64 架构，管理电源和硬件配置
alsa	硬件包含高级 Linux 声音体系结构（ALSA）的音频驱动程序，允许操作系统处理音频的输入和输出
bluetooth	硬件集成了蓝牙模块，支持与其他蓝牙设备无线通信
efi	支持通过统一可扩展固件接口（EFI）引导操作系统，替代传统 BIOS 的引导方式
ext2	硬件配备硬盘驱动器（HDD）或 Microdrive，支持 EXT2 文件系统，常用于嵌入式系统
keyboard	硬件配备键盘，允许用户进行输入操作
numa	硬件支持非一致性内存访问（NUMA），优化多处理器系统的内存访问效率
pcbios	支持通过传统 BIOS（基本输入输出系统）引导操作系统，这是 EFI 之前的标准引导方法
pci	硬件包含外围组件互连（PCI）总线，用于连接各种外设，如显卡和网卡
pcmcia	硬件配有 PCMCIA 或 CompactFlash 插槽，用于插入 PC 卡或 CompactFlash 存储卡
phone	支持移动电话功能，能够进行语音通话，适用于具有电话功能的嵌入式设备
qemu-usermode	QEMU 仿真器支持在该机器上进行用户模式仿真，允许在不同硬件架构上运行程序
qvga	机器配有 QVGA（320 像素×240 像素）显示屏，用于显示简单图形界面，常用于小型嵌入式设备
rtc	机器配有实时时钟（RTC），用于保持系统时间，即使在关机状态下也能保存时间信息
screen	硬件配有显示屏，用于输出视觉信息，显示系统界面
serial	硬件包含串行接口（通常为 RS232），用于串行通信和外设连接
touchscreen	硬件配有触摸屏，支持触摸输入，常用于需要交互的嵌入式设备
usbgadget	硬件支持 USB 设备模式，可以作为 USB 外设连接到主机设备，便于数据交换和调试
usbhost	硬件支持 USB 主机模式，可以连接和管理 USB 外设，如存储设备和输入设备
vfat	支持 FAT 文件系统，适用于与 Windows 系统兼容的文件存储和传输
wifi	硬件集成了无线局域网（WiFi）模块，支持无线网络连接，适用于联网设备

6.3.3　选择目标设备

通过前面的学习，我们已了解 Poky 中包含多种机器配置文件，这些配置文件定义了目标设备的硬件特性。为了选择适合的配置文件，可以通过设置 MACHINE 变量来指定目标硬件平台。

在构建环境中，MACHINE 变量在 conf/local.conf 文件中定义，构建系统会加载与该变量对应的机器配置文件。例如，在 local.conf 文件中，通过以下代码设置 MACHINE 变量：

```
MACHINE =  "beaglebone-yocto"
```

根据以上配置，构建系统会加载 beaglebone-yocto.conf 配置文件构建出适用于 BeagleBone 硬件平台的目标镜像。

如果未显式设置 MACHINE 变量，构建系统会根据 meta-poky/conf/templates/default/local.conf.sample 中的 MACHINE 值，默认设置 MACHINE 变量为 qemux86-64。这时，构建系统会使用 qemux86-64.conf 机器配置文件，构建出适用于 x86-64 架构的 QEMU 模拟平台的系统镜像。

6.4 发行版配置文件

在前一节中，我们讨论了机器配置文件，其主要用于定义特定硬件平台的详细参数，例如处理器架构、引导加载程序配置和内核配置等，以确保生成的嵌入式 Linux 系统能够在目标硬件上正常运行。然而，机器配置文件的作用局限于硬件支持，无法覆盖系统的全局特性，例如软件包管理方式、系统特性和安全策略。

这些全局特性由发行版配置文件负责定义，并对所有构建镜像的全局行为产生影响。这种机制通常被称为发行版配置（distribution configuration）或发行版策略（distribution policy）。为避免混淆，本书统一将其称作“发行版配置”。

与机器配置文件不同，发行版配置文件关注系统的整体功能和行为。机器配置文件定义硬件层面的参数，而发行版配置文件负责系统特性的规划和实现，两者相辅相成，共同构成完整的嵌入式系统配置框架。接下来，本节将重点介绍 Poky 中发行版配置文件的作用及其关键配置变量。

6.4.1 指定发行版配置文件

在构建环境中，发行版配置文件由 DISTRO 变量指定。该变量的定义在构建目录的 conf/local.conf 文件中，并用于关联一个具体的发行版配置文件，通常位于发行版层的 conf/distro 目录中。

在 Poky 中，如果未显式指定 DISTRO 变量，构建环境配置脚本会根据 meta-poky/conf/templates/default/local.conf.sample 文件中的默认值，将 DISTRO 设置为 poky。poky 是发行版配置文件的前缀，加上“.conf”后缀构成完整文件名，即 poky.conf。

以下是 conf/local.conf 中默认设置的 DISTRO 变量及其注释内容：

```
#
# Default policy config
#
# The distribution setting controls which policy settings are used as defaults.
# The default value is fine for general Yocto project use, at least initially.
# Ultimately when creating custom policy, people will likely end up subclassing
# these defaults.
#
DISTRO ?= "poky"
```

以上代码设置 DISTRO 的默认值为 poky，指定构建环境使用 poky.conf 配置文件。若 DISTRO 变量为空或配置不正确，将默认使用 meta 核心层中的 conf/distro/defaultsetup.conf 文件作为发行版配置文件。

6.4.2　Poky 中的发行版配置文件

在 Poky 中，有 5 个主要的发行版配置文件，分别位于 meta 和 meta-poky 发行版层中。这些文件针对特定场景或目标进行了优化，通过它们，开发者可以快速选择或定制适合其项目需求的系统特性。表 6-7 列出了这些发行版配置文件及其功能。

表 6-7　常见发行版配置文件

配置文件	功　能
meta/conf/distro/defaultsetup.conf	提供基本的默认设置，用于指导构建过程
meta-poky/conf/distro/poky-altcfg.conf	用于测试不同的配置组合，主要应用于 Yocto 项目的自动构建系统
meta-poky/conf/distro/poky-bleeding.conf	提供一个测试最新特性和更新的发行版配置，适用于前沿开发和测试。这些版本可能不完全稳定，适合开发者试用最新技术
meta-poky/conf/distro/poky.conf	Yocto 项目的参考发行版配置文件，包含广泛的硬件和软件支持，适用于大多数开发和测试场景
meta-poky/conf/distro/poky-tiny.conf	用于创建极简发行版，适用于资源非常有限的嵌入式系统。设置基本策略，确保系统可用，同时保持根文件系统和内核镜像尽可能小

在 Yocto 项目 3.0（zeus）版本之前，还存在 poky-lsb.conf 配置文件，该文件后来被 poky-tiny.conf 取代。接下来将通过解析 defaultsetup.conf 和 poky.conf 的结构与关键变量，

详细讲解发行版配置文件的组织方式和功能特性。

通过分析这两个文件，可以让大家更全面地理解发行版配置文件的设计思路，以及它们如何定义系统的全局特性。这有助于开发者在实际项目中高效定制和应用发行版配置文件，以满足特定系统的功能需求，并优化构建流程。

6.4.2.1 defaultsetup.conf

defaultsetup.conf 是 OpenEmbedded-Core 提供的默认发行版配置文件，其提供了一些基本的默认设置，用于指导构建过程。这个文件被 BitBake 的主配置文件 bitbake.conf 所包含，bitbake.conf 中包含以下代码：

```
include conf/distro/${DISTRO}.conf
include conf/distro/defaultsetup.conf
```

当未正确设置 DISTRO 发行版配置文件时，构建系统将使用 defaultsetup.conf 提供的默认配置。如果发行版配置文件未覆盖或扩展其中的变量，这些默认设置仍会生效。理解 defaultsetup.conf 的结构和关键变量，有助于清晰掌握系统默认行为，并高效自定义和优化发行版配置以满足项目需求。

以下是 meta/conf/distro/defaultsetup.conf 文件的内容：

```
include conf/distro/include/default-providers.inc
include conf/distro/include/default-versions.inc
include conf/distro/include/default-distrovars.inc
include conf/distro/include/maintainers.inc
include conf/distro/include/time64.inc
require conf/distro/include/tcmode-${TCMODE}.inc
require conf/distro/include/tclibc-${TCLIBC}.inc

require conf/distro/include/uninative-flags.inc

# Allow single libc distros to disable this code
TCLIBCAPPEND ?= "-${TCLIBC}"
TMPDIR .= "${TCLIBCAPPEND}"

USER_CLASSES ?= ""
PACKAGE_CLASSES ?= "package_ipk"
INHERIT_DISTRO ?= "debian devshell sstate license remove-libtool create-spdx"
INHERIT += "${PACKAGE_CLASSES} ${USER_CLASSES} ${INHERIT_DISTRO}"
```

```
INIT_MANAGER ??= "none"
require conf/distro/include/init-manager-${INIT_MANAGER}.inc
```

该文件通过 include 和 require 指令引入多个基础配置文件，并定义了关键变量。以下是相关变量和语句的解释。

指定软件包提供者和版本

通过引入以下包含文件来定义默认的软件包提供者和版本信息。

default-providers.inc：定义构建系统中默认使用的软件包提供者，例如 PREFERRED_PROVIDER_virtual/xserver。

default-versions.inc：为构建系统中的关键软件包指定默认版本（PREFERRED_VERSION_*）。

指定发行版默认变量

通过引入以下包含文件设置发行版配置的核心变量。

default-distrovars.inc：定义与发行版配置相关的关键变量，包括 DISTRO_VERSION、DISTRO_FEATURES、IMAGE_FEATURES 和 SDK_VERSION 等。

指定默认编译器和库文件

通过引入以下包含文件设置系统的默认编译器和 C 库。

tcmode-${TCMODE}.inc：根据工具链模式设置编译工具环境，包含与 GCC、GDB 以及其他工具链组件相关的变量。

tclibc-${TCLIBC}.inc：根据所选 C 库配置 virtual/libc 及其相关变量，确保构建和运行环境的兼容性。

设置软件包格式

通过以下变量设置系统默认构建软件包的格式。

PACKAGE_CLASSES：默认值为 package_ipk，表示构建系统构建输出 IPK 格式的软件包。

继承类

系统通过以下变量继承发行版级别的类文件。

INHERIT_DISTRO：定义需要在发行版级别继承的类文件，包括 debian、devshell 和 sstate 等，用于扩展系统功能。

INHERIT：继承 PACKAGE_CLASSES、USER_CLASSES 和 INHERIT_DISTRO 中定义的所有类文件，为系统构建过程提供必要的功能支持。

指定系统管理器

以下变量和配置语句设置系统默认的初始化管理器，支持三种选项：mdev-busybox、SysVinit 和 Systemd。

INIT_MANAGER：用于指定系统管理器，默认值为 none。

require conf/distro/include/init-manager-${INIT_MANAGER}.inc：根据 INIT_MANAGER 的值加载对应的初始化管理器配置文件，默认包含 SysVinit 的相关设置。

6.4.2.2　poky.conf

与 defaultsetup.conf 提供基础默认配置不同，poky.conf 专注于定义标准发行版的核心配置和特性。作为 Poky 的默认发行版配置文件，它为构建和管理嵌入式 Linux 系统提供了标准化的配置基础，同时为开发者灵活定制系统功能和特性提供了重要参考。以下是 meta-poky/conf/distro/poky.conf 文件的内容：

```
DISTRO = "poky"
DISTRO_NAME = "Poky (Yocto Project Reference Distro)"
DISTRO_VERSION = "4.3+snapshot-${METADATA_REVISION}"
DISTRO_CODENAME = "scarthgap"
SDK_VENDOR = "-pokysdk"
SDK_VERSION = "${@d.getVar('DISTRO_VERSION').replace('snapshot-${METADATA_REVISION}', 'snapshot')}"
SDK_VERSION[vardepvalue] = "${SDK_VERSION}"

MAINTAINER = "Poky Maintainers <poky@lists.yoctoproject.org>"

TARGET_VENDOR = "-poky"

LOCALCONF_VERSION = "2"

# Override these in poky based distros
POKY_DEFAULT_DISTRO_FEATURES = "opengl ptest multiarch wayland vulkan"
POKY_DEFAULT_EXTRA_RDEPENDS = "packagegroup-core-boot"
POKY_DEFAULT_EXTRA_RRECOMMENDS = "kernel-module-af-packet"

DISTRO_FEATURES ?= "${DISTRO_FEATURES_DEFAULT} ${POKY_DEFAULT_DISTRO_FEATURES}"
```

```
    PREFERRED_VERSION_linux-yocto ?= "6.6%"
    PREFERRED_VERSION_linux-yocto-rt ?= "6.6%"

    SDK_NAME =
"${DISTRO}-${TCLIBC}-${SDKMACHINE}-${IMAGE_BASENAME}-${TUNE_PKGARCH}-${MACHINE}"
    SDKPATHINSTALL = "/opt/${DISTRO}/${SDK_VERSION}"

    DISTRO_EXTRA_RDEPENDS += "${POKY_DEFAULT_EXTRA_RDEPENDS}"
    DISTRO_EXTRA_RRECOMMENDS += "${POKY_DEFAULT_EXTRA_RRECOMMENDS}"

    TCLIBCAPPEND = ""

    PACKAGE_CLASSES ?= "package_rpm"

    SANITY_TESTED_DISTROS ?= " \
                poky-4.3 \n \
                poky-5.0 \n \
                ubuntu-20.04 \n \
                ubuntu-22.04 \n \
                ubuntu-23.04 \n \
                fedora-38 \n \
                fedora-39 \n \
                centosstream-8 \n \
                debian-11 \n \
                debian-12 \n \
                opensuseleap-15.4 \n \
                almalinux-8.8 \n \
                almalinux-9.2 \n \
                rocky-9 \n \
                "
    # add poky sanity bbclass
    INHERIT += "poky-sanity"

    # QA check settings - a little stricter than the OE-Core defaults
    # (none currently necessary as we now match OE-Core)
    #WARN_TO_ERROR_QA = "X"
```

```
#WARN_QA_remove = "${WARN_TO_ERROR_QA}"
#ERROR_QA_append = " ${WARN_TO_ERROR_QA}"

require conf/distro/include/poky-world-exclude.inc
require conf/distro/include/no-static-libs.inc
require conf/distro/include/yocto-uninative.inc
require conf/distro/include/security_flags.inc
INHERIT += "uninative"

BB_SIGNATURE_HANDLER ?= "OEEquivHash"
BB_HASHSERVE ??= "auto"

POKY_INIT_MANAGER = "sysvinit"
INIT_MANAGER ?= "${POKY_INIT_MANAGER}"

# We need debug symbols so that SPDX license manifests for the kernel work
KERNEL_EXTRA_FEATURES:append = " features/debug/debug-kernel.scc"

# Enable creation of SPDX manifests by default
INHERIT += "create-spdx"
```

以上代码定义了发行版的名称、版本、特性集合和依赖关系等关键变量。深入理解这些变量的含义及其应用，有助于全面了解发行版配置的结构和功能，同时为后续章节中的实战练习提供重要支持。接下来我将逐一解析其中的关键变量的作用。

发行版信息

以下变量定义了发行版的名称、版本和代号等基本属性，用于标识和管理不同的发行版。这些信息不仅在构建过程中发挥重要作用，还为自定义发行版项目提供了全局版本管理的支持。

DISTRO：发行版的名称。它定义了发行版配置文件名，需要配置为所在发行版配置文件的名称。

DISTRO_NAME：发行版的全称。

DISTRO_VERSION：发行版的版本号。

DISTRO_CODENAME：发行版的代号。通常跟 Poky 项目的分支名称一致，也是版本的代号。

软件开发工具（SDK）信息

以下变量定义了与 SDK 相关的信息，包括名称、版本和安装路径，用于生成和管理 SDK。

SDK_NAME：SDK 的名称。由发行版名称、目标 C 库和机器类型等变量动态生成，用于区分不同 SDK 工具的输出。

SDK_VERSION：SDK 的版本，通常与 DISTRO_VERSION 变量保持一致，用于标识和管理 SDK 版本。

SDK_VENDOR：供应商标识，用于区分不同来源的 SDK。

SDKPATHINSTALL：指定 SDK 的安装路径（例如/opt/${DISTRO}/${SDK_VERSION}），用于在构建主机上统一管理和部署 SDK，便于开发者进行应用构建和测试。

发行版特性

以下变量定义了构建过程中启用的系统特性和功能，并可根据项目需求进行调整。

POKY_DEFAULT_DISTRO_FEATURES：定义 Poky 参考发行版的默认特性集合，包括 opengl、ptest、multiarch、wayland 和 vulkan 等。这些特性为系统提供了扩展功能和优化设置，以适应不同应用场景。

DISTRO_FEATURES：定义 Poky 参考发行版的特性集。开发者可以通过修改此变量自定义发行版特性列表，以满足特定项目的需求。详情请参考下一节的内容。

依赖关系

以下变量定义了发行版特定的软件包列表，用于管理镜像中添加的软件包，并通过设置确保镜像的功能完整性和扩展性。

DISTRO_EXTRA_RDEPENDS：通过 POKY_ DEFAULT_EXTRA_RDEPENDS 初始化，指定所有镜像中必须包含的核心软件包列表。该变量通过 packagegroup-base 生效，适用于功能完整的镜像，实现发行版的关键功能策略。

DISTRO_EXTRA_RRECOMMENDS：通过 POKY_DEFAULT_EXTRA_RRECOMMENDS 初始化，指定在所有镜像中添加的可选软件包列表。这些包存在时会被添加，但可以根据需求移除。

内核版本设置

以下变量用于定义发行版中使用的内核版本。

PREFERRED_VERSION_linux-yocto：指定 Linux 内核的版本，通常选择较新版本。例如，这里指定的是 6.6 系列版本。

PREFERRED_VERSION_linux-yocto-rt：指定 Linux 实时内核（RT 内核）的版本，通常选择较新版本。例如，这里指定的是 6.6 系列版本。

配置软件包格式

以下变量定义了构建输出的软件包格式。

PACKAGE_CLASSES：此变量指定构建配置的软件包格式，决定了生成的软件包类型。在默认情况下，使用 RPM 作为默认的软件包格式。此设置会覆盖 defaultsetup.conf 中对 PACKAGE_CLASSES 变量的设置。

指定系统管理器

以下变量与 defaultsetup.conf 共同决定使用的系统管理器初始化文件 init-manager-${INIT_MANAGER}.inc。

POKY_INIT_MANAGE：间接地定义了 Poky 参考发行版默认使用的初始化系统管理器，此变量的默认值为 sysvinit。

INIT_MANAGER：定义构建系统最终使用的系统管理器初始化文件，默认值与 POKY_INIT_MANAGER 一致，通常为 sysvinit。这意味着系统将加载 init-manager-sysvinit.inc 系统管理器初始化文件，以配置 Sysvinit 系统管理器。

6.4.3　发行版特性与实现

发行版特性是发行版配置文件中的重要设置，指定了系统中支持的各种功能，这些特性通过 DISTRO_FEATURES 变量定义。虽然 DISTRO_FEATURES 主要关注系统功能，而 MACHINE_FEATURES 侧重于硬件特性，但两者通常通过相似的实现方式进行配置，例如通过 BitBake 的实用函数。同时，DISTRO_FEATURES 和 MACHINE_FEATURES 也可与 PACKAGECONFIG 结合使用，以更精确地控制软件包特性的启用或禁用。

6.4.3.1　DISTRO_FEATURES

发行版特性通过 DISTRO_FEATURES 变量在发行版配置文件中定义，例如，poky.conf 发行版配置文件中的定义如下：

```
DISTRO_FEATURES ?= "${DISTRO_FEATURES_DEFAULT} ${POKY_DEFAULT_DISTRO_FEATURES}"
```

尽管 DISTRO_FEATURES 通常在发行版配置文件中定义，但也可以在其他元数据文件中扩展，包括配置文件、菜谱或类文件。在执行菜谱的 do_configure 任务时，DISTRO_FEATURES 的值通常会映射到配置脚本的不同选项，这些选项的差异会影响最终生成的软件包的功能。

需要注意的是，DISTRO_FEATURES 变量并不能直接启用软件包的特定特性，而是需要借助其他机制来确保特性被正确启用或禁用。常见的机制包括 BitBake 中的 Python 实用函数，以及与 PACKAGECONFIG 变量结合使用。

6.4.3.2　COMBINED_FEATURES

在 Yocto 项目中，DISTRO_FEATURES 主要关注系统级别的功能特性，而 MACHINE_FEATURES 则专注于硬件特性。尽管它们关注的领域不同，但某些特性既适用于硬件层面，也适用于发行版层面。这些特性可以在 MACHINE_FEATURES 和 DISTRO_FEATURES 中同时启用，从而确保系统既符合硬件支持要求，又能够实现发行版的功能需求。

这些同时适用于硬件和发行版的特性通过 COMBINED_FEATURES 进行定义。COMBINED_FEATURES 表示硬件特性和系统特性的交集，确保在构建镜像时，相关特性在两个配置层面都得到启用，从而提供一致性和灵活性，满足不同配置需求。

例如，可通过以下命令查看 Poky 默认的构建环境中的 DISTRO_FEATURES、MACHINE_FEATURES 和 COMBINED_FEATURES 变量的值：

```
build$ bitbake -e | grep -E "^DISTRO_FEATURES=|^MACHINE_FEATURES=|^COMBINED_FEATURES="
```

以下是输出结果：

```
COMBINED_FEATURES="alsa pci vfat usbgadget bluetooth"
DISTRO_FEATURES="acl alsa bluetooth debuginfod ext2 ipv4 ipv6 pcmcia usbgadget usbhost wifi xattr nfs zeroconf pci 3g nfc x11 vfat seccomp opengl ptest multiarch wayland vulkan sysvinit pulseaudio gobject-introspection-data ldconfig"
MACHINE_FEATURES="alsa bluetooth usbgadget screen vfat x86 pci rtc qemu-usermode"
```

从以上输出结果可以看出，COMBINED_FEATURES 包含 alsa、pci、vfat、usbgadget 和 bluetooth 这些特性。这些特性在 MACHINE_FEATURES 和 DISTRO_FEATURES 中同时启用。通过 COMBINED_FEATURES，这些特性在两个配置层面都得到了启用，确保了硬件与系统需求的一致性。

6.4.3.3　PACKAGECONFIG

PACKAGECONFIG 是 Yocto 项目中的一个强大变量，用于在菜谱中灵活启用或禁用软件包的特定功能。用户通过定义 PACKAGECONFIG 来配置功能及相关参数，从而控制构建行为。这些配置包括启用或禁用功能时传递给配置脚本的参数、构建依赖、运行时依赖、推荐项和冲突设置。

以下是 PACKAGECONFIG 变量的通用示例及其解释：

```
PACKAGECONFIG ??= "f1 f2 f3 ..."
PACKAGECONFIG[f1] = "\
    --with-f1, \
    --without-f1, \
    build-deps-for-f1, \
    runtime-deps-for-f1, \
    runtime-recommends-for-f1, \
    packageconfig-conflicts-for-f1"
PACKAGECONFIG[f2] = "\
     ... and so on and so on ...
```

PACKAGECONFIG 变量通过空格分隔指定功能列表来启用功能。每个功能最多可以使用 6 个参数，需要按顺序定义其行为，参数之间用逗号分隔，虽然可以省略某些参数，但必须保留逗号。参数的顺序如下所述。

1. --with-f1：启用功能时传递给配置脚本的参数。
2. --without-f1：禁用功能时传递给配置脚本的参数。
3. build-deps-for-f1：启用功能时添加的构建依赖项（DEPENDS）。
4. runtime-deps-for-f1：启用功能时添加的运行时依赖项（RDEPENDS）。
5. runtime-recommends-for-f1：启用功能时添加的运行时推荐项（RRECOMMENDS）。
6. packageconfig-conflicts-for-f1：与该功能互斥的设置。

PACKAGECONFIG 通常与 DISTRO_FEATURES 和 MACHINE_FEATURES 一起使用，根据不同的特性动态调整菜谱功能。

例如，在 Poky 中的 meta/recipes-core/psplash/psplash_git.bb 菜谱中，PACKAGECONFIG 根据 DISTRO_FEATURES 中是否包含 systemd 来启用或禁用 systemd 支持：

```
PACKAGECONFIG ??= "${@bb.utils.filter('DISTRO_FEATURES', 'systemd', d)}"
PACKAGECONFIG[systemd] = "--with-systemd,--without-systemd,systemd"
```

在此示例中，bb.utils.filter 函数筛选 DISTRO_FEATURES 中的特性。如果 DISTRO_FEATURES 包含 systemd，则将--with-systemd 作为参数传递给配置脚本（例如./configure），以启用 systemd 支持，并添加对 systemd 菜谱的构建依赖。

6.4.3.4 Poky 中的发行版特性列表

在 Yocto 项目中，发行版特性既可以根据项目需求进行自定义，也可以直接使用 Poky 或开源元数据层中预定义的特性。这些特性通过 DISTRO_FEATURES 变量管理，用于控制系统功能的启用与禁用。表 6-8 列出了 Poky 中所支持的发行版特性及其描述。

表 6-8　Poky 支持的发行版特性及其描述

发行版特性	描　　述
3g	包含蜂窝数据支持
acl	包含访问控制列表（ACL）支持
alsa	包含高级 Linux 声音架构（ALSA）支持
api-documentation	在菜谱构建过程中启用 API 文档生成
bluetooth	包含蓝牙支持
cramfs	包含 CramFS 文件系统支持
debuginfod	包含通过 debuginfod 服务器获取 ELF 调试信息的支持
directfb	包含 DirectFB 图形库支持
ext2	包含支持内部 HDD 或 Microdrive 存储文件的工具
ipsec	包含 IPSec 支持
ipv4	包含 IPv4 支持
ipv6	包含 IPv6 支持
keyboard	包含键盘支持，例如在启动时加载键盘映射
minidebuginfo	将最小调试符号（minidebuginfo）添加到二进制文件中，以便 coredumpctl 和 gdb 能够显示符号化堆栈跟踪
multiarch	启用多架构支持的应用程序构建
ld-is-gold	使用 gold 链接器代替标准的 GCC 链接器（bfd）
ldconfig	在目标设备上启用 ldconfig 和 ld.so.conf 支持
lto	启用链接时优化（LTO）
nfc	包含近场通信（NFC）支持
nfs	包含 NFS 客户端支持（用于挂载 NFS 导出资源）
nls	包含国家语言支持（NLS）
opengl	包含 OpenGL 库，用于跨语言、多平台的二维和三维图形渲染
overlayfs	包含 OverlayFS 文件系统支持
pam	包含可插拔身份验证模块（PAM）支持
pci	包含 PCI 总线支持
pcmcia	包含 PCMCIA/CompactFlash 支持
polkit	包含 Polkit 授权框架支持
ppp	包含 PPP 拨号支持
ptest	启用构建支持包测试的功能
pulseaudio	包含 PulseAudio 音频服务器支持
selinux	包含安全增强型 Linux（SELinux）支持（需 meta-selinux 层）

续表

发行版特性	描　　述
seccomp	启用带 seccomp 支持的应用程序构建，用于严格限制系统调用
smbfs	包含 SMB 网络客户端支持（用于挂载 Samba/MicrosoftWindows 共享资源）
systemd	包含 systemd 初始化管理器支持，是 init 的替代方案，提供并行服务启动、减少 shell 开销等功能
systemd-resolved	包含 systemd-resolved 支持，并将其用作主要的 DNS 名称解析器
usbgadget	包含 USB Gadget 设备支持（例如 USB 网络、串行、存储功能）
usbhost	包含 USB 主机支持（可连接外部键盘、鼠标、存储、网络设备等）
usrmerge	将根目录中的/bin、/sbin、/lib 和/lib64 合并至各自的用户目录中，提升包和应用程序的兼容性
vfat	包含 FAT 文件系统支持
vulkan	包含 Vulkan API 支持
wayland	包含 Wayland 显示服务器协议及其支持库
wifi	包含 WiFi 支持（仅适用于集成 WiFi 的设备）
x11	包含 X11 服务器和相关库支持
xattr	包含扩展文件属性支持
zeroconf	包含零配置网络支持

6.5 QEMU

在 6.3.1 节中，我们介绍了 qemux86-64.conf 机器配置文件。该文件定义了一组适用于在 QEMU 环境下运行的 x86-64 架构配置变量，包括机器特性和处理器配置等关键内容，以确保构建的镜像能够在 QEMU 中正常运行。QEMU 的核心功能是通过模拟目标架构或硬件平台，提供无须物理硬件的虚拟化运行环境，用于满足开发、测试和验证的需求。这种方式显著提升了开发效率，降低了硬件依赖与成本，并加速了问题发现和产品迭代的进程。本节将系统阐述 Yocto 项目中的 QEMU 工具及其使用方法，为深入理解和应用相关技术提供指导。

6.5.1 QEMU 简介

QEMU（Quick EMUlator）是一款开源的仿真器和虚拟机管理器，可在不同硬件架构上运行多种操作系统。其核心特点包括跨平台支持、高效运行和灵活配置，广泛应用于嵌入式开发、测试和验证。在 Yocto 项目中，QEMU 是开发工具集中不可或缺的组件。通过下载 Poky 参考发行版源代码，QEMU 的运行脚本 runqemu 和相关配置文件会自动包含在其中。开发者可以借助 runqemu 快速启动指定镜像，在虚拟环境中完成系统构建和测试工作。

6.5.2 设置 QEMU 的运行环境

Yocto 项目的 Poky 参考发行版及其相关软件开发工具包（SDK）已预置 QEMU，无须额外安装。有关 SDK 的详细介绍，请参考第 10 章的相关内容。根据使用 Poky 或 SDK 的不同场景，有相应的方法来配置 QEMU 的运行环境。以下分别详解两种配置方法。

使用 Poky 配置 QEMU 的运行环境

在 Poky 中，QEMU 的运行环境与 BitBake 构建引擎相同，都是基于构建环境的。通过执行以下命令，可以配置构建环境并进入构建目录，从而启用 QEMU 相关脚本运行目标镜像：

```
$cd poky
$source oe-init-build-env
```

使用 SDK 配置 QEMU 的运行环境

如果基于 Yocto 项目（例如 Poky）构建的 SDK 或是从官网下载的 SDK，可以通过运行 SDK 的环境设置脚本来配置 QEMU 的相关环境变量，从而创建 QEMU 的运行环境。以下为命令示例：

```
$source /opt/poky/5.0+scarthgap/environment-setup-core2-64-poky-linux
```

6.5.3 runqemu 脚本

在完成 QEMU 运行环境的设置后，可以使用 runqemu 命令启动目标镜像。该命令可链接到相应的 runqemu 脚本文件，其提供了一种便捷的方式在 QEMU 模拟器中运行 Yocto 项目构建的目标镜像。

6.5.3.1 runqemu 使用说明

可以使用 runqemu 命令的-h 选项验证 QEMU 的运行环境是否正常，同时查看 runqemu 的使用方法和示例。具体命令如下：

```
jerry@ubuntu:~/yocto/poky/build$ runqemu -h
```

如果以上命令能够成功运行，会显示以下 runqemu 脚本的使用说明：

```
Usage: you can run this script with any valid combination
```

```
    of the following environment variables (in any order):
      KERNEL - the kernel image file to use
      BIOS - the bios image file to use
      ROOTFS - the rootfs image file or nfsroot directory to use
      DEVICE_TREE - the device tree blob to use
      MACHINE - the machine name (optional, autodetected from KERNEL filename if
unspecified)
      Simplified QEMU command-line options can be passed with:
        nographic - disable video console
        nonetwork - disable network connectivity
        novga - Disable VGA emulation completely
        sdl - choose the SDL UI frontend
        gtk - choose the Gtk UI frontend
        gl - enable virgl-based GL acceleration (also needs gtk or sdl options)
        gl-es - enable virgl-based GL acceleration, using OpenGL ES (also needs gtk or
sdl options)
        egl-headless - enable headless EGL output; use vnc (via publicvnc option) or
spice to see it
        (hint: if /dev/dri/renderD* is absent due to lack of suitable GPU, 'modprobe
vgem' will create
        one suitable for mesa llvmpipe software renderer)
        serial - enable a serial console on /dev/ttyS0
        serialstdio - enable a serial console on the console (regardless of graphics mode)
        slirp - enable user networking, no root privilege is required
        snapshot - don't write changes back to images
        kvm - enable KVM when running x86/x86_64 (VT-capable CPU required)
        kvm-vhost - enable KVM with vhost when running x86/x86_64 (VT-capable CPU required)
        publicvnc - enable a VNC server open to all hosts
        audio - enable audio
        guestagent - enable guest agent communication
        qmp=<path> - create a QMP socket (defaults to unix:qmp.sock if unspecified)
        [*/]ovmf* - OVMF firmware file or base name for booting with UEFI
      tcpserial=<port> - specify tcp serial port number
      qemuparams=<xyz> - specify custom parameters to QEMU
      bootparams=<xyz> - specify custom kernel parameters during boot
      help, -h, --help: print this text
      -d, --debug: Enable debug output
```

```
    -q, --quiet: Hide most output except error messages

  Examples:
    runqemu
    runqemu qemuarm
    runqemu tmp/deploy/images/qemuarm
    runqemu tmp/deploy/images/qemux86/<qemuboot.conf>
    runqemu qemux86-64 core-image-sato ext4
    runqemu qemux86-64 wic-image-minimal wic
    runqemu path/to/bzImage-qemux86.bin path/to/nfsrootdir/ serial
    runqemu qemux86 iso/hddimg/wic.vmdk/wic.vhd/wic.vhdx/wic.qcow2/wic.vdi/ramfs/
cpio.gz...
    runqemu qemux86 qemuparams="-m 256"
    runqemu qemux86 bootparams="psplash=false"
    runqemu path/to/<image>-<machine>.wic
    runqemu path/to/<image>-<machine>.wic.vmdk
    runqemu path/to/<image>-<machine>.wic.vhdx
    runqemu path/to/<image>-<machine>.wic.vhd
```

以上说明全面描述了 runqemu 命令支持的功能，包括环境变量配置、简化选项以及常见的使用场景。这些功能为用户提供了灵活、高效的操作方式，使其能够快速启动并测试 Yocto 项目构建的目标镜像。

6.5.3.2　runqemu 语法

在 QEMU 运行环境中，runqemu 提供了一种便捷的方式，用于启动和运行 Yocto 项目构建的目标镜像。该命令的基本语法为：

```
$ runqemu [option] […]
```

runqemu 支持一个或多个参数，如机器名称（qemux86-64）、虚拟机镜像（*wic.vmdk）或内核镜像（*.bin）等。根据用户提供的命令行参数，runqemu 能够智能地判断操作意图。例如，在需要加载镜像时，runqemu 会默认根据时间戳选择最近构建的镜像文件。这种智能化逻辑极大简化了操作流程，使其成为开发和测试中的高效工具。

6.5.3.3　runqemu 运行示例

以下是 runqemu 脚本启动镜像的几种典型方法。

默认启动

```
$ runqemu qemux86-64
```

该命令使用 qemux86-64 作为目标机器类型，自动加载时间戳最新的内核和根文件系统镜像，无须手动指定具体文件，适用于快速测试和调试。

指定镜像和文件系统类型

```
$ runqemu qemux86-64 core-image-minimal ext4
```

该命令明确指定了目标镜像为 core-image-minimal，并选择了 ext4 作为根文件系统类型，为镜像启动提供了更精确的控制。

启动 Initramfs 镜像并启用音频

```
$ runqemu qemux86-64 ramfs audio
```

该命令启动 ramfs 文件系统类型的 Initramfs 镜像，并启用了音频支持，适用于多媒体相关功能的验证场景。

第 7 章 定制镜像菜谱与内核菜谱

在第 6 章中，我们深入解析了 Poky 及其三类关键数据文件：镜像菜谱文件、发行版配置文件和机器配置文件。这些内容有助于全面理解 Yocto 项目的核心特性，为实战定制嵌入式 Linux 系统提供了技术支撑。此外，我们还详细讲解了 QEMU 及其运行方法，为验证和测试构建的镜像提供了可靠支持。

从本章起，我们将正式进入实战部分。如果对前面章节讲解的理论知识尚不熟练，也无须担心。在接下来的实战中，我们将以由浅入深的方式，逐步引入并运用之前学过的知识点，同时学习新的内容。通过理论与实践的结合，你将更直观地理解并灵活运用相关概念，逐步构建完整的 Yocto 项目知识体系。经过这些实战练习，你不仅能积累经验，还能提升信心，最终自如地定制嵌入式 Linux 系统。

本章以 Poky 源代码为基础，详细讲解如何为 BeagleBone 开发板定制元数据层、镜像菜谱、应用程序、内核菜谱以及内核树外模块，并通过 QEMU 进行测试与验证。即使没有硬件设备（BeagleBone 开发板），你也可以掌握 ARM 架构嵌入式 Linux 系统的定制方法。内容结合前面章节中讲解的基础知识，包括镜像菜谱和机器配置文件的理论模块，同时重点介绍镜像菜谱、内核菜谱及相关定制技术。通过本章的学习，可进一步提升你对 Yocto 项目的理解，熟悉定制流程，并掌握应对复杂内核定制任务的实践技能。

7.1 定制镜像菜谱

镜像菜谱是第 6 章中介绍的一个重要概念，它主要定义了镜像的特性和软件包集合，为整个镜像的构建划定了框架。6.2.1 节还讲解了 Poky 中包含的 core-image*.bb 镜像菜谱的位置和功能特点，这些信息为定制镜像菜谱提供了帮助。

本节基于 Poky 创建自定义层，参考 core-image-minimal.bb 镜像菜谱，并将其作为模板，创建新的镜像菜谱定制目标镜像。为镜像添加 dpkg 包管理器，并选择 beaglebone-yocto.conf 作为构建镜像的机器配置文件，以匹配 BeagleBone 开发板的硬件特性。通过 BitBake 构建目标镜像后，利用 QEMU 模拟 BeagleBone 开发板的运行环境，验证镜像功能并测试其可用性，全面完成镜像定制需求。

7.1.1 搭建构建环境

本节继续以 Poky 的 scarthgap 分支的源代码作为基础环境。在 Ubuntu 22.04（LTS）系统中，源代码顶层目录 poky 的路径是/home/jerry/yocto/poky/。通过运行以下命令，可在 poky 目录的同级目录下创建构建目录 build：

```
jerry@ubuntu:~/yocto$ source poky/oe-init-build-env
This is the default build configuration for the Poky reference distribution.

### Shell environment set up for builds. ###

You can now run 'bitbake <target>'

Common targets are:
    core-image-minimal
    core-image-full-cmdline
    core-image-sato
    core-image-weston
    meta-toolchain
    meta-ide-support

You can also run generated qemu images with a command like 'runqemu qemux86-64'.

Other commonly useful commands are:
 - 'devtool' and 'recipetool' handle common recipe tasks
```

```
  - 'bitbake-layers' handles common layer tasks
  - 'oe-pkgdata-util' handles common target package tasks
```

在成功创建构建环境后，在默认的 build 目录下会有 conf/local.conf 文件。因为本章需要模拟 BeagleBone 开发板的硬件特性，所以需要把此文件中的 MACHINE 变量从默认的 qemux86-64 改为 beaglebone-yocto。

修改后的 MACHINE 变量如下：

```
MACHINE ??= "beaglebone-yocto"
```

7.1.2　创建自定义层

在实际项目中，通常不建议直接修改 Poky 或开源层，而是根据需求创建新的自定义层，以实现修改或扩展。这种方法不仅可以保持原始层的完整性和可维护性，还能方便后续更新和版本管理，从而更灵活地适应项目需求。

根据 4.3.4 节中关于 bitbake-layers 工具的讲解可知，其可以高效地创建和添加层。在构建环境中，使用以下命令可创建与 poky 目录同级的 meta-customer 目录，并包含基础层结构：

```
jerry@ubuntu:~/yocto/build$ bitbake-layers create-layer ../meta-customer
NOTE: Starting bitbake server...
Add your new layer with 'bitbake-layers add-layer ../meta-customer
```

在成功创建层之后，可以通过以下命令查看自定义层的结构：

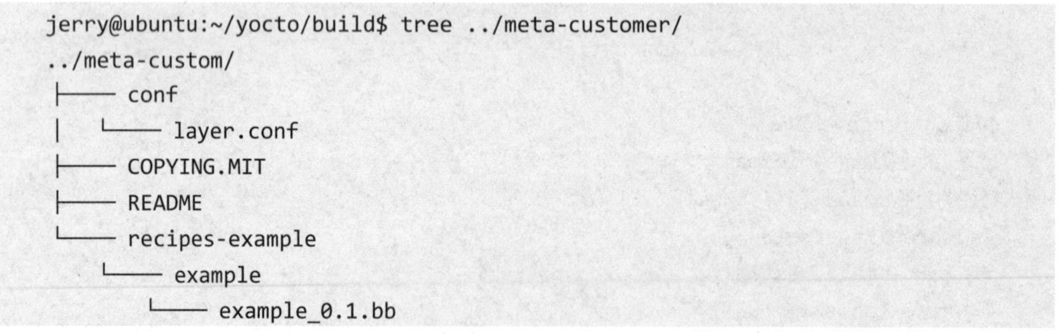

```
jerry@ubuntu:~/yocto/build$ tree ../meta-customer/
../meta-custom/
├── conf
│   └── layer.conf
├── COPYING.MIT
├── README
└── recipes-example
    └── example
        └── example_0.1.bb
```

在成功创建自定义层后，还需要使用以下命令将其加入当前构建环境中：

```
jerry@ubuntu:~/yocto/build$ bitbake-layers add-layer ../meta-customer
```

以上命令成功运行后，可以在构建环境的 conf/bblayers.conf 文件的 BBLAYERS 变量中找到该目录，内容如下：

```
# POKY_BBLAYERS_CONF_VERSION is increased each time build/conf/bblayers.conf
# changes incompatibly
POKY_BBLAYERS_CONF_VERSION = "2"

BBPATH = "${TOPDIR}"
BBFILES ?= ""

BBLAYERS ?= " \
  /home/jerry/yocto/poky/meta \
  /home/jerry/yocto/poky/meta-poky \
  /home/jerry/yocto/poky/meta-yocto-bsp \
  /home/jerry/yocto/meta-customer \
  "
```

通过以上方法添加的自定义层，可在原有构建环境的基础上实现进一步的功能扩展和定制，而不影响原始层的内容和可维护性。

7.1.3 定制镜像菜谱的步骤

完成 meta-customer 自定义层的创建和添加后，下一步是定制镜像菜谱，并在菜谱中添加所需的软件包。以下将讲解如何创建镜像菜谱并添加相关软件，完成镜像菜谱的定制。

7.1.3.1 创建基础镜像菜谱

在实战定制镜像菜谱时，通常有两种方法构建基础镜像菜谱：一种是使用 inherit 继承镜像类进行扩展，另一种是通过 require 引入模板镜像菜谱后进行修改和扩展。这两种方法灵活高效，能够满足不同场景的需求。在讲解定制方法之前，需要在前面创建的 meta-customer 层中手动创建一个空的镜像菜谱文件及其目录结构：recipes-core/images/core-image-customer.bb。

接下来，以 core-image-minimal.bb 菜谱为模板，讲解如何通过这两种方法定制目标镜像菜谱 core-image-customer.bb。以下是 core-image-minimal.bb 镜像菜谱的完整代码：

```
SUMMARY = "A small image just capable of allowing a device to boot."
IMAGE_INSTALL = "packagegroup-core-boot ${CORE_IMAGE_EXTRA_INSTALL}"
IMAGE_LINGUAS = " "
LICENSE = "MIT"
inherit core-image
```

inherit core-image

定制镜像，可以从最小镜像开始，通过 inherit 继承核心镜像类 core-image.bbclass，在其基础上扩展相关功能。例如，可以将以下代码添加到 core-image-customer.bb 中：

```
SUMMARY = "A customized image."
IMAGE_INSTALL = "packagegroup-core-boot"
IMAGE_INSTALL:append = "  ${CORE_IMAGE_EXTRA_INSTALL}"
IMAGE_LINGUAS = " "
LICENSE = "MIT"
inherit core-image
IMAGE_ROOTFS_SIZE ?= "8192"
IMAGE_ROOTFS_EXTRA_SPACE:append = "${@bb.utils.contains("DISTRO_FEATURES",
"systemd", " + 4096", "", d)}"
```

require core-image-minimal

在实际项目中，更常用的方法是找到合适的模板镜像菜谱（例如 core-image-minimal.bb），通过 require 指令引入模板类的配置和功能，并在其基础上进行修改或扩展。例如，可以在 core-image-customer.bb 中定义以下内容：

```
require recipes-core/images/core-image-minimal.bb
SUMMARY = "A customized image."
```

这种方法复用了模板类的配置逻辑，简化了镜像菜谱的编写，同时保持了代码的清晰性和可维护性。接下来，将以 require 方法为基础，对 core-image-customer.bb 镜像菜谱的定制进行进一步讲解。

7.1.3.2　安装 dpkg 包管理工具

在完成基础镜像菜谱创建后，可以根据需求添加 dpkg 包管理工具。实现这一功能需要通过 IMAGE_FEATURES 添加包管理系统的镜像特性，并在构建环境中设置相关配置。

在 core-image-customer.bb 镜像菜谱中添加以下代码，以启用包管理功能：

```
IMAGE_FEATURES += "package-management"
```

同时，为了支持 dpkg 包管理工具，需要在构建目录中的 conf/local.conf 文件中，将控制构建输出包类型的变量 PACKAGE_CLASSES 的默认值从 package_rpm 修改为 package_deb，以启用对 Debian（.deb）格式包的支持。修改配置如下：

```
PACKAGE_CLASSES = "package_deb"
```

完成以上配置后，通常情况下，apt 和 dpkg 包管理工具会因依赖关系自动添加到目标镜像中，无须通过 IMAGE_INSTALL 显式添加 dpkg 软件包。

7.1.3.3 构建镜像

完成镜像菜谱定制后，可以在构建环境中使用以下命令构建 core-image-customer 镜像：

```
jerry@ubuntu:~/yocto/build$  bitbake core-image-customer
```

通过以上命令，将构建由 IMAGE_FSTYPES 变量指定类型的镜像文件。镜像中包含 dpkg 包管理工具，支持基于 Debian 的包管理方式。完成构建后，可以在 tmp/deploy/images/beaglebone-yocto 路径下找到以下符号链接文件，这些链接文件指向带有时间戳的实际镜像文件：

```
core-image-customer-beaglebone-yocto.rootfs.jffs2
core-image-customer-beaglebone-yocto.rootfs.tar.bz2
core-image-customer-beaglebone-yocto.rootfs.wic
core-image-customer-beaglebone-yocto.rootfs.wic.bmap
```

由于在配置中启用了 package_deb 包管理系统，所以在构建过程中会生成.deb 格式的软件包，并根据用途和架构分类存储，部分文件和结构如下：

```
tmp/deploy/deb/
├── all
│   ├── netbase_6.4-r0_all.deb
│   ├── netbase-dbg_6.4-r0_all.deb
├── beaglebone_yocto
│   ├── base-files_3.0.14-r0_armhf.deb
│   ├── base-files-dbg_3.0.14-r0_armhf.deb
└── cortexa8hf-neon
    ├── linux-libc-headers-dbg_6.6-r0_armhf.deb
    ├── linux-libc-headers-dev_6.6-r0_armhf.deb
```

通过以上步骤，可以完成镜像的生成和检查，确保目标镜像包含所需的功能和包管理工具。同时，.deb 格式的软件包被分类存储，便于后续的分发和使用。

7.1.4　QEMU 测试镜像

构建成功后，生成的镜像文件可以直接烧录到 BeagleBone 硬件开发板上运行，也可以通过 QEMU 模拟器启动，用于验证文件系统中的软件包和工具功能。本节将使用 QEMU 模拟器启动镜像文件，以测试和验证相关需求。关于 QEMU 的详细使用方法，请参考 6.5 节。

在运行 runqemu 之前，需要在构建环境下设置 IMAGE_LINK_NAME 环境变量。该变量用于指定 runqemu 启动所需的根文件系统镜像名称。如果未设置该变量，runqemu 脚本可能无法正确识别要加载的镜像文件。设置环境变量的命令如下：

```
jerry@ubuntu:~/yocto/build$ export IMAGE_LINK_NAME=core-image-customer-beaglebone-yocto.rootfs
```

然后，运行以下 runqemu 命令启动定制的镜像：

```
jerry@ubuntu:~/yocto/build$ runqemu beaglebone-yocto  core-image-customer
```

运行命令后，控制台将输出如下关于启动镜像的配置信息：

```
runqemu - INFO - Running MACHINE=beaglebone-yocto bitbake -e  ...
runqemu - INFO - Continuing with the following parameters:
KERNEL: [/home/jerry/yocto/build/tmp/deploy/images/beaglebone-yocto/zImage]
MACHINE: [beaglebone-yocto]
FSTYPE: [wic (no-kernel-in-fs)]
ROOTFS: [/home/jerry/yocto/build/tmp/deploy/images/beaglebone-yocto/core-image-customer-beaglebone-yocto.rootfs.wic]
CONFFILE: [/home/jerry/yocto/build/tmp/deploy/images/beaglebone-yocto/core-image-customer-beaglebone-yocto.rootfs.qemuboot.conf]

runqemu - INFO - Using preconfigured tap device tap0
runqemu - INFO - If this is not intended, touch /tmp/qemu-tap-locks/tap0.skip to make runqemu skip tap0.
runqemu - INFO - Network configuration:
ip=192.168.7.2::192.168.7.1:255.255.255.0::eth0:off:8.8.8.8 net.ifnames=0
runqemu - INFO - Running /home/jerry/yocto/build/tmp/work/x86_64-linux/qemu-helper-native/1.0/recipe-sysroot-native/usr/bin/qemu-system-arm -device
virtio-net-device,netdev=net0,mac=52:54:00:12:34:02 -netdev tap,id=net0,ifname=tap0,
script=no,downscript=no -object rng-random,filename=/dev/urandom,id=rng0 -device
virtio-rng-pci,rng=rng0 -drive id=disk0,file=/home/jerry/yocto/build/tmp/deploy/
```

```
images/beaglebone-yocto/core-image-customer-beaglebone-yocto.rootfs.wic,if=none,for
mat=raw -device virtio-blk-device,drive=disk0 -device virtio-rng-device  -machine
virt -cpu cortex-a15  -m 256 -serial mon:vc -serial null -display sdl,show-cursor=on
-kernel /home/jerry/yocto/build/tmp/deploy/images/beaglebone-yocto/zImage -append
'root=/dev/vda2 rw  mem=256M
ip=192.168.7.2::192.168.7.1:255.255.255.0::eth0:off:8.8.8.8 net.ifnames=0
console=ttyAMA0 systemd.mask=systemd-networkd swiotlb=0 '

    runqemu - INFO - Host uptime: 1482715.66
```

成功启动后，会弹出一个新的控制台窗口启动 core-image-customer-beaglebone-yocto.rootfs 镜像系统。在文件系统启动后，输入默认用户 root 进入命令行，运行 dpkg --version 命令查看 dpkg 的版本信息，或运行 dpkg --get-selections 查看系统中已安装的包列表，以验证包管理系统是否成功安装。如果输出类似图 7-1 所示的运行结果，则表明镜像已成功定制并正常运行。

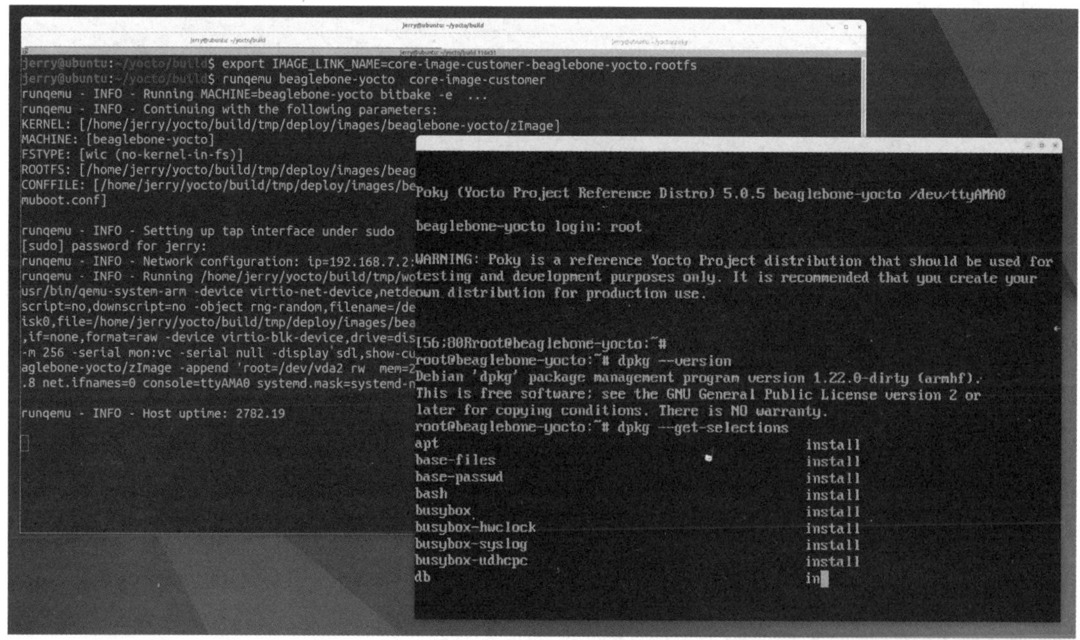

图 7-1 QEMU 启动定制镜像

7.2　定制应用程序

在上一节中，我们完成了自定义元数据层的创建和目标镜像的定制，并使用 QEMU 模拟器成功启动了目标镜像，完成了测试和验证。本节将在此基础上，学习如何定制应用程序，以实现特定功能的需求。

在学习编程语言时，通常从一个简单的“Hello World”程序开始，通过编写、编译和运行程序，在控制台显示“Hello World”字符串，以了解语言的基本语法和编译过程。同样，在 Yocto 项目中，我们可以实现类似目标，但方法有所不同。

本节的目标是，基于 Poky 参考发行版，为 BeagleBone 开发板定制一个“Hello World”程序。除了编写功能代码，还需创建对应的菜谱文件，将程序集成到上一节生成的 BeagleBone 目标镜像中。最后，通过 QEMU 启动镜像，在控制台成功输出“Hello World!”字符串，以验证程序是否正确运行。

通过这一过程，我们将学习如何在 Yocto 项目中完成应用程序的开发、集成和验证，为后续复杂应用的定制和开发打下基础，同时充分体验 Yocto 项目在嵌入式开发中的灵活性和优势。

7.2.1　HelloWorld 应用程序

Linux 应用程序是运行在 Linux 操作系统上的软件，用于完成各种任务，例如文本编辑、图像处理等。应用程序既可以通过官方软件包直接安装，也可以通过编译源代码生成。这些源代码通常使用编译型语言（例如 C、C++）编写，也可以使用解释型语言（例如 Python）开发。Linux 系统提供了丰富的开发工具和库（例如 gcc、gdb、glibc），为开发者高效构建应用程序提供了支持。

在 Linux 系统中，HelloWorld 程序是一个经典的入门示例。它展示了编写、编译和运行一个简单程序的完整流程，可帮助开发者熟悉语言的语法和基本的开发工具。以下是一个用 C 语言编写的 helloworld.c 文件中的 HelloWorld 程序示例：

```
#include <stdio.h>
int main() {
    printf("Hello, World!\n");
    return 0;
}
```

要编译这个程序，可以在终端运行以下命令：

```
$ gcc -o helloworld helloworld.c
```

上述命令会生成一个名为 helloworld 的可执行文件。随后，运行以下命令可以执行该程序：

```
$ ./helloworld
```

执行后，控制台将输出以下内容：

```
Hello, World!
```

通过这一示例，开发者可以快速了解 Linux 环境中的编译流程。helloworld.c 程序虽然简单，但它是进入 Linux 应用程序开发世界的重要起点，具有实践和学习价值。

7.2.2 Yocto 项目中的 HelloWorld 程序

在 Yocto 项目中定制 HelloWorld 程序不仅仅是通过编译工具编译和运行，我们还需要为 HelloWorld 应用程序创建菜谱文件，通过构建系统将其编译并部署到目标镜像中。通过这一过程，可以让大家掌握菜谱编写的关键步骤以及构建系统在应用程序部署中的工作机制。

7.2.2.1 定制 HelloWorld 菜谱

在构建系统中，BitBake 构建引擎是自动化编译、构建和部署的重要工具。它通过菜谱文件描述如何获取、编译和安装应用程序。因此，为了构建 Yocto 项目中的 HelloWorld 程序，我们需要定制菜谱文件，明确如何获取源代码、编译和安装 HelloWorld 程序。

以下是基础的菜谱文件 helloworld_1.0.bb 的内容：

```
SUMMARY = "Simple helloworld application"
DESCRIPTION = "Example Recipe"
LICENSE = "CLOSED"

SRC_URI = "file://helloworld.c"
S = "${WORKDIR}"

do_compile() {
    ${CC} ${LDFLAGS} -o helloworld helloworld.c
}
do_install() {
    install -d ${D}${bindir}
    install -m 0755 helloworld ${D}${bindir}
}
```

该菜谱定义了如何获取、编译和安装 HelloWorld 程序。将其放入 meta-customer 层中，并为其创建 recipes-application/helloworld 目录。同时，将 helloworld.c 文件放入其中的 files 目录中。最后，meta-customer 层的结构如下：

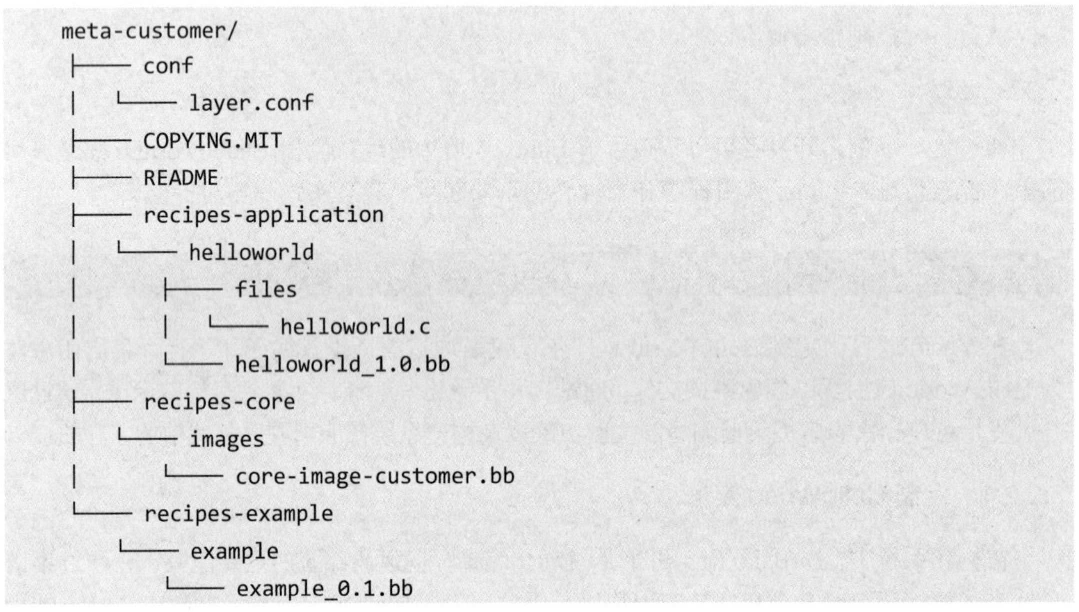

```
meta-customer/
├── conf
│   └── layer.conf
├── COPYING.MIT
├── README
├── recipes-application
│   └── helloworld
│       ├── files
│       │   └── helloworld.c
│       └── helloworld_1.0.bb
├── recipes-core
│   └── images
│       └── core-image-customer.bb
└── recipes-example
    └── example
        └── example_0.1.bb
```

7.2.2.2　构建与部署 HelloWorld 程序

要将 HelloWorld 程序部署到上一节创建的 core-image-customer 目标镜像中，需要将自定义的 helloworld_1.0.bb 菜谱构建出的软件包，通过修改 IMAGE_INSTALL 变量，加入镜像菜谱 core-image-customer.bb 中。上一节定制完的 core-image-customer.bb 文件的内容如下：

```
require recipes-core/images/core-image-minimal.bb
SUMMARY = "A customized image."
IMAGE_FEATURES += "package-management"
```

在文件末尾添加以下代码，将 HelloWorld 应用程序集成到镜像中：

```
IMAGE_INSTALL:append = " helloworld"
```

然后，在构建环境中运行以下命令，清理之前的构建输出并重新构建目标镜像：

```
jerry@ubuntu:~/yocto/build$ bitbake -c cleansstate core-image-customer && bitbake
core-image-customer
```

构建完成后，helloworld 应用程序将被部署到目标镜像根文件系统的/usr/bin 目录下。

7.2.3　使用 QEMU 测试 HelloWorld 程序

在构建环境中，运行以下命令，通过 QEMU 启动目标镜像：

```
jerry@ubuntu:~/yocto/build$ runqemu beaglebone-yocto  core-image-customer
```

QEMU 启动后，在模拟器的控制台中运行以下命令，验证 HelloWorld 程序是否构建并成功部署：

```
$ helloworld
Hello, World!
```

若程序的输出如图 7-2 所示，说明 HelloWorld 程序已正确构建并部署到目标镜像中。

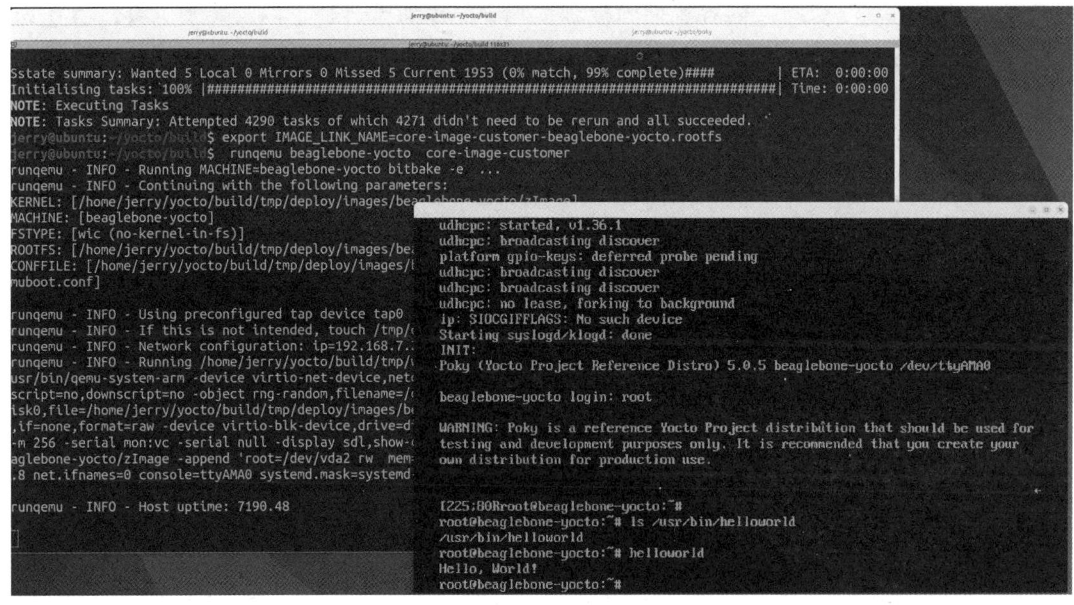

图 7-2　验证 HelloWorld 应用程序

7.3　定制内核菜谱

在上一节中，通过实践定制了 Yocto 项目的 HelloWorld 程序，我们讲解了软件包的构建与部署流程，阐释了构建系统的基本工作原理。然而，构建完整的镜像不仅涉及应用程序，还包括内核这一关键组成部分。

Linux 内核作为操作系统的核心，负责硬件抽象、进程管理、文件系统和网络支持等功能，具有广泛而深入的知识体系。针对内核的开发与优化，Yocto 项目通过自动化构建工具和模块化元数据，提供了高效的定制、开发和集成方式。其灵活的架构和对多种硬件平台的支持，使其成为嵌入式 Linux 系统开发中的重要工具，广泛应用于内核裁剪、补丁管理和版本控制等场景。

本节将基于 Yocto 项目，重点介绍与内核相关的核心内容，包括内核仓库、内核元数据和内核菜谱等关键概念，为后续 BSP 层的开发及内核的定制提供必要的指导和参考。

7.3.1　Yocto 项目的内核仓库

针对 Linux 内核，Yocto 项目维护了一套与内核相关的 Git 仓库集合。这些仓库由 Yocto 项目团队负责管理与更新，内容包括内核源代码、内核配置、补丁以及开发工具，旨在为嵌入式 Linux 系统开发者提供高效的内核定制与集成支持。这些仓库会定期同步上游开发进展和社区需求，确保其与最新的内核版本保持一致。

开发者可以在 Yocto 项目源代码库（参见链接 5）的“Yocto Linux Kernel”标题栏中查看内核相关的仓库。如图 7-3 所示，这些仓库按功能划分，涵盖内核源代码、内核元数据和开发工具等，便于开发者在 Yocto 项目中高效管理和定制 Linux 内核。

https://***.yoctoproject.org

screenshot	An ultra-simple screen capture utility using GTK+	4 years
web-sato	Unnamed repository; edit this file 'description' to name the repository.	4 years
Yocto Linux Kernel		
kernel-module-hello-world	Example code used in QA testing.	4 years
linux-yocto	Yocto Linux Embedded kernel	3 days
linux-yocto-contrib	Linux Embedded Kernel Extras	12 months
linux-yocto-dev	Linux Embedded Kernel - tracks the next mainline release	8 weeks
yocto-kernel-cache	Patches and configuration for the linux-yocto kernel tree	3 days
yocto-kernel-tools	Linux 2.6 Embedded Kernel Tools	48 hours
Yocto Linux Kernel Archive		
linux-yocto-4.1	Unnamed repository; edit this file 'description' to name the repository.	4 years
linux-yocto-4.10	Linux 4.10 Embedded Kernel	4 years
linux-yocto-4.12	Linux 4.12 Embedded Kernel	4 years
linux-yocto-4.4	Linux 4.4 Embedded Kernel	4 years
linux-yocto-4.6	Linux 4.6 Embedded Kernel	4 years
linux-yocto-4.8	Linux 4.8 Embedded Kernel	4 years
linux-yocto-4.9	Linux 4.9 Embedded Kernel	4 years
Yocto Metadata Layer Archive		
experimental/meta-m2	Experimental Moblin metadata layer (obsolete)	4 years
experimental/meta-maemo	Experimental maemo support layer (obsolete)	4 years
experimental/meta-trusted	Trusted support and tools	4 years

图 7-3　Yocto 项目的 Linux 内核仓库

表 7-1 列出了 Yocto 项目中与内核相关的 Git 仓库及其功能描述。

表 7-1　内核仓库描述

Git 仓库名称	描　　述
linux-yocto	Yocto 项目 Linux 内核源代码仓库，基于 Linux 内核上游开发的内核版本，并包含 Yocto 项目特定的补丁和配置
linux-yocto-contrib	提供 Linux 嵌入式内核的额外功能和实验性特性
linux-yocto-dev	跟踪最新 Linux 内核上游候选版本的开发内核
yocto-kernel-cache	存储 linux-yocto 内核源代码的补丁和配置，是管理内核元数据的核心仓库
yocto-kernel-tools	Linux 嵌入式内核工具，提供用于内核配置和调试的工具集。例如 kern-tools 工具
kernel-module-hello-world	存储用于质量保证（QA）测试的内核模块示例代码

这些 Git 仓库在 Yocto 项目 Linux 内核的管理和定制中发挥着重要作用，其中 linux-yocto 提供内核源代码，yocto-kernel-cache 存储相关补丁和配置文件，用于管理内核元数据。理解并熟练运用这些仓库的功能，对于成功定制和优化 Yocto 项目的内核至关重要。

7.3.1.1　linux–yocto 仓库

Yocto 项目的 linux-yocto 内核源代码主要基于 Linux 内核上游版本。为了满足嵌入式设计的特定需求，Yocto 项目在基础内核的基础上加入了多项关键增强特性，包括集成主线内核中的重要更新、引入必要的非主线开发内容、针对特定硬件平台的板级支持包（BSP），以及满足特定项目需求的自定义功能。这些增强特性确保了 Yocto 项目发布的 Linux 内核在性能和功能上满足目标硬件的多样化需求，成为嵌入式 Linux 系统开发中的可靠选择。

Git 仓库分支

linux-yocto 仓库基于 kernel.org 发布的主线内核版本，其分支根据不同的开发需求和目标硬件进行设置。这些分支反映了各类功能的扩展和优化，图 7-4 展示了各分支的层次关系。

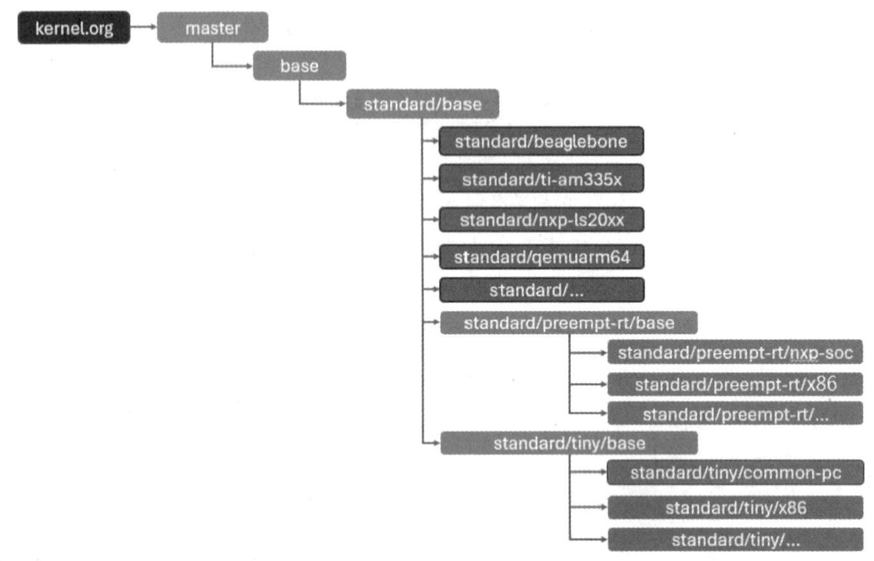

图 7-4　linux-yocto 仓库分支

- 主干分支（Kernel.org Branch Point）

主干分支（master branch）是 Yocto 项目开发的核心分支，通常同步 kernel.org 上的最新内核版本和社区最新的开发进展。作为所有功能分支的起点，主干分支集中体现最新的功能、补丁和优化工作，是内核树中最活跃、更新最频繁的部分。

- 基准分支（Base Branches）

基准分支标记了 Yocto 项目内核开发中具体的起点，通常被命名为 base 分支。该分支以 master 分支为基础，代表一个稳定的内核版本，并为其他功能分支提供构建基础。例如，内核 v6.6 的基准分支为 v6.6/base。

- Yocto 项目基准内核（Yocto Project Baseline Kernel）

Yocto 项目基准内核分支包含内核树中所有分支共享的通用特性，并进一步组织和管理这些功能，避免重复定义。

standard/base：标准功能的基准内核分支，适用于广泛的硬件平台。例如 v6.6/standard/base。

standard/tiny/base：精简功能的基准内核分支，专注于内核体积最小化。例如 v6.6/standard/tiny/base。

standard/preempt-rt/base：实时功能的基准内核分支，专注于提供低延迟和高实时性支持。例如 v6.6/standard/preempt-rt/base。

- BSP 分支（BSP Branch）

BSP（板级支持包）分支是从 standard/base 基准内核分支派生而来的，为特定硬件平台提供优化和定制支持。这些分支通常包含特定硬件的驱动程序、硬件加速支持以及平台优化特性，旨在满足目标硬件的完整功能需求。以下是一些典型的 BSP 分支示例。

standard/mti-malta64：针对 MTI Malta 64 平台的 BSP 分支，提供与该平台相关的核心驱动和优化支持。

standard/nxp-ls20xx：针对 NXP LS20xx 系列硬件的 BSP 分支，集成了板级驱动和架构优化。

standard/qemuarm64：针对 QEMU 模拟 ARM64 架构的 BSP 分支，用于虚拟化测试与开发。

standard/ti-am335x：针对 TI AM335x 平台的 BSP 分支，提供完整的硬件支持和性能优化。

standard/beaglebone：针对 BeagleBone 硬件平台的 BSP 分支，适用于嵌入式开发和实验。

- 实时系统内核分支（Real-Time Kernel Branch）

实时系统内核分支是从 standard/preempt-rt/base 基准内核分支派生而来的，为特定硬件平台提供低延迟、高实时性支持。它们常用于工业自动化、机器人和汽车电子等需要高精度时间控制的场景。以下是一些典型的实时系统内核分支示例。

standard/preempt-rt/arm-versatile-926ejs：针对 ARM Versatile 926EJS 平台的实时内核分支，支持经典 ARM 平台的实时应用。

standard/preempt-rt/bcm-2xxx-rpi：针对 Raspberry Pi BCM 2xxx 平台的实时内核分支，适用于需要实时响应的 IoT 设备和嵌入式开发。

standard/preempt-rt/nxp-sdk-6.6/nxp-soc：针对 NXP SDK 6.6 平台的实时内核分支，满足 NXP 硬件在工业控制场景下的实时性需求。

standard/preempt-rt/x86：针对 x86 平台的实时内核分支，适用于桌面系统和工业设备的实时处理需求。

- 精简内核分支（Tiny Kernel Branch）

精简内核分支从 standard/tiny/base 基准内核分支派生而来，专为资源受限的设备设计。这些分支通过移除非必要组件和功能，提供轻量化的内核，减少内存和存储占用，同时确保设备的基本功能正常运行。以下是一些典型的精简内核分支示例。

standard/tiny/common-pc：针对通用 PC 平台的精简内核分支，用于需要较小内核占用的桌面或嵌入式场景。

standard/tiny/x86：针对 x86 平台的精简内核分支，适用于资源有限的 x86 架构设备，例如工业控制或轻量级终端设备。

standard/tiny/arm-versatile-926ejs：针对 ARM Versatile 926EJS 平台的精简内核分支，优化经典 ARM 平台的内存占用。

内核优化与版本升级策略

当 Yocto 项目的 Linux 内核正式发布后，项目团队将进入下一轮开发周期，即版本修订周期，同时继续维护已发布的内核。在此期间，团队通过分析 Linux 内核开发动态、BSP 支持需求和发布时间，选择来自 kernel.org 的最适合内核版本作为下一步开发的基础。

每个新版本的 Linux 内核都会带来新功能，同时也可能引入新的问题。Yocto 项目团队密切监控 Linux 社区的内核开发进展，重点筛选关键功能。如果某些功能在技术上具有明显优势，经过差距分析后，可能会将这些功能移植到已发布的 Yocto 项目内核中。然而，为避免兼容性问题和潜在风险，团队通常不会回移较小或中等规模的功能。

通过这种策略，Yocto 项目内核实现了稳定性与前沿性的平衡。团队结合内核功能的前向移植和新功能的集成，为未来的版本升级做好充分准备，同时减少版本迭代中的意外问题。这一过程确保了内核质量的持续提升，并为下一步开发奠定了可靠基础。

7.3.1.2　yocto-kernel-cache 仓库

yocto-kernel-cache 仓库用于存储 Yocto 项目维护的内核元数据。这些元数据包括内核配置选项、补丁和内核特性描述，并根据不同的 Yocto 项目 Linux 内核版本进行组织和管理。每个内核版本的元数据被存储在独立的分支中，确保不同版本间的清晰区分。例如，基于 Yocto 项目基准 Linux 内核 v6.6 版本的元数据存储在 yocto-kernel-cache 仓库的 yocto-6.6 分支中。

仓库结构

yocto-kernel-cache 仓库中存放的元数据文件的结构通常如下所示：

```
base/
├── arch
├── backports
├── bsp
├── cfg
├── cgl
├── COPYING.GPLv2
├── COPYING.MIT
├── features
├── kern-features.rc
├── ktypes
├── kver
```

```
├── patches
├── README.md
├── scripts
├── SECURITY.md
├── small
└── staging
```

这里的 base 目录是非菜谱空间的内核元数据的 yocto-kernel-cache 仓库的顶层目录。此结构中的各个目录，通常都按照一定规则存放着各种内核元数据文件。

下面是几个主要目录的存放规则，非菜谱空间和菜谱空间的元数据的存放通常都遵循这些规则。

- bsp：包含 BSP 描述文件。
- cfg：存放仅包含配置片段的文件。
- patches：存放仅包含源代码补丁的文件。
- features：存放包含主要内核特性的文件。
- ktypes：存放聚合非硬件配置片段和补丁的文件，用于定义基础内核策略或主要内核类型。

被删除的 meta 分支

在早期的 Yocto 项目中，内核源代码和内核元数据被存放在 linux-yocto 仓库的不同分支中进行管理，其中内核元数据位于 meta 分支中。虽然这种方式确保了内核配置与源代码的同步，但对于开发者而言，管理这些元数据并不直观。为了提高可操作性，Yocto 项目将元数据处理从 kernel-yocto 类中分离，并转移到外部的 yocto-kernel-cache 仓库中。该独立的 yocto-kernel-cache 仓库现已成为内核元数据的主要存储位置。

同样，当开发者需要维护自己的内核仓库时，推荐将内核源代码和元数据分开管理，并根据需求更新相关的 Yocto 项目菜谱。通过这种做法，元数据的管理变得更加简洁、灵活和可扩展。

7.3.2 内核元数据

内核元数据是 Yocto 项目中的一种特殊元数据，专门用于配置和构建 Linux 内核以支持特定硬件平台。内核元数据通常由多种类型的文件组成，这些文件存储在特定的版本库或目录结构中，用于管理内核配置选项、应用补丁以及定义内核版本等内容。

Yocto 项目的内核元数据主要存储在 yocto-kernel-cache 版本库中。这些元数据定义了与 linux-yocto 菜谱中的板级支持包（BSP）定义相对应的 BSP。BSP 由一组内核策略和特定硬件功能构成，开发者可以在 linux-yocto 菜谱中对其进行调整与配置。本节将深入探讨内核元数据的构成与使用方法。

7.3.2.1　内核元数据文件

内核元数据由以下三种类型的文件组成。

- scc 通用描述文件（.scc）：scc 描述文件用于定义变量，并引用或包含其他类型的内核元数据文件。这些文件是内核元数据的核心，负责将各种配置和补丁整合在一起。
- 配置片段文件（.cfg）：cfg 文件包含特定的内核配置选项，用于启用或禁用内核中的某些功能。
- 补丁文件（.patch）：patch 补丁文件用于修改内核源代码，以适应特定的硬件或功能需求。

scc 通用描述文件

scc 通用描述文件的主要作用是将内核元数据划分为两大类：特性（Features）和板级支持包（BSP）。特性将补丁和配置片段形式的源代码聚合成模块化、可重用的单元，而 BSP 则专注于定义硬件相关的特性，将其与内核类型相结合，形成最终的内核构建配置。scc 通用描述文件通过这种结构化方式，为内核的灵活配置和硬件定制提供了必要的支持。

以下是可以在 scc 通用描述文件中使用的命令的简要介绍。

- branch [ref]：基于当前分支（通常为${KTYPE}），使用当前检出的分支或指定的“ref”作为基础，创建一个新分支。
- define：定义变量，例如 KMACHINE、KTYPE、KARCH 和 KFEATURE_DESCRIPTION。
- include SCC_FILE：在当前文件中包含一个 scc 文件，文件会被解析，类似于内联插入。
- kconf [hardware|non-hardware] CFG_FILE：将一个配置片段排队，准备合并到最终的 Linux .config 文件中。
- git merge GIT_BRANCH：将特性分支 GIT_BRANCH 合并到当前分支。
- patch PATCH_FILE：将补丁 PATCH_FILE 应用到当前的 Git 分支。

配置特性描述文件

在内核元数据中，最基础的单元是配置特性。这种特性由一个或多个 Linux 内核配置参数组成，这些参数存储在配置片段文件（.cfg）中，并且需要一个 scc 文件来描述和引用这些配置片段。

以下是 x86_64 架构配置的 cfg/x86_64.scc 示例文件的内容：

```
# SPDX-License-Identifier: MIT
```

```
define KFEATURE_DESCRIPTION "Enable x86 64 bit builds"
kconf hardware x86_64.cfg
```

在该示例中，x86_64.scc 文件引用了 x86_64.cfg 文件，其中包含具体的内核配置参数。KFEATURE_DESCRIPTION 为该配置特性提供了简短描述，而 kconf hardware x86_64.cfg 则指定了要合并的硬件相关配置片段。

以下是 cfg/x86_64.cfg 文件的内容示例：

```
# SPDX-License-Identifier: MIT
# Config settings specific to x86_64 and not in an existing cfg/foo.cfg
CONFIG_64BIT=y

# Support running 32 bit binaries
CONFIG_IA32_EMULATION=y
CONFIG_COMPAT=y

CONFIG_UNWINDER_ORC=n
CONFIG_UNWINDER_FRAME_POINTER=y
```

x86_64.cfg 文件包含与 x86_64 架构相关的具体配置选项，包括启用 64 位支持和 32 位兼容性等。这些配置选项将被合并到最终生成的内核配置中。

补丁描述文件

补丁描述文件与配置特性描述文件类似，都是由.patch 格式的补丁文件和.scc 通用描述文件组成。在补丁描述文件中，.scc 文件通过 patch 语句包含相应的补丁文件，一个.scc 文件可以包含多个补丁文件。这种方式使得内核源代码的管理和应用更加系统化和模块化。

以下是网络子系统类补丁描述文件 patches/net/net.scc 的示例，该描述文件包含一个补丁文件：

```
# SPDX-License-Identifier: MIT
patch Resolve-jiffies-wrapping-about-arp.patch
```

接下来是 net.scc 文件所包含的补丁文件 Resolve-jiffies-wrapping-about-arp.patch 的示例代码，该补丁的作用是修复 ARP 处理中的 jiffies 包装问题：

```
From 8066d2c302b1cae28c6ec4cf66b0b74a983f7c31 Mon Sep 17 00:00:00 2001
From: Li Wang <li.wang@windriver.com>
Date: Tue, 15 Dec 2009 11:03:47 +0800
Subject: [PATCH] Resolve jiffies wrapping about arp
```

```
When jiffies wraps, it must be larger than the value of "updated".
The solution will enhance the condition of "time_after".

Signed-off-by: Li Wang <li.wang@windriver.com>
---
 net/ipv4/arp.c | 9 ++++++++-
 1 file changed, 8 insertions(+), 1 deletion(-)

diff --git a/net/ipv4/arp.c b/net/ipv4/arp.c
index 1a9b99e04465..0d10e87badd7 100644
--- a/net/ipv4/arp.c
+++ b/net/ipv4/arp.c
@@ -917,7 +917,14 @@ static int arp_process(struct sk_buff *skb)
   agents are active. Taking the first reply prevents
   arp trashing and chooses the fastest router.
 */
override = time_after(jiffies,
/*
 * If n->updated is after jiffies, then the clock has wrapped and
 * we are *well* past the locktime, so set the override flag
 */
if (time_after(n->updated, jiffies))
    override = 1;
else
    override = time_after(jiffies,
         n->updated +
         NEIGH_VAR(n->parms, LOCKTIME)) ||
      is_garp;
--
1.8.1.2
```

内核特性描述文件

内核特性（Features）是一种复杂的内核元数据类型，通常包括配置片段文件、补丁文件，并可能包含其他特性的.scc 描述文件。在内核菜谱中，内核特性文件通过 KERNEL_FEATURES 变量指定，从而引用相关的配置、补丁和特性描述文件，以实现功能扩展。

以下是 features/cgroups/cgroups.scc 内核特性描述文件的部分示例代码，该特性主要用于启用和配置内核中的控制组（cgroups）功能，以进行资源管理和限制：

```
# SPDX-License-Identifier: MIT
define KFEATURE_DESCRIPTION "Enable cgroups and selected controllers \
                             namespaces and associated functionality"
define KFEATURE_COMPATIBILITY all

kconf non-hardware cgroups.cfg
include features/namespaces/namespaces.scc
patch cgroups-Resource-controller-for-open-files.patch
```

在这个示例中，patch 和 kconf 命令用于应用补丁和配置片段，而 include 命令引入其他特性描述文件 features/namespaces/namespaces.scc 以扩展内核特性。这些操作将多个配置片段和补丁整合到内核构建过程中，确保内核功能的定制和灵活性。

内核类型描述文件

内核类型通过聚合通用配置片段、补丁文件以及其他特性描述文件，来定义特定类型的 Linux 内核高层策略元数据。这些内核类型为不同的 Linux 内核配置提供了一致的定义和管理方法，使开发者能够更方便地管理和定制内核配置。

- Yocto 项目支持的内核类型

Yocto 项目中的 linux-yocto 内核菜谱支持以下三种内核类型。

- standard：包含 Yocto 项目 linux-yocto 内核菜谱中定义的通用 Linux 内核策略，包括文件系统支持、网络选项、核心内核功能以及调试和追踪功能等。
- preempt-rt：应用了 PREEMPT_RT 补丁和实时内核构建所需的配置选项，此类型继承自 standard 内核类型。
- tiny：定义了最小化的基础配置，用于构建小型 Linux 内核。tiny 内核类型独立于 standard 配置，目前尚未包含源代码更改，但未来可能会加入。

每种内核类型的元数据由对应的.scc 文件定义，例如，standard 内核的元数据由 standard.scc 文件定义。

- KTYPE 内核元数据与 LINUX_KERNEL_TYPE 变量

在内核菜谱中，通常通过定义 LINUX_KERNEL_TYPE 变量，与 BSP 描述文件中的 KTYPE 内核元数据变量共同决定内核类型描述文件的选择。这两个变量通常保持一致，以确保构建系统能够正确匹配并加载对应的内核类型描述文件。

在 Poky 中，默认的内核类型在 meta/classes-recipe/kernel-yocto.bbclass 文件中被设置为 standard：

```
LINUX_KERNEL_TYPE ??= "standard"
```

当 BSP 描述文件中的 KTYPE 也被定义为 standard 时，内核工具会根据此定义在内核元数据仓库中加载 ktypes/standard/standard.scc 文件为内核类型描述文件。以下是 standard.scc 文件的部分内容：

```
# SPDX-License-Identifier: MIT
# Include this kernel type fragment to get the standard features and
# configuration values.

# Note: if only the features are desired, but not the configuration
#       then this should be included as:
#             include ktypes/standard/standard.scc nocfg
#       if no chained configuration is desired, include it as:
#             include ktypes/standard/standard.scc nocfg inherit



include ktypes/base/base.scc
branch standard

kconf non-hardware standard.cfg

include features/kgdb/kgdb.scc

include features/firmware/firmware.scc
```

上述内核类型描述文件遵循.scc 文件的通用语法，并通过模块化设计实现对内核元数据的高效管理与扩展。

BSP 描述文件

BSP 描述文件用于将内核类型与硬件特定的特性结合在一起，定义了支持特定硬件平台的内核配置。在 BSP 描述文件中存在内核元数据变量 KMACHINE、KTYPE 和 KARCH，它们共同定义了特定硬件平台的内核配置。KMACHINE 指定了目标硬件平台，KTYPE 决定了内核类型，而 KARCH 则确定了目标架构。通过这些变量，构建系统能够识别并将描述与正在构建的菜谱标准相匹配，从而确保生成适配目标硬件的内核。

- BSP 描述文件的命名规则与选择逻辑

BSP 描述文件一般存放在 yocto-kernel-cache 仓库的 bsp 目录下，通常子目录的名称就是相关机器硬件的名称，如下：

```
$ ls bsp/
amd-x86       common-pc-64      hsdk          mti-malta32   qemuarma15      qemuriscv32   xilinx
arm-versatile-926ejs  edgerouter  intel-common  mti-malta64  qemuarma9    qemuriscv64   xilinx-zynq
bcm-2xxx-rpi  fsl-mpc8315e-rdb  intel-x86     nxp-ls20xx    qemumicroblaze  renesas-rcar  xilinx-zynqmp
beaglebone    genericarm64      marvell-cn96xx  pandaboard  qemu-ppc32      ti-am335x
common-pc     hapshs            minnow        qemuarm64     qemu-ppc64      ti-am65x
```

在以上硬件目录下存放着相应的BSP描述文件，这些描述文件有一个通用的命名规则，使用硬件名称加上通用内核类型的命名方法：

```
<bsp_root_name>-<kernel_type>.scc
```

在内核菜谱中，通过定义 KMACHINE 内核元数据变量和 LINUX_KERNEL_TYPE 变量确定查找 BSP 描述文件的条件。kern-tools 工具根据菜谱中传递的 KMACHINE 和 LINUX_KERNEL_TYPE 变量查找与这两个变量最匹配的 BSP 描述文件，优先使用第一个完全匹配的文件，未找到匹配项时发出警告。

例如，对于 Yocto 项目支持的 BeagleBone 开发板，内核元数据仓库中包含以下相关的 BSP 描述文件：

```
beaglebone-standard.scc
beaglebone-preempt-rt.scc
```

在内核菜谱中，可以通过以下代码指定目标 BSP 描述文件：

```
KMACHINE = "beaglebone"
LINUX_KERNEL_TYPE = "standard"
```

根据以上定义，kern-tools 工具会选定 beaglebone-standard.scc 作为顶层 BSP 描述文件，用于定义该硬件平台的标准内核类型所需的配置和功能。

- BeagleBone 的标准 BSP 描述文件

在 BeagleBone 硬件平台上，标准的 BSP 描述文件 beaglebone-standard.scc 定义了该平台的标准内核类型配置。

如下是 yocto-kernel-cache 仓库的 bsp/beaglebone/beaglebone-standard.scc 描述文件的内容：

```
# SPDX-License-Identifier: MIT
define KMACHINE beaglebone
define KTYPE standard
define KARCH arm

include ktypes/standard/standard.scc
branch beaglebone

include beaglebone.scc

# default policy for standard kernels
include features/latencytop/latencytop.scc
include features/profiling/profiling.scc
```

在此文件中，KMACHINE 指定硬件平台为 beaglebone，KTYPE 定义内核类型为 standard，KARCH 指定架构为 arm。文件还包含了与 BeagleBone 硬件相关的配置文件，以及标准内核类型的通用配置片段，确保生成的内核配置能够充分支持 BeagleBone 平台的特性和需求。通过这种方式，BSP 描述文件能够确保内核配置既满足标准内核策略的要求，又能够处理硬件平台的特定需求。

7.3.2.2　内核元数据的位置

在前面的内容中我们了解了什么是内核元数据和相关语法知识。本节将详细讲解内核元数据在 Yocto 项目中的存放位置。内核元数据始终是独立于内核源代码的，Yocto 项目提供了两种存放方式：菜谱空间（recipe-space）和非菜谱空间。

这两种存放方式各有特点。将内核元数据存放在菜谱空间中，更适合不熟悉内核开发或希望简化配置管理的开发者，这种方式便于管理和应用配置。而将元数据存放在非菜谱空间中，更适合需要频繁迭代和自定义内核的开发者，这样放置可以在 BitBake 环境之外进行更灵活的开发和调试。开发者可以根据项目需求和自身经验，选择最为合适的存放方式。

在详细讨论这两种方式之前，我们先来了解一下两个与文件位置相关的关键元数据变量：SRC_URI 和 FILESEXTRAPATHS。

SRC_URI 和 FILESEXTRAPATHS

SRC_URI 变量用于指定构建过程中所需的文件资源，可以是本地文件或远程文件。BitBake 依据 SRC_URI 变量从指定位置获取相关文件。Yocto 项目为 SRC_URI 添加了多种 URI 协议和选项，支持从不同来源获取文件，详细讲解可参考 5.2.2 节。常见的使用场景包括从 Git 仓库中获取文件或指定本地文件，这些本地文件可能是描述文件、配置文件、补丁文件或普通的源代码文件等。

FILESEXTRAPATHS 是一个以冒号分隔的列表，用于扩展 SRC_URI 中本地文件的搜索路径。它帮助 BitBake 在指定的目录中查找所需的文件资源。

菜谱空间

存放在菜谱空间的内核元数据文件，通常会被指定存放在 FILESEXTRAPATHS 变量指定的目录下，由内核菜谱提供。在内核菜谱中，FILESEXTRAPATHS 通常设置为 ${THISDIR}/${PN}，这样元数据就可以存储在内核菜谱所在的目录，并以内核菜谱名命名的子目录中。

以下是一个通用的内核元数据存放在菜谱空间中的结构示例：

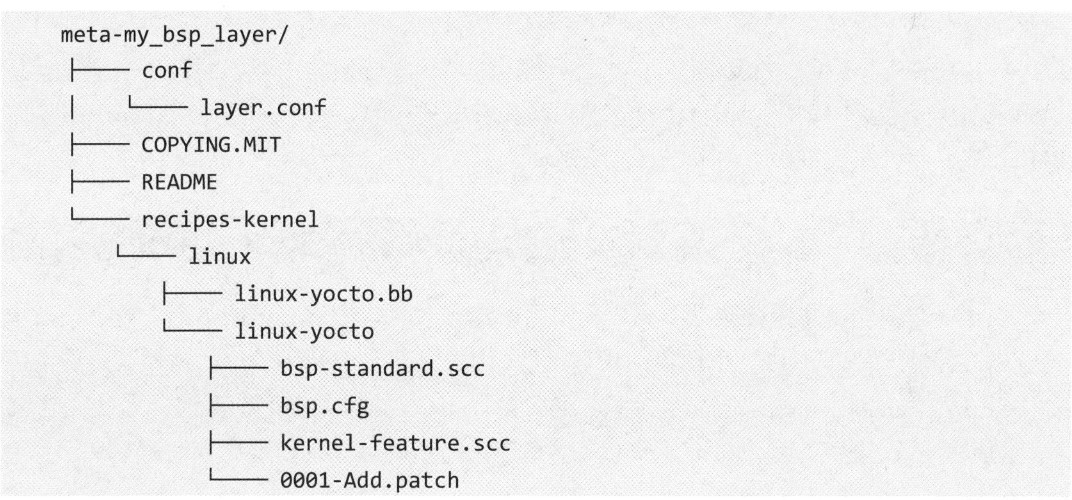

```
meta-my_bsp_layer/
├── conf
│   └── layer.conf
├── COPYING.MIT
├── README
└── recipes-kernel
    └── linux
        ├── linux-yocto.bb
        └── linux-yocto
            ├── bsp-standard.scc
            ├── bsp.cfg
            ├── kernel-feature.scc
            └── 0001-Add.patch
```

当元数据存储在菜谱空间中时，需要确保 BitBake 能正确解析文件以决定获取哪些文件以及何时重新获取。通常只需在 SRC_URI 中指定.scc 文件，BitBake 会解析这些.scc 文件并根据其中的 include、patch 或 kconf 命令获取引用的文件。因此，当修改未在 SRC_URI 中显式列出的文件时（例如，patch 文件），需要增加菜谱的 PR 值，使 BitBake 重新构建。

需要注意的是，BSP 描述文件通常不存放在菜谱空间。如果将其存放在菜谱空间，除了需要在 SRC_URI 语句中列出.scc 描述文件，还需要在内核菜谱中使用以下形式：

```
SRC_URI:append:beaglebone = " \
    file://bsp-standard.scc;type=kmeta;destsuffix=beaglebone \
"
```

这段代码不仅通过 file://bsp-standard.scc 添加了 BSP 描述文件 bsp-standard.scc，还通过

type=kmeta 指定了内核元数据的属性，同时通过 destsuffix 定义了存放内核元数据的目录 beaglebone。

非菜谱空间

将内核元数据存放在非菜谱空间意味着将其保存在独立的代码仓库中。例如，yocto-kernel-cache 仓库是一个典型的非菜谱空间内核元数据仓库示例。在构建过程中，系统通过 SRC_URI 变量引入包括“type=kmeta”语句的代码库。以下是 linux-yocto.bb 内核菜谱中的 SRC_URI 配置示例：

```
    SRC_URI = "git://***.yoctoproject.org/linux-yocto.git;name=machine;branch=
${KBRANCH};protocol=https \
             git://***.yoctoproject.org/yocto-kernel-cache;type=kmeta;name=meta;
branch=yocto-6.6;destsuffix=${KMETA};protocol=https"
```

在该配置中，${KMETA}用于指定 Git 获取器将内核元数据下载到的目录。这里只是描述了内核元数据的获取仓库和将要存储内核元数据的位置，关于如何使用仓库中的具体内核元数据的语法，将在下一节中进一步阐述。

7.3.3　内核菜谱

内核元数据通常在内核菜谱中获取和使用，这一节将详细讲解内核菜谱。内核菜谱也是菜谱文件的一种，它主要用于定义如何配置、构建和部署 Linux 内核。内核菜谱通常位于 BSP 层的 recipes-kernel/linux/目录下，通常是以 linux-为前缀命名的菜谱（.bb）。当然也可以通过内核追加菜谱（.bbappend）在内核菜谱的基础上修改和配置 Linux 内核。

7.3.3.1　内核菜谱概述

内核菜谱别名

由于构建系统中包含多种类型的内核菜谱，但是对于镜像通常只需要一个内核，所以在内核菜谱中通常都会使用 PROVIDES 变量定义 virtual/kernel 别名。例如，可以通过以下命令查看 linux-yocto 内核菜谱中的别名设置：

```
    jerry@ubuntu:~/yocto/build$ bitbake -e linux-yocto | grep PROVIDES=
```

运行以上命令后，会得到以下输出结果，linux-yocto 内核菜谱被设置了 virtual/kernel 别名：

```
    PROVIDES="linux-yocto  virtual/kernel"
```

如果想使用 linux-yocto 内核菜谱构建内核，那可以通过以下命令使用 PREFERRED_PROVIDER_virtual/kernel 变量指定最终使用的内核菜谱为 linux-yocto：

```
PREFERRED_PROVIDER_virtual/kernel = "linux-yocto"
```

linux-yocto 风格的内核菜谱

在 Yocto 项目中，任何包含 linux-yocto.inc 文件或内核元数据的内核菜谱都被定义为 linux-yocto 风格的内核菜谱。这类菜谱都定义了 KMACHINE 内核元数据变量和 LINUX_KERNEL_TYPE 变量，它们能够从 Yocto 项目的内核元数据仓库（例如 yocto-kernel-cache）中获取与硬件平台相关的内核元数据，并基于这些定义配置和构建 Linux 内核。通常，Yocto 项目发行版中的内核菜谱都是 linux-yocto 风格的内核菜谱，并且通常以 linux-yocto 为前缀进行命名。

在 Poky 中，典型的 linux-yocto 风格的内核菜谱包括：

```
meta/recipes-kernel/linux/linux-yocto_6.6.bb
meta/recipes-kernel/linux/linux-yocto-rt_6.6.bb
meta/recipes-kernel/linux/linux-yocto-dev.bb
meta/recipes-kernel/linux/linux-yocto-tiny_6.6
meta-skeleton/recipes-kernel/linux/linux-yocto-custom.bb
```

然而，并非所有内核菜谱都需要使用 Yocto 项目维护的内核元数据和相关工具来构建 Linux 内核镜像。在实际开发中，镜像菜谱可以使用自定义的内核源代码仓库，而不包含 linux-yocto.inc 文件和 yocto-kernel-cache 中的内核元数据，从而定制符合需求的内核镜像。这类非 linux-yocto 风格的内核菜谱在实际项目中也经常被使用。尽管如此，学习和使用 Yocto 项目提供的内核元数据和相关工具仍然非常有价值。理解这些工具和内核元数据的核心思想可以大大提升对 Yocto 项目整体的理解，并帮助你更有效和更灵活地构建和定制内核。

7.3.3.2 内核菜谱语法

在 7.3.2 节中，我们已详细介绍了内核元数据及其存储位置。然而，仅依靠内核元数据不足以完成内核的构建和定制，内核菜谱在其中也发挥了关键作用。对于 linux-yocto 风格的内核菜谱，菜谱中不仅定义了通用元数据变量，同时还定义了内核元数据变量（例如 KMACHINE）。以下将对这些关键变量进行详细讲解，以帮助大家更好地理解这些变量的作用及用法，从而深入掌握 Yocto 项目 Linux 内核的运行原理和机制。

KBRANCH

KBRANCH 是内核菜谱中的关键变量，用于指定构建 Linux 内核时所使用的内核源代码仓库分支。必须设置此变量，它确保相关的内核配置和补丁能够被正确应用到指定的内核源代码分支上。

KBRANCH 变量还可以在内核追加菜谱文件中定义，以便为特定机器或目标硬件指定内核分支。例如，在定制 BeagleBone 硬件平台的镜像时，meta-yocto-bsp 层的 recipes-kernel/linux/linux-yocto_6.6.bbappend 内核追加菜谱中包含了以下代码：

```
KBRANCH:beaglebone-yocto = "v6.6/standard/beaglebone"
```

该代码指定了 BeagleBone 硬件平台使用的内核源代码分支为 v6.6/standard/beaglebone，确保相关配置和补丁能够被正确应用到对应的内核分支上。

KMACHINE

对于 linux-yocto 风格的内核菜谱，必须定义 KMACHINE 内核元数据变量。KMACHINE 是内核所识别的机器名称，它的主要作用是连接 OpenEmbedded 构建系统（目标机器由 MACHINE 变量定义）和 Linux 内核，确保内核构建工具（例如 kern-tools）能够正确识别目标机器，并加载对应的内核元数据。KMACHINE 变量默认与构建系统中定义的 MACHINE 变量的值相同。在 kernel-yocto.bbclass 文件中，KMACHINE 的默认值定义如下：

```
KMACHINE ?= "${MACHINE}"
```

在多数情况下，KMACHINE 与 MACHINE 变量相同。但是在某些情况下，内核使用的机器名称与 OpenEmbedded 构建系统使用的机器名称不一致。例如，OpenEmbedded 构建系统将机器名称识别为 core2-32-intel-common，而在 Yocto 项目 Linux 内核中，该机器名称被识别为 intel-core2-32。对于此类情况，KMACHINE 变量用于将内核的机器名称映射到 OpenEmbedded 构建系统的机器名称上。可以在内核菜谱或者追加菜谱中添加以下代码：

```
KMACHINE:core2-32-intel-common = "intel-core2-32"
```

通过以上代码，KMACHINE 声明内核将该机器识别为 intel-core2-32，而 OpenEmbedded 构建系统将其识别为 core2-32-intel-common。通过 KMACHINE 的映射，确保了两者之间的正确对应关系，从而实现内核配置和构建的顺利进行。

LINUX_KERNEL_TYPE

LINUX_KERNEL_TYPE 用于定义组装内核配置时所使用的内核类型。在 linux-yocto 风格的内核菜谱中，支持的内核类型包括 standard、tiny 和 preempt-rt。若未显式指定 LINUX_KERNEL_TYPE，其默认值为 standard。该变量结合 KMACHINE 共同决定构建内核时所使用的 BSP 描述文件，通过该描述文件可间接确定最终使用的内核类型描述文件。有关支持的内核类型和 BSP 描述文件的详细信息，请参考 7.3.2 节。

KERNEL_FEATURES

KERNEL_FEATURES 变量是内核菜谱中的重要元素，用于加载额外的内核特性描述文件，以增强内核元数据的灵活性和可扩展性。通过该变量添加的内核元数据通常包括配置片段文件（.cfg 文件）和特性描述文件（.scc 文件），这些文件可能进一步引用补丁或额外的配置选项。KERNEL_FEATURES 常用于为特定机器提供覆盖配置，从而定义经过验证但可选的内核特性和配置集合。

KERNEL_FEATURES 可以用于添加非菜谱空间的内核元数据.scc 文件，其具体流程将在后续内容中通过示例详细讲解。同时，KERNEL_FEATURES 也支持加载菜谱空间中的.scc 文件，逻辑相对简单。例如，当内核菜谱及其同级目录下包含名为 kernel-feature.scc 的文件时，可以通过以下代码将其添加到 SRC_URI 中：

```
SRC_URI += "file://kernel-feature.scc"
```

接着，可以通过以下代码将该特性文件加载到内核配置中：

```
KERNEL_FEATURES += "kernel-feature.scc"
```

通过这种方式，菜谱空间中的.scc 文件会被加载到内核工具中，并应用到内核配置中，从而为构建提供额外的灵活性和扩展性。

KERNEL_DEVICETREE

KERNEL_DEVICETREE 变量在 Yocto 项目中用于为特定硬件平台指定设备树文件，以确保这些文件在内核构建过程中被正确生成和集成。通常，该变量定义在机器配置文件中，但也可在内核菜谱中直接指定，前提是菜谱继承了 kernel-devicetree 类。

以下是 linux-yocto_6.6.bb 使用的代码：

```
KERNEL_DEVICETREE:qemuarmv5 = "arm/versatile-pb.dtb"
```

此代码针对 qemuarmv5 机器类型，指定设备树文件为 arm/versatile-pb.dtb，用于构建支持该平台的内核。

7.3.3.3 内核菜谱使用的内核元数据

在上一节中，通过 KERNEL_FEATURES 变量介绍了如何在菜谱空间中引用.scc 文件。而对于非菜谱空间的内核元数据，处理逻辑更加复杂。本节将详细分析内核菜谱如何处理非菜谱空间的元数据，以便更深入地理解内核元数据的实际应用。本节基于 7.1 节中创建的 meta-customer 层和自定义的 core-image-customer 镜像菜谱，选用 beaglebone-yocto.conf 机器配置文件，并以默认的 linux-yocto.bb 内核菜谱为例，阐述其处理 yocto-kernel-cache 仓库中的内核元数据的具体原理和流程。

指定内核源代码和内核元数据仓库

在 linux-yocto_6.6.bb 内核菜谱及其追加菜谱文件中，通过 SRC_URI 变量指定了内核源代码仓库和内核元数据仓库的来源，如下所示：

```
    SRC_URI = "git://***.yoctoproject.org/linux-yocto.git;name=machine;branch=
${KBRANCH};protocol=https \
              git://***.yoctoproject.org/yocto-kernel-cache;type=kmeta;name=meta;
branch=yocto-6.6;destsuffix=${KMETA};protocol=https"
    KMETA = "kernel-meta"
    KBRANCH:beaglebone-yocto = "v6.6/standard/beaglebone"
```

其中，SRC_URI 变量明确指定了 Linux 内核源代码和元数据的仓库地址，branch=${KBRANCH}指明源代码分支由 KBRANCH 变量定义，type=kmeta 标识 yocto-kernel-cache 仓库的内容为内核元数据，destsuffix=${KMETA}表示元数据将被下载到本地 kernel-meta 目录。KMETA 定义了内核元数据在本地的存储目录，而 KBRANCH 针对特定硬件平台设置了源代码分支。通过此配置，确保内核构建过程中所需的内核源代码及内核元数据能够被正确获取。

指定 BSP 描述文件

在 Yocto 项目中，内核工具通过 KMACHINE 和 LINUX_KERNEL_TYPE 变量定位适配目标平台的顶层 BSP 描述文件。在 linux-yocto_6.6.bbappend 追加菜谱中定义如下内容：

```
    KMACHINE:beaglebone-yocto ?= "beaglebone"
```

在上述配置中，KMACHINE 定义了 BeagleBone 平台的内核机器名称为 beaglebone，而 LINUX_KERNEL_TYPE 未显式定义时，其默认值为 standard。内核工具能够根据这些配置在 yocto-kernel-cache 仓库中定位到 bsp/beaglebone/beaglebone-standard.scc 文件作为顶层 BSP 描述文件。其内容如下：

```
    # SPDX-License-Identifier: MIT
    define KMACHINE beaglebone
    define KTYPE standard
    define KARCH arm
```

```
include ktypes/standard/standard.scc
branch beaglebone

include beaglebone.scc

# default policy for standard kernels
include features/latencytop/latencytop.scc
include features/profiling/profiling.scc
```

该文件通过递归加载内核类型描述文件（ktypes/standard/standard.scc）、硬件特性文件以及默认内核功能配置文件，进一步明确了内核的类型和硬件特性需求，为内核构建提供了基础支持。

通过 KERNEL_FEATURES 添加额外功能

在加载完 BSP 描述文件及其关联的内核元数据文件之后，linux-yocto 内核菜谱利用 KERNEL_FEATURES 变量为目标平台加载额外的.scc 文件。这些文件在默认的内核配置基础上提供功能扩展或特性增强，通过补充性配置优化内核对特定硬件平台的支持。以下命令可用于查看实际加载的.scc 文件：

```
jerry@ubuntu:~/yocto/build$ bitbake -e linux-yocto | grep KERNEL_FEATURES=
```

执行以上代码后，可以得到以下输出：

```
KERNEL_FEATURES="   cfg/fs/vfat.scc features/netfilter/netfilter.scc features/
debug/debug-kernel.scc   features/scsi/scsi-debug.scc features/nf_tables/nft_test.scc
features/gpio/mockup.scc features/gpio/sim.scc  features/net/team/team.scc"
```

根据输出可知，KERNEL_FEATURES 变量为目标平台加载了文件系统支持、网络功能、调试工具和硬件接口扩展等.scc 文件。这些文件来自 yocto-kernel-cache 仓库，与 BSP 描述文件（beaglebone-standard.scc）中的默认配置相结合，共同构成内核的特性配置集，为 linux-yocto 内核的 v6.6/standard/beaglebone 分支实现功能扩展和特性增强，确保内核能够满足特定硬件平台的需求。

7.3.4 内核配置

前面已经介绍了内核元数据及其存储方式，以及内核菜谱如何通过内核元数据实现内核的功能定制和配置。本节将进一步讲解内核配置的相关内容，重点阐述如何利用 defconfig 文件和 BitBake 工具在 Yocto 项目中灵活配置内核特性，以满足特定硬件平台的需求。

7.3.4.1　defconfig 文件

defconfig 文件是内核配置的重要基础，作为初始默认配置文件，用于生成最终的.config 文件，并定义内核的基本功能与特性。在 Yocto 项目中，defconfig 文件的定义方式可以分为两种：树内和树外。

树内 defconfig 文件

树内 defconfig 文件是指从内核源代码中直接选取的默认配置文件。使用树内 defconfig 文件时，需要通过 SRC_URI 指定内核源代码的路径，并利用 KBUILD_DEFCONFIG 变量指定内核源代码中预定义的某个 defconfig 文件作为默认配置。

其通用定义格式如下：

```
KBUILD_DEFCONFIG:<machine> ?= "<defconfig_filename>"
```

例如，在 meta-raspberrypi 层中，KBUILD_DEFCONFIG 变量的定义如下：

```
KBUILD_DEFCONFIG:raspberrypi4 ?= "bcm2711_defconfig"
```

这行代码为 raspberrypi4 机器指定了默认的 defconfig 文件 bcm2711_defconfig，该文件位于内核源代码的 arch/arm/configs 目录中。这种方式通常用于依赖内核源代码提供的标准配置，适合通用场景或参考平台。

树外 defconfig 文件

树外 defconfig 文件指的是存储在元数据层中或本地的自定义配置文件，而非存放在内核源代码中的文件。用户可以将所需的 defconfig 文件放置在内核菜谱所在的目录中，并通过 SRC_URI 和 FILESEXTRAPATHS 变量引用该文件。具体配置如下：

```
SRC_URI += "file://defconfig"
```

同时，通过以下代码指定文件路径：

```
FILESEXTRAPATHS:prepend := "${THISDIR}/${PN}:"
```

通过以上代码，构建系统在菜谱的同级目录的${PN}子目录中查找 defconfig 文件。通过这种方式，内核配置可以通过外部文件进行定制，而无须修改内核源代码中的配置文件。

如果同时定义了树内的 KBUILD_DEFCONFIG 变量和树外的 defconfig 文件，则树外的 defconfig 文件会优先生效，覆盖树内配置。这种优先级机制确保了内核配置的灵活性，适用于根据特定硬件或应用场景进行定制的需求。

7.3.4.2 BitBake 配置内核

在传统 Linux 内核开发过程中，确认默认 defconfig 文件后，通常通过 make 工具生成最终的.config 文件。配置完成后，若需进一步调整内核配置，通常使用 make menuconfig 进行手动修改，并通过 make savedefconfig 保存修改内容，以更新默认 defconfig 文件。针对这一传统流程，Yocto 项目提供了相应的任务，通过 BitBake 自动化这些操作，无须直接编译内核源代码。以下是使用 BitBake 配置内核的详细过程。

在使用 BitBake 的 do_menuconfig 任务配置内核时，在构建主机上需要安装两个软件包：libncurses5-dev 和 libtinfo-dev。以 Ubuntu 系统为例，可以通过以下命令进行安装：

```
$ sudo apt install libncurses5-dev libtinfo-dev
```

安装完成后，使用 source 命令执行构建环境配置脚本，进入构建环境：

```
$ source poky/oe-init-build-env ./build
```

接下来，继续以前面内容中 core-image-customer 镜像菜谱中使用的 linux-yocto.bb 内核菜谱为例，讲解 BitBake 的内核配置方法。

do_kernel_configme 合并配置

针对 linux-yocto.bb 内核菜谱，通过树内或者树外方法确认默认 defconfig 文件后，可以使用以下命令将所有内核配置片段合并为最终的配置：

```
jerry@ubuntu:~/yocto/build$ bitbake -c kernel_configme linux-yocto
```

该命令将合并内核元数据中的有效配置，生成最终的.config 配置文件。在执行完成后，生成的.config 文件可以在构建输出目录${WORKDIR}/linux-beaglebone_yocto-standard-build 中找到。基于此配置文件，便可直接构建目标镜像，或继续通过 do_menuconfig 任务进行配置修改。

do_menuconfig 图形配置

在生成.config 配置文件后，可以使用以下命令进一步手动配置内核：

```
jerry@ubuntu:~/yocto/build$ bitbake -c menuconfig  linux-yocto
```

执行以上命令后，将出现内核配置的图形界面，如图 7-5 所示。

完成图形界面中的配置修改后，保存并退出。修改后的配置将自动用于构建内核。验证完修改后的配置后，也可以通过 do_savedefconfig 任务保存修改过的 defconfig 文件，并将其替换为默认的 defconfig 文件。

do_savedefconfig 保存修改配置

在图 7-5 所示的 menuconfig 图形配置界面中，选择 Bluetooth subsystem support 配置项后，保存并退出时，CONFIG_BT 配置项将被启用。如果希望将这些更改保存为新的 defconfig 文件并替换默认 defconfig，可以使用以下命令：

```
jerry@ubuntu:~/yocto/build$ bitbake -c savedefconfig linux-yocto
```

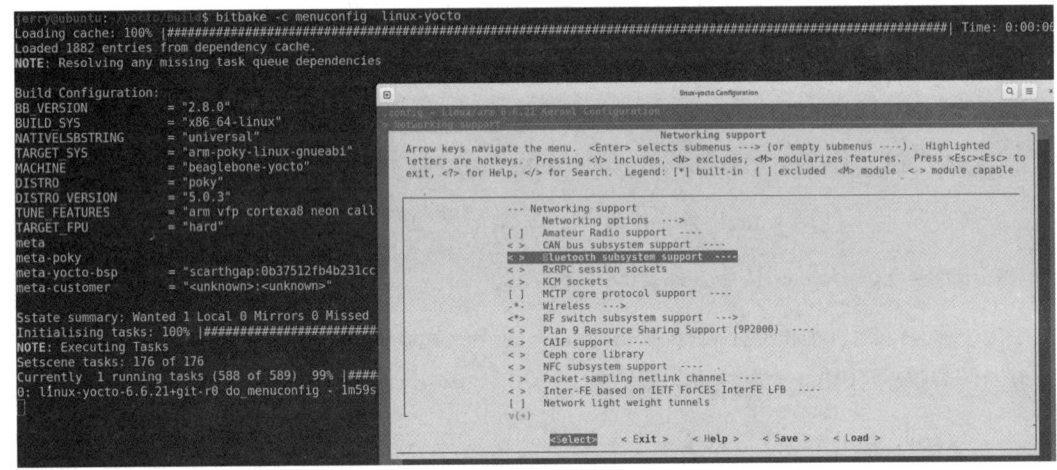

图 7-5　使用 menuconfig 配置内核

执行上述命令后，会在${WORKDIR}/linux-beaglebone_yocto-standard-build 目录下创建一个新的 defconfig 文件。在该文件中将包含修改后的配置项，例如：

```
CONFIG_BT=y
```

这表明 do_savedefconfig 任务已成功将修改后的配置保存至新的 defconfig 文件中，可以用于替换默认的 defconfig 文件。

7.3.5　定制内核菜谱的步骤

在前述内容中，我们已深入探讨了内核元数据、内核菜谱及内核配置的基本概念。本节将基于这些理论知识，详细说明如何通过在 meta-customer 层修改内核菜谱，利用内核元数据实现蓝牙驱动的添加。具体来说，本节以虚拟 HCI 设备驱动为例，展示如何通过内核元数据定制内核，以实现蓝牙协议栈的模拟。在实际硬件环境中，用户可根据具体需求，添加针对特定硬件的蓝牙驱动内核元数据。最后，将通过 QEMU 启动验证，确保所定制的蓝牙驱动能够在虚拟环境中正常运行。

7.3.5.1 添加蓝牙内核元数据

在 Yocto 项目中，定制内核通常通过修改内核菜谱文件或者追加菜谱文件来实现。在 meta-customer 层中创建 recipes-kernel/linux/linux-yocto_6.6.bbappend 追加菜谱文件及其相关目录，然后在 linux-yocto_6.6.bbappend 文件中，增加以下配置以启用蓝牙虚拟 HCI 驱动：

```
KERNEL_FEATURES:append:beaglebone-yocto =" features/bluetooth/bluetooth-vhci.scc"
```

此配置通过 KERNEL_FEATURES 变量引入 bluetooth-vhci.scc 内核元数据文件，从而启用蓝牙虚拟 HCI 驱动，允许在没有物理蓝牙硬件的情况下进行蓝牙协议仿真和测试。

为了确保在最终的镜像中包含蓝牙相关的管理工具，还需要在镜像菜谱 core-image-customer.bb 中添加 bluez5 工具包：

```
IMAGE_INSTALL:append = " bluez5"
```

bluez5 是实现蓝牙协议栈的工具包，其包含了管理蓝牙设备所需的命令行工具，例如 bluetoothctl 和 hciconfig。

7.3.5.2 验证内核配置

在完成内核元数据的添加后，首先需要验证内核配置，以确保所需的蓝牙驱动已正确配置。下面将详细描述验证过程。

首先，运行 do_kernel_configme 任务以合并内核配置。执行以下命令：

```
jerry@ubuntu:~/yocto/build$ bitbake -c kernel_configme linux-yocto
```

此任务将合并所有内核配置片段，生成最终的.config 配置文件，并确保启用蓝牙驱动等必要功能。然后，使用以下命令通过 menuconfig 界面查看和验证配置：

```
jerry@ubuntu:~/yocto/build$ bitbake -c menuconfig  linux-yocto
```

在 menuconfig 界面中，检查与蓝牙相关的选项，特别是 CONFIG_BT_HCIVHCI 配置项。如果该选项被正确配置，则意味着 bluetooth-vhci.scc 内核元数据文件已成功加载。

图 7-6 显示了“HCI VHCI（Virtual HCI device）driver”配置选项已被选择，表明 CONFIG_BT_HCIVHCI 配置已启用，确认蓝牙虚拟 HCI 驱动已正确配置。

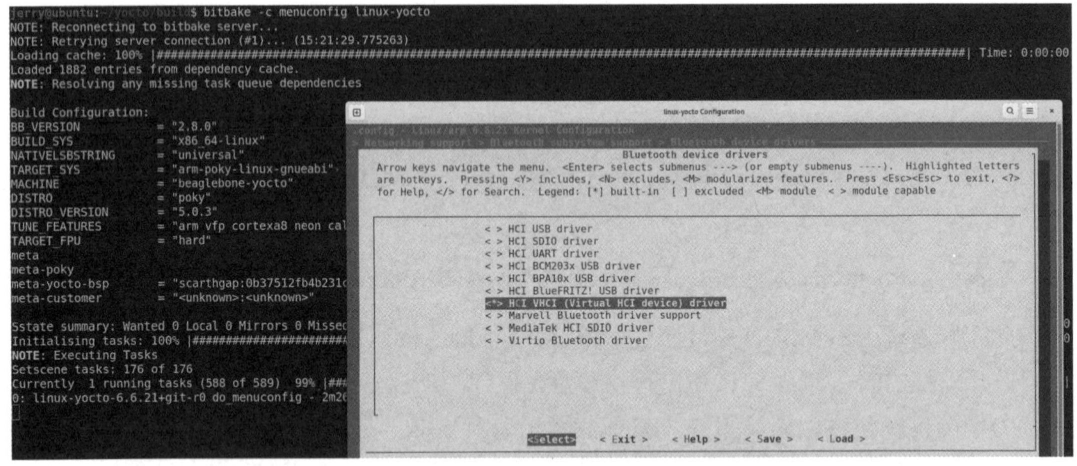

图 7-6　验证内核配置

7.3.5.3　QEMU 启动验证

在验证内核配置后，通过以下命令重新构建镜像：

```
jerry@ubuntu:~/yocto/build$ bitbake -c cleansstate core-image-customer && bitbake core-image-customer
```

执行上述命令后，使用 QEMU 启动虚拟机并加载定制的 core-image-customer 镜像。命令如下：

```
jerry@ubuntu:~/yocto/build$ runqemu beaglebone-yocto  core-image-customer
```

在 QEMU 启动后，可以通过以下命令查看内核日志，确认蓝牙设备是否被成功初始化：

```
root@beaglebone-yocto:$ dmesg | grep Bluetooth
```

此时会出现以下日志输出，表明 HCI 及相关蓝牙子系统已成功初始化：

```
Bluetooth: Core ver 2.22
Bluetooth: HCI device and connection manager initialized
Bluetooth: HCI socket layer initialized
Bluetooth: L2CAP socket layer initialized
Bluetooth: SCO socket layer initialized
```

接下来，使用 bluetoothctl 配置和管理蓝牙设备：

```
root@beaglebone-yocto:$ bluetoothctl
```

得到以下输出：

```
Agent registered to bluetoothd...
[bluetooth]# list
[bluetooth]# scan on
No default controller available
```

尽管 bluetoothctl 成功启动，但在 QEMU 环境中并没有显示蓝牙硬件设备。但通过以上日志输出和 bluetoothctl 工具验证结果可以确认虚拟 HCI 蓝牙驱动成功加载并初始化。

图 7-7 展示了上述结果，表明尽管在 QEMU 中没有物理蓝牙适配器或设备节点（例如 hci0），但蓝牙协议栈已正确初始化，内核元数据和配置已成功应用，实现了对内核菜谱 linux-yocto_6.6.bb 的定制。在实际项目中，对于实际硬件的蓝牙设备驱动，可以通过添加其他内核元数据文件（例如 features/bluetooth/bluetooth-usb.scc）来启用相应功能。

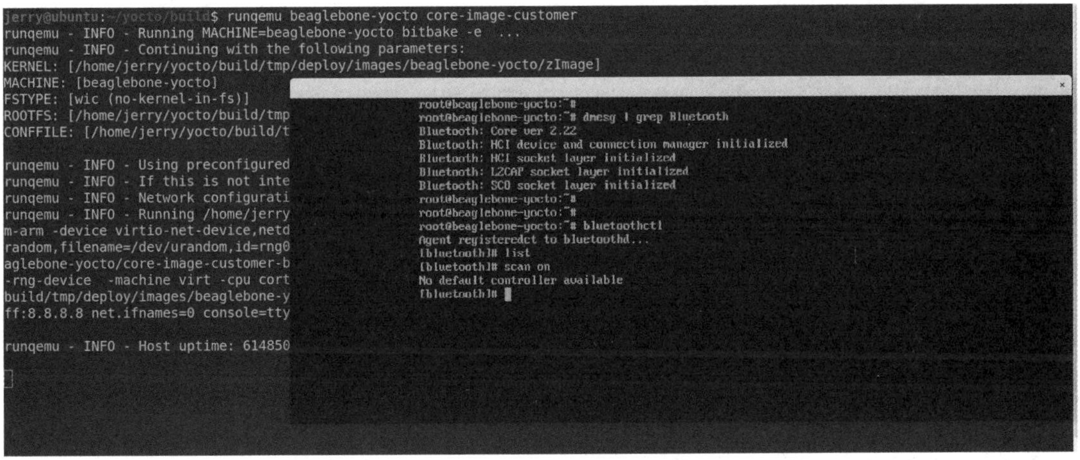

```
jerry@ubuntu:~/yocto/build$ runqemu beaglebone-yocto core-image-customer
runqemu - INFO - Running MACHINE=beaglebone-yocto bitbake -e  ...
runqemu - INFO - Continuing with the following parameters:
KERNEL: [/home/jerry/yocto/build/tmp/deploy/images/beaglebone-yocto/zImage]
MACHINE: [beaglebone-yocto]
FSTYPE: [wic (no-kernel-in-fs)]
ROOTFS: [/home/jerry/yocto/build/tmp
CONFFILE: [/home/jerry/yocto/build/t

runqemu - INFO - Using preconfigured
runqemu - INFO - If this is not inte
runqemu - INFO - Network configurati
runqemu - INFO - Running /home/jerry
m-arm -device virtio-net-device,netd
random,filename=/dev/urandom,id=rng0
aglebone-yocto/core-image-customer-b
-rng-device  -machine virt -cpu cort
build/tmp/deploy/images/beaglebone-y
ff:8.8.8.8 net.ifnames=0 console=tty

runqemu - INFO - Host uptime: 614850

root@beaglebone-yocto:~#
root@beaglebone-yocto:~# dmesg | grep Bluetooth
Bluetooth: Core ver 2.22
Bluetooth: HCI device and connection manager initialized
Bluetooth: HCI socket layer initialized
Bluetooth: L2CAP socket layer initialized
Bluetooth: SCO socket layer initialized
root@beaglebone-yocto:~#
root@beaglebone-yocto:~#
root@beaglebone-yocto:~# bluetoothctl
Agent registeredct to bluetoothd...
[bluetooth]# list
[bluetooth]# scan on
No default controller available
[bluetooth]#
```

图 7-7　QEMU 验证蓝牙驱动

7.4　定制内核树外模块

在实际项目中，内核定制的方法多种多样，例如通过在 linux-yocto 风格的内核菜谱中添加内核元数据文件来实现功能扩展，或直接修改内核配置和源代码。每种方法都有其适用场景，合理选择能够有效提升开发效率。

本节将介绍如何通过添加树外内核模块实现内核功能扩展。继续基于 meta-customer 层，在其中添加树外模块菜谱和树外模块源代码构建名为 customer.ko 的内核模块，并配置其在 QEMU 启动 core-image-customer 镜像时自动加载，同时在控制台输出“customer.ko (out-of-tree module)loaded successfully."。当模块在用户空间被卸载时，将同步输出相应提示信息。通过这一示例，展示 Yocto 项目在内核模块定制方面的灵活性和扩展能力。

7.4.1　树外模块的基本原理

树外模块是指独立于内核源代码树的外部内核模块，支持在用户空间通过工具（例如 insmod、modprobe 和 rmmod）实现动态加载和卸载。硬件厂商通常提供模块源代码或已编译的.ko 文件，开发者无须修改内核源代码即可加载这些模块，从而实现内核功能扩展，提升开发的灵活性和效率。

在传统方法中，开发者需要在构建主机上通过 Makefile 文件链接内核源代码，利用交叉编译工具生成模块，并将生成的.ko 文件手动部署到目标设备。而 Yocto 项目通过树外模块菜谱和 BitBake 工具，可实现模块构建、打包、部署及加载流程的自动化。开发者只需在菜谱中定义模块源代码路径、编译规则及依赖关系，BitBake 工具即可生成模块并将其打包为标准软件包。此外，通过设置机器配置文件，模块可自动部署到目标镜像，并在系统启动时自动加载，显著简化模块管理流程，满足动态功能扩展需求。

7.4.2　树外模块的安装与加载

Yocto 项目通过树外模块菜谱可实现模块的构建、打包和部署流程。树外模块菜谱符合通用菜谱的语法，主要用于定义模块的源代码路径、编译规则和依赖关系，并通过 BitBake 工具自动完成模块的生成和集成。开发者无须手动操作，即可将模块高效集成到目标系统中，显著提升管理效率。

7.4.2.1　树外模块菜谱

树外模块菜谱是用于构建和管理树外内核模块的核心工具，通过定义模块的源代码路径、编译规则和依赖关系，实现模块构建的自动化，并确保与 Yocto 构建系统的兼容性。

在树外模块菜谱中，SRC_URI 变量用于定位模块的源代码及相关文件，例如源文件、许可证文件（COPYING）和构建文件（Makefile）。模块的 Makefile 定义了核心的构建规则，其关键在于调用内核构建系统以完成模块的编译和集成。典型规则如下所示：

```
$(MAKE) -C $(KERNEL_SRC) M=$(SRC)
```

其中，KERNEL_SRC 变量指向内核的源代码路径，而 M=$(SRC)定义当前模块的工作目录。通过这一规则，模块能够正确链接内核头文件和相关资源，确保构建过程的完整性。

树外模块菜谱依赖 module.bbclass 类提供编译和打包的核心功能。module.bbclass 会自动将 KERNEL_SRC 和 KERNEL_PATH 变量设置为${STAGING_KERNEL_DIR}，确保模块能够正确指向内核源代码和构建信息。此外，该类还定义了标准化的模块编译规则，并支持生成以 kernel-module-为前缀的软件包，便于模块的分发和管理。

Poky 的 meta-skeleton 层中提供的 hello-mod.bb 菜谱是树外模块菜谱的一个标准示例，展示了模块源路径、编译规则和依赖关系的定义方式。通过这一示例，开发者可以快速掌握树外模块菜谱的核心概念，并应用到定制模块的开发中。

7.4.2.2 安装树外模块

通过 BitBake 构建树外内核模块后，Yocto 项目提供了自动安装模块的方法，无须手动将生成的模块文件拷贝到目标系统中。构建系统会将树外模块（.ko 文件）打包为与机器硬件相关的标准软件包，并通过特定的机器配置变量实现自动部署。

核心配置变量

为实现树外模块的自动部署，Yocto 项目引入了以下 4 个机器级别的配置变量，这些变量定义在机器配置文件中，与常规的软件包依赖变量（RDEPENDS 和 RRECOMMENDS）有所不同，它们专注于硬件依赖和启动配置：

- MACHINE_ESSENTIAL_EXTRA_RDEPENDS：指定系统启动过程中必需的模块或软件包列表。构建过程会确保这些包被正确安装。如果这些依赖缺失，系统可能无法正常启动。该变量通常由 packagegroup-core-boot 包组管理，确保启动所需的基本功能。
- MACHINE_ESSENTIAL_EXTRA_RRECOMMENDS：与 MACHINE_ESSENTIAL_EXTRA_RDEPENDS 类似，但它指定的是推荐安装的模块或软件包。如果未能安装这些模块，构建过程不会失败。
- MACHINE_EXTRA_RDEPENDS：用于指定功能更完整的镜像中需要安装的模块或软件包，这些模块不是系统启动的必要条件，例如 WiFi 驱动程序或固件。这些模块在增强镜像功能时起到关键作用，但如果安装失败，构建过程会中止。此变量依赖 packagegroup-base 包组管理。
- MACHINE_EXTRA_RRECOMMENDS：定义推荐安装的非必要启动模块。如果这些模块未能安装，镜像构建仍然可以成功。这类变量适用于一些额外驱动程序或模块，这些模块可能已被编译到内核中，因此可以选择性地安装。

安装单个树外模块

在机器配置文件中，可以通过以下设置实现单个树外模块的自动安装：

```
MACHINE_EXTRA_RRECOMMENDS += "kernel-module-mymodule"
```

其中，kernel-module-mymodule 为 mymodule.ko 模块去除.ko 后缀并添加 kernel-module-前缀生成的。由于使用的是推荐依赖变量，所以如果模块不可用，构建过程也不会失败。

安装全部树外模块

如果需要安装构建出的所有可用树外模块，可以在机器配置文件中添加以下配置：

```
MACHINE_EXTRA_RRECOMMENDS = "kernel-modules"
```

kernel-modules 是一个集合包，包含所有支持的内核模块。当使用此变量时，构建系统会自动将目标平台支持的所有内核模块安装到镜像中。

7.4.2.3　自动加载内核模块

Yocto 项目不仅支持内核模块的自动安装，还提供了自动加载功能。通过 KERNEL_MODULE_AUTOLOAD 变量，可以指定在系统启动时需要自动加载的内核模块。该变量可以定义在构建系统能够解析并应用的位置，例如机器配置文件、发行版配置文件、内核菜谱或树外模块菜谱中。例如，在机器配置文件中加入以下代码：

```
KERNEL_MODULE_AUTOLOAD:append = "mymodule"
```

以上代码将 mymodule.ko 模块配置为在目标系统启动时自动加载。构建系统会在目标文件系统的/etc/modules-load.d/目录下创建名为 mymodule.conf 的配置文件，文件中包含模块名称，确保系统启动时按需加载该模块。

7.4.3　定制 customer.ko 树外模块

在介绍了树外模块的概念和运行原理之后，本节将基于 7.1 节创建的 meta-customer 层和 core-image-customer 镜像菜谱，进一步添加树外模块菜谱和相关模块源代码文件，完成 customer.ko 模块的定制流程。最终，该模块将在目标镜像中实现自动安装，并在系统启动时自动加载。

本节的目标是通过创建和配置 customer.ko 模块的完整实践案例，结合 QEMU 虚拟化环境验证模块的功能。整个过程不仅可以让大家巩固前面内容学习的树外模块的理论知识，还能加深对 Yocto 项目中树外内核模块实际应用的理解。

7.4.3.1　创建树外模块菜谱

本节通过在 meta-customer 层中创建树外模块 customer.ko 的树外模块菜谱和相关源文

件，实现模块的编译和打包等功能。以下为各文件的关键内容与功能说明。

meta–customer 层结构

在 meta-customer 层的 recipes-kernel 目录下添加 customer-mod 子目录，在其中创建树外模块菜谱 customer-mod_0.1.bb，以及 files 子目录用于存放模块源文件（包括 customer.c、COPYING 和 Makefile）。完成创建后，结合前面的内容，meta-customer 层的最终结构如下：

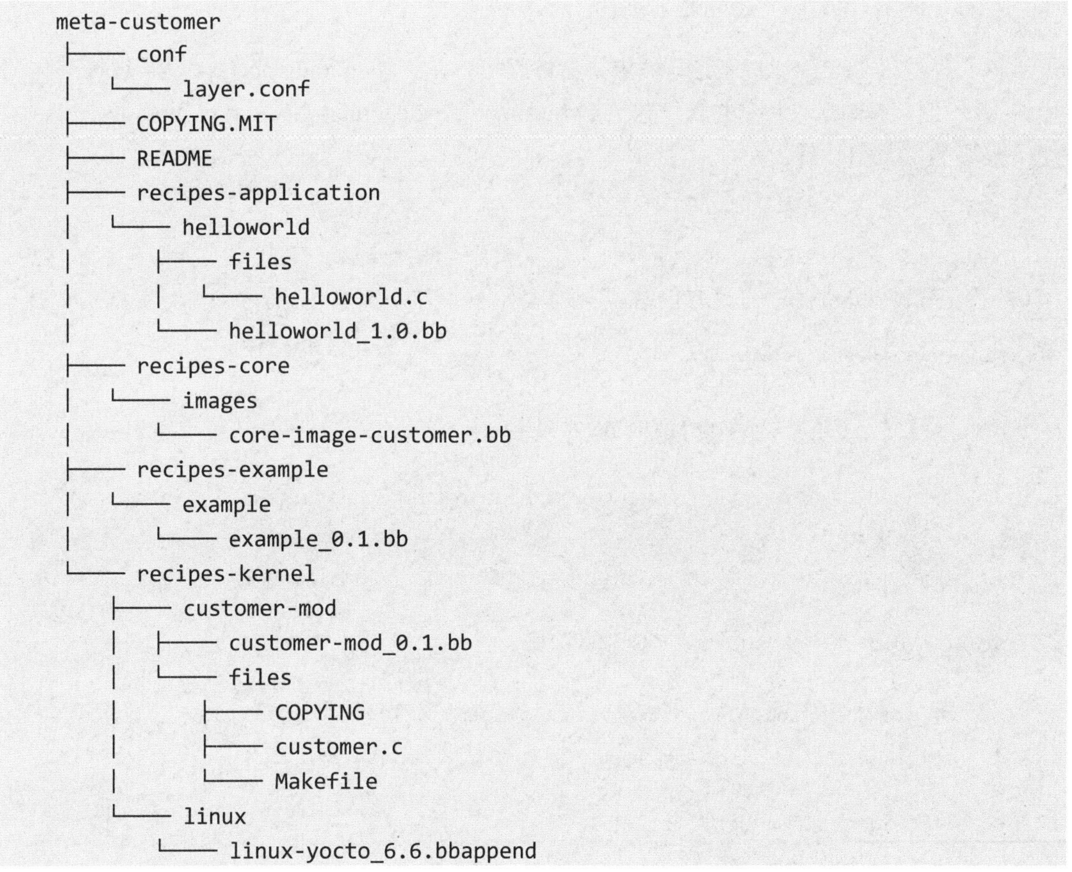

```
meta-customer
├── conf
│   └── layer.conf
├── COPYING.MIT
├── README
├── recipes-application
│   └── helloworld
│       ├── files
│       │   └── helloworld.c
│       └── helloworld_1.0.bb
├── recipes-core
│   └── images
│       └── core-image-customer.bb
├── recipes-example
│   └── example
│       └── example_0.1.bb
└── recipes-kernel
    ├── customer-mod
    │   ├── customer-mod_0.1.bb
    │   └── files
    │       ├── COPYING
    │       ├── customer.c
    │       └── Makefile
    └── linux
        └── linux-yocto_6.6.bbappend
```

定义树外模块菜谱

customer-mod_0.1.bb 是模块的核心菜谱文件，用于定义模块的元数据、构建规则和依赖关系。以下为文件内容：

```
SUMMARY = "Customed out-of-tree module."
DESCRIPTION = "${SUMMARY}"
```

```
LICENSE = "CLOSED"

inherit module
SRC_URI = "file://Makefile \
          file://customer.c \
          file://COPYING \
         "
S = "${WORKDIR}"
RPROVIDES:${PN} += "kernel-module-customer"
```

该文件通过 SRC_URI 指定模块相关文件路径，并继承 module.bbclass 以实现标准化的模块编译和打包规则。生成的软件包为 kernel-module-customer，以 kernel-module-为前缀，便于模块的部署和管理。

编写模块源代码

customer.c 是模块的核心源代码，负责定义模块加载与卸载时的功能逻辑。在本示例中，模块仅输出加载和卸载时的日志信息，其内容如下：

```
#include <linux/module.h>

static int __init customer_init(void)
{
    pr_info("customer.ko(out-of-tree module) loading succefully.\n");
    return 0;
}

static void __exit customer_exit(void)
{
    pr_info("customer.ko(out-of-tree module) unloaded succefully.\n");
}

module_init(customer_init);
module_exit(customer_exit);
MODULE_LICENSE("GPL");
```

该文件通过 customer_init 和 customer_exit 函数定义了模块加载和卸载时的操作逻辑，并使用 MODULE_LICENSE("GPL")声明模块的许可证，确保符合内核模块的许可要求。

创建 Makefile 文件

Makefile 用于定义模块的编译规则，通过内核构建系统（Kbuild）完成模块的编译和链接。以下是文件的关键内容：

```
obj-m := customer.o

SRC := $(shell pwd)

all:
    $(MAKE) -C $(KERNEL_SRC) M=$(SRC)

modules_install:
    $(MAKE) -C $(KERNEL_SRC) M=$(SRC) modules_install
```

Makefile 中的规则通过$(MAKE) -C $(KERNEL_SRC) M=$(SRC)命令调用内核构建系统完成模块的编译和链接。KERNEL_SRC 变量由 module.bbclass 类文件自动设置，指向内核源代码路径，确保模块正确链接内核头文件并生成目标模块 customer.ko。

7.4.3.2 部署和加载树外模块

完成树外模块菜谱和相关文件的创建后，需要在机器配置文件 beaglebone-yocto.conf 中添加以下代码：

```
MACHINE_ESSENTIAL_EXTRA_RRECOMMENDS:append = " kernel-module-customer"
KERNEL_MODULE_AUTOLOAD:append = " customer"
```

MACHINE_ESSENTIAL_EXTRA_RRECOMMENDS 变量确保在镜像构建过程中，将 customer.ko 模块部署到目标系统的文件系统中。KERNEL_MODULE_AUTOLOAD 变量指定在系统启动时自动加载模块 customer。上述配置能够保证模块在镜像生成和目标系统运行时都被正确处理。

完成机器文件的修改后，需要重新构建目标镜像。进入设置好的构建环境，执行以下命令清理构建输出并重新构建：

```
jerry@ubuntu:~/yocto/build$ bitbake -c cleansstate core-image-customer && bitbake
core-image-customer
```

以上命令将确保镜像重新编译，并生成包含 customer.ko 模块的目标镜像。构建完成后，customer.ko 模块将被自动部署至目标机器的文件系统中，并在系统启动过程中自动加载，从而实现模块的完整集成和运行。

7.4.3.3 QEMU 启动与验证

在完成镜像的构建后，可使用 QEMU 模拟器启动目标系统并验证 customer.ko 模块的部署与加载情况。运行以下命令启动 QMEU 模拟器：

```
jerry@ubuntu:~/yocto/build$ export IMAGE_LINK_NAME=core-image-customer-beaglebone-yocto.rootfs
jerry@ubuntu:~/yocto/build$ runqemu beaglebone-yocto  core-image-customer
```

通过以上命令启动系统后，控制台会切换至目标系统的环境，在该环境下验证模块的部署和加载情况。

通过以下方法检查 customer.ko 模块是否被正确加载。

首先，使用以下 dmesg 命令过滤内核日志，检查模块加载时的输出信息：

```
$ dmesg | grep customer
```

如果模块成功加载，日志中会显示以下内容：

```
customer.ko(out-of-tree module) loading successfully.
```

接着，运行以下命令查看当前加载的内核模块列表，确认 customer 模块是否加载：

```
$ lsmod
```

最后，通过以下命令检查模块文件是否已正确部署到文件系统：

```
$ ls /lib/modules/6.6.21-yocto-stand/updates
```

如果模块部署成功，customer.ko 文件将出现在上述目录中。

验证成功后，模块加载信息和系统日志将显示在控制台中。图 7-8 展示了加载成功的相关信息和输出。

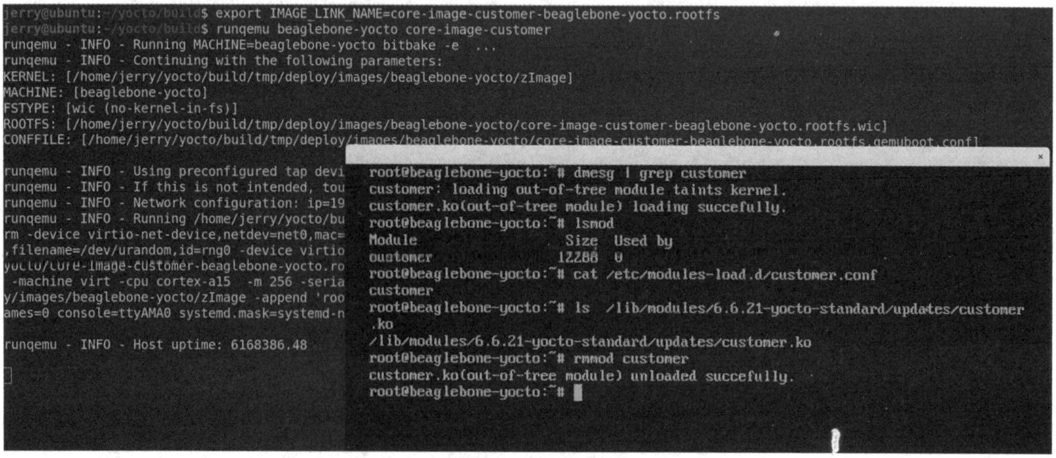

图 7-8　QEMU 验证 customer 树外模块

第 8 章 树莓派启动定制镜像

在第 7 章中，我们探讨了如何基于 Poky 定制 BeagleBone 的镜像菜谱、应用程序、内核菜谱和树外模块，并通过 QEMU 模拟器验证了构建结果。在此过程中，我们系统性地分析了嵌入式 Linux 系统各核心模块的定制方法，阐明了 Yocto 项目中内核菜谱的理论基础，并完成了在模拟环境中构建和测试嵌入式系统的实践。然而，这一过程主要依赖 Poky 的默认配置，内容聚焦于模拟环境的实现，未涉及开源层的使用，也未展示如何在真实硬件平台上运行这些定制的系统。

本章以树莓派 4B 为实践的硬件平台，结合其开源 BSP 元数据层，探讨镜像的定制与部署方法。其中，树莓派硬件平台特定的 BSP 层结构及其在 Yocto 项目中的作用是本章的核心内容。除此之外，本章还将概述树莓派硬件的基本特性，包括处理器架构和接口配置，并介绍 Yocto 项目中的 Wic 工具及其在镜像生成和硬件部署中的应用，展示从系统构建到硬件运行的完整实现流程。

通过本章的学习，你将掌握硬件平台的基础知识，深入理解 BSP 层的架构与功能，为下一章中实战定制树莓派 BSP 层提供技术支持。同时，本章内容还有助于你理解硬件平台如何通过适配或者创建 Yocto 项目的开源元数据层，高效且灵活地定制适用于其硬件平台的嵌入式 Linux 系统。

8.1　树莓派简介

树莓派（Raspberry Pi）是一种功能强大且价格低廉的单板计算机，最早由英国的树莓派基金会（Raspberry Pi Foundation）于 2012 年推出。它的设计初衷是促进计算机科学教育，尤其是在学校和发展中国家，但其灵活性和多用途的设计迅速吸引了广大科技爱好者、开发者和专业人士的关注。树莓派不仅具备完整的计算机系统功能，还提供了丰富的接口和扩展能力，能够支持多种创意应用和项目开发。

树莓派经历了 10 多年的发展，已衍生出多个版本，包括 Raspberry Pi、Raspberry Pi 2、Raspberry Pi 3、Raspberry Pi 4，以及 Raspberry Pi Zero 等。每个版本都不断地在处理器性能、内存和接口等方面进行了升级和改进。

树莓派 4 代 B 型（Raspberry Pi 4 Model B），简称树莓派 4B，是一款广受欢迎的单板计算机，其设计初衷是在学校中推广基础计算机科学教育。这一款树莓派开发板凭借其卓越的性能和出色的扩展能力，成为众多高级项目和嵌入式应用的首选。树莓派 4B 配备 4 核 ARM Cortex-A72 处理器和 8GB LPDDR4 内存，为用户提供强劲的计算性能与出色的多任务处理能力。本章及后续两章将以树莓派 4B 为目标硬件，完成通过 Yocto 项目构建的嵌入式 Linux 系统镜像和应用程序的测试工作。

接下来，我们就来详细介绍一下这款树莓派的硬件配置和特色功能。

8.1.1　树莓派 4B

树莓派的硬件设计精巧且高效，核心部件由处理器、内存、电源管理电路及多样化的接口组成，可确保稳定运行与广泛的设备连接能力。树莓派 4B 的硬件核心组件主要包括以下几个部分。

- **处理器**：树莓派 4B 使用的是由博通公司出品的 BCM2711 芯片，这是一款集成了 GPU 和 CPU 的系统级芯片（SoC）。其核心是 4 核 64 位的 ARM Cortex-A72 架构处理器，运行频率为 1.5GHz。这种架构具有较高的单线程性能、更低的功耗以及较强的多核处理能力，使得树莓派 4B 在处理计算密集型任务时表现出良好的性能。
- **内存**：树莓派 4B 配备了 LPDDR4 内存，这是一种低功耗双倍数据速率内存技术，能够提供更高的带宽和更低的功耗。树莓派 4B 的内存大小有 1GB、2GB、4GB 或 8GB 可选，内存访问速度相对较快，但具体的数据传输速率会受所使用的内存模块的限制。
- **电源管理电路**：虽然具体的电源管理电路细节可能因版本或制造商不同而有所差异，但树莓派 4B 通常具有稳定的电源管理系统，以确保在各种条件下都能提供可靠的电力供应。此外，树莓派还支持通过以太网供电（PoE）的解决方案，这可以进一步简化布线并减少电源适配器的使用。

- **接口**：树莓派 4B 提供了多样化的接口以支持广泛的设备连接。这包括 USB 接口（支持 USB 3.0）、以太网接口、HDMI 高清视频输出接口、40 针 GPIO 接口等。此外，还有 MicroSD 卡槽用于存储和数据传输，以及 CSI 摄像头接口和 DSI 显示端口等特殊接口，分别用于连接树莓派专用摄像头模块和触摸显示器。

图 8-1 显示了树莓派 4B 的各硬件组件布局。

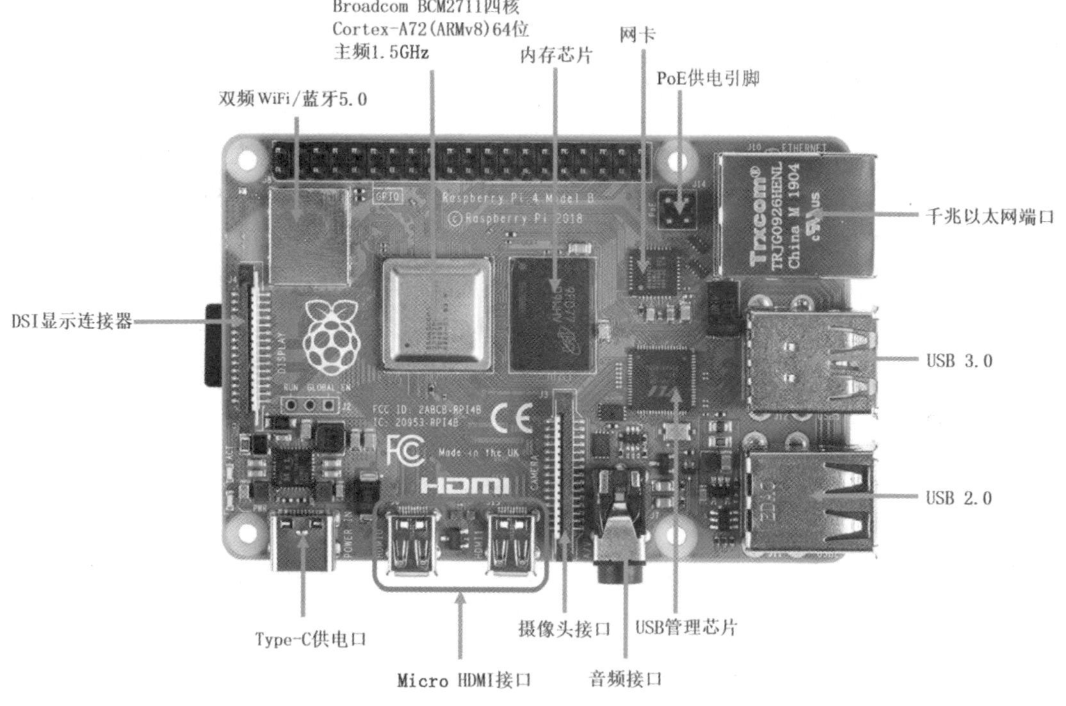

图 8-1 树莓派 4B 组件

8.1.2 树莓派与 Yocto 项目

树莓派凭借其强大的性能和合理的价格，已成为学习和开发嵌入式 Linux 系统及相关应用程序的热门平台。为支持树莓派系列的开发板，开源社区开发并维护了一个名为 meta-raspberrypi 的 BSP 层。该 BSP 层的源代码可以在 Yocto 项目源代码库中找到，其分类为“Yocto Metadata Layers - Other Layers”，并与 Yocto 项目参考发行版 Poky 完全兼容。

meta-raspberrypi 层为树莓派设备提供了所需的关键元数据，包括设备树、启动配置和内核菜谱等。其结构和内容多次被 Yocto 官方文档引用，用于讲解 BSP 层的组织方式和内核定制等实际操作。通过这些示例，开发者可以深入理解 Yocto 项目中 BSP 层的核心概念以及其在嵌入式 Linux 系统开发中的实践应用。

得益于 Yocto 项目对树莓派的良好支持，以及树莓派硬件本身的灵活性和强大功能，树莓派成为学习和实践 Yocto 项目的理想平台。开发者可以通过树莓派设备，结合 Yocto 项目工具链，快速实现嵌入式 Linux 系统镜像构建、内核定制及硬件功能验证，将 Yocto 项目知识应用于实际开发需求。

8.2　构建和部署树莓派镜像

在分析树莓派 4B 开发板硬件特性的基础上，本节将详细介绍如何使用 Yocto 项目构建 rpi-test-image 测试镜像，并通过专业工具将其部署到适用于树莓派的 SD 卡中。rpi-test-image.bb 是树莓派 BSP 层中的测试镜像菜谱，专为树莓派硬件平台设计，是基于 Poky 参考发行版的 core-image-base 菜谱构建的。该镜像集成了多种开发和测试所需的关键软件包，并全面支持树莓派的硬件特性。

当镜像构建完成并成功部署至 SD 卡后，树莓派启动运行时，系统的启动信息将通过外接显示器输出，便于开发者进行调试和功能验证。

8.2.1　构建树莓派测试镜像

本节将详细介绍如何为树莓派 4B 开发板构建测试镜像 rpi-test-image。内容包括硬件环境准备、元数据层获取、构建环境初始化以及使用 BitBake 构建镜像的完整流程，为后续镜像部署和运行提供支持。

8.2.1.1　准备运行环境

在构建测试镜像之前，需要确保硬件和软件环境已正确配置。以下是所需的硬件设备和软件环境。

- 树莓派 4B 开发板：需要一块内存为 8GB 的树莓派 4B 开发板作为目标硬件。
- SD 卡和读卡器：由于树莓派未内置存储介质，因此需要准备一张容量至少为 8GB 的 Micro SD 卡以及一个兼容的 USB 2.0 读卡器。建议使用购买的树莓派开发板套件中附带的 SD 卡和读卡器，以确保兼容性和稳定性。

- 显示连接线：树莓派未配备内置显示器，因此需要一根 Micro HDMI 转 HDMI 的连接线，用于连接显示器输出系统界面和图像。大多数开发板套件通常包含此连接线。
- 构建主机：需要一台支持 USB 2.0 读卡器的 Linux 主机，用于运行构建工具和部署镜像文件。本书使用 Ubuntu 22.04.4 LTS 操作系统，并安装了 Raspberry Pi Imager 工具以完成 SD 卡镜像部署。
- 软件环境：本节继续使用第 7 章中使用的 Poky 源代码的 scarthgap 分支，其顶层目录为：/home/jerry/yocto/poky/。

8.2.1.2 获取树莓派层

在准备硬件和软件环境后，还需要使用 Git 工具获取 meta-raspberrypi 层的 scarthgap 分支，并让其顶层目录与 Poky 源代码的顶层目录保持一致。本书中的目录结构为：/home/jerry/yocto/meta-raspberrypi。使用以下命令克隆代码仓库：

```
jerry@ubuntu:~/yocto$ git clone -b scarthgap https://***.yoctoproject.org/
meta-raspberrypi/
```

通过以上代码，克隆完成后，可以进入 meta-raspberrypi 的顶层目录，其内容结构如下：

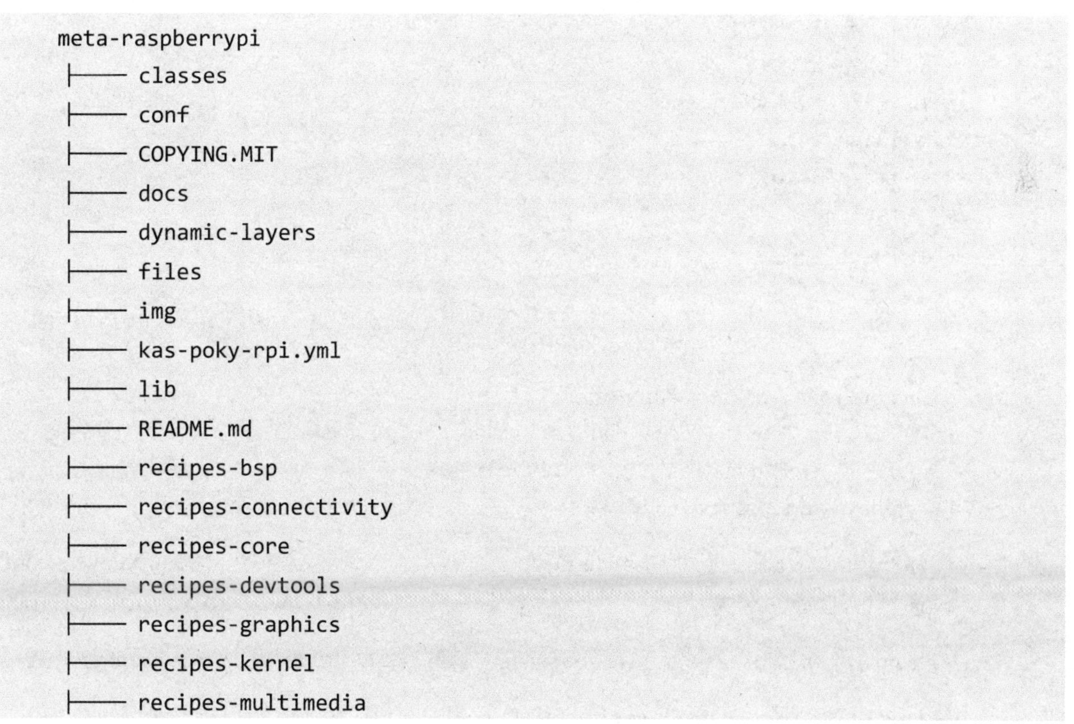

```
meta-raspberrypi
├── classes
├── conf
├── COPYING.MIT
├── docs
├── dynamic-layers
├── files
├── img
├── kas-poky-rpi.yml
├── lib
├── README.md
├── recipes-bsp
├── recipes-connectivity
├── recipes-core
├── recipes-devtools
├── recipes-graphics
├── recipes-kernel
├── recipes-multimedia
```

```
├── recipes-sato
└── wic
```

meta-raspberrypi 层包含与树莓派硬件相关的元数据、菜谱、类文件和工具文件，目录中的内容将在本章后续内容中详细讲解。

8.2.1.3　设置构建环境

在成功获取 Poky 源代码和 meta-raspberrypi 层的源代码，并将其存放在同一级目录后，需要通过 source 命令和构建环境配置脚本，初始化一个新的构建目录 rasp_build。虽然可以继续使用第 7 章中默认的 build 构建目录，但为了避免与之前的内容混淆，此处创建新的构建目录 rasp_build。

执行以下命令以初始化构建环境：

```
jerry@ubuntu:~/yocto$ source poky/oe-init-build-env rasp_build
```

初始化成功后，终端会输出以下信息：

```
...

Common targets are:
    core-image-minimal
    core-image-full-cmdline
    core-image-sato
    core-image-weston
    meta-toolchain
    meta-ide-support

You can also run generated qemu images with a command like 'runqemu qemux86-64'.

Other commonly useful commands are:
 - 'devtool' and 'recipetool' handle common recipe tasks
 - 'bitbake-layers' handles common layer tasks
 - 'oe-pkgdata-util' handles common target package tasks
```

完成构建环境初始化后，需要将 meta-raspberrypi 层添加到构建环境的 conf/bblayers.conf 文件中。可通过以下命令完成操作：

```
jerry@ubuntu:~/yocto/rasp_build$ bitbake-layers add-layer ../meta-raspberrypi/
```

成功执行以上命令后，可以在 conf/bblayers.conf 文件中看到该层已被正确添加，文件内容如下：

```
# POKY_BBLAYERS_CONF_VERSION is increased each time build/conf/bblayers.conf
# changes incompatibly
POKY_BBLAYERS_CONF_VERSION = "2"

BBPATH = "${TOPDIR}"
BBFILES ?= ""

BBLAYERS ?= " \
  /home/jerry/yocto/poky/meta \
  /home/jerry/yocto/poky/meta-poky \
  /home/jerry/yocto/poky/meta-yocto-bsp \
  /home/jerry/yocto/meta-raspberrypi \
  "
```

请确保 meta-raspberrypi 层已正确添加至 conf/bblayers.conf 文件中，这是后续构建步骤的必要前提。

8.2.1.4 BitBake 构建目标镜像

在成功初始化构建环境后，需要将 conf/local.conf 文件中的 MACHINE 变量修改为适配树莓派 4B 开发板的机器配置文件。首先查看 meta-raspberrypi 层的 conf/machine/目录中包含的所有机器配置文件：

```
meta-raspberrypi/conf/machine/
├── include
├── raspberrypi0-2w-64.conf
├── raspberrypi0-2w.conf
├── raspberrypi0.conf
├── raspberrypi0-wifi.conf
├── raspberrypi2.conf
├── raspberrypi3-64.conf
├── raspberrypi3.conf
├── raspberrypi4-64.conf
├── raspberrypi4.conf
├── raspberrypi5.conf
├── raspberrypi-armv7.conf
├── raspberrypi-armv8.conf
```

```
├── raspberrypi-cm3.conf
├── raspberrypi-cm.conf
└── raspberrypi.conf
```

在上述文件中，与树莓派 4B 开发板匹配的配置文件包括 raspberrypi4.conf 和 raspberrypi4-64.conf，分别用于构建 32 位和 64 位的 Linux 系统。本书选择 raspberrypi4-64.conf 作为示例。修改 conf/local.conf 文件中的 MACHINE 变量：

```
MACHINE = "raspberrypi4-64"
```

选择该配置文件后，可支持树莓派 4B 的所有内存版本，包括 2GB、4GB 和 8GB。本书使用的是 8GB 的内存版本，读者可根据需求选择合适的内存规格。

为了避免在新建的构建环境中重复下载之前已经下载过的软件包源代码，可以将以下代码添加到当前构建目录的 conf/local.conf 文件中，实现共用第 7 章中的构建环境的下载目录：

```
DL_DIR = "/home/jerry/yocto/build/downloads"
```

配置完成后，执行以下命令使用 BitBake 构建 rpi-test-image 镜像：

```
jerry@ubuntu:~/yocto/rasp_build$ bitbake  rpi-test-image
```

命令执行后，终端会显示以下部分信息：

```
Loading cache: 100%
|##########################################################################################################################################################| Time: 0:00:01
Loaded 4887 entries from dependency cache.
NOTE: Resolving any missing task queue dependencies

Build Configuration:
BB_VERSION           = "2.8.0"
BUILD_SYS            = "x86_64-linux"
NATIVELSBSTRING      = "universal"
TARGET_SYS           = "aarch64-poky-linux"
MACHINE              = "raspberrypi4-64"
DISTRO               = "poky"
DISTRO_VERSION       = "5.0.3"
TUNE_FEATURES        = "aarch64 crc cortexa72"
TARGET_FPU           = ""
meta
meta-poky
```

```
    meta-yocto-bsp         = "scarthgap:0b37512fb4b231cc106768e2a7328431009b3b70"
    meta-raspberrypi       = "scarthgap:1918a27419dcd5e79954c0dc0edddcde91057a7e"
    meta-oe
    meta-gnome
    meta-networking
    meta-python            = "scarthgap:64c481d017c1b5b5eae619a367a5e8fa00f1b156"
                           = "scarthgap:104508c0bb72108e1d686aa25ff819958ea154f9"

    Sstate summary: Wanted 1 Local 0 Mirrors 0 Missed 1 Current 3664 (0% match, 99%
complete)############################################################  | ETA:  0:00:00
    Initialising tasks: 100%
|###########################################################################
############################################################| Time: 0:00:08
    NOTE: Executing Tasks
    NOTE: Tasks Summary: Attempted 7575 tasks of which 7575 didn't need to be rerun
and all succeeded.
```

完成构建后，可在构建目录 rasp_build 的 tmp/deploy/images/raspberrypi4-64/目录下找到生成的 wic 镜像文件。运行以下命令查看生成的 bz2 压缩包及其链接文件：

```
    jerry@ubuntu:~/yocto/rasp_build/tmp/deploy/images/raspberrypi4-64$ ls -l
rpi-test-image-raspberrypi4-64.rootfs.wic.bz2
```

若输出类似以下的内容，则表明测试镜像构建成功：

```
    lrwxrwxrwx 2 jerry jerry 60 Aug 21 17:42 rpi-test-image-raspberrypi4-64.rootfs.
wic.bz2 -> rpi-test-image-raspberrypi4-64.rootfs-20240821093949.wic.bz2
```

此符号链接指向实际生成的带时间戳的.wic.bz2 文件，便于快速定位最新构建的镜像文件。

8.2.2 将镜像部署到 SD 卡

在成功构建目标镜像后，接下来的任务是将其部署到已准备好的 SD 卡中。树莓派官方推荐使用 Raspberry Pi Imager 工具完成该任务。本节将介绍该工具的基本功能，并说明如何使用它将镜像文件部署到 SD 卡。

8.2.2.1 Raspberry Pi Imager

Raspberry Pi Imager 是由树莓派基金会开发的一款工具，旨在简化操作系统镜像在树莓派设备上的部署过程。该工具提供了用户友好的界面，允许用户快速将操作系统镜像写入SD 卡或其他存储设备。它支持多种操作系统，包括官方的 Windows、macOS、Raspberry Pi OS、Ubuntu，以及其他流行的第三方系统。

本书使用 Ubuntu 操作系统，以下是 Raspberry Pi Imager 工具在 Ubuntu 系统上的安装方法。同时，用户也可以选择在其他操作系统中安装和使用此工具，具体安装步骤可参考树莓派官方文档。

在 Ubuntu 上安装

在 Ubuntu 构建主机中，可以通过以下命令安装 Raspberry Pi Imager 工具（本书安装的版本是 1.8.5）：

```
$ sudo snap install rpi-imager
```

此外，也可以从官网下载适用于 Debian 系列系统的.deb 软件包，并使用 dpkg 工具进行安装。在使用 dpkg 安装时，可能需要处理软件依赖问题。以下是安装示例，运行以下命令：

```
$ sudo dpkg -i imager_1.8.5_amd64.deb
```

成功安装后，可在 Ubuntu 系统的应用菜单中找到该工具的图标。

关键选项介绍

在成功地安装 Raspberry Pi Imager 工具后，打开 Raspberry Pi Imager 工具，会出现图 8-2 所示的界面。

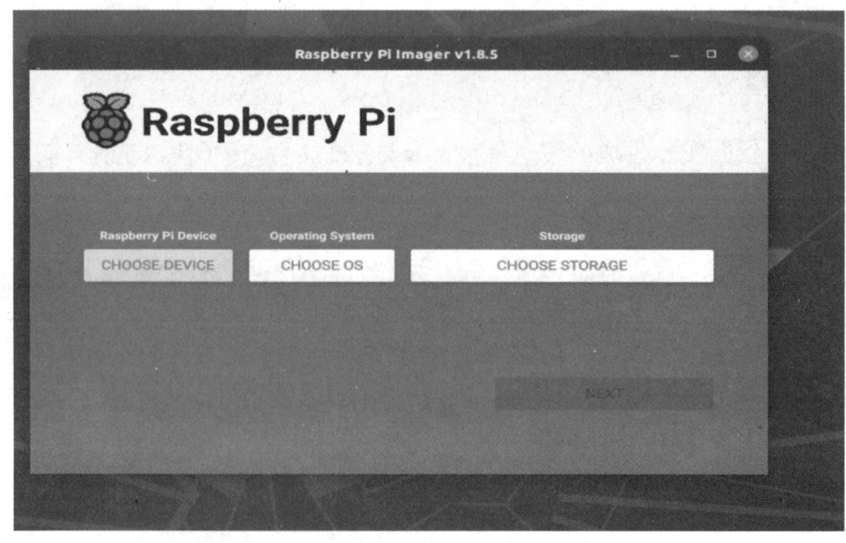

图 8-2　Raspberry Pi Imager 工具界面

在图 8-2 所示的界面中，该工具包含三个关键选项，各选项的功能描述如下。

- Raspberry Pi Device：此选项用于选择目标树莓派设备的类型。如果不确定使用的具体树莓派类型，并且工具提供“[ALL]”选项，可以选择该选项，以支持多种树莓派类型的设备。
- Operating System：此选项用于选择要安装的操作系统。该工具提供多种预配置操作系统选项，包括 Raspberry Pi OS 以及其他支持的第三方操作系统。用户只需从列表中选择所需的操作系统，工具会自动下载并准备镜像文件。
- Storage：此选项用于选择目标存储设备，通常是插入主机的 SD 卡或其他可移动存储设备。确保选择正确的存储设备，以便将操作系统镜像正确写入其中。

以上选项的设计，便于用户直观、高效地配置树莓派设备的操作系统，大大简化了安装和部署流程。

8.2.2.2 部署镜像

在成功打开了 Raspberry Pi Imager 工具之后，需要把带有 SD 卡的读卡器插入构建主机，然后在 Storage 选项栏中选择你插入的 SD 卡存储设备。在 Operating System 选项中选择已构建的镜像文件，例如 rpi-test-image-raspberrypi4-64.rootfs-20240821093949.wic.bz2。具体选项配置可参考图 8-3。

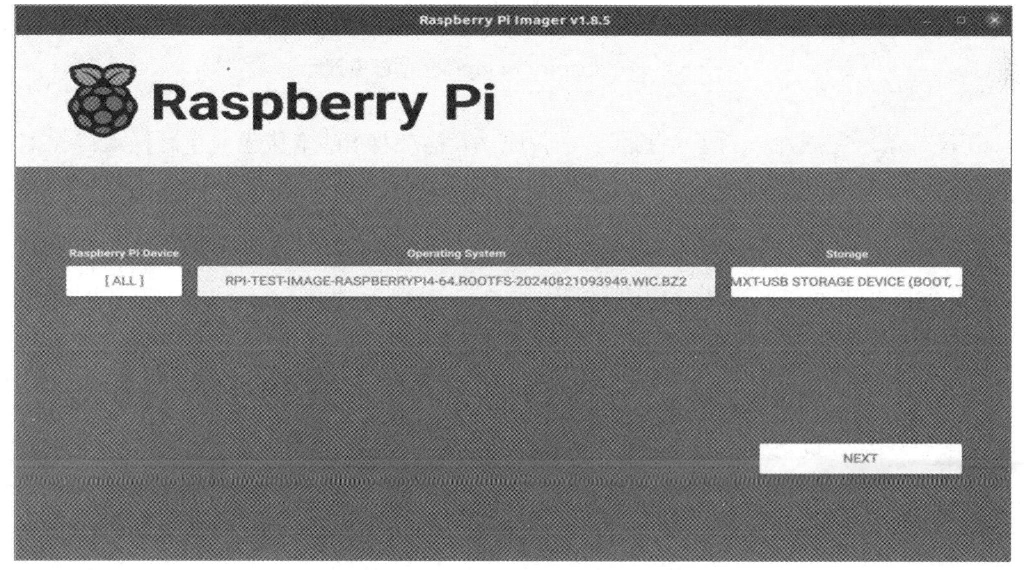

图 8-3　Raspberry Pi Imager 的配置选项

选择好相应的配置选项后，点击界面中的 NEXT 按钮。随后，会弹出一个 Use OS Customization 窗口，在该窗口中选择 NO 选项。接着，工具会显示一个 Warning 提示窗口，点击 YES 以确认操作。

完成上述步骤后，将进入图 8-4 所示的界面，此时正式开始将镜像部署到 SD 卡。

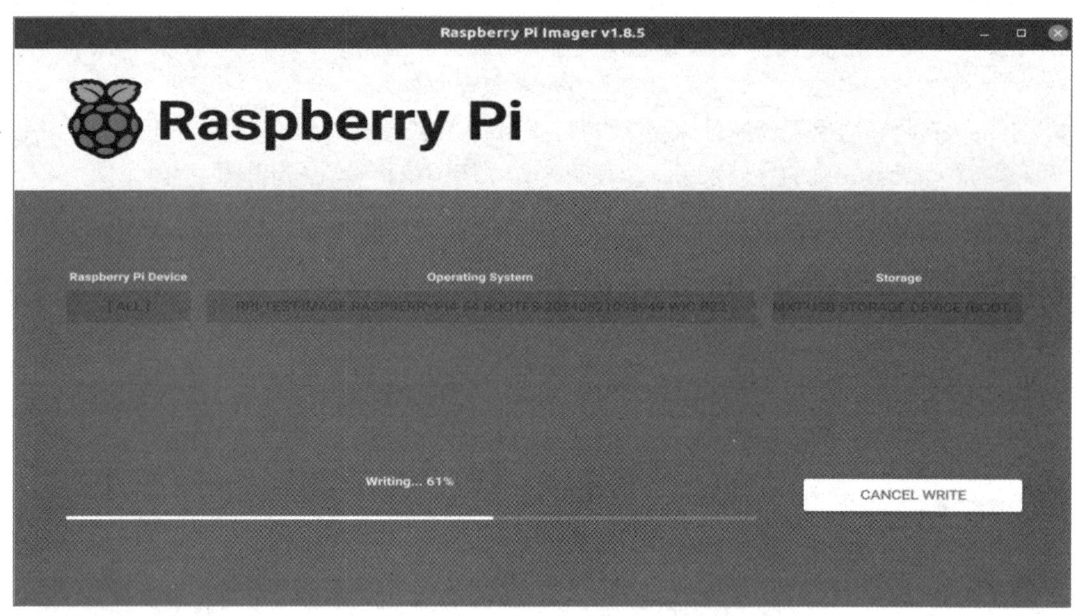

图 8-4　Raspberry Pi Imager 的部署显示

在镜像部署完成后，为了验证部署是否成功，需要将 SD 卡拔出并重新插入构建主机。此操作将触发操作系统对分区的自动挂载。重新插入后，可在系统的挂载目录中看到两个分区：boot 和 root。

- boot 分区：主要存放系统启动所需的内核及相关文件。
- root 分区：存放完整的根文件系统内容。

在构建主机上，可以通过命令行工具检查这两个分区的具体内容，以验证部署的镜像是否完整。例如，以下命令可列出分区中的文件：

```
jerry@ubuntu:/media/jerry$ ls boot/ root/
```

运行以上命令后，将显示以下内容：

```
boot/:
bcm2711-rpi-400.dtb  fixup4cd.dat  fixup_x.dat                    start4x.elf
bcm2711-rpi-4-b.dtb  fixup4.dat    kernel8.img                    start_cd.elf
bcm2711-rpi-cm4.dtb  fixup4db.dat  overlays                       start_db.elf
bcm2711-rpi-cm4s.dtb fixup4x.dat   rpi-bootfiles-20240319.stamp  start.elf
bootcode.bin         fixup_cd.dat  start4cd.elf                   start_x.elf
cmdline.txt          fixup.dat     start4db.elf
config.txt           fixup_db.dat  start4.elf
root/:
bin   dev  home  lost+found  mnt   run   sys  usr
boot  etc  lib   media       proc  sbin  tmp  var
```

如果以上内容能够正确显示，则说明镜像已成功部署至 SD 卡，且 boot 和 root 分区的内容正确。

8.2.3 启动树莓派 4B

完成 SD 卡镜像的烧录后，将 SD 卡插入树莓派 4B 设备的 SD 卡插槽。使用 Micro HDMI 转 HDMI 连接线，将树莓派 4B 开发板上的任意一个 Micro HDMI 接口连接至显示器。随后，接通电源启动设备，系统将从 SD 卡加载镜像。

在启动过程中，显示器上会输出图 8-5 所示的内核调试信息和文件系统启动日志。例如，可能会显示类似以下内容的字符串：

```
Poky (Yocto Project Reference Distro) 5.0.3 raspberrypi4-64 /dev/tty1
```

启动完成后，可以通过树莓派的 USB 接口连接键盘和鼠标进行交互。输入 root 用户后，系统将自动进入控制台命令行界面，供用户进一步操作和验证系统功能。

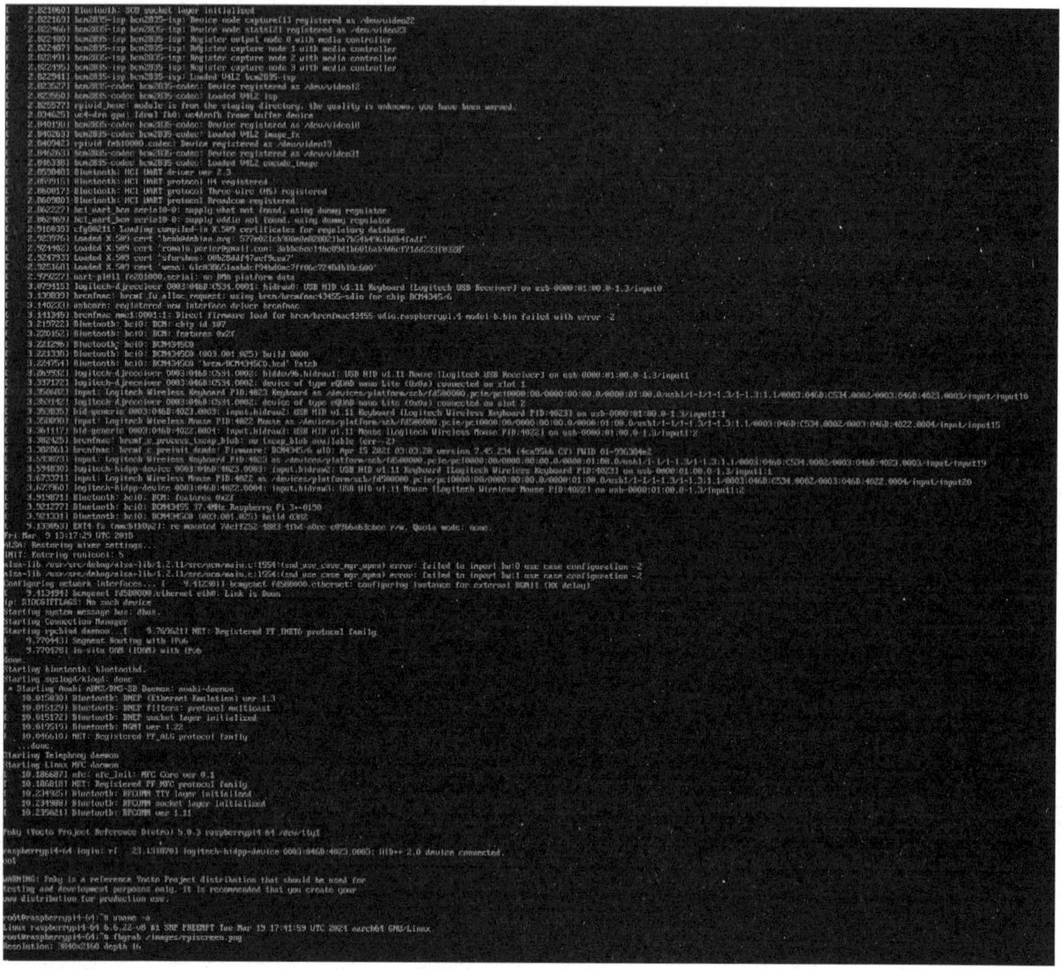

图 8-5　系统启动信息

8.3　meta-raspberrypi 层

在前一节中，我们完成了 rpi-test-image 测试镜像的构建和部署，并验证了其在树莓派 4B 开发板上能正常运行。这一过程得益于 meta-raspberrypi 层提供的硬件适配支持。作为树莓派硬件特定的开源 BSP 层，meta-raspberrypi 包含了机器配置、内核配置、图形显示支持和测试镜像菜谱等关键元数据，是实现系统在树莓派设备上稳定运行的基础。

本节将介绍 meta-raspberrypi 层的核心内容，包括其目录结构、主要配置文件和重要菜谱文件，分析其在构建流程中的作用，帮助读者深入理解 BSP 层如何适配硬件，并为树莓派平台的进一步定制和开发提供指导。

8.3.1 meta-raspberrypi 层概述

在 4.3.3 节中，我们简要介绍了 Yocto 项目的三种主要元数据层：发行版层、BSP 层和软件层。meta-raspberrypi 层属于 BSP 层类别，专门用于支持树莓派硬件平台。该层包含树莓派特定的机器配置文件、内核配置、图形系统配置文件等，提供必要的硬件适配与优化，确保所构建的系统在树莓派上的稳定性与完整性。通过将 meta-raspberrypi 层与 Yocto 项目发行版（例如 Poky）结合，开发者可以为树莓派平台定制并构建适配其硬件环境的嵌入式 Linux 系统镜像。以下是 meta-raspberrypi 层的主要目录和文件结构：

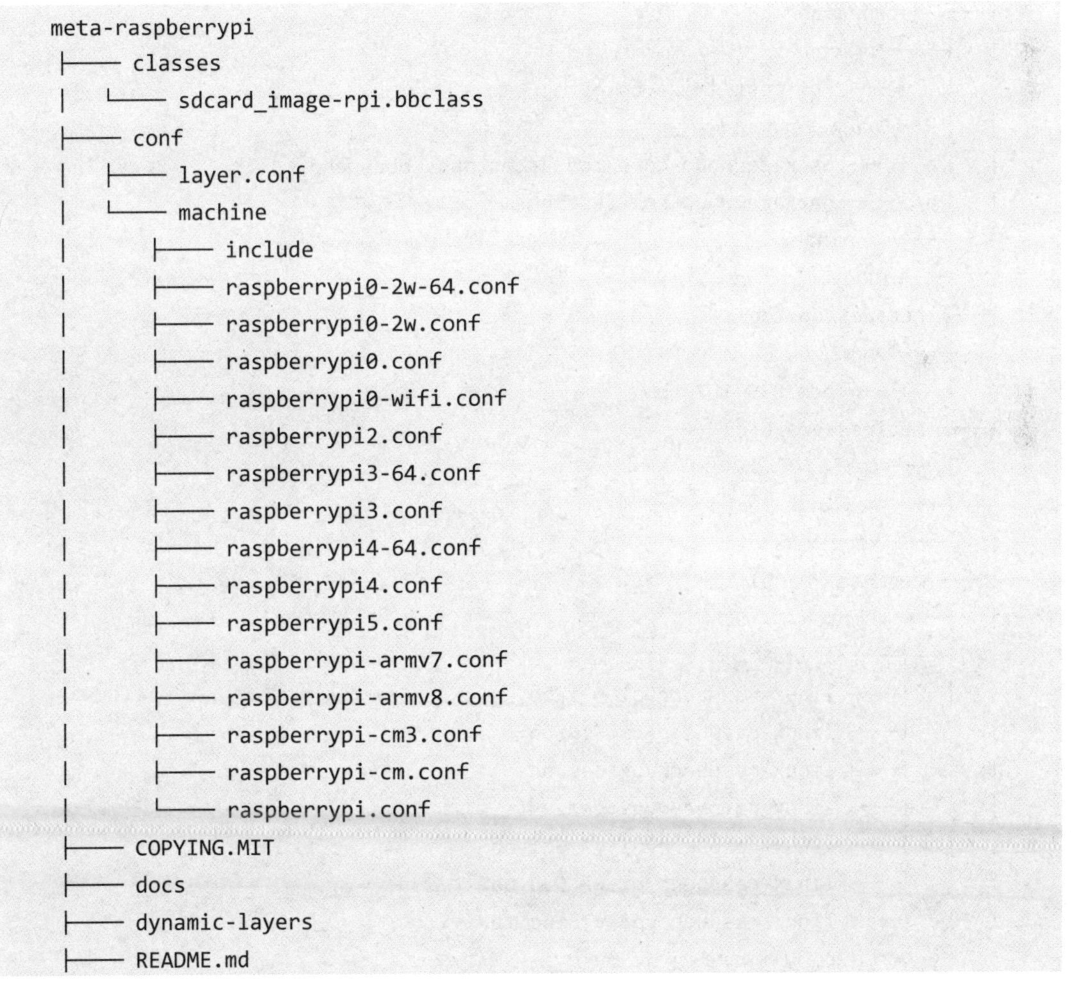

```
meta-raspberrypi
├── classes
│   └── sdcard_image-rpi.bbclass
├── conf
│   ├── layer.conf
│   └── machine
│       ├── include
│       ├── raspberrypi0-2w-64.conf
│       ├── raspberrypi0-2w.conf
│       ├── raspberrypi0.conf
│       ├── raspberrypi0-wifi.conf
│       ├── raspberrypi2.conf
│       ├── raspberrypi3-64.conf
│       ├── raspberrypi3.conf
│       ├── raspberrypi4-64.conf
│       ├── raspberrypi4.conf
│       ├── raspberrypi5.conf
│       ├── raspberrypi-armv7.conf
│       ├── raspberrypi-armv8.conf
│       ├── raspberrypi-cm3.conf
│       ├── raspberrypi-cm.conf
│       └── raspberrypi.conf
├── COPYING.MIT
├── docs
├── dynamic-layers
├── README.md
```

```
├── recipes-bsp
│   ├── bootfiles
│   ├── common
│   ├── formfactor
│   ├── gpio-shutdown
│   ├── rpi-eeprom
│   ├── rpi-u-boot-scr
│   └── u-boot
├── recipes-connectivity
│   ├── bluez5
│   └── pi-bluetooth
├── recipes-core
│   ├── images
│   │   └── rpi-test-image.bb
│   ├── packagegroups
│   │   ├── packagegroup-core-tools-testapps.bbappend
│   │   └── packagegroup-rpi-test.bb
│   ├── psplash
│   └── udev
├── recipes-devtools
│   ├── bcm2835
│   │   └── bcm2835_1.73.bb
├── recipes-graphics
│   ├── cairo
│   ├── wayland
│   └── xorg-xserver
├── recipes-kernel
│   ├── linux
│   │   ├── files
│   │   ├── linux-raspberrypi_6.1.bb
│   │   ├── linux-raspberrypi_6.6.bb
│   │   ├── linux-raspberrypi-dev.bb
│   │   ├── linux-raspberrypi.inc
│   │   ├── linux-raspberrypi-v7_6.1.bb
│   │   ├── linux-raspberrypi-v7_6.6.bb
│   │   └── linux-raspberrypi-v7.inc
│   └── linux-firmware-rpidistro
```

```
├── recipes-multimedia
├── recipes-sato
└── wic
└── sdimage-raspberrypi.wks
```

从以上层结构的目录和文件中可以清晰地看出，meta-raspberrypi 层为树莓派硬件平台提供了全面的支持。这些配置通过镜像菜谱集成到最终镜像中，有效完成了系统的构建流程。在接下来的内容中，我们将深入分析 meta-raspberrypi 层的具体内容，包括层配置、硬件配置、内核配置、图形系统配置，以及硬件测试镜像菜谱的相关细节。

8.3.2 层配置

meta-raspberrypi 层作为 Yocto 项目中的一个元数据层，遵循 Yocto 项目的标准配置语法，但针对树莓派硬件的特性和需求进行了特定的配置处理。通过分析该层的 layer.conf 配置文件，能够深入了解 meta-raspberrypi 层在构建系统中的作用及其配置逻辑。

以下是 conf/layer.conf 层配置文件的全部代码：

```
# We have a conf and classes directory, append to BBPATH
BBPATH .= ":${LAYERDIR}"

# We have a recipes directory containing .bb and .bbappend files, add to BBFILES
BBFILES += "${LAYERDIR}/recipes*/*/*.bb \
           ${LAYERDIR}/recipes*/*/*.bbappend"

BBFILE_COLLECTIONS += "raspberrypi"
BBFILE_PATTERN_raspberrypi := "^${LAYERDIR}/"
BBFILE_PRIORITY_raspberrypi = "9"

LAYERSERIES_COMPAT_raspberrypi = "nanbield scarthgap"
LAYERDEPENDS_raspberrypi = "core"
# Recommended for u-boot support for raspberrypi5
# https://***.yoctoproject.org/meta-lts-mixins 'scarthgap/u-boot' branch
LAYERRECOMMENDS_raspberrypi = "lts-u-boot-mixin"

# Additional license directories.
LICENSE_PATH += "${LAYERDIR}/files/custom-licenses"
```

```
# The dynamic-layers directory hosts the extensions and layer specific
# modifications.
#
# The .bbappend and .bb files are included if the respective layer
# collection is available.
BBFILES += "${@' '.join('${LAYERDIR}/dynamic-layers/%s/recipes*/*/*.bbappend' % layer \
            for layer in BBFILE_COLLECTIONS.split())}"
BBFILES += "${@' '.join('${LAYERDIR}/dynamic-layers/%s/recipes*/*/*.bb' % layer \
            for layer in BBFILE_COLLECTIONS.split())}"

BBFILES_DYNAMIC += " \
    openembedded-layer:${LAYERDIR}/dynamic-layers/openembedded-layer/*/*/*.bb \
    openembedded-layer:${LAYERDIR}/dynamic-layers/openembedded-layer/*/*/*.
bbappend \
    networking-layer:${LAYERDIR}/dynamic-layers/networking-layer/*/*/*.bb \
    networking-layer:${LAYERDIR}/dynamic-layers/networking-layer/*/*/*.bbappend \
    qt5-layer:${LAYERDIR}/dynamic-layers/qt5-layer/*/*/*.bb \
    qt5-layer:${LAYERDIR}/dynamic-layers/qt5-layer/*/*/*.bbappend \
    multimedia-layer:${LAYERDIR}/dynamic-layers/multimedia-layer/*/*/*.bb \
    multimedia-layer:${LAYERDIR}/dynamic-layers/multimedia-layer/*/*/*.bbappend \
"

DEFAULT_TEST_SUITES:remove:rpi = "parselogs"
DEFAULT_TEST_SUITES:append:rpi = " parselogs_rpi"
```

该层配置文件遵循 Yocto 项目的标准元数据语法，通过定义 BBPATH 和 BBFILES 来指定层中的元数据文件，确保 BitBake 能够正确识别和处理这些文件。BBFILE_COLLECTIONS 定义了层的标识符，而 BBFILE_PRIORITY_raspberrypi 设置了该层在构建过程中的优先级。LAYERDEPENDS_raspberrypi 变量指定了对 meta 层的依赖关系，确保该层能够正确处理树莓派平台的构建要求。同时，LAYERRECOMMENDS_raspberrypi 推荐了 meta-lts-mixins 层，以支持树莓派 5 代的 u-boot 配置。

此外，BBFILES_DYNAMIC 变量允许系统动态加载 dynamic-layers 目录中的扩展层和相关的菜谱文件（.bb 和.bbappend），这些扩展层包括 openembedded-layer、networking-layer、qt5-layer 和 multimedia-layer。通过这种机制，构建系统能够在需要时灵活地引入扩展内容，而无须强制依赖整个层，增强了系统的灵活性和可扩展性。

8.3.3 硬件配置

在使用 Yocto 项目支持新的硬件平台时，正确配置硬件架构和特性至关重要。Yocto 项目支持多种嵌入式处理器架构，例如 ARM、i586、x86_64、PowerPC、PowerPC64、MIPS 和 MIPSEL 等，满足广泛的硬件需求。例如，树莓派的博通 BCM2711 芯片基于 ARM 架构，因此需要在硬件配置中设置 TARGET_ARCH 变量以匹配该架构。机器配置文件负责配置相关硬件选项，这是 BSP 层的核心任务。通过机器配置文件与硬件配置选项的结合，BSP 层为每个平台提供精确的硬件支持。

8.3.3.1 树莓派的机器配置文件

定制适配硬件平台的机器配置文件是创建BSP层的关键步骤。在meta-raspberrypi层中，为树莓派平台定制了多个机器配置文件，支持几乎所有树莓派开发板。表 8-1 列出了 meta-raspberrypi 层支持的机器配置文件及其对应的硬件平台和配置。

表 8-1 meta-raspberrypi 层支持的机器配置文件

机器配置文件	支持的树莓派型号	硬件配置
raspberrypi0-2w-64.conf	树莓派 Zero2W（64 位）	ARM Cortex-A53 处理器，1GB 内存，64 位架构
raspberrypi0-2w.conf	树莓派 Zero2W（32 位）	ARM Cortex-A53 处理器，1GB 内存，32 位架构
raspberrypi0.conf	树莓派 Zero	ARM1176JZF-S 处理器，512MB 内存，32 位架构
raspberrypi0-wifi.conf	树莓派 ZeroW	ARM1176JZF-S 处理器，512MB 内存，32 位架构，内置 WiFi 模块
raspberrypi2.conf	树莓派 2 代	ARM Cortex-A7 处理器，1GB 内存，32 位架构
raspberrypi3-64.conf	树莓派 3 代（64 位）	ARM Cortex-A53 处理器，1GB 内存，64 位架构，内置 WiFi 和蓝牙
raspberrypi3.conf	树莓派 3 代（32 位）	ARM Cortex-A53 处理器，1GB 内存，32 位架构，内置 WiFi 和蓝牙
raspberrypi4-64.conf	树莓派 4 代（64 位）	ARM Cortex-A72 处理器，2/4/8GB 内存，64 位架构，双显示输出
raspberrypi4.conf	树莓派 4 代（32 位）	ARM Cortex-A72 处理器，2/4/8GB 内存，32 位架构，双显示输出

续表

机器配置文件	支持的树莓派型号	硬件配置
raspberrypi5.conf	树莓派 5 代	ARM Cortex-A76 处理器，最高 8GB 内存，USB 3.0，支持 PCIe M.2 SSD，可互换的摄像头和 DSI 显示连接器
raspberrypi-armv7.conf	基于 ARMv7（32 位）的通用树莓派型号	支持树莓派 2 代和其他基于 ARMv7 的开发板
raspberrypi-armv8.conf	基于 ARMv8（64 位）的通用树莓派型号	支持树莓派 3 代、4 代和 5 代
raspberrypi-cm3.conf	树莓派计算模块 3 代	ARM Cortex-A53 处理器，1GB 内存，默认运行 32 位模式（兼容 ARMv7）
raspberrypi-cm.conf	树莓派计算模块的通用配置	支持树莓派计算模块（CM1）系列
raspberrypi.conf	通用树莓派配置（默认备用配置）	提供通用配置，适用于所有树莓派型号

从表 8-1 可以看出，机器配置文件灵活地支持单个开发板（例如 raspberrypi4.conf 和 raspberrypi4-64.conf）以及具有相同特性的开发板系列（例如 raspberrypi-armv7.conf 和 raspberrypi-armv8.conf）。同时，通用配置文件（例如 raspberrypi.conf）适用于所有类型的树莓派硬件，提供兼容性支持。这种灵活的配置能力使得 Yocto 项目能够根据不同硬件平台精确优化系统，并简化了硬件定制过程。

在构建环境中使用的 conf/local.conf 配置文件中的 MACHINE 变量，负责选择指定机器配置文件。在 8.2.1 节中，我们通过设置 MACHINE 变量为 raspberrypi4-64 选择了 raspberrypi4-64.conf 配置文件，并成功构建和部署了树莓派 4B 机器的系统镜像。接下来，我们将以 raspberrypi4-64.conf 机器配置文件为例，详细介绍这个配置文件对树莓派 4B 开发板的作用。

8.3.3.2　树莓派 4B 的硬件配置

在 6.3.1 节中，我们详细介绍了 Poky 中的机器配置文件及其基本结构。基于前面介绍的基础变量结构，raspberrypi4-64.conf 机器配置文件针对树莓派 4B 硬件架构进行了特定的优化与调整。以下是 raspberrypi4-64.conf 机器配置文件的完整内容：

```
#@TYPE: Machine
#@NAME: RaspberryPi 4 Development Board (64bit)
#@DESCRIPTION: Machine configuration for the RaspberryPi 4 in 64 bits mode

MACHINEOVERRIDES =. "raspberrypi4:"
```

```
MACHINE_FEATURES += "pci"
MACHINE_EXTRA_RRECOMMENDS += "\
    linux-firmware-rpidistro-bcm43455 \
    bluez-firmware-rpidistro-bcm4345c0-hcd \
    linux-firmware-rpidistro-bcm43456 \
    bluez-firmware-rpidistro-bcm4345c5-hcd \
"

require conf/machine/include/arm/armv8a/tune-cortexa72.inc
include conf/machine/include/rpi-base.inc

RPI_KERNEL_DEVICETREE = " \
    broadcom/bcm2711-rpi-4-b.dtb \
    broadcom/bcm2711-rpi-400.dtb \
    broadcom/bcm2711-rpi-cm4.dtb \
    broadcom/bcm2711-rpi-cm4s.dtb \
"

SDIMG_KERNELIMAGE ?= "kernel8.img"
SERIAL_CONSOLES ?= "115200;ttyS0"

UBOOT_MACHINE = "rpi_arm64_config"

VC4DTBO ?= "vc4-kms-v3d"

# When u-boot is enabled we need to use the "Image" format and the "booti"
# command to load the kernel
KERNEL_IMAGETYPE_UBOOT ?= "Image"
# "zImage" not supported on arm64 and ".gz" images not supported by bootloader yet
KERNEL_IMAGETYPE_DIRECT ?= "Image"
KERNEL_BOOTCMD ?= "booti"

ARMSTUB ?= "armstub8-gic.bin"
```

该机器配置文件针对树莓派 4B 的 64 位架构进行了优化，确保其在平台上稳定运行，核心功能如下：

- MACHINEOVERRIDES 语句前置添加条件标签“raspberrypi4”，通过 OVERRIDES 条件机制，匹配树莓派 4B 硬件相关配置。
- MACHINE_FEATURES 添加了 PCI 功能，增强了设备扩展能力。
- MACHINE_EXTRA_RRECOMMENDS 增加了 WiFi 和蓝牙支持，确保无线连接和外部设备兼容。
- 性能优化：通过引入 armv8a/tune-cortexa72.inc 文件，优化了 ARM Cortex-A72 处理器，提供了更强的性能和更强大的内存寻址能力。
- 基础硬件配置：rpi-base.inc 提供通用的引导和设备兼容性配置，确保设备树文件正确加载。SERIAL_CONSOLES 设置串口控制台波特率为 115200b/s（ttyS0）。
- 内核配置：SDIMG_KERNELIMAGE 设置 SD 卡启动时加载内核镜像 kernel8.img。RPI_KERNEL_DEVICETREE 定义了适用于树莓派 4B 的设备树文件。VC4DTBO 指定 vc4-kms-v3d 设备树覆盖文件，启用 VC4 KMS 和 V3D GPU 驱动。
- U-boot 配置及内核引导：UBOOT_MACHINE 指定 U-Boot 编译时使用的配置文件。KERNEL_BOOTCMD 设定 U-Boot 通过 booti 命令加载和引导 64 位内核。KERNEL_IMAGETYPE_UBOOT 和 KERNEL_IMAGETYPE_DIRECT 设置内核格式为 Image，适用于 ARM64 体系。
- 启动固件配置：ARMSTUB 指定启动固件 armstub8-gic.bin，用于早期引导阶段，确保 ARM64 平台初始化。

与 Poky 中的机器配置文件相比，树莓派 4B 的机器配置文件提供了特定的硬件优化，例如无线连接、蓝牙和 PCI 支持，但不包括 QEMU 虚拟化支持。

8.3.4　内核配置

在 BSP 层中，内核配置是非常关键的一部分。它不仅涉及对大多数硬件的支持，还决定了系统的整体性能和兼容性。meta-raspberrypi 层的内核配置文件位于 meta-raspberrypi 层的 recipes-kernel/linux 目录，包含多个版本的内核菜谱和相关配置文件，满足不同硬件平台的需求。

8.3.4.1　内核菜谱和配置文件

以下是 meta-raspberrypi/recipes-kernel/linux 目录的结构：

```
meta-raspberrypi/recipes-kernel/linux
├── files
│   ├── android-drivers.cfg
```

```
|   ├── default-cpu-governor.cfg
|   ├── initramfs-image-bundle.cfg
|   ├── powersave.cfg
|   ├── raspberrypi4
|   |   └── rpi4-nvmem.cfg
|   ├── vc4graphics.cfg
|   └── wm8960.cfg
├── linux-raspberrypi_6.1.bb
├── linux-raspberrypi_6.6.bb
├── linux-raspberrypi-dev.bb
├── linux-raspberrypi.inc
├── linux-raspberrypi-v7_6.1.bb
├── linux-raspberrypi-v7_6.6.bb
└── linux-raspberrypi-v7.inc
```

以上结构中的内核菜谱可分为以下三类。

- linux-raspberrypi_6.1.bb 和 linux-raspberrypi_6.6.bb：适用于多种树莓派硬件，支持 Linux 内核版本 6.1 和 6.6，涵盖了广泛的硬件和功能。
- linux-raspberrypi-v7_6.1.bb 和 linux-raspberrypi-v7_6.6.bb：专为 ARMv7 架构（例如树莓派 2 代和 3 代）设计，确保这些设备的稳定性与兼容性。
- linux-raspberrypi-dev.bb：开发版本的内核，适用于测试和开发环境，包含最新的内核特性和补丁。

此外，files 目录下的内核配置片段文件，例如 android-drivers.cfg、default-cpu-governor.cfg 和 vc4graphics.cfg 等，提供了灵活的配置选项，允许用户根据需求修改内核配置，从而优化树莓派内核的性能和功能。

8.3.4.2 指定内核菜谱

在 Yocto 项目中，内核菜谱的选择通常通过在机器配置文件中设置 PREFERRED_PROVIDER 和 PREFERRED_VERSION 变量来指定。例如，树莓派 4B 的机器配置文件 raspberrypi4-64.conf 包含以下默认配置：

```
PREFERRED_PROVIDER_virtual/kernel ??= "linux-raspberrypi"
PREFERRED_VERSION_linux-raspberrypi ??= "6.6.%"
```

如果在机器配置文件中没有修改这些变量，则默认会使用 linux-raspberrypi_6.6.bb 菜谱。通过使用 BitBake 命令的-e 选项，可以查看当前构建环境使用的内核菜谱及版本。以下是树莓派 4B 构建环境中相关的查找命令和结果：

```
jerry@ubuntu:~/yocto/rasp_build$ bitbake -e | grep PREFERRED_PROVIDER_virtual/kernel=
PREFERRED_PROVIDER_virtual/kernel="linux-raspberrypi"
jerry@ubuntu:~/yocto/rasp_build$ bitbake -e | grep PREFERRED_VERSION_linux-raspberrypi=
PREFERRED_VERSION_linux-raspberrypi="6.6.%"
```

从以上结果中可以看出，构建系统针对树莓派 4B 使用的内核菜谱是 linux-raspberrypi_6.6.bb。

8.3.4.3　内核菜谱

在前一节中，我们已确认树莓派 4B 使用的内核菜谱为 linux-raspberrypi_6.6.bb。本节将详细分析该内核菜谱的核心内容及其对硬件的支持。以下是 linux-raspberrypi_6.6.b 菜谱的全部内容：

```
    LINUX_VERSION ?= "6.6.22"
    LINUX_RPI_BRANCH ?= "rpi-6.6.y"
    LINUX_RPI_KMETA_BRANCH ?= "yocto-6.6"

    SRCREV_machine = "c04af98514c26014a4f29ec87b3ece95626059bd"
    SRCREV_meta = "6a24861d6504575a4a9f92366285332d47c7e111"

    KMETA = "kernel-meta"

    SRC_URI = " \
        git://***.com/raspberrypi/linux.git;name=machine;branch=
${LINUX_RPI_BRANCH};protocol=https \
        git://***.yoctoproject.org/yocto-kernel-cache;type=kmeta;name=
meta;branch=${LINUX_RPI_KMETA_BRANCH};destsuffix=${KMETA} \
        file://powersave.cfg \
        file://android-drivers.cfg \
        "

    require linux-raspberrypi.inc

    KERNEL_DTC_FLAGS += "-@ -H epapr"

    RDEPENDS:${KERNEL_PACKAGE_NAME}:raspberrypi-armv7:append = " ${RASPBERRYPI_v7_
KERNEL_PACKAGE_NAME}"
```

```
RDEPENDS:${KERNEL_PACKAGE_NAME}-base:raspberrypi-armv7:append = " ${RASPBERRYPI_v7_KERNEL_PACKAGE_NAME}-base"
RDEPENDS:${KERNEL_PACKAGE_NAME}-image:raspberrypi-armv7:append = " ${RASPBERRYPI_v7_KERNEL_PACKAGE_NAME}-image"
RDEPENDS:${KERNEL_PACKAGE_NAME}-dev:raspberrypi-armv7:append = " ${RASPBERRYPI_v7_KERNEL_PACKAGE_NAME}-dev"
RDEPENDS:${KERNEL_PACKAGE_NAME}-vmlinux:raspberrypi-armv7:append = " ${RASPBERRYPI_v7_KERNEL_PACKAGE_NAME}-vmlinux"
RDEPENDS:${KERNEL_PACKAGE_NAME}-modules:raspberrypi-armv7:append = " ${RASPBERRYPI_v7_KERNEL_PACKAGE_NAME}-modules"
RDEPENDS:${KERNEL_PACKAGE_NAME}-dbg:raspberrypi-armv7:append = " ${RASPBERRYPI_v7_KERNEL_PACKAGE_NAME}-dbg"

DEPLOYDEP = ""
DEPLOYDEP:raspberrypi-armv7 = "${RASPBERRYPI_v7_KERNEL}:do_deploy"
do_deploy[depends] += "${DEPLOYDEP}"
```

源代码仓库与内核元数据

在 linux-raspberrypi 内核菜谱中，SRC_URI 变量指定的内核源代码 Git 仓库由树莓派官方维护，分支为 rpi-6.6.y，不同于 Poky 中 linux-yocto 菜谱默认使用的 Yocto 项目官方维护的内核 Git 仓库。此外，SRC_URI 还引入内核元数据仓库 yocto-kernel-cache 辅助修改和配置内核，这使得该菜谱也属于 linux-yocto 风格的内核菜谱。

此外，包含在菜谱空间的内核配置片段文件 powersave.cfg 和 android-drivers.cfg，它们会被自动加载配置电池节能和与 Android 驱动相关的功能。

linux-raspberrypi.inc 文件

该内核菜谱包含了 linux-raspberrypi.inc 通用内核配置包含文件，提供了对所有支持树莓派类型的通用内核配置。下面是它的核心功能：

- 引入 recipes-kernel/linux/linux-yocto.inc，使得树莓派内核菜谱能够利用 Yocto 项目的内核工具，简化内核的配置和构建过程。
- 使用 KBUILD_DEFCONFIG 变量指定树莓派 4B 的默认内核配置为 bcm2711_defconfig，确保该配置文件与树莓派 4B 硬件兼容。

指定依赖关系

在 RDEPENDS 变量中，为树莓派 4B 的内核指定了必要的依赖项，确保所有必需的内核组件都被正确包含。DEPLOYDEP 变量则保证了在执行内核部署时，ARMv7 架构的内核首先被部署，从而为其他内核组件的部署提供必要的依赖。

8.3.5　图形系统配置

在 meta-raspberrypi 层中，图形显示相关的配置在 meta-raspberrypi/recipes-graphics 目录下。该目录包含多个菜谱文件、追加菜谱文件及相关配置文件，旨在支持和优化树莓派平台的图形显示功能。以下是该目录结构及主要内容的详细说明：

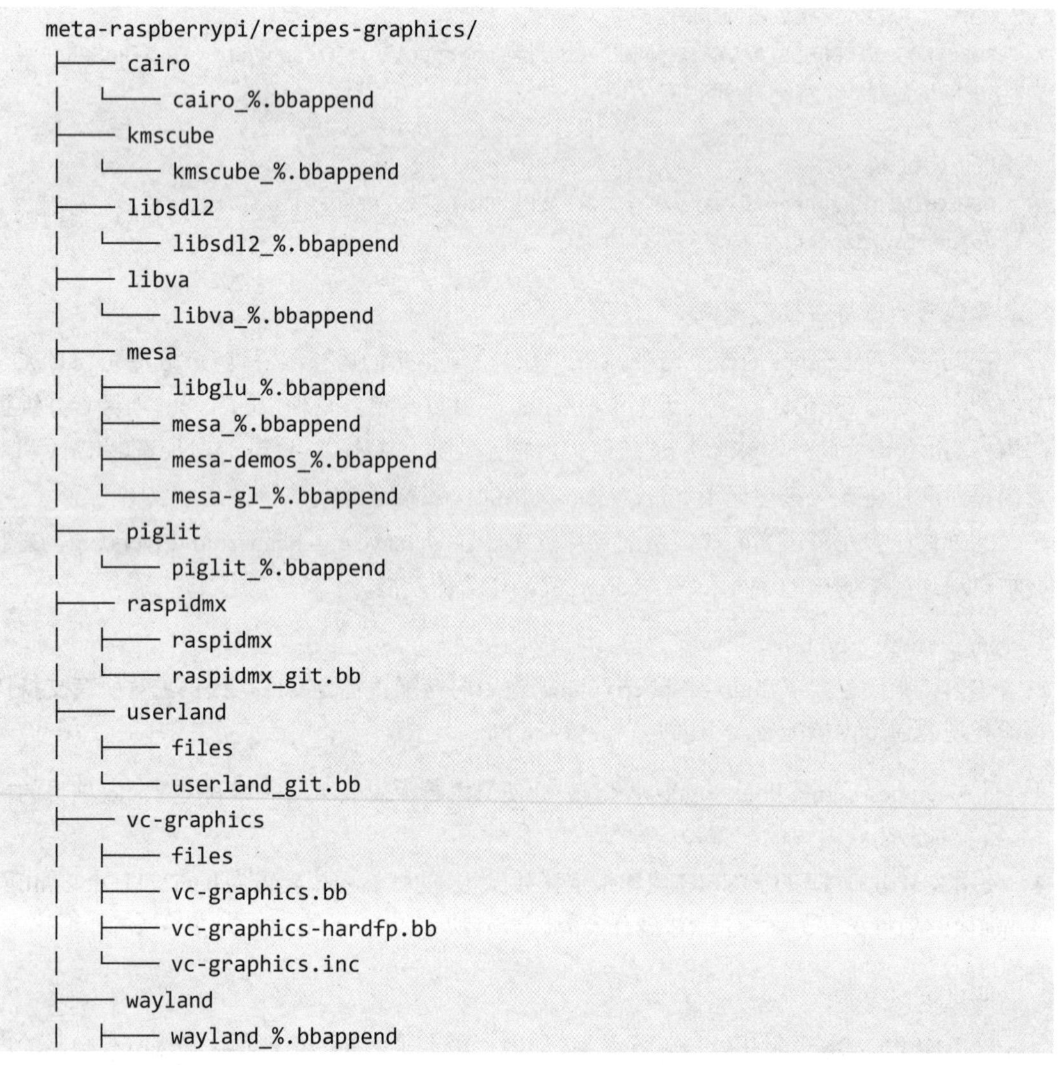

```
meta-raspberrypi/recipes-graphics/
├── cairo
│   └── cairo_%.bbappend
├── kmscube
│   └── kmscube_%.bbappend
├── libsdl2
│   └── libsdl2_%.bbappend
├── libva
│   └── libva_%.bbappend
├── mesa
│   ├── libglu_%.bbappend
│   ├── mesa_%.bbappend
│   ├── mesa-demos_%.bbappend
│   └── mesa-gl_%.bbappend
├── piglit
│   └── piglit_%.bbappend
├── raspidmx
│   ├── raspidmx
│   └── raspidmx_git.bb
├── userland
│   ├── files
│   └── userland_git.bb
├── vc-graphics
│   ├── files
│   ├── vc-graphics.bb
│   ├── vc-graphics-hardfp.bb
│   └── vc-graphics.inc
├── wayland
│   ├── wayland_%.bbappend
```

```
│   ├── weston_%.bbappend
│   └── weston-init.bbappend
└── xorg-xserver
    ├── xserver-xf86-config
    ├── xserver-xf86-config_%.bbappend
    └── xserver-xorg_%.bbappend
```

在该结构中，大多数文件为.bbappend 追加菜谱文件，这些文件用于调整和扩展现有图形库、显示协议和窗口系统（例如 Mesa 图形库，Wayland 显示协议，Xorg 窗口系统）等，确保与树莓派硬件（例如 GPU）和软件环境的兼容性和高效运行。除此之外，还有以下专门为树莓派硬件平台提供优化图形支持的.bb 菜谱文件。

- raspidmx.bb：在树莓派上构建和安装 DispmanX API 示例应用，演示低级显示控制。
- userland.bb：提供树莓派用户空间多媒体库，支持图形渲染与视频编解码及硬件封装。
- vc-graphics.bb：提供树莓派的 VideoCore（VC）图形库，包含视频处理和图形渲染功能；vc-graphics-hardfp.bb 额外支持硬件浮点优化。

8.3.6 硬件测试镜像菜谱

在 Yocto 项目的 BSP 层中，虽然通常不需要单独的镜像菜谱文件，但为了进行硬件配置测试，meta-raspberrypi 层创建了 rpi-test-image.bb 镜像菜谱。该菜谱用于构建基础的树莓派测试镜像，确保硬件适配和系统功能的正确性。以下是 rpi-test-image.bb 镜像菜谱的完整代码：

```
# Base this image on core-image-base
include recipes-core/images/core-image-base.bb

COMPATIBLE_MACHINE = "^rpi$"

IMAGE_INSTALL:append = " packagegroup-rpi-test"
```

该镜像菜谱以 core-image-base.bb 为基础，提供了系统的基本硬件支持和控制台功能，确保在树莓派设备上正常启动并运行操作系统。COMPATIBLE_MACHINE 变量确保该镜像菜谱仅适用于树莓派硬件，避免其他不相关设备的构建。

此外，packagegroup-rpi-test 软件包组被添加到镜像中，提供特定于树莓派的测试工具和开发库，包括与蓝牙和 WiFi 模块相关的测试工具。在构建过程中，BitBake 会自动将这些关键组件纳入镜像，满足树莓派的测试和开发需求。

8.4 使用 Wic 工具创建分区镜像

在 8.2 节中，我们使用 BitBake 为树莓派 4B 构建了.wic.bz2 类型的镜像 rpi-test-image-raspberrypi4-64.rootfs-20240821093949.wic.bz2，并通过树莓派官方工具将其部署到 SD 卡，验证了镜像成功包含 boot 和 root 两个分区。SD 卡上的这两个分区的生成，正是通过 Yocto 项目中的 Wic 工具实现的。本节将深入探讨构建系统如何利用 Wic 工具生成包含多个分区的完整镜像，并确保其能够顺利部署到 SD 卡等存储设备上并运行。

8.4.1 Wic 工具介绍

Wic 的名字来源于 OpenEmbedded Image Creator（oeic）。因为“oeic”既难记又难发音，“oeic”中的双元音“oe”被提升为字母“w”。它是一个专门用于生成具有自定义分区布局的嵌入式 Linux 系统镜像的工具，支持从简单的单分区到复杂的多分区的镜像，适用于 SD 卡、Flash 和 HDD 等存储设备。

通常在BitBake构建出镜像之后，Wic工具会根据Yocto项目的OpenEmbedded Kickstart文件（.wks）中的分区命令构建指定类型和大小的分区镜像，使其可以运行在目标存储设备上。

8.4.1.1 先决条件

要在 Yocto 项目中成功使用 Wic 工具生成分区镜像，必须满足以下条件：

- 构建主机需运行 Linux 系统，并支持 Yocto 项目。系统必须具备标准的 Linux 命令和工具。
- 使用 source 命令执行构建环境配置脚本（例如 oe-init-build-env），以进入 OpenEmbedded 构建环境。
- 需要使用 BitBake 构建生成一个完整镜像文件。例如，BitBake 构建树莓派的 rpi-test-image.bb 测试镜像菜谱生成的镜像。
- 必须确保 wic-tools 菜谱已被 BitBake 成功构建，以支持 Wic 创建分区镜像的所有功能。通常，wic-tools.bb 菜谱会自动被构建，不需要显式地运行 bitbake wic-tools 命令。
- 在 IMAGE_FSTYPES 变量中包含 wic 或者 wic.bz2，用于自动构建 Wic 格式的镜像及其所需工具。
- 在 WKS_FILE 变量中指定 Wic 工具使用的 Kickstart（.wks）文件的名称。如果不同层提供多个候选文件，则通过 WKS_FILES 变量包含所有可能的 Kickstart 文件名称。

8.4.1.2 帮助命令

wic 帮助命令

Wic 是一个独立的工具，可以在 OpenEmbedded 构建环境中使用 wic 相关命令。

以下是获取 wic 命令相关帮助信息的方法，可让读者更好地理解和使用 Wic 工具：

```
$ wic -h
$ wic --help
$ wic help
```

在构建环境中运行以下 wic -h 命令，可得到如下帮助信息：

```
jerry@ubuntu:~/yocto/rasp_build$ wic -h
Creates a customized OpenEmbedded image.
Usage:  wic [--version]
       wic help [COMMAND or TOPIC]
       wic COMMAND [ARGS]

    usage 1: Returns the current version of Wic
    usage 2: Returns detailed help for a COMMAND or TOPIC
    usage 3: Executes COMMAND
COMMAND:
    list   -   List available canned images and source plugins
    ls     -   List contents of partitioned image or partition
    rm     -   Remove files or directories from the vfat or ext* partitions
    help   -   Show help for a wic COMMAND or TOPIC
    write  -   Write an image to a device
    cp     -   Copy files and directories to the vfat or ext* partitions
    create -   Create a new OpenEmbedded image
TOPIC:
    overview  - Presents an overall overview of Wic
    plugins   - Presents an overview and API for Wic plugins
    kickstart - Presents a Wic kickstart file reference

Examples:
    $ wic --version

    Returns the current version of Wic
```

```
$ wic help cp

Returns the SYNOPSIS and DESCRIPTION for the Wic "cp" command.

$ wic list images
Returns the list of canned images (i.e. *.wks files located in
the /scripts/lib/wic/canned-wks directory.

$ wic create mkefidisk -e core-image-minimal

Creates an EFI disk image from artifacts used in a previous
core-image-minimal build in standard BitBake locations
(e.g. Cooked Mode).
```

可以在以上信息中获取更详细的 wic 命令及其相关子命令的用法。

子命令帮助信息

wic 命令支持多个子命令，包括 cp、create、help、list、ls、rm 和 write，可以通过 wic help [COMMAND]命令进一步获得相关子命令的用法详解。

例如，运用 wic help list 命令可获取到其 list 子命令的帮助信息，如下所示：

```
jerry@ubuntu:~/yocto/rasp_build$ wic help list
NAME
    wic list - List available OpenEmbedded images and source plugins
SYNOPSIS
    wic list images
    wic list <image> help
    wic list source-plugins
DESCRIPTION
    This command enumerates the set of available canned images as well
    as help for those images.  It also can be used to list available
    source plugins.
    The first form enumerates all the available 'canned' images.
    These are actually just the set of .wks files that have been moved
    into the /scripts/lib/wic/canned-wks directory).
    The second form lists the detailed help information for a specific
    'canned' image.
```

```
    The third form enumerates all the available --sources (source
    plugins).  The contents of a given partition are driven by code
    defined in 'source plugins'.  Users specify a specific plugin via
    the --source parameter of the partition .wks command.  Normally
    this is the 'rootfs' plugin but can be any of the more specialized
    sources listed by the 'list source-plugins' command.  Users can
    also add their own source plugins - see 'wic help plugins' for
details.
```

主题帮助信息

还可以通过 wic help [TOPIC]命令获取包括 overview、plugins 和 kickstart 主题相关的帮助信息，如下是部分与 kickstart 主题相关的帮助信息：

```
jerry@ubuntu:~/yocto/rasp_build$ wic help  kickstart
NAME
    wic kickstart - wic kickstart reference
DESCRIPTION
    This section provides the definitive reference to the wic
    kickstart language.  It also provides documentation on the list of
    --source plugins available for use from the 'part' command (see
    the 'Platform-specific Plugins' section below)
    The current wic implementation supports only the basic kickstart
    partitioning commands: partition (or part for short) and
    bootloader.
    The following is a listing of the commands, their syntax, and
    meanings. The commands are based on the Fedora kickstart
    documentation but with modifications to reflect wic capabilities.
      https://***.readthedocs.io/en/latest/kickstart-docs.html#part-or-partition
      https://***.readthedocs.io/en/latest/kickstart-docs.html#bootloader
  Commands
    * 'part' or 'partition'
       This command creates a partition on the system and uses the
       following syntax:
         part [<mountpoint>]
```

8.4.2　Kickstart 文件

Kickstart（.wks）文件是一个定义如何创建系统镜像的配置文件，该文件定义了一系列命令和参数，用于设定镜像的分区布局、文件系统类型、启动加载器配置以及其他必要的系统组件等。Wic 工具根据该文件创建最终的分区镜像。

8.4.2.1　Kickstart 文件的语法

在 Kickstart 文件中，目前仅支持使用 partition（或简称 part）和 bootloader 命令操作镜像和其组件。

part 命令

使用 part（或者 partition）命令为系统创建一个分区的语法如下：

```
part <mntpoint> <options>
```

mntpoint 是挂载分区的位置，必须是以下形式之一。

- /path：指定分区的挂载路径，例如“/”、“/usr”或“/home”。
- swap：创建的分区用作交换空间，提供虚拟内存。其主要用途是在物理内存不足时，临时存储数据，防止系统性能下降或崩溃。

如果没有 mntpoint 参数，Wic 工具将会创建一个不挂载的分区。

options 指定创建分区的规则，它可以是如下选项。

- --size：指定分区大小的最小值。可以使用整数值，后接单位 k/K（KB）、M（MB）或 G（GB），默认单位是 M。如果使用了--source 选项，则无须此选项。
- --fixed-size：精确指定固定大小的分区。同样可以使用整数值，后接单位 K、M 或 G。默认单位为 M。不能与--size 同时使用。如果分区数据超过指定大小，将导致错误。
- --source：指定填充分区的数据源。常用值为 rootfs，也可以指定任何映射到有效源插件的值。
- --ondisk 或--ondrive：强制在特定磁盘上创建分区。
- --fstype：设置分区的文件系统类型。支持的类型包括 btrfs、erofs、ext2、ext3、ext4、squashfs、swap、vfat。
- --fsoptions：指定挂载文件系统时使用的自定义选项字符串，此字符串将被写入已安装系统的 /etc/fstab 文件中。
- --label：为分区中的文件系统指定一个标签。如果标签已被其他文件系统使用，则为该分区创建一个新标签。

- --active：标记分区为可引导分区。
- --align：指定分区对齐的边界，单位为 KB。
- --offset：指定分区的确切偏移位置。如果无法在指定位置创建分区，则镜像构建会失败。
- --no-table：保留分区空间并填充内容，但分区不会被添加到分区表中。
- --exclude-path：排除生成镜像中的指定相对路径，仅在使用 rootfs 源插件时有效。
- --extra-space：在分区内容后添加额外空间，最终大小可以超过通过--size 指定的大小。
- --overhead-factor：按指定倍数放大分区大小，需提供大于或等于 1 的值。
- --part-name：为 GPT 分区指定名称。
- --part-type：指定 GPT 分区的全局唯一标识符（GUID）。
- --use-uuid：指定为分区生成一个随机的 GUID，该标识符用于引导在加载器配置中指定根分区。
- --uuid：指定分区的 UUID。
- --fsuuid：指定文件系统的 UUID。如果在 bootloader 配置的内核命令行中预配置了文件系统的 UUID，可以使用此选项生成或修改 WKS_FILE。
- --system-id：指定分区的系统 ID，长度为一个字节的十六进制参数。
- --mkfs-extraopts：指定传递给 mkfs 工具的额外选项。

bootloader 命令

bootloader 命令指定了如何配置 bootloader，提供修改 bootloader 配置的方法，支持以下选项。

- --append：指定内核参数。这些参数将被添加到 syslinux 的 APPEND 或 grub 的内核命令行中。
- --configfile：指定 bootloader 的用户定义配置文件。可以提供文件的完整路径名或位于 poky/scripts/lib/wic/canned-wks/目录中的文件。此选项会覆盖所有其他 bootloader 选项。
- --ptable：指定分区表格式为 msdos 或 gpt。
- --timeout：指定 bootloader 超时前等待的秒数，超时后将启动默认选项。

8.4.2.2 查找 Kickstart 文件

Kickstart（.wks）文件通常存放在 BSP 层的 wic 目录或者 Poky 参考发行版的 scripts/lib/wic/canned-wks/目录中。可以通过运行 wic list images 命令，查看当前构建环境中所有可用的 Kickstart 文件及其功能描述。例如：

```
jerry@ubuntu:~/yocto/rasp_build$ wic list images
  beaglebone-yocto                    Create SD card image for Beaglebone
```

```
    genericarm64                      Create an EFI disk image
    genericx86                        Create an EFI disk image for genericx86*
    sdimage-raspberrypi               Create Raspberry Pi SD card image
    systemd-bootdisk                  Create an EFI disk image with systemd-boot
    directdisk-multi-rootfs           Create multi rootfs image using rootfs plugin
    qemux86-directdisk                Create a qemu machine 'pcbios' direct disk image
    sdimage-bootpart                  Create SD card image with a boot partition
    mkefidisk                         Create an EFI disk image
    directdisk-gpt                    Create a 'pcbios' direct disk image
    mkhybridiso                       Create a hybrid ISO image
    qemuriscv                         Create qcow2 image for RISC-V QEMU machines
    directdisk                        Create a 'pcbios' direct disk image
    qemuloongarch                     Create qcow2 image for LoongArch QEMU machines
    directdisk-bootloader-config      Create a 'pcbios' direct disk image with custom
bootloader config
    efi-bootdisk
```

在上面的列表中可以找到用于树莓派镜像分区的 Kickstart 文件：sdimage-raspberrypi.wks。为了更深入地了解其相关的功能和用法，可以运行带有 help 参数的如下命令：

```
jerry@ubuntu:~/yocto/rasp_build$ wic list sdimage-raspberrypi help
Creates a partitioned SD card image for use with
Raspberry Pi. Boot files are located in the first vfat partition.
```

8.4.3　Wic 插件

Wic 插件用于扩展和定制 Wic 的功能，由 Python 编写，可以分为两类：source 插件和 imager 插件。这两类插件通常都定义在 poky/scripts/lib/wic/plugins 目录中对应的 source 和 imager 目录下，如下所示：

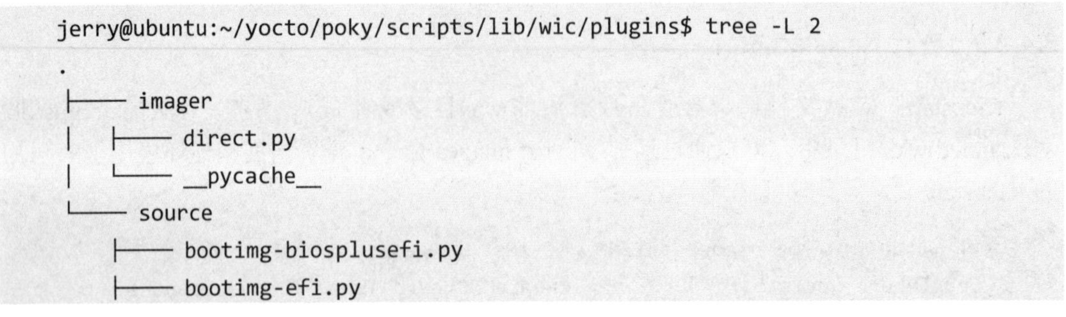

```
jerry@ubuntu:~/yocto/poky/scripts/lib/wic/plugins$ tree -L 2
.
├── imager
│   ├── direct.py
│   └── __pycache__
└── source
    ├── bootimg-biosplusefi.py
    ├── bootimg-efi.py
```

```
├── bootimg-partition.py
├── bootimg-pcbios.py
├── empty.py
├── isoimage-isohybrid.py
├── __pycache__
├── rawcopy.py
└── rootfs.py
```

8.4.3.1 imager 插件

imager 插件用于定义如何将分区内容写入最终镜像文件，其负责处理镜像的整体布局和结构，将多个分区整合到一个可启动的镜像中。imager 插件可以控制镜像文件的格式、文件系统的生成方式以及如何将这些文件系统加载到目标设备上。

所有的 imager 插件都继承自 ImagerPlugin 类，imager 目录下的 direct.py 插件定义的 DirectPlugin 类也是其子类。ImagerPlugin 类在 Wic 工具内部使用，通常不需要自定义，也无须在 Kickstart 文件中被显式调用。

8.4.3.2 source 插件

source 插件，通常翻译为源插件，提供了一种在 Wic 镜像生成过程中自定义分区内容的机制。Source 插件都继承自 SourcePlugin 类，并存放在 source 目录中。Source 插件在 Kickstart 文件中的--source 参数后指定，例如：

```
part / --source rootfs --ondisk mmcblk0 --fstype=ext4 --label root --align 4096
```

以上是 sdimage-raspberrypi.wks 文件中的内容，Wic 工具会用--source 参数指定 rootfs.py 插件定义一个 ext4 类型的文件系统分区的内容。

source 插件通常可以根据需求进行自定义，同样也需要继承 SourcePlugin 类来扩展。创建新的 source 插件文件后，必须放入 meta 元数据层的 scripts/lib/wic/plugins/source/目录下，这样 Wic 工具就可以顺利地找到它。

以下是 SourcePlugin 类中各个函数方法及其功能的描述。

- do_configure_partition()：在 do_prepare_partition()方法之前执行，用于为分区生成自定义配置文件，例如生成 syslinux 或 grub 的配置文件。
- do_stage_partition()：在 do_prepare_partition()方法之前执行的准备步骤。这个方法通常是空的，但可以用来进行一些额外的预处理。
- do_prepare_partition()：用于填充分区内容，负责准备最终合并到磁盘镜像中的分区数据。

- do_install_disk()：在所有分区准备好并组装到磁盘镜像中之后执行，用于对磁盘镜像进行最终处理，例如写入主引导记录 MBR。

自定义 source 插件通常至少需要定义 do_prepare_partition()方法，因为这是从 bootimg_dir、kernel_dir、rootfs_dir 参数中获取源数据并填充分区内容的关键方法。其他方法可以根据需求选择性实现。如果不实现以上 4 种方法，它们将调用父类 SourcePlugin 中的默认实现方法，仅输出调试信息，而没有实际功能。

以下是 rootfs.py 插件的部分内容：

```
class RootfsPlugin(SourcePlugin):
    """
    Populate partition content from a rootfs directory.
    """


name = 'rootfs'
...


    @classmethod
    def do_prepare_partition(cls, part, source_params, cr, cr_workdir,
                             oe_builddir, bootimg_dir, kernel_dir,
                             krootfs_dir, native_sysroot):
        """
        Called to do the actual content population for a partition i.e. it
        'prepares' the partition to be incorporated into the image.
        In this case, prepare content for legacy bios boot partition.
        """
```

8.4.4 Wic 工具的操作模式

在使用 BitBake 构建出未分区的镜像或相关组件（例如文件系统和内核）后，Wic 工具提供了两种操作模式：Raw 模式和 Cooked 模式。通过这两种模式，用户可以定制最终的分区镜像，确保其能够根据指定配置部署到相应的磁盘设备。这两种模式都通过相同的 wic create 命令实现，并且不应以 root 用户身份运行。

8.4.4.1 Raw 模式

Raw 模式是一种基础且灵活的操作方式，用户可以通过 wic create 命令的参数直接指定镜像各部分组件的位置，以获取所需的组件。这些组件不必是当前构建环境中构建输出目录下的，可以是任意路径的引导加载程序（bootloader）、内核或者文件系统源文件。

通用命令格式和相关参数描述如下：

```
wic create <wks_file> <options>
```

wks_file：Kickstart 文件名，可以是自定义的，也可以是构建系统已有的。

Raw 模式的特定选项如下所述。

- -r ROOTFS_DIR 或--rootfs-dir ROOTFS_DIR：指定使用的 rootfs 文件系统目录的路径。
- -b BOOTIMG_DIR 或--bootimg-dir BOOTIMG_DIR：指定包含引导加载程序（bootloader）的目录路径。
- -k KERNEL_DIR 或--kernel-dir KERNEL_DIR：指定包含内核的目录路径。
- -n NATIVE_SYSROOT 或--native-sysroot NATIVE_SYSROOT：指定包含 Wic 运行所需本地工具 sysroot 的路径。

Raw 模式的通用选项如下所述。

- -h 或--help：显示帮助信息并退出。
- -o OUTDIR 或--outdir OUTDIR：指定用于根据 Kickstart 文件创建分区镜像或者组件后输出的目录。
- -s 或--skip-build-check：跳过构建检查。
- -f 或--build-rootfs：构建根文件系统。
- -c {gzip,bzip2,xz}或--compress-with {gzip,bzip2,xz}：使用指定的压缩格式压缩镜像，支持 gzip、bzip2 和 xz。
- -m 或--bmap：生成.bmap 文件。
- --no-fstab-update：不更改 fstab 文件。
- -v VARS_DIR 或--vars VARS_DIR：指定包含<imagename>.env 文件的目录，这些文件存储 BitBake 变量信息，包含了构建镜像所需的关键信息，如文件路径、环境设置等。
- -D 或--debug：输出调试信息。

8.4.4.2 Cooked 模式

相比于 Raw 模式，Cooked 模式不用指定各个源组件（例如内核和文件系统）的路径，只需要通过-e 选项指定源镜像名。Wic 工具会根据镜像名自动在构建环境的构建输出目录（例如 tmp/deploy/images/<machine>）里查找相关源组件，从而构建最终的分区镜像。

在 Cooked 模式下使用 wic 命令的通用格式如下：

```
wic create <wks_file> -e IMAGE_NAME <options>
```

- wks_file：Kickstart 文件，可以是自定义的，也可以是构建系统中已有的。

  Cooked 模式的特定选项如下所述。

- -e IMAGE_NAME 或--image-name IMAGE_NAME：指定源镜像名称，例如 core-image-sato。

  Cooked 模式的通用选项如下所述。

- 与 Raw 模式的通用选项相同。

在 Yocto 项目中，image_types_wic.bbclass 类默认采用 Cooked 模式，Wic 工具会自动在构建输出目录下查找相关组件。用户只需提供镜像名称，Wic 工具可依据.wks 文件生成.wic 镜像。

8.4.5　树莓派的镜像分区

在前面的内容中，我们介绍了 Wic 工具的基础知识，本节将以本章第 2 节构建的树莓派 rpi-test-image 镜像为例，详细讲解 Wic 工具在构建树莓派镜像的过程中使用的相关命令和参数，并深入分析其 Kickstart 文件的配置，以让大家更好地理解 Wic 工具的工作原理和树莓派镜像分区的生成过程。

8.4.5.1　查看关键参数

在构建树莓派镜像的构建环境中，可以通过 bitbake -e 命令查看构建 wic 镜像的关键变量和命令。

查看 IMAGE_FSTYPES 变量

在构建树莓派 wic 镜像的过程中，IMAGE_FSTYPES 变量默认包含 wic.bz2 和 wic.bmap 类型，确保 Wic 工具能够用来构建.wic.bz2 类型的压缩镜像。通过以下命令可查看 IMAGE_FSTYPES 的值：

```
jerry@ubuntu:~/yocto/rasp_build$ bitbake -e rpi-test-image | grep IMAGE_FSTYPES=
```

会得到以下输出：

```
IMAGE_FSTYPES="tar.bz2 ext3 wic.bz2 wic.bmap"
```

查看 WKS_FILE 变量

在 meta-raspberrypi 层中，WKS_FILE 变量被定义在 conf/machine/include/rpi-base.inc

包含文件中，可以通过下面的命令查看：

```
jerry@ubuntu:~/yocto/rasp_build$ bitbake -e rpi-test-image | grep WKS_FILE=
```

命令的输出结果如下：

```
WKS_FILE="sdimage-raspberrypi.wks"
```

BitBake 会根据 WKS_FILE 的值去各个层中的 wic 目录或 poky/scripts/lib/wic/canned-wks/ 目录下查找该文件。

查看 wic create 命令

构建最终的分区镜像，需要通过 wic create 命令和相关参数完成。通过以下命令可以查找最终用于构建镜像分区的 wic 命令：

```
jerry@ubuntu:~/yocto/rasp_build$ bitbake -e rpi-test-image | grep 'wic create'
```

部分输出如下：

```
...
wic create "$wks" --vars "/home/jerry/yocto/rasp_build/tmp/sysroots/raspberrypi4-64/imgdata/" -e "rpi-test-image" -o "$build_wic/" -w "$tmp_wic"
...
```

上面的 wic create 命令定义在 poky/meta/classes-recipe/image_types_wic.bbclass 类文件中。

其中的选项和变量的解释如下所述。

$wks：该变量是由 WKS_FILE 指定的 Kickstart 文件和其绝对路径，实际值是/home/jerry/yocto/meta-raspberrypi/wic/sdimage-raspberrypi.wks。

--vars "/home/jerry/yocto/rasp_build/tmp/sysroots/raspberrypi4-64/imgdata/"：--var 指定 BitBake 构建时所需变量信息文件的目录，rpi-test-image 镜像构建时使用其中的 rpi-test-image.env 文件，该文件包含了构建该镜像所需的环境变量信息。

-e "rpi-test-image"：-e 选项指定镜像菜谱的名称为 rpi-test-image，表明 Wic 工具在构建 rpi-test-image 镜像分区的过程中使用的是 Cooked 模式。Wic 工具会去 tmp/deploy/images/raspberrypi4-64/中查找相关源组件，包括内核和文件系统源文件等。

-o "$build_wic/"：-o 选项将创建$build_wic 目录来存放中间文件和最终输出文件，例如 debugfs_script、fstab 和根据 Kickstart 文件创建的分区片段文件等。

-w "$tmp_wic"：-w 选项指定 Wic 工具将创建$tmp_wic 临时工作目录存放临时文件。

Wic 工具和 BitBake 的协同合作，把最终分区好的 rpi-test-image 镜像输出到对应的构建输出目录 tmp/deploy/images/raspberrypi4-64/下。在本书的指定环境中，可以通过以下命令查看：

```
jerry@ubuntu:~/yocto/rasp_build/tmp/deploy/images/raspberrypi4-64$ ls rpi-test-image-raspberrypi4-64.rootfs.wic.*
rpi-test-image-raspberrypi4-64.rootfs.wic.bmap  rpi-test-image-raspberrypi4-64.rootfs.wic.bz2
```

8.4.5.2　树莓派的 Kickstart 文件

在构建树莓派的 rpi-test-image 分区镜像时，BitBake 通过解析/machine/include/rpi-base.inc 中定义的 WKS_FILE 变量，把查找到的文件 sdimage-raspberrypi.wks 及其路径传给了 Wic 工具。代码如下：

```
WKS_FILE ?= "sdimage-raspberrypi.wks"
```

sdimage-raspberrypi.wks 文件的内容如下：

```
# short-description: Create Raspberry Pi SD card image
# long-description: Creates a partitioned SD card image for use with
# Raspberry Pi. Boot files are located in the first vfat partition.
part /boot --source bootimg-partition --ondisk mmcblk0 --fstype=vfat --label boot --active --align 4096 --size 20
part / --source rootfs --ondisk mmcblk0 --fstype=ext4 --label root --align 4096
```

这个文件指定了两个分区：一个用于存放引导加载文件（/boot），另一个用于存放根文件系统（/）。下面是 sdimage-raspberrypi.wks 文件内容的解释。

- part /boot：创建一个名为/boot 的分区。

  --source bootimg-partition：指定 source 插件为 bootimg-partition.py，从而创建出一个 boot 启动分区。

  --ondisk mmcblk0：指定分区应该被创建在哪个磁盘上，mmcblk0 通常代表 SD 卡。

  --fstype=vfat：指定文件系统的类型为 vfat，这是 Linux 对 FAT32 文件系统的命名方式。

  --label boot：给分区设置标签为 boot。

  --active：将这个分区标记为可引导的，意味着 BIOS 或 UEFI 会从这个分区加载引导程序。

  --align 4096：表示分区起始位置对齐到 4096 字节（4KB）边界，以提高存储设备的读写性能。

  --size 20：分区大小为 20MB。

- part /：创建一个根文件系统分区。
  --source rootfs：指定 source 插件为 rootfs.py，从而构建出一个根文件系统分区。
  --ondisk mmcblk0：同上，指定 SD 卡为目标磁盘。
  --fstype=ext4：使用 ext4 文件系统类型。
  --label root：给分区设置标签为 root。
  --align 4096：表示分区起始位置对齐到 4096 字节（4KB）边界。

根文件系统分区没有使用--size 或者--fixzed--size 参数为其指定固定大小，这意味着 Wic 工具会根据根文件系统的实际内容大小为分区自动分配空间。通过 part 命令指定的两个分区，在最终的磁盘上将显示为 boot 和 root，这对应于--label 选项中指定的分区标签。

8.4.6 dd 和 bmaptool 部署镜像

在成功构建出.wic 镜像或.wic.bz2 类型的压缩镜像后，下一步是按照 Kickstart 文件中的配置，将镜像部署到 SD 卡或其他存储设备上。在 8.2 节中，已经介绍了如何使用树莓派专属的图形化工具 Raspberry Pi Imager 将 rpi-test-image-raspberrypi4-64.rootfs-20240821093949.wic.bz2 镜像部署到 SD 卡上。然而，在实际项目开发中，可能没有这样便捷的专属工具。本节将详细讲解如何使用两个通用的命令行工具：dd 和 bmaptool，手动将镜像部署到目标设备。这些工具在开发和测试环境中非常有用，能够提供更大的灵活性和控制权。

8.4.6.1 dd 命令

dd 是一个用于低级数据复制的命令行程序，属于 GNU Core Utilities 核心工具集的一部分。它能够在将数据从一个位置复制到另一个位置的同时进行数据的转换和格式化，所以它特别适合复制或备份整个磁盘或分区。dd 在大多数 Linux 发行版和 UNIX 系统中都已经默认安装，作为一个广泛应用的通用命令适用于 Linux、macOS 等基于 UNIX 的系统，是系统管理员和高级用户常用的工具。

在 Linux 系统中，可以通过在命令行中输入 dd --help 来查看相关介绍和详细用法。如果系统中没有安装该命令，可以使用包管理工具进行安装。例如，在 Ubuntu 上可以使用以下命令进行安装：

```
$ sudo apt-get install coreutils
```

dd 部署镜像的通用命令如下：

```
$ sudo dd if=<imagefile> of=/dev/<device>
```

需要注意的是，使用 dd 将镜像部署到设备时通常需要 root 权限。在操作时一定要确认目标设备，避免误操作导致其他设备数据丢失。在 Linux 系统中可以使用 lsblk 或者 fdisk 命令查看，并确认要部署的磁盘设备，避免错误擦写。

树莓派镜像部署

可使用 dd 命令将树莓派 rpi-test-image-raspberrypi4-64.rootfs-20240821093949.wic.bz2 镜像部署到/dev/sdb 对应的 SD 设备中。

先通过 bzip2 工具解压，然后运行 dd 命令写入镜像，具体命令如下：

```
$ bzip2 -d rpi-test-image-raspberrypi4-64.rootfs-20240821093949.wic.bz2
$ sudo dd if=rpi-test-image-raspberrypi4-64.rootfs-20240821093949.wic  of=/dev/sdb
```

在完成镜像部署后，拔出并重新插入 USB 盘，即可在构建主机上看到新增的 boot 和 root 分区目录。

8.4.6.2　bmaptool 工具

bmaptool 是一种通用工具，通过创建文件的块映射（bmap）并利用这个映射来复制文件。与传统的 dd 或 cp 工具相比，bmaptool 在复制或写入大文件（如系统镜像文件）时更加快速。

在 Linux 系统中，可以通过包管理工具安装。例如，在 Ubuntu 系统下，使用如下命令：

```
$ sudo apt install bmap-tools
```

如果无法安装 bmap-tools 软件包，Yocto 项目提供了 bmaptool-native 菜谱，可以先通过 BitBake 构建，以便创建可以在构建主机上使用的 bmaptool，命令如下：

```
$ bitbake bmaptool-native
```

构建 bmap 文件

在使用 bmaptool 工具前，需要先构建与 Wic 镜像对应的 bmap 文件。在 Yocto 项目中，这可以通过配置 IMAGE_FSTYPES 变量来实现，例如：

```
IMAGE_FSTYPES+="wic wic.bmap"
```

或者：

```
IMAGE_FSTYPES+="wic.bz2 wic.bmap"
```

通过上述设置，在使用 BitBake 工具成功构建镜像菜谱后，不仅能成功生成 Wic 分区镜像文件，还会通过 wic create -m/--bmap 命令自动生成相应的 bmap 文件。

当树莓派的 wic.bz2 镜像文件成功构建后，其对应的 bmap 文件也会自动被创建。可以在构建输出目录（tmp/deploy/images/<machine>）中找到这些文件，例如：

```
    jerry@ubuntu:~/yocto/rasp_build/tmp/deploy/images/raspberrypi4-64$ ls rpi-test-image-raspberrypi4-64.rootfs-20240821093949.wic.*

    rpi-test-image-raspberrypi4-64.rootfs-20240821093949.wic.bmap  rpi-test-image-raspberrypi4-64.rootfs-20240821093949.wic.bz2
```

这确保了构建的分区镜像和对应的 bmap 文件准备就绪，可以用于后续的镜像部署。

bmaptool copy 命令部署

在 Linux 系统中，可以直接使用 bmaptool copy 命令将镜像文件部署到 SD 卡等磁盘设备上，如下是通用命令：

```
    bmaptool copy [选项] <映像文件> <目标设备>
```

使用该命令手动将树莓派镜像部署到 SD 卡设备的/dev/sdb 中，命令和输出信息如下：

```
    $ sudo bmaptool copy rpi-test-image-raspberrypi4-64.rootfs-20240821093949.wic /dev/sdb
    bmaptool: info: discovered bmap file 'rpi-test-image-raspberrypi4-64.rootfs-20240821093949.wic.bmap'
    bmaptool: info: block map format version 2.0
    bmaptool: info: 155955 blocks of size 4096 (609.2 MiB), mapped 74858 blocks (292.4 MiB or 48.0%)
    bmaptool: info: copying image 'rpi-test-image-raspberrypi4-64.rootfs-20240821093949.wic' to block device '/dev/sdb' using bmap file 'rpi-test-image-raspberrypi4-64.rootfs-20240821093949.wic.bmap'
    bmaptool: info: 100% copied
    bmaptool: info: synchronizing '/dev/sdb'
    bmaptool: info: copying time: 20.9s, copying speed 14.0 MiB/sec
```

在上述命令中，bmaptool 无须明确指定.bmap 文件名，因为它会默认在与镜像文件相同的目录中查找与镜像名称对应的.bmap 文件。

此外，在成功初始化后的构建环境下，可以使用 oe-run-native 工具和 bmaptool-native 菜谱部署镜像。以下命令同样能够将树莓派镜像部署到/dev/sdb：

```
$ sudo chmod 666 /dev/sdb
$ oe-run-native bmaptool-native bmaptool copy tmp/deploy/images/machine/
rpi-test-image-raspberrypi4-64.rootfs-20240821093949.wic /dev/sdb
```

8.4.6.3　查看镜像分区

在完成部署后，将 SD 卡拔出并重新插入 Linux 构建主机，然后可以通过 lsblk -l 命令查看分区详情：

```
$ lsblk -l | grep sdb
NAME   MAJ:MIN RM   SIZE RO TYPE MOUNTPOINT
sdb      8:64   1   500G  0 disk
sdb1     8:65   1   130M  0 part /media/jerry/boot
sdb2     8:66   1 473.2M  0 part /media/jerry/root
```

上述命令显示了 SD 卡/dev/sdb 的分区信息，包括设备名称、大小、类型和挂载点。

第 9 章 实战定制树莓派 BSP 层

在第 8 章中，我们全面介绍了树莓派在 Yocto 项目中的应用，涵盖了从硬件特性到镜像构建和部署的各个方面。首先，我们深入分析了树莓派的硬件特性，详细阐述了不同型号硬件的差异及其应用场景。随后介绍了如何利用 Yocto 项目构建定制化的树莓派 rpi-test-image 镜像，进而又讲解了获取树莓派板级支持包（BSP）层、配置构建环境以及实际构建镜像的全过程。其后还讨论了将构建的镜像部署到 SD 卡等磁盘设备的多种方法和工具，包括 Raspberry Pi Imager、dd 命令和 bmaptool 工具，确保在不同的开发环境下我们都能高效地完成部署任务。其中，我们还深入解析了 Yocto 项目官方维护的树莓派 BSP 层：meta-raspberrypi，介绍了 BSP 层的硬件配置、内核配置和图形显示配置的相关基础知识。

这些内容不仅使大家对树莓派硬件有了更深入的了解，同时还掌握了 BSP 层的基础知识。然而，实际项目中的需求往往与官方提供的内容存在差距。为了使大家进一步掌握和理解如何运用 Yocto 项目中的 BSP 层，实战演练是必不可少的。本章将承接第 8 章的内容，深入讲解如何构建一个新的树莓派 BSP 层：meta-raspberrypi-custom，并将其应用到本章定制的项目中，实现更高层次的开发目标。

针对本章定制的项目，meta-raspberrypi-custom 层需要创建新的机器配置文件适配树莓派 4B 硬件，指定新的内核源代码，使用自定义的 defconfig 和设备树文件，加入内核补丁功能，在硬件配置菜谱中控制 LED 硬件行为。此外，定制测试镜像菜谱，为其添加 SSH 服务，启动支持 X11 协议的 Xorg 服务器以提供图形显示界面，并为测试镜像配置 Systemd 作为系统管理器。最后，使用 Wic 工具重新分区，为系统升级和数据存储功能构建新的 root-backup 和 data 分区。

9.1　创建与配置 BSP 层

为了提高开发效率和可靠性，在实际项目中定制 BSP 层时，并不会从零开始构建一个全新的 BSP 层，而是选择一个已有的基准 BSP 层来进行修改和优化。这种基准 BSP 层既可以是与某款硬件开发板相匹配的官方 BSP 层，也可以是在开源社区中找到的、与目标硬件类似的 BSP 层。通过学习和理解这些现有的 BSP 层的配置和实现方法，可以让大家更有效地定制出符合项目需求的自定义 BSP 层。这种方法不仅减少了开发时间，还能利用已有的成熟代码和配置，提高定制 BSP 层的稳定性和可靠性。

这一节我们就以 meta-raspberrypi 层为基础来创建自定义的 meta-raspberrypi-custom 层，并为该层添加层依赖和新的机器配置文件，为后续进一步定制该层打下基础。

9.1.1　定制 BSP 层的方法

定制 BSP 层有三种常见的方法：从零开始创建、直接复制与修改，以及基于现有 BSP 层构建依赖。每种方法适用于不同的开发需求。

从零开始创建：这种方法涉及从头定义所有必要的配置和菜谱，适用于全新硬件平台，市场上没有任何参考 BSP 层的情况。虽然耗时且复杂，但提供了最大的灵活性和控制权。适合硬件厂商或开发全新硬件平台的开发者，他们需要为全新的处理器或开发板设计专用的 BSP 层。

直接复制与修改：这种方法通过复制现有的 BSP 层，并在此基础上进行大范围的修改，以适应特定项目需求。适合已有 BSP 层能满足大部分需求，但需要显著更改硬件配置或软件栈的情况。适用于嵌入式系统开发者和设备制造商，他们希望在已有层的基础上进行深入定制。

基于现有 BSP 层构建依赖：这种方法创建一个新的层，其依赖已有的 BSP 层，从而复用原有层的功能，并进行轻量级的定制。适合只需对现有 BSP 层进行少量调整或添加特定功能的情况。适用于系统集成商或需要快速进行开发的团队，他们需要在短时间内完成项目并确保系统的稳定性。

9.1.2　创建 meta-raspberrypi-custom 层

在本章中，因为定制需求对 meta-raspberrypi 层的修改较少，所以我们选择构建层依赖的方法来构建新的 meta-raspberrypi-custom 层。这个新层的构建将基于第 8 章中的已有构建环境，在此构建环境中，meta-raspberrypi 依赖层已经被加入 conf/bblayers.conf 配置文件，并且 MACHINE 变量也已被设置为 raspberrypi4-64，能够支持树莓派 4B。本节我们只是在此基础之上做一些修改来完成定制需求。

9.1.2.1　使用 bitbake-layers 创建和添加 BSP 层

通过 bitbake-layers 脚本构建一个新的 meta-raspberrypi-custom 层，可通过以下命令实现：

```
jerry@ubuntu:~/yocto/rasp_build$ bitbake-layers create-layer ../meta-raspberrypi-custom
NOTE: Starting bitbake server...
Add your new layer with 'bitbake-layers add-layer ../meta-raspberrypi-custom'
```

构建完后，meta-raspberrypi-custom 层的结构如下：

```
jerry@ubuntu:~/yocto$ tree meta-raspberrypi-custom/
meta-raspberrypi-custom/
├── conf
│   └── layer.conf
├── COPYING.MIT
├── README
└── recipes-example
    └── example
        └── example_0.1.bb
```

在当前构建环境下，运用 bitbake-layers add-layer 命令，将其加入当前构建环境：

```
jerry@ubuntu:~/yocto/rasp_build$ bitbake-layers add-layer ../meta-raspberrypi-custom
NOTE: Starting bitbake server...
```

运行完上述命令，conf/bblayers.conf 中 BBLAYERS 变量会多出一个值：/home/jerry/yocto/meta-raspberrypi-custom。

9.1.2.2　添加层依赖

在完成层的创建之后，需要在 conf/layer.conf 配置文件中添加依赖层 meta-raspberrypi，并且设置该层的优先级为 6，同时将 raspberrypi-custom 添加到 BBFILE_COLLECTIONS 变量作为该层的层名称。修改完后，layer.conf 层配置文件的全部内容如下：

```
# We have a conf and classes directory, add to BBPATH
BBPATH .= ":${LAYERDIR}"
```

```
# We have recipes-* directories, add to BBFILES
BBFILES += "${LAYERDIR}/recipes-*/*/*.bb \
            ${LAYERDIR}/recipes-*/*/*.bbappend"

BBFILE_COLLECTIONS += "raspberrypi-custom"
BBFILE_PATTERN_raspberrypi-custom = "^${LAYERDIR}/"
BBFILE_PRIORITY_raspberrypi-custom = "6"

LAYERDEPENDS_raspberrypi-custom = "core raspberrypi"
LAYERSERIES_COMPAT_raspberrypi-custom = "scarthgap"
```

通过这些配置，meta-raspberrypi-custom 层现在依赖 meta-raspberrypi 层，并且在构建系统中有了明确的优先级和层名称。这种方法确保了新层能够继承和扩展现有层的功能，同时提供了灵活的定制能力。

9.1.3　定制机器配置文件

创建适配目标硬件的机器配置文件是定制 BSP 层的关键步骤之一。在第 8 章中，我们详细解释了树莓派 meta-raspberrypi 层中各个机器配置文件的作用和区别，并深入讲解了 raspberrypi4-64.conf 文件的参数和功能。本节将基于 raspberrypi4-64.conf 文件创建一个新的机器配置文件 raspberrypi4-64-custom.conf，初始内容与 raspberrypi4-64.conf 文件的完全一致，以确保其适用于树莓派 4B 开发板。然后，将构建目录下 conf/local.conf 中的 MACHINE 变量的值修改为 raspberrypi4-64-custom，指定使用该机器配置文件，为后续定制操作提供可靠和灵活的配置环境，代码如下：

```
MACHINE = raspberrypi4-64-custom
```

9.2　定制内核菜谱

内核菜谱是 Yocto 项目中的一个重要知识点，也是相对复杂的部分。在第 7 章中，我们详细讲解了 Yocto 项目中内核菜谱的相关知识，并通过实例演示了如何定制内核和内核树外模块。在本节中，我们将进一步探讨定制内核菜谱的实际操作技巧，包括修改内核源代码和设备树文件、添加补丁等。这些操作是创建 BSP 层的关键步骤之一。作为 BSP 层中不可或缺的部分，内核菜谱的配置直接影响硬件特性和功能的实现。通过调整和优化内核菜谱，可以让操作系统更好地支持目标硬件，满足项目需求。

在 meta-raspberrypi 层中，位于 recipes-kernel/linux 目录下的 linux-raspberrypi_6.6.bb 是默认使用的内核菜谱。在 raspberrypi4-64.conf 机器配置文件包含的 rpi-default-providers.inc 和 rpi-default-versions.inc 文件中，定义该内核菜谱为默认内核菜谱，配置如下：

```
PREFERRED_PROVIDER_virtual/kernel ??= "linux-raspberrypi"
PREFERRED_VERSION_linux-raspberrypi ??= "6.6.%"
```

本节将基于 meta-raspberrypi 层中的 linux-raspberrypi_6.6.bb 菜谱，通过在 meta-raspberrypi-custom 层创建对应追加菜谱文件 linux-raspberrypi_6.6.bbappend，实现对内核的定制。在这个追加菜谱文件中，我们将修改内核的源代码路径、defconfig 文件和设备树文件，并添加内核补丁。并同样将其设置为 meta-raspberrypi-custom 层的默认内核菜谱，使其能够运行在树莓派 4B 硬件上。

9.2.1 内核配置

9.2.1.1 修改内核源代码路径和分支

为了修改树莓派官方的内核源代码路径到自定义的 Git 仓库和修改内核源代码相关配置，在 linux-raspberrypi_6.6.bbappend 追加菜谱文件中，定义以下内容：

```
    SRC_URI:remove:raspberrypi4-64-custom   = "git://***.com/raspberrypi/
linux.git;name=machine;branch=${LINUX_RPI_BRANCH};protocol=https"
    SRC_URI:prepend:raspberrypi4-64-custom   = "git://***.com/jerrysundev/
linux-raspberrypi-custom.git;name=machine;branch=${LINUX_RPI_BRANCH};protocol=https"
    LINUX_VERSION:raspberrypi4-64-custom  ?= "6.6.47"
    LINUX_RPI_BRANCH:raspberrypi4-64-custom ?= "rpi-custom-6.6.y"
    SRCREV_machine:raspberrypi4-64-custom = "e7216cdad08625d6fd24786c4c70457a89f76b2e"
```

针对 SRC_URI、LINUX_VERSION、LINUX_RPI_BRANCH 和 SRCREV_machine 变量，运用 OVERRIDES 条件机制仅针对 raspberrypi4-64-custom 机器添加修改，而不影响其他类型的机器配置。linux-raspberrypi_6.6.bbappend 文件配置的内核源代码仅仅针对 linux-raspberrypi_6.6.bb 内核菜谱指定的内核做了少量修改，包括内核源代码路径、分支、子版本和修订版（commit）。

完成这些配置的修改后，可以通过 bitbake -e 命令来验证更改是否生效。例如，运行以下命令检查 SRC_URI 的最终值：

```
$ bitbake -e  virtual/kernel | grep 'SRC_URI='
```

验证输出应显示 SRC_URI 已经更新为新的 Git 仓库和分支，如下所示：

```
SRC_URI="git://***.com/jerrysundev/linux-raspberrypi-custom.git;name=machine;branch=rpi-custom-6.6.y;protocol=https          git://***.yoctoproject.org/yocto-kernel-cache;type=kmeta;name=meta;branch=yocto-6.6;destsuffix=kernel-meta
    file://powersave.cfg          file://android-drivers.cfg
    file://vc4graphics.cfg        file://default-cpu-governor.cfg
    file://rpi4-nvmem.cfg "
```

9.2.1.2 定制 defconfig

在 meta-raspberrypi 层，raspberrypi4-64 机器指定内核为 arm64 架构，在指定架构下的 defconfig 文件如下：

```
KBUILD_DEFCONFIG:raspberrypi4-64 ?= "bcm2711_defconfig"
```

在新的内核源代码 linux-raspberrypi-custom 仓库的 rpi-custom-6.6.y 分支中，基于 bcm2711_defconfig 文件创建了 bcm2711_custom_defconfig 文件，确保内核菜谱使用新内核源代码中的该自定义 defconfig 文件。为此，在 linux-raspberrypi_6.6.bbappend 文件中添加以下代码：

```
KBUILD_DEFCONFIG:raspberrypi4-64-custom = "bcm2711_custom_defconfig"
```

上述配置通过 OVERRIDES 机制生效，即当构建环境中的 MACHINE 变量被设置为 raspberrypi4-64-custom 时，最终的 defconfig 文件将根据 linux-raspberrypi_6.6.bbappend 文件中的配置进行设置，确保在定制的硬件平台上正确加载该文件。

9.2.2 指定内核设备树文件

内核设备树.dtb 二进制文件（Device Tree Blob）由相应的内核设备树.dts 源文件（Device Tree Source）构建而来，用于描述硬件的配置和特性，使内核能够正确识别和管理硬件资源。在 Poky 参考发行版中，设备树.dtb 文件在机器配置文件中通过设置 KERNEL_DEVICETREE 变量来指定。而在本章的定制 meta-raspberrypi-custom 层中，需要在 raspberrypi4-64-custom.conf 文件中，通过设置 RPI_KERNEL_DEVICETREE 变量来指定需要构建的设备树.dtb 文件。而 RPI_KERNEL_DEVICETREE 指定的设备树.dtb 文件最终会被添加到 KERNEL_DEVICETREE 变量中，初始代码如下所示：

```
RPI_KERNEL_DEVICETREE = " \
    broadcom/bcm2711-rpi-4-b.dtb \
```

```
    broadcom/bcm2711-rpi-400.dtb \
    broadcom/bcm2711-rpi-cm4.dtb \
    broadcom/bcm2711-rpi-cm4s.dtb \
"
```

为了更好地适配meta-raspberrypi-custom层，我们基于新的内核源代码中arch/arm64/boot/dts/broadcom 目录下的 bcm2711-rpi-4-b.dts 文件创建了一个自定义的设备树文件 bcm2711-rpi-4-b-custom.dts。该文件与原设备树文件内容相似，但经过定制后可以满足特定的硬件需求。

为了在内核启动时使用这个定制的设备树文件，我们在 raspberrypi4-64-custom.conf 文件中更新 RPI_KERNEL_DEVICETREE 变量，从而构建新的设备树文件，代码如下：

```
RPI_KERNEL_DEVICETREE = "broadcom/bcm2711-rpi-4-b-custom.dtb"
```

此外，还需要在 rpi-config_git.bb 菜谱中修改 config.txt 文件，更新 device_tree 选项来最终引用这个定制设备树文件去配置内核。关于修改该菜谱的详细步骤，本章后续内容将会进一步讲解。

9.2.3 添加内核补丁

在第 7.3.2.1 节中，我们讲过内核元数据中有一类文件叫作补丁描述文件（.scc），它是比较常用的修改内核的方法。在 Yocto 项目内核菜谱中，也可以直接用菜谱空间补丁文件（.patch）修改内核源代码。本节就在定制的 linux-raspberrypi-6.6.bbappend 追加菜谱文件中，详细讲解用补丁文件给 git://***.com/jerrysundev/linux-raspberrypi-custom.git 仓库指定内核源代码，添加一行打印输出信息“Patch Applied: Boot message for Raspberry Pi kernel!\n”。

9.2.3.1 制作补丁文件

自定义内核源代码的 init/main.c 文件中的 start_kernel 函数，是内核启动的入口函数，负责初始化硬件和内核子系统。这里在该函数中加上 printk 打印语句，使内核在执行初始化步骤时输出指定的信息。在下面的代码片段中，处理完 CPU 和内存的初始化后，添加了 printk 语句来输出自定义消息“Custom patch: Raspberry Pi kernel has booted!”：

```
void start_kernel(void)
{
    …
    setup_nr_cpu_ids();
    setup_per_cpu_areas();
```

```
    smp_prepare_boot_cpu();
    /* arch-specific boot-cpu hooks */
    boot_cpu_hotplug_init();

    printk(KERN_NOTICE "Custom patch: Raspberry Pi kernel has booted!\n");

    pr_notice("Kernel command line: %s\n", saved_command_line);
    /* parameters may set static keys */
    jump_label_init();
    …
}
```

在确保整个内核代码或者 init/main.c 文件只有上述修改的情况下，运用 git diff 命令生成相应的补丁文件：

```
$ git add init/main.c
$ git diff --cached > 0001-Print-message-on-Raspberry-Pi-kernel-boot.patch
```

其生成后的补丁文件 0001-Print-message-on-Raspberry-Pi-kernel-boot.patch 的内容如下：

```
diff --git a/init/main.c b/init/main.c
index c787e94cc..53e4c2052 100644
--- a/init/main.c
+++ b/init/main.c
@@ -904,6 +904,8 @@ void start_kernel(void)
     smp_prepare_boot_cpu();   /* arch-specific boot-cpu hooks */
     boot_cpu_hotplug_init();

+    printk(KERN_NOTICE "Custom patch: Raspberry Pi kernel has booted!\n");
+
     pr_notice("Kernel command line: %s\n", saved_command_line);
     /* parameters may set static keys */
     jump_label_init();
```

9.2.3.2　添加补丁文件

生成完 0001-Print-message-on-Raspberry-Pi-kernel-boot.patch 之后，将其拷贝到定制的 meta-raspberrypi-custom 层的 recipes-kernel/linux/files 目录下，然后在内核追加菜谱文件 linux-raspberrypi_6.6.bbappend 中通过下面的命令添加内核菜谱空间的补丁文件：

```
FILESEXTRAPATHS:prepend := "${THISDIR}/files:"
SRC_URI:append:raspberrypi4-64-custom = "file://0001-Print-message-on-Raspberry-Pi-kernel-boot.patch"
```

添加完后，完整的 linux-raspberrypi_6.6.bbappend 内容如下：

```
FILESEXTRAPATHS:prepend := "${THISDIR}/files:"

SRC_URI:remove:raspberrypi4-64-custom = "git://***.com/raspberrypi/linux.git;name=machine;branch=${LINUX_RPI_BRANCH};protocol=https"
SRC_URI:prepend:raspberrypi4-64-custom = "git://***.com/jerrysundev/linux-raspberrypi-custom.git;name=machine;branch=${LINUX_RPI_BRANCH};protocol=https"
SRC_URI:append:raspberrypi4-64-custom = "file://0001-Print-message-on-Raspberry-Pi-kernel-boot.patch"

LINUX_VERSION:raspberrypi4-64-custom ?= "6.6.47"
LINUX_RPI_BRANCH:raspberrypi4-64-custom ?= "rpi-custom-6.6.y"
SRCREV_machine:raspberrypi4-64-custom = "697d9b94609dc9a6755b1ff75673a7f39567bdb9"

KBUILD_DEFCONFIG:raspberrypi4-64-custom ?= "bcm2711_custom_defconfig"
```

9.2.3.3 验证输出

构建镜像

在内核追加菜谱文件中添加补丁文件之后，在构建环境中，通过如下命令重新编译 rpi-test-image.bb，生成新的相关镜像文件：

```
jerry@ubuntu:~/yocto/rasp_build/$ bitbake -c cleansstate rpi-test-image && bitbake rpi-test-image
```

补丁文件 0001-Print-message-on-Raspberry-Pi-kernel-boot.patch 会在 BitBake 指定 do_patch 任务时被应用到内核源代码中。

在 BitBake 工具构建出镜像后，在构建输出目录 work-shared/raspberrypi4-64-custom/kernel-source 里，在最终用于构建内核镜像的内核源代码的 init/main.c 文件中，可以找到对应的打印输出语句：

```
jerry@ubuntu:~/yocto/rasp_build/tmp/work-shared/raspberrypi4-64-custom/kernel-source$ grep "Custom patch: Raspberry Pi kernel has booted" init/main.c
        printk(KERN_INFO "Custom patch: Raspberry Pi kernel has booted!\n");
```

同样在完成构建之后，在 tmp/deploy/images/raspberrypi4-64-custom 目录中可以看到生成的相应镜像，如下所示：

```
    jerry@ubuntu:~/yocto/rasp_build/tmp/deploy/images/raspberrypi4-64-custom$ ls
rpi-test-image-raspberrypi4-64-custom.rootfs-20240905075547.wic.b*
    rpi-test-image-raspberrypi4-64-custom.rootfs-20240905075547.wic.bmap
    rpi-test-image-raspberrypi4-64-custom.rootfs-20240905075547.wic.bz2
```

使用 bmaptool 工具部署 SD 卡

在 wic 镜像生成后，可以在 Linux 系统中通过 bmaptool 工具将其部署到 SD 卡上。例如，通过下面的命令解压和烧录：

```
    jerry@ubuntu:~/yocto/rasp_build/tmp/deploy/images/raspberrypi4-64-custom$ bzip2
-d --force rpi-test-image-raspberrypi4-64-custom.rootfs-20240905075547.wic.bz2
    jerry@ubuntu:~/yocto/rasp_build/tmp/deploy/images/raspberrypi4-64-custom$ sudo
bmaptool copy rpi-test-image-raspberrypi4-64-custom.rootfs-20240905075547.wic  /dev/sdb
```

在完成 SD 卡的镜像部署之后，把 SD 卡插入树莓派 4B 的硬件设备上，启动系统。如图 9-1 所示，可以在控制台上通过如下 dmesg 命令查看补丁文件添加的 printk 打印信息。

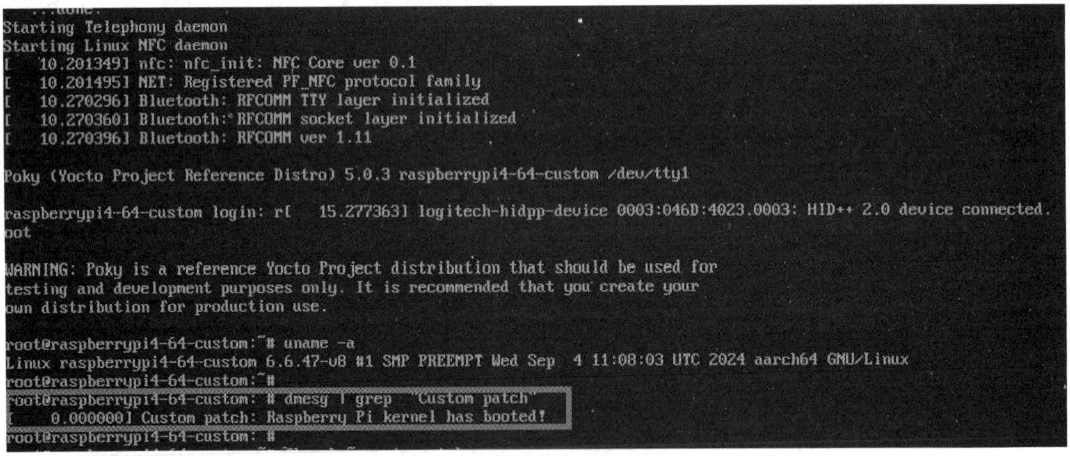

```
Starting Telephony daemon
Starting Linux NFC daemon
[   10.201349] nfc: nfc_init: NFC Core ver 0.1
[   10.201495] NET: Registered PF_NFC protocol family
[   10.270296] Bluetooth: RFCOMM TTY layer initialized
[   10.270360] Bluetooth: RFCOMM socket layer initialized
[   10.270396] Bluetooth: RFCOMM ver 1.11

Poky (Yocto Project Reference Distro) 5.0.3 raspberrypi4-64-custom /dev/tty1

raspberrypi4-64-custom login: r[   15.277363] logitech-hidpp-device 0003:046D:4023.0003: HID++ 2.0 device connected.
oot

WARNING: Poky is a reference Yocto Project distribution that should be used for
testing and development purposes only. It is recommended that you create your
own distribution for production use.

root@raspberrypi4-64-custom:~# uname -a
Linux raspberrypi4-64-custom 6.6.47-v8 #1 SMP PREEMPT Wed Sep  4 11:08:03 UTC 2024 aarch64 GNU/Linux
root@raspberrypi4-64-custom:~#
root@raspberrypi4-64-custom:~# dmesg | grep "Custom patch"
[    0.000000] Custom patch: Raspberry Pi kernel has booted!
root@raspberrypi4-64-custom:~#
```

图 9-1　显示补丁打印信息

9.3　定制硬件启动配置菜谱

在树莓派的 meta-raspberrypi 层中，recipes-bsp/bootfiles/目录通常用于存放与目标硬件引导过程相关的菜谱文件，例如 rpi-config_git.bb。对于树莓派这样的设备，引导过程与传统嵌入式系统有显著不同。理解这些文件在 Yocto 项目中的组织和作用，可以帮助我们有效地定制设备的启动过程。

树莓派的引导过程依赖 GPU 而不是传统的 bootloader（CPU 引导加载程序）。在树莓派的启动过程中，GPU 从 SD 卡的 boot 分区中加载引导固件（如 bootcode.bin、start.elf 等），并通过执行这些固件来完成硬件的初始化。

由于没有典型的 bootloader（如 U-Boot 或 GRUB），树莓派的启动过程主要通过配置文件（如 config.txt 和 cmdline.txt）来控制。这些配置文件允许用户设置内核启动参数、设备树文件、GPU 和内存分配等。这种设计使得树莓派能够快速启动并进行特定硬件的初始化。

本节将通过在 meta-raspberrypi-custom 层中新建 recipes-bsp/bootfiles/rpi-config_git.bbappend 追加菜谱文件，来实现启用自定义内核设备树文件和控制硬件 LED 行为的功能。

9.3.1 指定内核设备树文件

在默认情况下，树莓派会根据其硬件型号自动加载相应的设备树文件。本书中使用的树莓派 4B 采用 Broadcom BCM2711 处理器，系统默认会自动加载与其硬件架构匹配的设备树文件 broadcom/bcm2711-rpi-4-b.dtb 来配置内核。

根据前面内容中定制的内核，需要指定系统使用自定义设备树文件 broadcom/bcm2711-rpi-4-b-custom.dtb。为此，需要修改/boot 分区下的 config.txt 文件，通过添加以下代码，用 device_tree 变量指定启用自定义的设备树文件，覆盖掉默认配置：

```
device_tree=bcm2711-rpi-4-b-custom.dtb
```

meta-raspberrypi 层中的 recipes-bsp/bootfiles/rpi-config_git.bb 是树莓派 BSP 层的一个关键菜谱文件，负责管理与启动相关的配置文件（如 config.txt）。为了在构建过程中自动修改 config.txt，必须在 meta-raspberrypi-custom 层中创建 rpi-config_git.bbappend 追加菜谱文件，用于修改 rpi-config_git.bb 菜谱中的 config.txt 设置。

在 meta-raspberrypi-custom 层的 recipes-bsp/bootfiles 目录中创建 rpi-config_git.bbappend 文件，并添加以下内容，

```
do_deploy:append:raspberrypi4-64-custom() {
    echo "device_tree=bcm2711-rpi-4-b-custom.dtb" >> $CONFIG
}
```

在以上代码中，$CONFIG 变量指的是 config.txt 文件。针对 raspberrypi4-64-custom 机

器配置，BitBake 在执行 rpi-config_git.bb 菜谱的 do_deploy 任务时，会自动执行这个追加任务，确保 config.txt 文件得到正确修改，使内核在启动时使用自定义的设备树文件。

9.3.2　控制 LED 硬件行为

树莓派没有传统的 bootloader，LED 硬件初始状态的配置通常通过内核设置，但是 config.txt 文件有一种机制可以通过 dtparam 参数添加或者覆盖设备树的配置，间接地控制内核的设置。树莓派 4B 硬件开发板上有两个 LED 灯，分别是 PWR LED（电源指示灯，红色）和 ACT LED（状态指示灯，绿色）。本节将通过前面创建的 rpi-config_ git.bbappend 追加菜谱文件，进一步修改 config.txt，使红灯熄灭，绿灯常亮。

9.3.2.1　LED 配置变量

在默认情况下，config.txt 不会配置硬件 LED，其中的 LED 相关配置参数通常也被注释掉。而默认有效的 LED 状态是在设备树中配置的，通常默认的有效配置是 PWR LED 红灯常亮，同时 ACT LED 绿灯跟随 mmc0 状态变化。

现在我们通过 config.txt 中的 dtparam 控制设备树的机制，修改 act_led_trigger、act_led_activelow、pwr_led_trigger 和 pwr_led_activelow 参数来改变 LED 灯的行为。

触发方式

PWR LED 和 ACT LED 的触发方式决定了它们在不同硬件事件下的响应行为。以下是常用的触发方式：

```
none rc-feedback kbd-scrolllock kbd-numlock kbd-capslock kbd-kanalock kbd-shiftlock
kbd-altgrlock kbd-ctrllock kbd-altlock kbd-shiftllock kbd-shiftrlock kbd-ctrlllock
kbd-ctrlrlock timer oneshot heartbeat backlight gpio cpu cpu0 cpu1 cpu2 cpu3 default-on
input panic actpwr mmc1 mmc0 rfkill-any rfkill-none rfkill0 rfkill1 hidpp_battery_
0-charging-or-full hidpp_battery_0-charging hidpp_battery_0-full hidpp_battery_0-
charging-blink-full-solid
```

例如，如果要根据 mmc0 的活动状态来触发 ACT LED 亮灯，可以配置如下：

```
dtparam=act_led_trigger=mmc0
```

电平控制

PWR LED 和 ACT LED 的亮灭状态取决于对应的 GPIO 控制引脚的电平设置。在触发条件始终使能的情况下，通过以下配置可以使 PWR LED 和 ACT LED 始终点亮：

```
dtparam=act_led_activelow=off
dtparam=pwr_led_activelow=on
```

ACT LED：activelow=off 表示当引脚处于高电平时，ACT LED 会点亮。反之如果设置成 on，ACT LED 会熄灭。

PWR LED：activelow=on 表示当引脚处于低电平时，PWR LED 会点亮。反之如果设置成 off，PWD LED 会熄灭。

9.3.2.2 LED 控制

要实现红灯（PWR LED）熄灭，绿灯（ACT LED）常亮的初始 LED 状态，可以通过修改 BSP 层中的 rpi-config_git.bbappend 文件，来自动更新 config.txt 文件中的相关配置。

参照前面的内容，在 rpi-config_git.bbappend 文件中的 do_deploy:append:raspberrypi4-64-custom()任务的基础上，继续添加以下关于 LED 配置的代码：

```
do_deploy:append:raspberrypi4-64-custom() {
    echo "device_tree=bcm2711-rpi-4-b-custom.dtb" >> $CONFIG

    echo "dtparam=act_led_trigger=default-on" >> $CONFIG
    echo "dtparam=act_led_activelow=off" >> $CONFIG
    echo "dtparam=pwr_led_trigger=none" >> $CONFIG
    echo "dtparam=pwr_led_activelow=off " >> $CONFIG
}
```

9.3.2.3 验证配置

完成上述配置后，初始化构建环境，并使用以下命令重新构建 rpi-test-image 镜像：

```
jerry@ubuntu:~/yocto/rasp_build/$ bitbake -c cleansstate rpi-test-image && bitbake
rpi-test-image
```

在构建成功之后，通过 bmaptool 工具将构建输出镜像部署到 SD 上。最后，可以查看 boot 分区的 config.txt 文件，其中将包含以下设备树和 LED 配置的代码：

```
device_tree=bcm2711-rpi-4-b-custom.dtb
dtparam=act_led_trigger=default-on
dtparam=act_led_activelow=off
```

```
dtparam=pwr_led_trigger=none
dtparam=pwr_led_activelow=off
```

在检查完 boot 分区中 config.txt 文件的配置之后，把 SD 卡插入树莓派 4B 开发板中。系统正常启动完成后，如图 9-2 所示，将看到绿灯保持常亮，而红灯熄灭。

图 9-2　树莓派开发板上绿灯常亮和红灯熄灭

9.4　定制测试镜像菜谱

镜像菜谱虽然通常位于发行版层，不是 BSP 层的必需内容，但为了测试 BSP 层在指定硬件上的功能，建议在 BSP 层中创建一到两个可正常构建的镜像菜谱。这些菜谱不仅可以验证 BSP 层的基本功能，还能确保当前硬件能够支持用户空间中的关键功能，例如图形显示系统和系统服务管理。

在 meta-raspberrypi 层的 recipes-core/images 目录下，已有一个用于硬件测试的镜像菜谱 rpi-test-image.bb。本节将基于该菜谱，在 meta-raspberrypi-custom 层的 recipes-core/images 目录下创建一个新的镜像菜谱 rpi-custom-image.bb。这个自定义镜像将整合 SSH 服务器、X11（Xorg）图形界面和 Systemd 系统服务管理的支持，便于在树莓派 4B 硬件上进行远程调试和文件传输测试，并评估其图形界面性能与系统兼容性。

9.4.1 创建基础测试镜像菜谱

在 meta-raspberrypi-custom 层中创建 recipes-core/images 目录，然后基于 rpi-test-image.bb 在该目录下创建 rpi-custom-image.bb 文件，文件内容如下：

```
# Base this image on rpi-test-image
include recipes-core/images/rpi-test-image.bb
```

该镜像菜谱完全继承了 rpi-test-image.bb 的功能。接下来，我们将基于此菜谱构建测试镜像，并进一步扩展其功能，添加 SSH 服务、X11 图形显示系统和 Systemd 系统管理器。

9.4.2 添加 SSH 服务

由于树莓派开发板通常没有配备显示器，在进行终端或图形界面调试时，往往需要外接 HDMI 显示器。然而，添加 SSH 服务可以实现远程访问和文件传输功能，这将极大提升开发和调试效率。为此，我们可以在定制的树莓派镜像中添加 OpenSSH 服务器和 SFTP 文件传输服务，允许通过网络远程登录和传输文件。

在 rpi-custom-image.bb 镜像文件中，添加以下配置，以确保构建的镜像包含所需服务：

```
IMAGE_INSTALL:append = " openssh openssh-sftp-server"
```

openssh：提供远程登录的 SSH 服务，使开发者能够通过终端远程管理和调试树莓派。

openssh-sftp-server：支持 SFTP 文件传输协议，允许远程传输文件，便于在开发和调试过程中交换数据。

在完成以上操作后，重新构建镜像，并将其部署到 SD 卡上，在树莓派 4B 上重新启动，SSH 服务器将自动启用。开发者可以通过 SSH 客户端远程连接树莓派，实现远程终端操作和文件传输。这对于没有显示器或无法直接操作开发板的环境尤其适用，能够大幅提高开发的灵活性和效率，同时也为本书后续实践提供支持。

9.4.3 X11 图形显示协议

在 8.3.5 节已介绍了 meta-raspberrypi 层下 recipes-graphics 目录中与图形显示相关的菜谱和追加菜谱文件。然而，测试 rpi-test-image 镜像菜谱中并未添加相关图形显示工具。

本节将在 rpi-test-image 镜像菜谱的基础上定制 rpi-custom-image 镜像菜谱，并添加 Xorg 显示服务器和相关组件，以支持基于 X11 协议的图形显示界面。

9.4.3.1　添加 Xorg 显示服务器

添加 Xorg 显示服务器可以使用 IMAGE_FEATURES 或通过 IMAGE_INSTALL 安装具体的软件包。以下部分将介绍如何通过这两种方式在 rpi-custom-image.bb 镜像菜谱中安装 Xorg 显示服务器和相关软件包。

使用 IMAGE_FEATURES 启用 x11-base 特性

在 rpi-custom-image.bb 镜像菜谱中添加以下代码，可以将 X11 基本组件包含在镜像中：

```
IMAGE_FEATURES:append = " x11-base"
```

IMAGE_FEATURES 中的 x11-base 特性用于启用 X11 图形环境的最小化支持。将 x11-base 添加到 IMAGE_FEATURES 后，系统会自动安装由 packagegroup-core-x11-base 定义的一组基础包，这些包用于提供支持 X11 协议的终端运行环境。由于 packagegroup-core-x11-base 已定义所需的 X11 基础包，通常不需要手动在 IMAGE_INSTALL 中指定额外的 X11 包，除非你需要特定的工具或功能。

使用 IMAGE_INSTALL 安装软件包

如果你对 Xorg 服务器和相关软件包有更明确的需求，也可以通过 IMAGE_INSTALL 安装 Xorg 服务器和相关的软件包。例如，在镜像菜谱中添加以下配置：

```
IMAGE_INSTALL:append = "xserver-xorg xinit matchbox-terminal matchbox-wm
xf86-video-fbdev"
```

该配置将安装 Xorg 图形服务器（xserver-xorg）、图形启动工具（xinit）、终端仿真器（matchbox-terminal）、轻量级窗口管理器（matchbox-wm）以及 framebuffer 视频驱动（xf86-video-fbdev），提供基本的 X11 图形界面和终端功能。仅安装这些组件，X 服务器可能不会自动启动，可以使用 startx 或 Xorg 命令启动。

9.4.3.2　验证 Xorg 服务器

在添加完 x11-base 镜像特性之后，初始化构建环境，并使用以下命令构建 rpi-custom-image 镜像：

```
jerry@ubuntu:~/yocto/rasp_build/$ bitbake rpi-custom-image
```

构建完成后，将生成的镜像烧录到 SD 卡。将 SD 卡插入树莓派并启动系统，然后通过 HDMI 连接树莓派和显示器。系统启动并稳定后，屏幕上应该显示出一个终端界面。

使用以下命令查看 Xorg 版本信息。能正常查看到 Xorg 版本，说明 Xorg 安装成功：

```
$ Xorg -version
```

使用以下命令验证 Xorg 服务器是否已成功启动。如果输出内容中显示了 Xorg 进程，说明 X11 图形环境已经成功运行：

```
$ ps | grep Xorg
```

在 rpi-custom-image 镜像成功启动后，执行以上命令可得到图 9-3 所示的类似结果。

```
Terminal
root@raspberrypi4-64-custom:~#
root@raspberrypi4-64-custom:~#
root@raspberrypi4-64-custom:~#
root@raspberrypi4-64-custom:~#
root@raspberrypi4-64-custom:~#
root@raspberrypi4-64-custom:~#
root@raspberrypi4-64-custom:~#
root@raspberrypi4-64-custom:~#
root@raspberrypi4-64-custom:~# uname -a
Linux raspberrypi4-64-custom 6.6.47-v8 #1 SMP PREEMPT Wed Sep  4 11:08:03 UTC 2024 aarch64 GNU/Linux
root@raspberrypi4-64-custom:~#
root@raspberrypi4-64-custom:~#
root@raspberrypi4-64-custom:~# Xorg -version

X.Org X Server 1.21.1.13
X Protocol Version 11, Revision 0
Current Operating System: Linux raspberrypi4-64-custom 6.6.47-v8 #1 SMP PREEMPT Wed Sep  4 11:08:03 UTC 2024 aarch64
Kernel command line: coherent_pool=1M 8250.nr_uarts=0 snd_bcm2835.enable_headphones=0 snd_bcm2835.enable_hdmi=0 video=HDMI-A-1
:1920x1080M@60,margin_left=48,margin_right=48,margin_top=48,margin_bottom=48 smsc95xx.macaddr=D8:3A:DD:AA:63:F1 vc_mem.mem_bas
e=0x3ec00000 vc_mem.mem_size=0x40000000  dwc_otg.lpm_enable=0 root=/dev/mmcblk0p2 rootfstype=ext4 rootwait  net.ifnames=0

Current version of pixman: 0.42.2
        Before reporting problems, check http://wiki.x.org
        to make sure that you have the latest version.
root@raspberrypi4-64-custom:~#
root@raspberrypi4-64-custom:~#
root@raspberrypi4-64-custom:~# ps | grep Xorg
  464 root      4232 S    xinit /etc/X11/Xsession -- /usr/bin/Xorg :0 -br -pn
  470 root      424m S<   /usr/bin/Xorg :0 -br -pn
  629 root      3492 S    grep Xorg
root@raspberrypi4-64-custom:~#
root@raspberrypi4-64-custom:~#
root@raspberrypi4-64-custom:~#
root@raspberrypi4-64-custom:~# import x11_screenshot.png
```

图 9-3 树莓派 Xorg 的显示界面

9.4.4 启用 Systemd 系统管理器

Systemd 是现代 Linux 发行版中常用的系统和服务管理器，它通过改进系统启动速度、优化服务依赖管理和资源控制，逐渐取代了传统的 SysVinit。在默认情况下，Yocto 项目（Poky）使用的系统初始化管理器是 SysVinit，相关配置通常在发行版层的发行版配置文件中设置。在嵌入式开发中，BSP 层不仅影响底层硬件支持，也与系统级软件密切相关。临时部署用户空间程序测试 BSP 功能，是验证系统适配性的常见方法。例如，在测试镜像中临时引入 Systemd，不仅有助于验证系统启动、服务管理和设备管理的适配性，同时支持 BSP 层的硬件性能测试，而不会影响 BSP 层本身。为此，我们可以在构建环境中调整配置，将 SysVinit 替换为 Systemd。本节将详细讲解如何通过修改构建目录下的 conf/local.conf 配置文件来完成这一替换。

9.4.4.1　替换 SysVinit

为了将初始化管理器从 SysVinit 替换为 Systemd，并确保正确的系统服务管理，在 local.conf 配置文件中进行以下变量的配置。

修改 DISTRO_FEATURES

在 local.conf 中，通过将 systemd 和 usrmerge 添加到 DISTRO_FEATURES 能够确保在根文件系统中安装 Systemd：

```
DISTRO_FEATURES:append = " systemd usrmerge"
```

systemd：启用 Systemd 作为 init 进程初始化系统。

usrmerge：启用后，系统将/bin、/sbin、/lib 和/lib64 分别合并到/usr/bin、/usr/sbin、/usr/lib 和/usr/lib64 目录中。现代 Linux 发行版广泛采用该结构，但 systemd 并不强制依赖此功能。

启动系统管理器

在完善 Systemd 安装之后，还需要通过添加以下代码启动系统管理器 Systemd：

```
VIRTUAL-RUNTIME_init_manager = "systemd"
```

这将确保 Systemd 成为当前构建环境下构建输出镜像的默认初始化管理器，取代 SysVinit。

移除 SysVinit 和其初始化脚本

为了避免 SysVinit 和 Systemd 之间的冲突，通过在 local.conf 中添加以下语句将 SysVinit 从根文件系统中移除：

```
DISTRO_FEATURES_BACKFILL_CONSIDERED:append = " sysvinit"
```

同时添加以下代码，移除 SysVinit 用于启动各个服务的初始化脚本：

```
VIRTUAL-RUNTIME_initscripts = ""
```

这将确保与 SysVinit 相关的初始化脚本不再被加载。

9.4.4.2 重构镜像并验证

完成 local.conf 文件的配置后，接下来可以构建新镜像并验证 Systemd 的启用。

重新构建和部署镜像

在构建环境中，运行以下命令清理旧的构建状态，并重新构建新镜像：

```
jerry@ubuntu:~/yocto/rasp_build/$ bitbake -c cleansstate rpi-custom-image && bitbake rpi-custom-image
```

以上命令可以使所有新配置都被正确应用，并生成包含 Systemd 的新镜像。需要注意的是，BitBake 在重构包含 Systemd 的镜像时，花费的时间相较于构建其他较小的软件包或库来说会更久，因为将 SysVinit 替换为 Systemd 涉及较多依赖库和系统核心功能的配置检查。

完成构建后，将生成的镜像烧录到 SD 卡，并插入树莓派 4B 设备中启动系统。

验证 Systemd 的启用

启动设备后，使用以下命令检查系统是否启用了 Systemd：

```
$ cat /proc/1/comm
```

如果输出为 systemd，表示 Systemd 已成功启用并替代 SysVinit。如果输出为 init，说明系统还在使用 SysVinit，切换到 Systemd 的配置可能没有成功应用。

再使用以下命令查看/sbin/init 的符号链接，确认系统是否使用 Systemd 或 SysVinit：

```
$ ls -al /sbin/init
```

/sbin/init 如果指向/lib/systemd/systemd，表明系统已切换到 Systemd。如果指向/sbin/init.sysvinit，说明系统仍在使用 SysVinit，切换到 Systemd 未成功。

再通过以下命令查看 Systemd 的状态：

```
$ systemctl status
```

如果返回 systemctl 命令不可用，则说明系统仍在使用 SysVinit，需检查相关配置。

图 9-4 展示了成功启用 Systemd 后，运行上述命令时的检查结果。

```
Terminal
root@raspberrypi4-64-custom:/#
root@raspberrypi4-64-custom:/# uname -a
Linux raspberrypi4-64-custom 6.6.47-v8 #1 SMP PREEMPT Wed Sep  4 11:08:03 UTC 2024 aarch64 GNU/Linux
root@raspberrypi4-64-custom:/#
root@raspberrypi4-64-custom:/# cat /proc/1/comm
systemd
root@raspberrypi4-64-custom:/#
root@raspberrypi4-64-custom:/#
root@raspberrypi4-64-custom:/# ls -l /sbin/init
lrwxrwxrwx    1 root     root            22 Mar  9  2018 /sbin/init -> ../lib/systemd/systemd
root@raspberrypi4-64-custom:/#
root@raspberrypi4-64-custom:/#
root@raspberrypi4-64-custom:/# systemctl status | head -n 15
* raspberrypi4-64-custom
    State: running
    Units: 249 loaded (incl. loaded aliases)
     Jobs: 0 queued
   Failed: 0 units
    Since: Thu 1970-01-01 00:00:02 UTC; 54 years 1 month ago
  systemd: 255.4^
   CGroup: /
           |-init.scope
           | `-1 /sbin/init
           `-system.slice
             |-avahi-daemon.service
             | |-386 "avahi-daemon: running [raspberrypi4-64-custom.local]"
             | `-388 "avahi-daemon: chroot helper"
             |-bluetooth.service
root@raspberrypi4-64-custom:/#
root@raspberrypi4-64-custom:/#
root@raspberrypi4-64-custom:/#
root@raspberrypi4-64-custom:/# import systemd_screenshot.png
```

图 9-4　树莓派 Systemd 系统管理器

9.5　定制分区镜像

通过前面内容对 meta-raspberrypi-custom 层的定制，我们已将其打造为一个具备构建基础图形界面和定制内核的独立 BSP 层。在实际项目中，BSP 层通常还需要定制磁盘分区。在依赖的 meta-raspberrypi 层中提供了 sdimage-raspberrypi.wks 文件，在 8.4 节已经详细讲解了该文件的语法结构和 Wic 工具的使用方法。

sdimage-raspberrypi.wks 文件指定的分区只是一个例子，在实际项目中，往往有更多需求。本节旨在该文件指定的 raspberrypi-64 机器类型的磁盘分区，定制出一个增添以下需求的目标镜像。

- 固定所有分区大小：确保磁盘布局清晰。

- 新增 root-backup 分区：用于系统升级备份，方便系统回滚。
- 新增 data 分区：用于存储永久性配置和数据文件，确保用户数据独立。

9.5.1 定制 Kickstart 文件

在树莓派 meta-raspberrypi 层的 wic 目录中有一个 Kickstart 文件：sdimage-raspberrypi.wks，在 8.4.5 节已经详细分析了该文件。

sdimage-raspberrypi.wks 的分区代码如下：

```
part /boot --source bootimg-partition --ondisk mmcblk0 --fstype=vfat --label boot --active --align 4096 --size 100
part / --source rootfs --ondisk mmcblk0 --fstype=ext4 --label root --align 4096
```

9.5.1.1 创建 sdimage-raspberrypi-custom.wks 文件

基于 sdimage-raspberrypi.wks 文件，在 meta-raspberrypi-custom 层的 wic 目录下创建 sdimage-raspberrypi-custom.wks 文件。其文件内容如下：

```
# Custom Raspberry Pi SD card image with vgat Boot files, root, root-backup and data partitions
part /boot --source bootimg-partition --ondisk mmcblk0 --fstype=vfat --label boot --active --align 4096 --fixed-size 100
part / --source rootfs --ondisk mmcblk0 --fstype=ext4 --label root --align 4096 --fixed-size 800
part / --ondisk mmcblk0 --fstype=ext4 --label root-backup --align 4096 --fixed-size 800
part /data --ondisk mmcblk0 --fstype=ext4 --label data --align 4096 --fixed-size 1024
```

此定制文件基于已有的/boot 和/root 分区，新增了两个 ext4 类型的分区：root-backup 和 data，且默认内容为空。

- root-backup 分区：不会自动挂载到根文件系统/，用于系统升级时的备份，大小为 800MB，确保系统在需要时可以回滚到先前版本。
- data 分区：默认挂载到/data，用于存储永久性配置和数据文件，分区大小为 1GB（1024MB），为用户数据提供独立且充足的存储空间。

通过--fixed-size 选项，设置各分区的固定大小：/boot 分区为 100MB，root 和 root-backup 分区均为 800MB，data 分区为 1GB，确保所有分区大小明确，便于系统管理和维护。

9.5.1.2　添加配置

创建 sdimage-raspberrypi-custom.wks 后，需要在 raspberrypi-64-custom.conf 机器配置文件中添加以下代码，以指定该 Kickstart 文件：

```
WKS_FILE = "sdimage-raspberrypi-custom.wks"
```

9.5.2　重构并验证镜像

9.5.2.1　重构并部署到 SD 卡

执行以下命令来清理旧的构建状态，并重新构建新镜像：

```
jerry@ubuntu:~/yocto/rasp_build/$ bitbake -c cleansstate rpi-custom-image &&
bitbake rpi-custom-image
```

这将确保所有新的配置被正确应用，并生成包含 root-backup 和 data 分区的新镜像。

完成镜像构建之后，运用 8.4.6 节中讲到的镜像部署的方法，例如使用 bmaptool copy 将生成的镜像烧录到 SD 卡。成功烧录镜像后，把 SD 卡插入树莓派 4B 的插槽中，重启系统，可以看到一个带控制台的基础图形界面。

9.5.2.2　验证分区

查看分区的方法有很多种，lsblk -l 和 fdisk -l 命令是比较常用的，还可以通过查看 /etc/fstab 文件系统挂载表来查看当前系统中所挂载的文件系统。

启动新分区的 rpi-custom-image 镜像后，可用上述这些方法查看验证显示的结果。如图 9-5 所示，mmcblk0p3 和 mccblk0p4 就是新划分的 root-backup 和 data 分区，它们的大小是 800MB 和 1GB，并且 data 分区已经挂载到了文件系统的/data 目录下。

```
Terminal
root@raspberrypi4-64-custom:/#
root@raspberrypi4-64-custom:/# uname -a
Linux raspberrypi4-64-custom 6.6.47-v8 #1 SMP PREEMPT Wed Sep  4 11:08:03 UTC 2024 aarch64 GNU/Linux
root@raspberrypi4-64-custom:/#
root@raspberrypi4-64-custom:/# lsblk -l
NAME      MAJ:MIN RM  SIZE RO TYPE MOUNTPOINTS
mmcblk0   179:0    0  500G  0 disk
mmcblk0p1 179:1    0  100M  0 part /boot
mmcblk0p2 179:2    0  800M  0 part /
mmcblk0p3 179:3    0  800M  0 part
mmcblk0p4 179:4    0    1G  0 part /data
root@raspberrypi4-64-custom:/#
root@raspberrypi4-64-custom:/# fdisk -l | tail -n 5
Device         Boot   Start     End Sectors  Size Id Type
/dev/mmcblk0p1 *       8192  212991  204800  100M  c W95 FAT32 (LBA)
/dev/mmcblk0p2       212992 1851391 1638400  800M 83 Linux
/dev/mmcblk0p3      1851392 3489791 1638400  800M 83 Linux
/dev/mmcblk0p4      3489792 5586943 2097152    1G 83 Linux
root@raspberrypi4-64-custom:/#
root@raspberrypi4-64-custom:/# cat /etc/fstab
# stock fstab - you probably want to override this with a machine specific one

/dev/root            /                    auto       defaults              1  1
proc                 /proc                proc       defaults              0  0
devpts               /dev/pts             devpts     mode=0620,ptmxmode=0666,gid=5      0  0
tmpfs                /run                 tmpfs      mode=0755,nodev,nosuid,strictatime 0  0
tmpfs                /var/volatile        tmpfs      defaults              0  0

# uncomment this if your device has a SD/MMC/Transflash slot
#/dev/mmcblk0p1       /media/card          auto       defaults,sync,noauto  0  0

/dev/mmcblk0p1  /boot   vfat    defaults        0       0
/dev/mmcblk0p4  /data   ext4    defaults        0       0
root@raspberrypi4-64-custom:/#
root@raspberrypi4-64-custom:/#
root@raspberrypi4-64-custom:/# import partition_screenshot.png
```

图 9-5　SD 卡分区

9.5.3　meta-raspberrypi-custom 层的最终结构

在完成 meta-raspberrypi-custom 层的定制后，最终的层结构如下所示：

```
meta-raspberrypi-custom/
├── conf
│   ├── layer.conf
│   └── machine
│       └── raspberrypi4-64-custom.conf
├── COPYING.MIT
├── README
├── recipes-bsp
│   └── bootfiles
│       └── rpi-config_git.bbappend
```

```
├── recipes-core
│   └── images
│       └── rpi-custom-image.bb
├── recipes-example
│   └── example
│       └── example_0.1.bb
├── recipes-kernel
│   └── linux
│       ├── files
│       │   └── 0001-Print-message-on-Raspberry-Pi-kernel-boot.patch
│       └── linux-raspberrypi_6.6.bbappend
└── wic
└── sdimage-raspberrypi-custom.wks
```

这一结构清晰地展示了 meta-raspberrypi-custom 层所包含的各个关键部分，包括内核配置、引导文件、图形界面支持以及自定义分区布局。每个目录和文件都专注于特定功能，确保了在树莓派 4B 硬件上实现灵活定制：

- conf 目录存放 BSP 层的层配置文件和机器配置文件，包含对树莓派 4B 的硬件配置。
- recipes-bsp 目录提供硬件启动配置文件的扩展，特别是对 LED 控制和内核设备树的定制。
- recipes-core 目录包含了基础图形界面镜像的定义，确保系统能够支持 X11 协议和 SSH 服务运行。
- recipes-kernel 目录主要用于定制内核，支持自定义的内核源代码、设备树文件和内核元数据文件管理。
- wic 目录提供自定义的 Kickstart 文件，实现分区的优化。

通过以上层的结构，本章展示了如何从基础的官方 BSP 层出发，定制一个适用于特定硬件（树莓派 4B）的 BSP 层，并增加系统功能，包括 LED 控制、X11 图形支持、SSH 服务以及自定义的分区布局。最终，这个定制 BSP 层不仅满足项目需求，还为后续开发和测试提供了良好的拓展基础。

第 10 章 软件开发工具包

在前面的章节中，我们详细讨论了 Yocto 项目的基础架构，包括元数据架构、BitBake 构建引擎、Poky 参考发行版，以及如何定制适用于 QEMU 和树莓派 4B 开发板的目标镜像。同时，我们还讲解了树莓派 4B BSP 层的定制方法。这些内容主要集中在目标镜像和硬件配置的定制上。然而，在实际开发中，仅掌握这些知识并不够，开发者还需采用更灵活、高效的方式来开发和测试特定的应用程序。

早期，许多嵌入式平台厂商（例如 NXP、高通和德州仪器等）为用户提供针对特定硬件架构的交叉编译工具链和相关库文件。工具链通常包含编译器（例如 GCC）、链接器、汇编器以及标准 C 库（例如 glibc 或 musl），用户可以借此生成定制的应用程序和内核。然而，这种方式构建 Linux 系统组件的灵活性较低。例如，当内核需要频繁升级或目标系统引入新的功能特性时，现有工具链可能无法满足需求，此时用户通常需要联系厂商以获取更新的版本。这种高度依赖厂商的工作流程，不仅可能导致开发进度受阻，还显著增加了系统开发的复杂性。

为了解决这些问题，Yocto 项目引入了软件开发工具（SDK）。SDK 为开发者提供了一个完整的、独立的开发环境，它包含编译器、库、头文件和 QEMU 模拟器等部分。Yocto 项目工程师能够通过 Yocto 项目在构建主机上轻松生成 SDK，能直接通过 Yocto 项目源代码（通常为平台厂商提供的 Git 仓库）升级，从而直接构建包含不同版本交叉编译工具链和库文件的 SDK，且在此过程无须依赖平台厂商。而应用开发人员可将 SDK 简单安装到本地开发环境中，通过 SDK 中提供的环境配置脚本自动配置相关工具链和库文件的环境变量，并直接使用其中的工具链和库开发应用程序。

通过跨平台支持和高度集成，SDK 不仅简化了开发流程，还为底层开发人员和应用开发人员提供了高效的开发体验。本章将在第 9 章定制 meta-raspberrypi-custom 层的基础上讲解如何构建和使用 SDK，通过理论和实践的结合，帮助读者更好地理解和使用 SDK。

10.1　软件开发工具包概述

10.1.1　SDK 简介

SDK，即软件开发工具包（Software Development Kit），是一种为特定目标硬件量身定制的开发环境，它可以帮助开发人员灵活高效地开发、测试和调试应用程序、镜像和内核。SDK 通常包含交叉编译工具链、库文件、头文件和环境设置脚本等组件，这些组件与目标系统紧密结合。通过使用 SDK，开发人员可以独立于 Yocto 项目主机，在本地环境中专注于应用程序，或者内核，甚至镜像的开发，并且无须深入了解 Yocto 项目的复杂构建过程。SDK 的独立性和便携性简化了开发过程，提升了开发效率，并支持跨平台开发。

10.1.1.1　可扩展 SDK 和标准 SDK

在 Yocto 项目中，SDK 主要分为两种类型：Extensible SDK（可扩展 SDK）和 Standard SDK（标准 SDK）。这两类 SDK 各有其特点和适用场景。标准 SDK 提供了基本的开发工具和环境，适用于大多数常见的开发需求；而可扩展 SDK 则在功能上更加强大，增加了 devtool 等工具，允许开发者更灵活地在本地进行应用程序和库的开发、修改，以及与 Yocto 项目的无缝集成。可扩展 SDK 尤其适合那些需要频繁迭代、调试且高度定制化的项目。

10.1.1.2　功能与组件

标准 SDK 提供了开发者所需的基础工具和库，主要用于开发特定的应用程序。它包含交叉编译工具链、库文件、头文件，以及环境设置脚本，适用于大多数常见的开发任务。

可扩展 SDK 则设计得更为灵活和强大。除了具有标准 SDK 的所有功能，还提供了更多的工具和接口，允许开发者添加或修改组件。它内置了 devtool，能够在本地进行组件的开发和修改，并且可与 Yocto 项目集成。

表 10-1 列出了标准 SDK 和可扩展 SDK 的主要区别。

表 10-1 标准 SDK 与可扩展 SDK 的对比

特　性	标准 SDK	可扩展 SDK
工具链	包含交叉编译工具链	包含交叉编译工具链，支持完整功能（默认启用）
调试器	提供调试器支持，用于调试应用程序	提供调试器支持，用于调试应用程序（默认启用）
大小	约 100+ MB	约 1+ GB（完整工具链）或 300+ MB（最小化工具链）
devtool	不支持	支持，通过 devtool 动态添加、修改或测试组件
构建镜像	不支持	支持，可直接使用 SDK 构建镜像并集成新功能
可更新性	不支持	支持，通过 devtool 或共享状态（sstate）更新组件和环境配置
sysroot 管理	手动管理，容易因错误修改导致 sysroot 损坏	自动管理，通过 devtool 保持 sysroot 的一致性和完整性，降低错误风险
已安装的软件包	默认不支持，可以通过额外配置添加运行时包管理	支持，需预先构建并提供共享状态以允许动态安装软件包
构建方式	基于独立包构建，不支持灵活扩展	基于共享状态（Shared State）构建，支持灵活扩展和快速更新

10.1.1.3 优势与适用场景

标准 SDK 的优势在于它的稳定性、占用空间小，并且简单易用，适合那些不需要过多定制和调试的项目。由于它提供了基础开发工具和环境，因此常被用于开发相对成熟和不需要频繁修改的应用程序。

可扩展 SDK 则适合复杂的开发场景。由于它的灵活性和强大的 devtool 工具支持，因此，开发者可以通过它在本地快速开发、测试和修改应用程序和库，并将其无缝集成到 Yocto 项目中。对于需要频繁调试、更新或者高定制化的项目，可扩展 SDK 是更合适的选择。

通过理解这两种 SDK 的区别，开发者可以根据项目需求选择适合的工具，从而提高开发效率并确保项目质量。

10.1.2　获取和使用 SDK 安装包

10.1.2.1　获取 SDK 安装包的方法

SDK 的获取方法一般根据实际项目需求和自身对 Yocto 项目的掌握情况而定，获取 SDK 的方法主要有以下几种。

- 下载预构建 SDK 安装包：Yocto 项目的官方网站提供了已经构建好的 SDK 安装包，开发人员可以从 Yocto 项目的发布页面下载。这些预构建 SDK 已经集成了开发所需的交叉编译工具链、库文件和头文件，适用于常见的目标架构和设备，开发者无须手动构建即可快速启动开发环境。例如，可以从 Yocto 项目发布页面下载适配主机和目标架构的 v5.0.3 版本的 SDK 安装包。
- 第三方工具和平台：有些第三方厂商和平台会根据特定硬件和架构提供定制的 SDK 安装包，供开发者直接下载和使用。这种方法可以省去自行构建 SDK 安装包的过程，适合开发者直接在平台或硬件上进行应用程序或内核的开发。
- 通过 Yocto 项目直接构建 SDK 安装包：开发人员可以从 OpenEmbedded 构建系统的元数据中生成符合特定项目需求的 SDK 安装包。在这种情况下，开发人员需要配置目标镜像，指定所需的工具和库，然后使用 BitBake 工具通过构建镜像菜谱中的特定任务来生成 SDK。这个过程与 Yocto 项目的常规镜像构建类似，但不同的地方在于，其生成的是适用于特定目标硬件和应用程序的开发工具包。

10.1.2.2　在 Yocto 项目中构建 SDK 安装包

在现代软件开发实践中，开发者越来越倾向于使用 Yocto 项目直接构建 SDK 安装包。这种方法不仅提高了开发效率，还使生成的 SDK 能够灵活适配特定硬件平台和应用需求。在本章中，我们将基于第 9 章中定制的 meta-raspberrypi-custom 层，构建与 rpi-custom-image 镜像菜谱相匹配的标准 SDK 和可扩展 SDK。

SDK 安装包的配置基础

Yocto 项目的一大优势在于其构建 SDK 安装包的高灵活性。无论是标准 SDK 还是可扩展 SDK，都可以通过配置多个元数据变量以满足不同硬件平台和项目的需求。以下将介绍几个关键配置变量及其功能。

SDKMACHINE

SDKMACHINE 变量用于指定运行 SDK 的目标主机系统架构。在默认情况下，该变量的值与构建主机的架构（BUILD_ARCH）一致，可支持的架构包括 i686、x86_64 和 aarch64。在本章中，我们将构建一个适用于 x86_64 架构的 SDK 安装包。由于目标架构与构建主机架构一致，因此无须显式设置 SDKMACHINE。可以通过以下命令查看 SDKMACHINE 的最终值：

```
jerry@ubuntu:~/yocto/rasp_build$ bitbake -e rpi-custom-image | grep SDKMACHINE=
SDKMACHINE="x86_64"
```

SDK_TITLE

SDK_TITLE 变量用于设置 SDK 安装包在安装时显示的标题，适用于标准 SDK 和可扩展 SDK。默认值为 DISTRO_NAME 或 DISTRO，例如对于默认发行版 Poky，其标题为：

```
Poky (Yocto Project Reference Distro) SDK
```

如果需要自定义显示的标题，通常推荐在发行版的配置文件中设置 SDK_TITLE 的值，这样可以确保该自定义标题在整个发行版的 SDK 安装包中生效。

TOOLCHAIN_HOST_TASK 和 TOOLCHAIN_HOST_TASK_ESDK

TOOLCHAIN_HOST_TASK 变量用于定义在构建标准 SDK 时，主机部分包含的软件包列表。这些软件包作为工具链的一部分，运行于 SDKMACHINE 指定的架构上，通常以 nativesdk-为前缀。在构建过程中会根据默认配置加载一组基础软件包，用户可以通过该变量添加额外的软件包以满足项目需求。

对于可扩展 SDK，需要使用 TOOLCHAIN_HOST_TASK_ESDK 变量指定主机部分的软件包。TOOLCHAIN_HOST_TASK_ESDK 与 TOOLCHAIN_HOST_TASK 的作用相似，但适用于可扩展 SDK 的构建。

TOOLCHAIN_TARGET_TASK

TOOLCHAIN_TARGET_TASK 变量用于定义 SDK（包括标准 SDK 和可扩展 SDK）中为目标硬件提供的库和头文件。这些组件被打包到 SDK 中，以支持通过 SDK 开发的应用程序或镜像在目标设备上正确运行。

BitBake 构建 SDK 安装包命令

使用 BitBake 的-c 选项执行指定镜像菜谱的 do_populate_sdk 和 do_populate_sdk_ext 任务，分别用于生成标准 SDK 安装包和可扩展 SDK 安装包。这些安装包在安装后会提供与目标设备根文件系统兼容的 sysroot，确保开发者能够在开发环境中模拟与目标硬件一致的运行环境。

在配置好的构建环境中，可以通过以下命令为 rpi-custom-image 镜像生成对应的标准

SDK 和可扩展 SDK 安装包。

构建标准 SDK 安装包：

```
$ bitbake -c populate_sdk rpi-custom-image
```

构建可扩展 SDK 安装包：

```
$ bitbake -c populate_sdk_ext rpi-custom-image
```

SDK 安装包的结构

通过 bitbake -c 命令完成标准 SDK 安装包或者可扩展 SDK 安装包的构建之后，在构建目录的 tmp/deploy/sdk/目录下，会生成相应的 SDK 安装包文件，这些 SDK 安装包文件通常包括以下四类。

- .sh 文件：自解压安装脚本，运行该脚本即可在开发主机环境中安装 SDK。
- host.manifest 文件：文件列出了开发主机上运行的工具链和相关组件，并记录这些组件的版本及其构建时的依赖信息，用于追踪 SDK 主机部分的内容。
- target.manifest 文件：文件列出了与目标系统相关的库和头文件，确保 SDK 生成的工具链和组件能够与目标硬件架构保持兼容。
- testdata.json 文件：包含测试数据及与测试相关的元数据，以便验证 SDK 的构建是否符合预期。

这些文件的名称通常包含开发主机架构、镜像菜谱名称、目标系统架构、机器名称和 Yocto 项目的版本。在可扩展 SDK 的名称中，还会包含-ext 后缀。这种命名规范可帮助开发者快速识别文件内容与相关配置。

以下是通过 bitbake -c populate_sdk rpi-custom-image 命令构建出的标准 SDK 安装包的内容：

```
    poky-glibc-x86_64-rpi-custom-image-cortexa72-raspberrypi4-64-custom-toolchain-
5.0.3.host.manifest
    poky-glibc-x86_64-rpi-custom-image-cortexa72-raspberrypi4-64-custom-toolchain-
5.0.3-host.spdx.tar.zst
    poky-glibc-x86_64-rpi-custom-image-cortexa72-raspberrypi4-64-custom-toolchain-
5.0.3.sh
    poky-glibc-x86_64-rpi-custom-image-cortexa72-raspberrypi4-64-custom-toolchain-
5.0.3.target.manifest
    poky-glibc-x86_64-rpi-custom-image-cortexa72-raspberrypi4-64-custom-toolchain-
5.0.3-target.spdx.tar.zst
```

```
poky-glibc-x86_64-rpi-custom-image-cortexa72-raspberrypi4-64-custom-toolchain-5.0.3.testdata.json
```

其中，host.spdx.tar.zst 和 target.spdx.tar.zst 类型的文件通常用于提供软件包的许可证信息以及相关的 SPDX 文档，帮助管理和追踪 SDK 中的开源许可。

以下是通过 bitbake -c populate_sdk_ext rpi-custom-image 命令构建出的可扩展 SDK 安装包的内容：

```
poky-glibc-x86_64-rpi-custom-image-cortexa72-raspberrypi4-64-custom-toolchain-ext-5.0.3.host.manifest
poky-glibc-x86_64-rpi-custom-image-cortexa72-raspberrypi4-64-custom-toolchain-ext-5.0.3.sh
poky-glibc-x86_64-rpi-custom-image-cortexa72-raspberrypi4-64-custom-toolchain-ext-5.0.3.target.manifest
poky-glibc-x86_64-rpi-custom-image-cortexa72-raspberrypi4-64-custom-toolchain-ext-5.0.3.testdata.json
```

可扩展 SDK 的命名中包含-ext 后缀，表示其适用于更灵活的开发环境，适合复杂的软件开发需求。

10.1.2.3　安装标准 SDK 与可扩展 SDK

在成功构建 SDK 安装包后，如果不直接在构建主机上使用，则可以将其拷贝到目标开发主机。然后，通过运行 SDK 安装包中的.sh 安装脚本完成安装。

安装 SDK

使用以下命令可分别安装标准 SDK 和可扩展 SDK。安装目录可以采用默认配置目录，也可以手动指定安装目录的绝对路径。

安装标准 SDK：

```
./poky-glibc-x86_64-rpi-custom-image-cortexa72-raspberrypi4-64-custom-toolchain-5.0.3.sh
```

安装可扩展 SDK：

```
./poky-glibc-x86_64-rpi-custom-image-cortexa72-raspberrypi4-64-custom-toolchain-ext-5.0.3.sh
```

标准 SDK 与可扩展 SDK 的区别

安装完成后，两者的目录结构存在明显差异。可扩展 SDK 比标准 SDK 具备更丰富的功能。表 10-2 展示了标准 SDK 与可扩展 SDK 的目录结构对比。

表 10-2　标准 SDK 与可扩展 SDK 的目录结构对比

<table>
<tr><th>标准 SDK</th><th>可扩展 SDK</th></tr>
<tr><td>├── environment-setup-cortexa72-poky-linux
├── site-config-cortexa72-poky-linux
├── sysroots
└── version-cortexa72-poky-linux</td><td>├── environment-setup-cortexa72-poky-linux
├── site-config-cortexa72-poky-linux
├── sysroots
├── version-cortexa72-poky-linux
├── bitbake-cookerdaemon.log
├── buildtools
├── cache
├── conf
├── downloads
├── layers
├── preparing_build_system.log
├── sstate-cache
├── tmp
└── workspace</td></tr>
</table>

标准 SDK 提供基本的开发环境，包括环境设置脚本、目标系统的配置文件、版本信息文件以及目标系统的根文件系统（sysroots），它适用于交叉编译目标系统的应用程序和相关库。

可扩展 SDK 包含标准 SDK 的所有功能，并额外提供了一个内部 OpenEmbedded 构建系统（例如 conf、tmp、layers 等目录）及相关配置文件。此外，它还集成了 devtool 工具，允许用户在脱离完整 OpenEmbedded 构建系统的情况下独立构建软件包和镜像，适用于更复杂的开发需求。

10.1.3　SDK 通用组件

无论是标准 SDK 还是可扩展 SDK，它们都包含一组核心通用组件，这些组件提供了 SDK 的基础功能，包括环境设置脚本、sysroots 目录、目标系统配置文件和版本信息文件。这些组件在不同类型的 SDK 中功能一致，为开发提供了关键支持。本节以使用标准 SDK 安装包 poky-glibc-x86_64-rpi-custom-image-cortexa72-raspberrypi4-64-custom-toolchain-5.0.3.sh 构建的标准 SDK 为例，详细说明这些组件的作用及其组织结构。

10.1.3.1 标准 SDK 的目录结构

通过运行以下安装脚本命令，可以将标准 SDK 安装到默认目录/opt/poky/5.0.3。安装完成后的输出信息如下：

```
    $./poky-glibc-x86_64-rpi-custom-image-cortexa72-raspberrypi4-64-custom-toolcha
in-5.0.3.sh
    Poky (Yocto Project Reference Distro) SDK installer version 5.0.3
    =================================================================
    Enter target directory for SDK (default: /opt/poky/5.0.3):
    You are about to install the SDK to "/opt/poky/5.0.3". Proceed [Y/n]? Y
    [sudo] password for jerry:
    Extracting
SDK.......................................................................
..........................................................................
..done
    Setting it up...done
    SDK has been successfully set up and is ready to be used.
    Each time you wish to use the SDK in a new shell session, you need to source the
environment setup script e.g.
     $ .    close(fd);environment-setup-cortexa72-poky-linux
```

安装完成后，标准 SDK 的目录结构如下：

```
    5.0.3
     ├── environment-setup-cortexa72-poky-linux
     ├── site-config-cortexa72-poky-linux
     ├── sysroots
     │   ├── cortexa72-poky-linux
     │   │   ├── bin -> usr/bin
     │   │   ├── boot
     │   │   ├── etc
     │   │   ├── home
     │   │   ├── lib -> usr/lib
     │   │   ├── media
     │   │   ├── mnt
     │   │   ├── proc
     │   │   ├── run
     │   │   ├── sbin -> usr/sbin
```

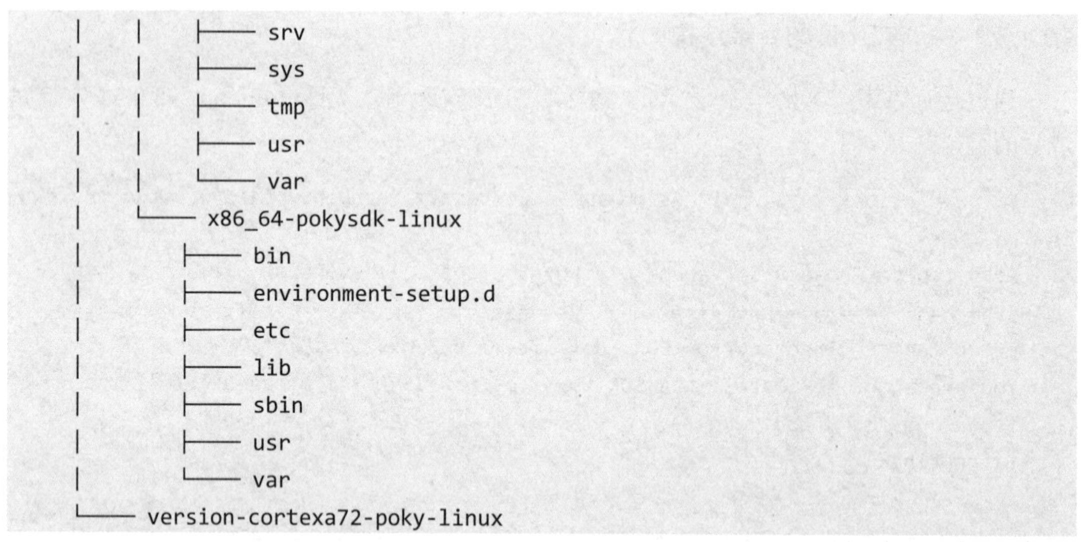

```
│   │   ├── srv
│   │   ├── sys
│   │   ├── tmp
│   │   ├── usr
│   │   └── var
│   └── x86_64-pokysdk-linux
│       ├── bin
│       ├── environment-setup.d
│       ├── etc
│       ├── lib
│       ├── sbin
│       ├── usr
│       └── var
└── version-cortexa72-poky-linux
```

以下是主要目录与文件功能解析。

environment-setup-cortexa72-poky-linux：该文件是开发环境初始化脚本，运行后会生成交叉编译工具链路径及相关环境变量，为开发主机提供完整的交叉编译环境。

site-config-cortexa72-poky-linux：定义目标系统的构建参数，确保开发环境与目标硬件平台兼容。

sysroots：包含目标平台（cortexa72-poky-linux）和开发主机（x86_64-pokysdk-linux）的系统根目录。目标平台目录提供与硬件平台兼容的软件所需的库文件、头文件和工具链；开发主机目录包含交叉编译所需的工具和依赖资源，保障开发与运行环境一致。

version-cortexa72-poky-linux：记录 SDK 的版本信息，用于区分和管理不同版本的开发环境，方便追踪与维护。

10.1.3.2　sysroots 目录

在 SDK 架构中，sysroots 目录是其核心组成部分，包含目标平台和开发主机平台的系统根目录。每个 sysroot 都对应一个完整的 Linux 文件系统结构，提供构建和运行应用程序所需的库文件、头文件、可执行文件及其他资源。

- 目标平台系统根目录（例如 cortexa72-poky-linux）：专为特定目标硬件平台（例如 ARM Cortex-A72）设计，包含生成与目标平台兼容的可执行文件和库所需的关键资源。其目录结构遵循标准 Linux 文件系统布局，包括 bin（可执行文件）、lib（库文件）、etc（配置文件）等子目录，确保编译器和链接器能够正确生成符合目标硬件要求的程序。

- 开发主机系统根目录（例如 x86_64-pokysdk-linux）：为运行 SDK 的开发主机平台（通常为 x86_64 架构）提供交叉编译工具链及相关依赖。与目标平台系统根目录类似，其目录结构也符合标准 Linux 文件系统布局，但文件和库经过针对主机环境的优化，可满足交叉编译需求。

通过合理配置和使用 sysroots，开发环境可以确保生成的应用程序在目标硬件平台上正常运行，实现开发环境与运行环境的高度一致。

10.1.3.3　环境设置脚本

在每个 SDK 中都会包含一个以 environment-setup-为前缀，并带有目标系统架构名称的脚本文件。该脚本文件负责配置开发主机的编译环境，将所有工具链、库文件及相关变量正确加载到当前控制台中，以便开发者能够直接使用交叉编译工具链和相关库文件等进行与目标硬件匹配的程序开发。

可通过 source 命令初始化环境设置脚本，以下是初始化树莓派 4B 标准 SDK 环境设置脚本的命令：

```
$source /opt/poky/5.0.3/environment-setup-cortexa72-poky-linux
```

在完成环境变量配置后，可以通过 env 命令查看相关环境变量配置，以下是部分初始化配置脚本设置的环境变量的值：

```
$env
SDKTARGETSYSROOT=/opt/poky/5.0.3/sysroots/cortexa72-poky-linux
PATH=/opt/poky/5.0.3/sysroots/x86_64-pokysdk-linux/usr/bin:/opt/poky/5.0.3/sysroots/x86_64-pokysdk-linux/usr/sbin:/opt/poky/5.0.3/sysroots/x86_64-pokysdk-linux/bin:/opt/poky/5.0.3/sysroots/x86_64-pokysdk-linux/sbin:/opt/poky/5.0.3/sysroots/x86_64-pokysdk-linux/usr/bin/../x86_64-pokysdk-linux/bin:/opt/poky/5.0.3/sysroots/x86_64-pokysdk-linux/usr/bin/aarch64-poky-linux:/opt/poky/5.0.3/sysroots/x86_64-pokysdk-linux/usr/bin/aarch64-poky-linux-musl:"$PATH"
PKG_CONFIG_SYSROOT_DIR=$SDKTARGETSYSROOT
PKG_CONFIG_PATH=$SDKTARGETSYSROOT/usr/lib/pkgconfig:$SDKTARGETSYSROOT/usr/share/pkgconfig
CONFIG_SITE=/opt/poky/5.0.3/site-config-cortexa72-poky-linux
OECORE_NATIVE_SYSROOT="/opt/poky/5.0.3/sysroots/x86_64-pokysdk-linux"
OECORE_TARGET_SYSROOT="$SDKTARGETSYSROOT"
OECORE_ACLOCAL_OPTS="-I /opt/poky/5.0.3/sysroots/x86_64-pokysdk-linux/usr/share/aclocal"
OECORE_BASELIB="lib"
OECORE_TARGET_ARCH="aarch64"
```

```
    OECORE_TARGET_OS="linux"
    CC="aarch64-poky-linux-gcc  -mcpu=cortex-a72+crc -mbranch-protection=standard
-fstack-protector-strong  -O2 -D_FORTIFY_SOURCE=2 -Wformat -Wformat-security -Werror=
format-security --sysroot=$SDKTARGETSYSROOT"
    CXX="aarch64-poky-linux-g++  -mcpu=cortex-a72+crc -mbranch-protection=standard
-fstack-protector-strong  -O2 -D_FORTIFY_SOURCE=2 -Wformat -Wformat-security -Werror=
format-security --sysroot=$SDKTARGETSYSROOT"
    CPP="aarch64-poky-linux-gcc -E  -mcpu=cortex-a72+crc -mbranch-protection=
standard -fstack-protector-strong  -O2 -D_FORTIFY_SOURCE=2 -Wformat -Wformat-security
-Werror=format-security --sysroot=$SDKTARGETSYSROOT"
    AS="aarch64-poky-linux-as "
    LD="aarch64-poky-linux-ld  --sysroot=$SDKTARGETSYSROOT"
    GDB=aarch64-poky-linux-gdb
    STRIP=aarch64-poky-linux-strip
    RANLIB=aarch64-poky-linux-ranlib
    OBJCOPY=aarch64-poky-linux-objcopy
    OBJDUMP=aarch64-poky-linux-objdump
    READELF=aarch64-poky-linux-readelf
    AR=aarch64-poky-linux-ar
    NM=aarch64-poky-linux-nm
    M4=m4
    TARGET_PREFIX=aarch64-poky-linux-
    CONFIGURE_FLAGS="--target=aarch64-poky-linux --host=aarch64-poky-linux --build=
x86_64-linux --with-libtool-sysroot=$SDKTARGETSYSROOT"
    CFLAGS=" -O2 -pipe -g -feliminate-unused-debug-types "
    CXXFLAGS=" -O2 -pipe -g -feliminate-unused-debug-types "
    LDFLAGS="-Wl,-O1 -Wl,--hash-style=gnu -Wl,--as-needed  -Wl,-z,relro,-z,now"
    CPPFLAGS=""
    KCFLAGS="--sysroot=$SDKTARGETSYSROOT"
    OECORE_DISTRO_VERSION="5.0.3"
    OECORE_SDK_VERSION="5.0.3"
    ARCH=arm64
    CROSS_COMPILE=aarch64-poky-linux-
    OECORE_TUNE_CCARGS=" -mcpu=cortex-a72+crc -mbranch-protection=standard"
```

下面是针对 SDK 的主要变量的说明。

- SDKTARGETSYSROOT：指定目标系统的根文件系统路径，通常包含开发过程中所需的库文件和头文件。通过该变量，编译器可以正确找到目标平台的相关资源。

- PATH：定义交叉编译工具链的可执行文件搜索路径，开发者无须手动指定路径即可直接调用工具。
- PKG_CONFIG_PATH：指向 pkg-config 文件的目录，用于解析第三方库的路径及其依赖关系，确保库的正确配置。
- OECORE_NATIVE_SYSROOT 和 OECORE_TARGET_SYSROOT：分别指定开发主机和目标系统的系统根路径。前者用于支持交叉编译工具链，后者为目标平台提供必要的开发资源。
- CC 和 CXX：分别指定用于 C 和 C++语言的交叉编译器，确保生成的可执行文件符合目标平台的架构要求。
- LD：指定链接器，控制应用程序的链接过程。通过 LD 变量，链接器能够正确链接目标系统的库文件，确保生成的可执行文件在目标平台上正常运行。
- GDB：指定用于目标平台的 GDB 调试工具，开发者可以通过该变量直接使用目标平台的调试工具来调试应用程序。
- CFLAGS 和 CXXFLAGS：设定编译器优化及安全选项，提高生成代码的性能和稳定性。
- LDFLAGS：定义链接器选项，确保生成的二进制文件符合目标系统的链接要求。
- ARCH：指定目标平台的体系结构（例如 arm64），确保生成的二进制文件与硬件架构兼容。

通过正确配置上述环境变量，开发主机可在脱离完整构建系统的情况下执行高效的交叉编译操作，从而快速生成适用于目标硬件的应用程序。

10.2 可扩展 SDK

可扩展 SDK 自 Yocto 项目 2.1 版本（Krogoth）开始被引入，作为应用开发工具包（ADT）的替代方案。其目的是为开发者提供更灵活且功能更强的开发环境，尤其是在无须依赖构建主机中完整的 Yocto 项目的情况下，使开发者能够在自己的开发主机上独立完成开发和调试工作。

10.2.1 可扩展 SDK 结构

相比于标准 SDK，可扩展 SDK 额外包含内部 OpenEmbedded 构建系统、workspace 层和 devtool 工具。除了使用标准 SDK 的功能，可扩展 SDK 还允许开发者通过 devtool 工具在 workspace 层创建和管理菜谱，无须修改原有的构建元数据，即可构建和修改应用程序、内核和镜像。这种特性使可扩展 SDK 在复杂项目中体现出了更高效的调试能力和灵活性，特别适用于频繁调试、定制化开发和功能验证。

在开发主机上，运行以下可扩展 SDK 安装脚本并完成用户输入后，可扩展 SDK 将被默认安装到~/poky_sdk 目录：

```
$ ./poky-glibc-x86_64-rpi-custom-image-cortexa72-raspberrypi4-64-custom-toolch
ain-ext-5.0.3.sh
Poky (Yocto Project Reference Distro) Extensible SDK installer version 5.0.3
============================================================================
Enter target directory for SDK (default: ~/poky_sdk):
You are about to install the SDK to "/home/jerry/poky_sdk". Proceed [Y/n]? Y
Extracting
SDK.................................................................................
.................................................................done
Setting it up...
Extracting buildtools...
done
SDK has been successfully set up and is ready to be used.
Each time you wish to use the SDK in a new shell session, you need to source the
environment setup script e.g.
 $ . /home/jerry/poky_sdk/environment-setup-cortexa72-poky-linux
```

安装完成后，目录结构如下：

```
poky_sdk/
├── bitbake-cookerdaemon.log
├── bitbake.lock
├── buildtools
│   ├── environment-setup-x86_64-pokysdk-linux
│   ├── sysroots
│   └── version-x86_64-pokysdk-linux
├── cache
├── conf
│   ├── bblayers.conf
│   ├── devtool.conf
│   ├── local.conf
├── downloads
├── environment-setup-cortexa72-poky-linux
```

```
├── ext-sdk-prepare.py
├── layers
│   ├── meta-openembedded
│   ├── meta-raspberrypi
│   ├── meta-raspberrypi-custom
│   ├── meta-wayland
│   └── poky
├── post-relocate-setup.sh
├── preparing_build_system.log
├── relocate_sdk.py
├── site-config-cortexa72-poky-linux
├── sstate-cache
├── tmp
├── sysroots
│   ├── cortexa72-poky-linux
│   └── x86_64-pokysdk-linux
├── version-cortexa72-poky-linux
└── workspace
    ├── conf
└── README
```

从以上结构可以看出，可扩展 SDK 除了具有标准 SDK 的所有组件，还包含以下关键部分。

- 内部 OpenEmbedded 构建系统：layers 目录中的 poky 发行版及其他元数据层构成了一个精简的内部构建系统，并引入 devtool 工具支持菜谱管理和代码调试。此外，tmp、conf、downloads、cache 和 sstate-cache 等目录为本地构建提供支持，包括构建配置文件、源代码存储、中间数据缓存以及共享状态文件。通过这些组件的结合，可扩展 SDK 能够在无须依赖完整 Yocto 项目的情况下实现独立的本地构建能力。
- buildtools 目录：该目录提供运行内部 OpenEmbedded 构建系统所需的开发工具的二进制版本，包括 Git、GCC、Python 和 Make 等。这些工具确保开发主机满足最低版本要求，避免因环境差异影响构建流程。
- workspace 层：该层是可扩展 SDK 的核心工作区域，与元数据层结构保持一致，并由 devtool 工具管理。它支持本地代码修改、菜谱管理和扩展。开发者可通过 workspace 层高效创建或修改菜谱、编译源代码，并在不改动内部构建系统的情况下完成调试和测试。对于嵌入式系统、设备驱动及高度定制化应用的开发，workspace 层提供了灵活高效的开发环境，大幅简化了项目的迭代与定制流程。

10.2.2 定制可扩展 SDK 安装包

相较于标准 SDK，可扩展 SDK 功能更强大，结构更丰富。其不仅包含目标硬件和开发主机的 sysroots，还引入了内部 OpenEmbedded 构建系统和 workspace 工作区等额外组件。在前面的内容中，我们已经介绍了适用于构建标准 SDK 和可扩展 SDK 安装包的通用配置变量。本节将重点讲解定制可扩展 SDK 安装包所需的关键元数据变量，并说明如何通过灵活配置这些变量，调整 SDK 的组件内容和构建行为，以满足不同项目的需求。

10.2.2.1 配置可扩展 SDK

可扩展 SDK 中的内部 OpenEmbedded 构建系统基于 Yocto 项目的 OpenEmbedded 构建系统。生成可扩展 SDK 安装包时，系统会使用构建系统的预设配置，并通过一系列变量控制 SDK 的组件和构建方式。由于可扩展 SDK 通常不运行在构建主机上，所以预设配置中的变量会通过特定规则筛选，使生成的 SDK 适应不同的开发主机环境。

配置变量的传递规则

为确保生成的可扩展 SDK 能够适应不同的开发主机环境，Yocto 项目在将配置变量应用到 SDK 的 local.conf 和 auto.conf 文件时，会依据以下规则进行处理。此外，如果 conf/sdk-extra.conf 文件存在，则其内容会被直接追加到生成的 SDK 的 conf/local.conf 文件末尾，不经过任何过滤。该文件特别适合用于为 SDK 定制的配置变量，它不会影响用于创建 SDK 的 OpenEmbedded 构建系统。

- 过滤绝对路径变量

通常，以"/"开头的变量表示构建主机中的目录或文件的绝对路径。这类路径可能无法在其他开发主机上使用，因此不会直接传递到可扩展 SDK 中。例如，在一个树莓派构建环境中，Yocto 构建系统会将 DL_DIR 变量设置为"/home/jerry/yocto/build/downloads"。传递到可扩展 SDK 时，该路径将被替换为 DL_DIR 的默认值${TOPDIR}/downloads，以确保变量适用于其他开发环境。

- 排除变量

Yocto 项目通过 ESDK_LOCALCONF_REMOVE 变量指定某些变量不被传递到可扩展 SDK。这些变量通常特定于构建主机，若作为可扩展 SDK 配置的一部分，则可能会在其他开发主机上引发路径冲突或功能异常。例如，TMPDIR 变量的值可能为"/home/jerry/yocto/rasp_build/tmp"，此路径是构建主机特有的，因此会被列入 ESDK_LOCALCONF_REMOVE 变量中。

- 包含变量

对于特定项目，可以通过 ESDK_LOCALCONF_ALLOW 变量强制包含相关变量。此设置会覆盖前两个过滤条件并强制生效。在默认情况下，该变量为空。

- 禁用继承类

对于不适合传递到可扩展 SDK 的类，可以通过 ESDK_CLASS_INHERIT_DISABLE 变量禁用。例如，buildhistory 类用于跟踪构建历史，而在可扩展 SDK 中并不需要继承此功能，将其禁用可以减少额外的日志记录开销。在默认情况下，ESDK_CLASS_INHERIT_DISABLE 变量已包含 buildhistory 和 icecc 类。

设置默认 SDK 安装路径

SDKEXTPATH 变量用于定义可扩展 SDK 的默认安装路径，其默认值在 populate_sdk_base 类中定义，并基于 DISTRO 变量设置：

```
SDKEXTPATH ??= ~/${@d.getVar('DISTRO')}_sdk
```

基于第 9 章构建的树莓派 4B 镜像的构建环境，可以通过以下命令查看 SDKEXTPATH 的最终值：

```
jerry@ubuntu:~/yocto/rasp_build$ bitbake -e rpi-custom-image | grep  SDKEXTPATH=
SDKEXTPATH = "~/poky_sdk"
```

如果需要自定义该变量，建议在相应的发行版配置文件中进行修改。这种方式可以为整个发行版中的 SDK 安装包设置统一的默认安装路径。

设置构建环境配置脚本

如果 OpenEmbedded 构建系统使用自定义构建环境配置脚本，而非默认的 oe-init-build-env，则需要通过设置 OE_INIT_ENV_SCRIPT 变量来指定该自定义脚本。例如：

```
OE_INIT_ENV_SCRIPT = "customed-env-build-script"
```

其中，custom-env-build-script 是构建系统中实际使用的构建环境配置脚本的名称。

配置 SDK 的文件和目录

在生成可扩展 SDK 时，通过 bblayers.conf 配置的元数据层会自动包含在 SDK 中，这些层通常位于 COREBASE 目录下。然而，COREBASE 目录中可能还包含其他文件或目录，这些内容不会被默认添加到 SDK 中。为了解决这一问题，可以通过 COREBASE_FILES 变量明确指定需要从 COREBASE 目录复制到 SDK 中的文件和目录。通过这种方式，可以确保 SDK 包含所需的所有内容，同时避免不必要的冗余。以下是 Poky 中 COREBASE_FILES 变量的默认配置：

```
COREBASE_FILES ?= " \
    oe-init-build-env \
    scripts \
    LICENSE \
    .templateconf \
"
```

在通常情况下，该默认配置已能满足 SDK 的基本需求。如果 COREBASE 目录发生变化，则需要根据实际情况调整 COREBASE_FILES 的配置，确保构建和运行环境的一致性。

10.2.2.2　更新与扩展已安装的可扩展 SDK

在完成可扩展 SDK 的构建和安装后，开发主机与构建主机通常不是同一台机器，也有可能处于不同的网络环境。如果需要对已经安装在开发主机上的可扩展 SDK 进行更新或扩展，则可以使用以下方法。

更新已安装的 SDK

当对 Yocto 项目中的元数据或配置进行更改，并希望这些更改能够同步应用到已安装在开发主机上的可扩展 SDK 中时，可按照以下步骤完成设置。

- 创建共享目录。创建一个可通过 HTTP 或 HTTPS 访问的共享目录。例如，可以使用 Apache HTTP 服务器或 Nginx 服务器来设置该共享目录。
- 配置 SDK_UPDATE_URL。将 SDK_UPDATE_URL 变量设置为指向共享目录的 HTTP 或 HTTPS URL，构建的可扩展 SDK 将默认使用该 URL 进行更新。
- 构建可扩展 SDK 安装包。在 Yocto 项目的构建环境中，使用以下命令再次构建可扩展 SDK 安装包：

```
$bitbake -c populate_sdk_ext <image_recipe_name>
```

- 发布 SDK。使用以下命令，将 SDK 发布到共享目录中：

```
$ oe-publish-sdk some_path/sdk-installer.sh <path_to_shared_http_directory>
```

  其中，sdk-installer.sh 是可扩展 SDK 的安装脚本，path_to_shared_http_directory 是用于存放 SDK 更新文件的共享目录路径。每次对可扩展 SDK 进行重新构建并希望发布更新时，都需要按照以上步骤执行一遍。
- 更新 SDK。在开发主机上，进入可扩展 SDK 的构建环境（通过 source 命令加载环境配置脚本），然后运行以下命令检索并应用最新更新：

```
$devtool sdk-update
```

通过以上方法，借助共享目录，可实现已安装可扩展 SDK 的快速更新和应用。

扩展已安装的 SDK

在开发主机上安装可扩展 SDK 后，用户可能需要为 SDK 添加额外的软件包或组件。为避免用户手动从源代码编译这些软件包，可以在 Yocto 项目中提前构建所需的软件包，并通过共享目录提供给用户，让用户直接在开发主机上扩展 SDK 的内容。具体步骤如下。

- 构建指定菜谱或软件包。确保用户所需的所有软件包都已经在构建系统中编译完成。可以通过以下方法指定构建的菜谱。
  - ✓ 构建依赖的菜谱：对于特定软件包，可以创建一个或多个元菜谱（meta-recipe），这些菜谱会依赖其他菜谱，以确保所需的软件包被构建。
  - ✓ 构建所有可用菜谱：如果需要构建所有项目，可以使用 world 目标，并通过 EXCLUDE_FROM_WORLD:pn-recipename 变量排除不需要构建的菜谱。
- 公开 sstate-cache 目录。构建完成的项目会存储在 sstate-cache 目录中。通过网络服务器（例如 Apache 或 Nginx）公开该目录，使用户能够下载这些已经编译好的软件包。
- 配置下载路径。在 SDK 中设置下载路径，使其能够从指定的共享目录中获取编译好的软件包。需要在 SDK 配置中设置 SSTATE_MIRRORS 变量，将其指向服务器上的 sstate-cache 目录。例如：

```
SSTATE_MIRRORS = "file://.* https://example.com/some_path/sstate-cache/PATH"
```

通过以上配置，用户可以在无须重新编译源代码的情况下，快速将新软件包或软件包扩展到 SDK 中。这种预构建和共享的机制确保了 SDK 的灵活性和高效性，可以快速响应多种开发需求，以适应复杂的开发环境。

10.2.2.3 最小化 SDK 安装包

在构建可扩展 SDK 安装包时，Yocto 项目默认会将共享状态缓存（sstate-cache 目录）和 downloads 目录中的所有内容打包到 SDK 中。这种默认行为使得 SDK 安装包的大小通常达到数 GB，其原因在于 populate_sdk_ext.bbclass 类文件中 SDK_EXT_TYPE 变量的默认值被设置为了 full：

```
SDK_EXT_TYPE ?= "full"
```

最小化 SDK 安装包的设置

如果需要缩小 SDK 安装包的大小，则可以通过以下配置将 SDK_EXT_TYPE 设置为 minimal：

```
SDK_EXT_TYPE = "minimal"
```

此设置可以放置在 conf/local.conf 文件中，或者放入发行版的配置文件中，以确保所有构建的可扩展 SDK 都使用该配置。将 SDK_EXT_TYPE 设置为 minimal 后，重新构建的 SDK 安装包大小将缩小至约 35 MB，但默认情况下不包含共享状态缓存、库和工具链。开发者需要通过设置 SSTATE_MIRRORS 变量指向共享状态缓存，以支持按需安装所需的组件。此外，必须手动使用 devtool sdk-install 等命令安装所需的库或工具链。

解决最小化设置的功能限制

当将 SDK_EXT_TYPE 设置为 minimal 时，SDK 中不会包含用于依赖解析、包搜索或依赖映射的完整数据。因此，devtool add 和 devtool search 等命令可能无法正常工作。如果需要启用这些功能，可以通过以下配置确保 SDK 包含所有菜谱的打包数据：

```
SDK_INCLUDE_PKGDATA = "1"
```

此设置会将打包数据（packagedata）添加到 SDK 中，用于支持 devtool 命令的依赖解析和搜索功能。虽然这会显著增加构建时间，并使 SDK 安装包的大小增加 30 MB 至 80 MB，但能够确保 devtool 相关命令的正常运行。若不需要所有菜谱的打包数据，可通过 EXCLUDE_FROM_WORLD 变量排除不必要的数据生成，进一步优化包大小。

如果需要在 SDK 中包含工具链，可以通过以下配置启用：

```
SDK_INCLUDE_TOOLCHAIN = "1"
```

设置后生成的 SDK 将自动包含编译器、链接器等工具，开发者无须额外配置即可直接进行开发。

10.2.3　devtool 命令行工具

devtool 是 Yocto 项目中的通用命令行工具，用于简化软件的开发、测试、打包和部署流程。通过 devtool，开发者可以添加、修改菜谱，构建软件包，并将生成的软件集成到镜像中。相比于直接使用 BitBake，devtool 更侧重于简化本地开发和快速迭代，特别是在可扩展 SDK 环境中，其作用尤为重要。

在可扩展 SDK 中，devtool 作为核心组件，为开发者提供了高效的工具来管理本地开发任务，包括构建、测试和打包。它通过简化接口执行大多数构建任务，而底层依赖管理和执行由 BitBake 处理，从而显著优化了开发流程，使过程更加高效直观。

10.2.3.1 devtool 子命令

在开发主机上，运行 devtool 命令之前，需要通过 source 命令加载环境设置脚本，以配置必要的环境变量：

```
    jerry@ubuntu:~/poky_sdk$ source environment-setup-cortexa72-poky-linux
    SDK environment now set up; additionally you may now run devtool to perform
development tasks.
    Run devtool --help for further details.
```

devtool 的命令行结构采用子命令模式 Git，包含多个子命令，每个子命令均对应特定功能。可以运行以下命令查看所有可用子命令：

```
    jerry@ubuntu:~/poky_sdk$ devtool --help
    NOTE: Starting bitbake server...
    usage: devtool [--basepath BASEPATH] [--bbpath BBPATH] [-d] [-q] [--color COLOR]
[-h] <subcommand> ...

    OpenEmbedded development tool

    options:
      --basepath BASEPATH     Base directory of SDK / build directory
      --bbpath BBPATH         Explicitly specify the BBPATH, rather than getting it
from the metadata
      -d, --debug             Enable debug output
      -q, --quiet             Print only errors
      --color COLOR           Colorize output (where COLOR is auto, always, never)
      -h, --help              show this help message and exit

    subcommands:
      Beginning work on a recipe:
        add                   Add a new recipe
        modify                Modify the source for an existing recipe
        upgrade               Upgrade an existing recipe
      Getting information:
        status                Show workspace status
        search                Search available recipes
        latest-version        Report the latest version of an existing recipe
```

```
    check-upgrade-status  Report upgradability for multiple (or all) recipes
  Working on a recipe in the workspace:
    build                 Build a recipe
    ide-sdk               Setup the SDK and configure the IDE
    rename                Rename a recipe file in the workspace
    edit-recipe           Edit a recipe file
    find-recipe           Find a recipe file
    configure-help        Get help on configure script options
    update-recipe         Apply changes from external source tree to recipe
    reset                 Remove a recipe from your workspace
    finish                Finish working on a recipe in your workspace
  Testing changes on target:
    deploy-target         Deploy recipe output files to live target machine
    undeploy-target       Undeploy recipe output files in live target machine
    package               Build packages for a recipe
    build-image           Build image including workspace recipe packages
    runqemu               Run QEMU on the specified image
  Advanced:
    export                Export workspace into a tar archive
    extract               Extract the source for an existing recipe
    sync                  Synchronize the source tree for an existing recipe
    build-sdk             Build a derivative SDK of this one
    menuconfig            Alter build-time configuration for a recipe
    import                Import exported tar archive into workspace
  SDK maintenance:
    sdk-update            Update SDK components
    sdk-install           Install additional SDK components
Use devtool <subcommand> --help to get help on a specific command
```

该命令的输出包括 devtool 的选项，同时按照用途对子命令进行分类，便于开发者快速查找所需功能。以下是 devtool 的主要子命令分类的介绍。

- 菜谱初始化操作：添加新菜谱或修改现有菜谱，帮助开发者快速搭建项目。常用的子命令包括 add（添加新菜谱）、modify（修改已有菜谱）以及 upgrade（升级现有菜谱）。
- 信息查询：提供工作区和菜谱的状态信息，帮助开发者实时了解构建情况。常用的子命令包括 status（查看工作区状态）、search（搜索已有菜谱）和 latest-version（查询菜谱最新版本）。

- 工作区菜谱管理：管理工作区中的菜谱和源代码，确保开发流程顺利。常用的子命令包括 build（构建菜谱）、edit-recipe（编辑菜谱）和 reset（移除工作区菜谱）。
- 部署与测试：将构建结果部署到目标设备上并进行测试。常用的子命令包括 deploy-target（部署到目标设备）、undeploy-target（撤回已部署内容）和 build-image（构建包含工作区内容的镜像）。
- 高级功能与 SDK 维护：用于导出、更新和维护 SDK，适用于复杂的开发场景。常用的子命令包括 export（导出工作区）、build-sdk（构建派生 SDK）和 sdk-update（更新 SDK 组件）。

后续内容将详细介绍常用子命令的具体功能和用法，帮助开发者高效完成本地开发与调试。

10.2.3.2 菜谱初始化操作

在安装并配置好可扩展 SDK 后，workspace 层默认不包含任何菜谱、追加菜谱文件或源代码。开发者可以通过 devtool 提供的子命令创建、修改和升级菜谱，使源代码能够在 SDK 环境中进行构建和测试。这些命令包括 devtool add（添加菜谱）、devtool modify（修改源代码）和 devtool upgrade（升级菜谱）。本节将详细介绍这些命令的使用方法。

devtool add 创建菜谱

devtool add 命令用于在 workspace 层中创建一个新的菜谱。该命令的灵活性很高，支持以多种方式获取源代码，包括从远程仓库提取、存储到本地目录，或者直接引用已有的本地源代码树。

- 将上游源代码提取至工作区

当源代码位于远程仓库时，可以通过以下命令将其提取到 workspace/sources 目录，并生成对应的菜谱和追加菜谱文件：

```
devtool add <newrecipe> <fetch_uri>
```

此操作会将 fetch_uri 指定的远程源代码提取到 workspace 层的 sources 目录下，生成的 newrecipe 菜谱和追加菜谱文件默认存放在 workspace/recipes 和 workspace/appends 目录下。

- 提取上游源代码至本地目录

当需要将远程源代码存储到工作区以外的本地目录时，可使用以下命令：

```
devtool add <newrecipe> <source_directory> <fetch_uri>
```

此命令会将源代码提取到 source_directory 指定的本地路径，并在 workspace 层中生成相应的菜谱和追加菜谱文件。

- 使用本地源代码

对于已经存在于本地的源代码，通过以下命令可以直接引用现有代码树：

```
devtool add <newrecipe> <source_directory>
```

该操作会使用 source_directory 指向本地目录路径中的源代码，并在 workspace 层中生成一个名为 newrecipe 的菜谱及追加菜谱文件，无须额外提取或存储源代码。

devtool modify 修改源代码

针对 layers 目录元数据层中已有的菜谱，devtool modify 命令可以根据菜谱中的 SRC_URI 将源代码提取到工作区（workspace 层），并创建相应的追加菜谱文件。在工作区中建立开发环境，同时跟踪代码变更并整理补丁，简化本地开发流程，提升迭代效率。

- 将上游源代码提取至工作区

当源代码位于上游远程仓库且未在本地时，可以使用以下命令将其提取到 workspace/sources 目录：

```
devtool modify <recipename>
```

该命令会查找 layers 目录下元数据层中的有效 recipename 菜谱，如果该菜谱存在，则在 workspace/sources 中创建一个名为 recipename 的子目录，并将 SRC_URI 指定的上游源代码提取至该子目录中。同时在 workspace 层的 appends 子目录下创建相应的.bbappend 追加菜谱文件，而不会修改 layers 目录中的原始 recipename 菜谱。

- 将上游源代码提取至本地目录

同理，如果需要将远程源代码提取到特定的本地目录而非 workspace 层，可以使用以下命令：

```
devtool modify <recipename> <source_directory>
```

该命令根据 recipename 菜谱中的 SRC_URI 定位远程源代码，将源代码提取到 source_directory 指定的本地目录中，并在工作区中创建相应的.bbappend 追加菜谱，而 recipename 菜谱保持不变。

- 使用本地源代码

此外，对于已存在于本地的源代码，无须重复提取，可以通过以下命令直接引用：

```
devtool modify -n <recipename> <source_directory>
```

通过添加-n 选项，可跳过通过 recipename 菜谱中 SRC_URI 变量提取源代码的过程，直接使用 source_directory 指定本地目录中的现有代码。仅在 workspace 层创建.bbappend 追加菜谱文件，不修改 layers 中的 recipename 菜谱。

devtool upgrade 升级菜谱

devtool upgrade 用于将构建系统中的菜谱升级至指定的上游版本（PV）或 Git 修订版（SRCREV）本。升级后的菜谱及相关文件将被同步到工作区（workspace），同时新的源代码树也会被提取到指定位置，便于进行补丁调整或后续开发。

- 升级到指定版本

将 layers 中的菜谱升级至指定的上游版本时，可使用以下命令：

```
devtool upgrade -V <version_number> <recipename>
```

其中，version_number 是要升级的版本号，recipename 是菜谱的名称。

- 将源代码升级并提取到指定目录

若需将源代码提取到特定的本地路径，可使用以下命令：

```
devtool upgrade -V <version_number> <recipename> <source_directory>
```

其中，source_directory 是用于存放源代码的本地目录路径。

- 升级到指定 Git 修订版本

将菜谱升级至上游代码库的特定修订版本时，可使用以下命令：

```
devtool upgrade -S <source_revision> <recipename>
```

其中，source_revision 是 Git 仓库中的具体提交哈希值（commit hash）。

10.2.3.3 信息查询

在可扩展 SDK 的开发过程中，devtool 提供了一系列信息查询子命令，可帮助开发者快速获取工作区状态、搜索菜谱以及查看菜谱的最新上游版本等信息。使用这些命令可以显著提升开发效率，使开发者更好地掌控项目进度和资源使用情况。

devtool status 查询工作区状态

通过以下命令，可查看当前工作区（workspace 层）的状态，包括所有菜谱及其对应源代码的路径：

```
devtool status
```

此命令全面展示工作区中的菜谱状态，为后续开发和调试提供了依据。

devtool search 查询可用菜谱

以下命令可在当前环境中搜索可用菜谱，快速定位所需资源：

```
devtool search <keyword>
```

其中，keyword 为搜索关键词，可为菜谱名称、包名称、描述中的关键字，或与已安装文件相关的信息。该命令为开发者提供高效的资源定位手段。

devtool latest-version 查询上游最新版本

为了确保菜谱版本与上游保持一致，可使用以下命令查询指定菜谱的最新上游版本：

```
devtool latest-version <recipename>
```

其中，recipename 为菜谱名称，涵盖工作区和内部构建系统中的菜谱。此命令为菜谱升级提供参考依据。

10.2.3.4　工作区菜谱管理

工作区菜谱管理子命令用于高效处理 workspace 层中的菜谱操作。通过这些命令，开发者可以对菜谱进行构建、编辑、重命名或移除，确保工作区内的菜谱能够被顺利集成到构建流程中。

devtool build 构建菜谱

在初始化菜谱或修改菜谱及其源代码后，需要重新构建以应用更改。构建命令如下：

```
devtool build <recipename>
```

其中，recipename 为需要构建的菜谱名称。

devtool edit-recipe 编辑菜谱

使用以下命令可通过本地文本编辑器直接打开并编辑菜谱文件，便于进行调整：

```
devtool edit-recipe <recipename>
```

修改完成后，更改内容将在下一次构建时生效。

devtool rename 重命名菜谱

开发者可以通过以下命令重命名工作区中的菜谱文件：

```
devtool rename <old_recipename> <new_recipename>
```

其中，old_recipename 为当前菜谱的名称，new_recipename 为新的菜谱名称。

devtool reset 移除菜谱

要想移除 workspace 层中的菜谱文件、追加菜谱文件及关联源代码，使工作区恢复至未修改状态，可使用以下命令：

```
devtool reset <recipename>
```

该命令将删除 workspace 层中与 recipename 菜谱相关的所有内容。

devtool finish 完成并提交菜谱

要将工作区中的菜谱移至内部构建系统的永久元数据层，并从工作区中移除，可使用以下命令：

```
devtool finish <recipename> <destination_layer>
```

其中，recipename 为需要提交的菜谱名称，destination_layer 为目标元数据层。

10.2.3.5 部署与测试

部署与测试相关的子命令用于构建镜像、运行虚拟机以及将构建输出部署到目标设备，帮助开发者高效完成镜像验证和软件部署任务。

devtool build-image 构建镜像菜谱

可使用以下命令构建镜像，工作区中的菜谱和追加菜谱将自动集成到构建系统中：

```
devtool build-image <imagename>
```

其中，imagename 是镜像菜谱的名字。

devtool runqemu 启动 QEMU 虚拟机

通过以下命令可启动 QEMU 虚拟机以运行适配的已构建镜像，便于在虚拟化环境中快速测试，无须依赖物理硬件：

```
devtool runqemu <imagename> [args]
```

其中，imagename 表示已构建的镜像名称，args 是传递给 runqemu 脚本的附加参数，用于进一步配置虚拟机的运行环境。

devtool deploy-target 部署构建输出

当需要将指定菜谱生成的构建输出（软件包）部署到目标设备时，可使用以下命令：

```
devtool deploy-target <recipename> <target>
```

其中，recipename 为菜谱名称，target 为目标设备地址，格式为用户名@目标设备 IP 地址，目标设备需运行 SSH 服务，支持真实硬件或 QEMU 模拟器。

devtool undeploy-target 撤销部署

当需要从目标设备撤回之前部署的软件包时，可使用以下命令：

```
devtool undeploy-target <recipename> <target>
```

其中，recipename 为菜谱名称，target 为目标设备地址，支持已安装 SSH 服务的硬件或模拟器。

10.2.3.6 高级功能与 SDK 维护

devtool 提供了一系列高级功能与 SDK 维护命令，旨在帮助开发者灵活管理工作区以及定制和维护 SDK。这些命令涵盖导出工作区、同步代码、配置菜谱、更新和安装 SDK 组件等操作，简化了复杂开发环境的管理。以下将重点介绍 export、build-sdk 和 sdk-update 三个常用子命令。

devtool export 导出工作区

将当前工作区中的内容导出为 tar 归档文件，便于备份或在其他环境中恢复。命令格式如下：

```
devtool export -f <export_filename>
```

其中，export_filename 为导出的路径和文件名。在默认情况下，生成的归档文件包含工作区中的菜谱、追加菜谱和源代码。

devtool build-sdk 构建派生 SDK

基于当前 SDK 和工作区中的内容构建一个派生可扩展 SDK，适用于需要额外库或组件的特定项目：

```
devtool build-sdk
```

生成的派生 SDK 安装包通常存储在 tmp/deploy/sdk 目录中，可将其安装到其他开发机器上使用。这为开发团队提供了统一的构建环境，减少了因环境差异导致的开发问题。

devtool sdk-update 更新 SDK

当已安装的可扩展 SDK 需要更新时，sdk-update 命令提供了灵活的更新功能。此命令允许开发者从指定目录或远程 URL 中获取更新文件，以同步 SDK 的配置和组件：

```
devtool sdk-update <path_to_update_directory>
```

其中，path_to_update_directory 是一个可选参数，指定包含更新文件的目录路径。如果未指定，则系统将默认使用 SDK_UPDATE_URL 变量中定义的远程更新地址。

10.3 标准 SDK 构建应用程序

前两节介绍了 SDK 的基础知识，包括 SDK 的通用组件、可扩展 SDK 的结构以及 devtool 命令行工具。本节以 10.1.3 节安装的标准 SDK 为基础，通过流水灯实例，演示如何在树莓派 4B 上开发和调试定制应用程序。流水灯程序通过控制文件切换红绿 LED 的亮灭状态，并将相应日志输出到控制台。通过本实例，开发者将掌握如何利用 Yocto 生成的标准 SDK 进行应用开发，完成硬件集成与调试，并提升在实际项目中跨平台开发的能力。

10.3.1 定制应用程序

在使用 SDK 工具包进行操作前，本节将讲解如何定制一个控制 LED 灯的流水灯应用程序。

10.3.1.1 LED 控制逻辑

在编写代码之前，先明确硬件的控制逻辑。树莓派 4B 开发板上连接了两个 LED 灯：ACT（绿色状态指示灯）和 PWD（红色电源指示灯）。它们的亮度通过文件系统中的控制文件调节，路径分别为：/sys/class/leds/ACT/brightness 和/sys/class/leds/PWD/brightness。

控制逻辑如下。

- ACT（绿色）：亮度值设为 0 时，灯灭；设为 255 时，灯亮。
- PWD（红色）：亮度值设为 255 时，灯灭；设为 0 时，灯亮。

LED 的亮灭状态通过控制文件中的数值调整，这由底层硬件逻辑和内核设备配置共同决定。在本节中，无须关注底层实现，仅需通过控制文件操作即可实现 LED 的亮灭。

10.3.1.2 LED 的代码设计

在明确了控制逻辑后，需要设计代码实现应用程序功能。本节提供一个基于 C 语言的实现示例，通过定制的程序实现 LED 灯的流水效果，并在控制台输出实时状态。以下是完整的代码实现：

```
#include <fcntl.h>
#include <stdio.h>
```

```
#include <unistd.h>

#define GREEN_LED_PATH "/sys/class/leds/ACT/brightness"
#define RED_LED_PATH "/sys/class/leds/PWR/brightness"

void write_brightness(const char *path, int brightness) {
    int fd = open(path, O_WRONLY);
    if (fd == -1) return;

    char buffer[4];
    int len = snprintf(buffer, sizeof(buffer), "%d", brightness);
    write(fd, buffer, len);
    close(fd);
}

int main() {
    while (1) {
        printf("Green: off  Red: on\n");
        write_brightness(GREEN_LED_PATH, 0);
        write_brightness(RED_LED_PATH, 0);
        sleep(1);

        printf("Green: on   Red: off\n");
        write_brightness(GREEN_LED_PATH, 255);
        write_brightness(RED_LED_PATH, 255);
        sleep(1);
    }
    return 0;
}
```

10.3.2　构建应用程序

在完成应用程序的定制后，接下来的任务是将其构建为适用于目标硬件的可执行文件。本节将介绍构建流程，包括交叉编译环境的配置、应用程序的编译方法以及生成文件的验证步骤。

在 10.1.3 节中，我们已通过运行标准 SDK 安装了脚本 poky-glibc-x86_64-rpi-custom-image-cortexa72-raspberrypi4-64-custom-toolchain-5.0.3.sh，并将标准 SDK 安装至默认路径 /opt/poky/5.0.3。接下来，我们将基于该 SDK 完成应用程序的构建。

10.3.2.1　构建环境设置

在开始编译之前，需要配置交叉编译环境，以确保构建过程能够正确使用匹配的编译器、头文件和库文件。通过标准 SDK 提供的环境设置脚本，可以快速完成环境变量的初始化。

执行以下命令以加载交叉编译环境：

```
$source /opt/poky/5.0.3/environment-setup-cortexa72-poky-linux
```

完成初始化后，建议使用以下命令检查交叉编译器是否正确配置：

```
$ env | grep CC=
```

正确的输出应大致如下：

```
    CC=aarch64-poky-linux-gcc  -mcpu=cortex-a72+crc -mbranch-protection=standard
-fstack-protector-strong  -O2 -D_FORTIFY_SOURCE=2 -Wformat -Wformat-security -Werror=
format-security --sysroot=/opt/poky/5.0.3/sysroots/cortexa72-poky-linux
```

上述信息表明，交叉编译器 aarch64-poky-linux-gcc 已正确配置，并附带相关选项与系统根路径。如果需要直接调用交叉编译器，则可以通过${CC}环境变量使用它。

10.3.2.2　编译应用程序

在完成交叉编译环境的配置后，即可对应用程序 flowingled.c 进行编译。虽然本例不依赖特殊的外部库文件，但在实际项目中，应用程序可能需要特定的外部库支持。在这种情况下，应确保相关库已包含在 SDK 的系统根路径中，或通过适当的配置将其路径加入编译器的搜索范围。以下介绍两种常用的编译方法：直接使用交叉编译器编译和使用 Makefile 进行编译。

直接使用交叉编译器编译

在正确配置环境变量后，可通过交叉编译器在命令行直接编译 flowingled.c 程序。执行以下命令：

```
$ ${CC} flowingled.c -o flowingled
```

上述命令将调用配置好的交叉编译器编译源代码，并生成名为 flowingled 的可执行文件。

使用 Makefile 进行编译

对于需要管理多个编译目标或处理较复杂项目的情况，建议使用 Make 工具。以下是一个用于编译 flowingled.c 的简单 Makefile 示例：

```
# Makefile for compiling flowingled.c to flowingled executable
TARGET = flowingled

all: $(TARGET)

$(TARGET): flowingled.c
	$(CC) -o $(TARGET) flowingled.c

clean:
	rm -f $(TARGET)
```

将上述 Makefile 文件与 flowingled.c 放在同一目录下，并执行以下命令完成编译任务：

```
$ make
```

执行后将产生以下输出，同时生成名为 flowingled 的可执行文件：

```
aarch64-poky-linux-gcc  -mcpu=cortex-a72+crc -mbranch-protection=standard -fstack-
protector-strong  -O2 -D_FORTIFY_SOURCE=2 -Wformat -Wformat-security -Werror=format-
security --sysroot=/opt/poky/5.0.3/sysroots/cortexa72-poky-linux -o flowingled
flowingled.c
```

若需要清理生成的目标文件，则可执行以下命令：

```
$ make clean
```

执行后将产生如下输出，同时删除 flowingled 可执行文件：

```
$ rm -f flowingled
```

通过 Makefile 管理编译过程能够显著提升项目的可维护性和可扩展性，尤其是在有多个源文件或复杂规则的情况下，Make 工具可以有效减少手动管理编译命令的工作量，从而提高开发效率。

10.3.2.3　检查编译结果

编译完成后，可使用 file 命令检查生成的二进制文件是否正确编译且适用于目标硬件。执行以下命令：

```
$ file flowingled
```

产生如下输出：

```
flowingled: ELF 64-bit LSB shared object, ARM aarch64, version 1 (SYSV), dynamically
linked, interpreter /lib/ld-linux-aarch64.so.1, BuildID[sha1]=
63776fe59953d703bbeeb606a2786539bf65752a, for GNU/Linux 5.15.0, with debug_info, not
stripped
```

上述信息表明，生成的 flowingled 文件为 ARM aarch64 架构的 64 位 ELF 格式，支持动态链接，并包含调试信息，适用于树莓派 4B 硬件。

10.3.3 部署与测试

由于标准 SDK 无法直接生成包含定制应用程序或内核的镜像，因此需要通过手动方式将编译生成的二进制文件和相关库文件部署到目标硬件系统。常见的部署方法包括手动拷贝和通过 SSH 远程传输。本节将介绍如何将 flowingled 程序部署到树莓派 4B 开发板，并测试其流水灯功能。

10.3.3.1 手动拷贝

将树莓派的 SD 卡挂载到开发主机后，可以使用 cp 命令将 flowingled 程序拷贝到 SD 卡中的目标文件系统的指定目录。例如：

```
$sudo cp ./flowingled /media/<mount_point>/root/usr/bin
```

请将<mount_point>替换为 SD 卡在开发主机上的实际挂载点，确保文件成功复制到树莓派 4B 根文件系统的/usr/bin/路径中。完成拷贝后，卸载 SD 卡并将其插回树莓派设备。

10.3.3.2 远程拷贝

如果树莓派已启动 SSH 服务，并与开发主机处于同一网络，可以通过以下 scp 命令远程传输文件：

```
$scp flowingled root@<target_ip>:/usr/bin/
```

将<target_ip>替换为树莓派的实际 IP 地址，确保程序传输至目标文件系统。传输完成后，文件将位于目标硬件的/usr/bin/路径下。

10.3.3.3　在目标机器上测试

完成部署后，登录树莓派系统，通过终端验证 flowingled 程序是否正确部署。使用以下命令检查文件位置：

```
root@raspberrypi4-64-custom:~# ls /usr/bin/flowingled
```

若输出以下内容，则表示文件已正确部署：

```
/usr/bin/flowingled
```

然后在目标机器上，运行以下命令启动流水灯功能：

```
root@raspberrypi4-64-custom:~# flowingled
```

成功运行后，树莓派 4B 开发板上的红色和绿色 LED 灯将每隔一秒交替闪烁，同时终端将输出如下日志信息：

```
Green: off  Red: on
Green: on   Red: off
Green: off  Red: on
Green: on   Red: off
…
```

当日志输出为 Green: off Red: on 时，开发板上的红色 LED 灯将点亮，如图 10-1 所示，这表明应用程序部署成功。

图 10-1　树莓派 4B 上的红灯点亮

10.4 可扩展 SDK 构建与部署

在上一节中，我们通过标准 SDK 完成了 LED 应用程序的开发、构建和部署工作。相比于标准 SDK，可扩展 SDK 不仅提供了工具链和库文件，还集成了完整的构建系统，适用于更复杂的开发场景。通过 devtool 工具，开发者可以快速创建菜谱，灵活管理应用程序版本与迭代，并高效完成构建和部署。

本节将基于 10.2.1 节中已安装至默认路径~/poky_sdk 的可扩展 SDK，以 LED 流水灯应用程序为例，详细讲解创建菜谱、构建可执行文件，并部署到目标硬件，从而实现与标准 SDK 相同的功能效果，同时展示可扩展 SDK 在复杂项目开发中的优势。

10.4.1 创建菜谱

可扩展 SDK 通过 devtool 工具支持创建菜谱，用于管理应用程序或内核的编译与集成。这一方法不仅提升了构建流程的自动化程度，还便于进行版本管理与功能迭代。

在创建菜谱时，构建系统会自动检测源代码中是否包含标准构建工具（例如 CMake 或 Autotools），如果存在，则会通过 inherit 关键字继承相应功能类（例如 cmake 或 autotools），实现自动配置与编译。如果源代码未包含这些工具（例如仅提供 Makefile），则需要在菜谱中手动定义构建步骤。

10.4.1.1 添加构建工具

在为 LED 应用程序创建菜谱之前，可为其源代码添加 CMake 或 Autotools 构建工具，以便 devtool 在生成菜谱时自动识别并调用。

CMake

为当前仅包含 flowingled.c 和 Makefile 文件的源代码添加以下 CMakeLists.txt 文件：

```
cmake_minimum_required(VERSION 3.10)
project(flowingled C)
add_executable(flowingled flowingled.c)
```

上述文件定义了最低的 CMake 版本要求、项目名称和生成的目标可执行文件。通过 CMake 工具，能够生成适配目标平台的构建配置，自动完成源文件的编译。

Autotools

Autotools 是一种常见的构建工具，尽管配置过程相对复杂，但其灵活性和跨平台的支持使其在多种开发场景中得以广泛应用。为 LED 应用程序添加 Autotools 支持的基本流程如下。

首先，在源代码的同级目录下创建 configure.ac 文件，用于生成 configure 脚本，内容如下：

```
AC_INIT([flowingled], [1.0], [your-email@example.com])
AC_CONFIG_SRCDIR([flowingled.c])
AC_PROG_CC
AM_INIT_AUTOMAKE([foreign])
AC_CONFIG_FILES([Makefile])
AC_OUTPUT
```

接着，创建 Makefile.am 文件，用于定义编译和链接规则，其内容如下：

```
bin_PROGRAMS = flowingled
flowingled_SOURCES = flowingled.c
```

配置完成后，运行以下命令生成配置脚本并进行编译验证：

```
$ autoreconf --install
$ ./configure --host=aarch64-poky-linux
$ make
```

成功执行后，系统将生成 flowingled 二进制文件，表明 Autotools 已正确配置并能够正常编译源代码。在使用 devtool 创建菜谱时，工具会自动检测到 Autotools 配置，并利用其进行构建。然而，当源代码同时包含 CMake 配置文件时，系统会优先选择 CMake 工具。

10.4.1.2　devtool add 创建菜谱

在添加 CMake 和 Autotools 构建工具后，将源代码放置于目录~/flowingled 中，目录结构如下：

```
jerry@ubuntu:~/flowingled$ tree
.
├── CMakeLists.txt
├── configure.ac
├── flowingled.c
├── Makefile
└── Makefile.am
```

基于~/poky_sdk 的可扩展 SDK，使用 devtool add 命令创建菜谱文件 flowingled.bb，用

于构建 LED 应用程序。具体操作包括两种方式：基于本地源代码和从上游提取源代码。以下内容将分别进行说明。

在运行 devtool 命令前，需通过以下 source 命令加载环境配置脚本：

```
jerry@ubuntu:~/poky_sdk$ source  environment-setup-cortexa72-poky-linux
SDK environment now set up; additionally you may now run devtool to perform development tasks.
Run devtool --help for further details.
```

使用本地源代码

通过可扩展 SDK 使用本地源代码创建菜谱是一种高效的本地开发与测试方式。对于 ~/flowingled 下的 LED 应用程序源代码，可执行以下命令：

```
jerry@ubuntu:~/poky_sdk$ devtool add flowingled ~/flowingled/
```

执行成功后，系统将输出以下信息：

```
NOTE: Starting bitbake server...
INFO: Recipe /home/jerry/poky_sdk/workspace/recipes/flowingled/flowingled.bb has been automatically created; further editing may be required to make it fully functional
```

devtool add 命令完成后，系统将在 workspace 层中自动创建 flowingled.bb 菜谱文件和 flowingled.bbappend 追加菜谱文件，其目录结构如下：

```
workspace/
├── appends
│   └── flowingled.bbappend
├── conf
│   └── layer.conf
├── README
├── recipes
│   └── flowingled
│       └── flowingled.bb
└── sources
```

生成的 flowingled.bb 菜谱文件的内容如下：

```
LICENSE = "CLOSED"
LIC_FILES_CHKSUM = ""

# No information for SRC_URI yet (only an external source tree was specified)
```

```
SRC_URI = ""

inherit cmake

# Specify any options you want to pass to cmake using EXTRA_OECMAKE:
EXTRA_OECMAKE = ""
```

由于检测到源代码中包含 CMake 构建工具，因此系统自动在菜谱中添加 inherit cmake，以支持通过 CMake 构建应用程序。

此外，flowingled.bbappend 追加菜谱文件的内容如下：

```
inherit externalsrc
EXTERNALSRC = "/home/jerry/flowingled"
```

在上述文件中，EXTERNALSRC 变量指定了本地源代码的路径为/home/jerry/flowingled。通过 flowingled.bb 和 flowingled.bbappend 文件，构建系统能够定位源代码并自动识别所需的构建工具，完成构建准备工作。

提取上游源代码

除了使用本地源代码，提取上游源代码也是一种常见且高效的方式。本节将以从 Git 仓库提取源代码为例，说明如何创建菜谱。例如，将~/flowingled 目录中的应用程序上传至 Git 仓库，其下载路径参见链接 6。

在创建菜谱之前，如果之前已经创建了相应的菜谱，比如前面使用本地源代码创建的 flowingled.bb 菜谱和 flowingled.bbappend 追加菜谱，则需要使用 devtool reset 命令将其删除。示例代码和输出如下：

```
jerry@ubuntu:~/poky_sdk$ devtool reset flowingled
NOTE: Starting bitbake server...
INFO: Cleaning sysroot for recipe flowingled...
INFO: Leaving source tree /home/jerry/flowingled as-is; if you no longer need it then please delete it manually
```

在确保原有菜谱已被删除后，再使用如下 devtool add 命令创建菜谱：

```
jerry@ubuntu:~/poky_sdk$ devtool add flowingled https://***.com/jerrysundev/flowingled.git
```

命令执行后的部分输出如下：

```
NOTE: Starting bitbake server...
```

```
INFO: Fetching git://***.com/jerrysundev/flowingled.git;protocol=https;
branch=master...
Initialising tasks: 100% |##############################| Time: 0:00:00
NOTE: Executing Tasks
NOTE: Tasks Summary: Attempted 3 tasks of which 0 didn't need to be rerun and all
succeeded.
INFO: Using default source tree path /home/jerry/poky_sdk/workspace/sources/
flowingled
...
INFO: Recipe /home/jerry/poky_sdk/workspace/recipes/flowingled/flowingled_git.bb
has been automatically created; further editing may be required to make it fully
functional
```

命令执行后，会自动从上游 Git 仓库中获取源代码并将其存放在 workspace/sources 目录中，同时自动生成 flowingled_git.bb 和 flowingled_git.bbappend 文件。~/poky_sdk/workspace 目录的结构如下：

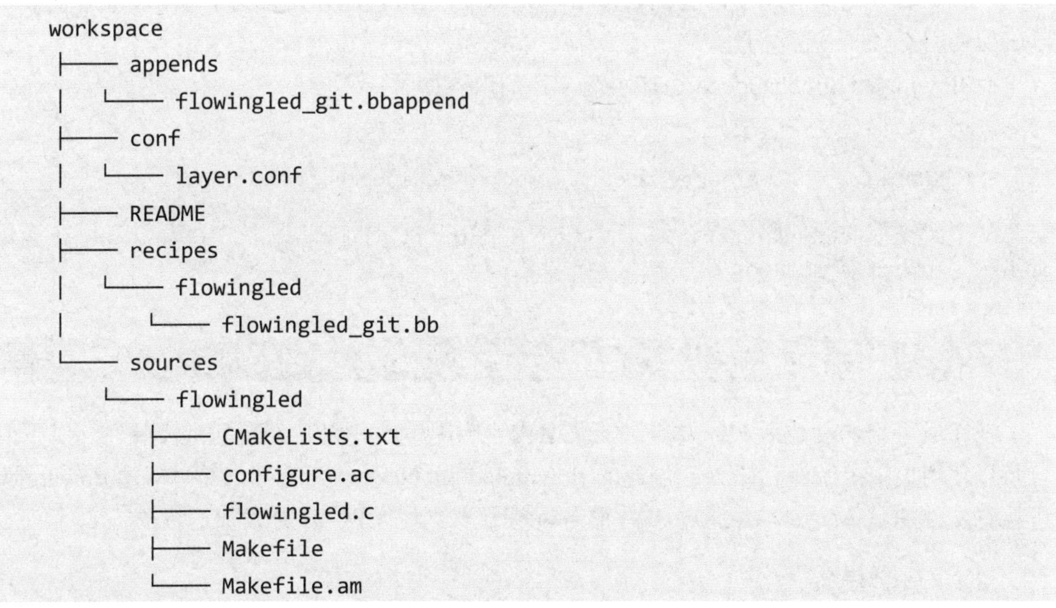

```
workspace
├── appends
│   └── flowingled_git.bbappend
├── conf
│   └── layer.conf
├── README
├── recipes
│   └── flowingled
│       └── flowingled_git.bb
└── sources
    └── flowingled
        ├── CMakeLists.txt
        ├── configure.ac
        ├── flowingled.c
        ├── Makefile
        └── Makefile.am
```

生成的 flowingled_git.bb 文件的内容如下：

```
LICENSE = "CLOSED"
LIC_FILES_CHKSUM = ""
```

```
    SRC_URI = "git://***.com/jerrysundev/flowingled.git;protocol=https;branch=
master"

    # Modify these as desired
    PV = "1.0+git"
    SRCREV = "85048202fabb9c1aecabb6b4de92ef2af5331c8b"

    S = "${WORKDIR}/git"

    inherit cmake

    # Specify any options you want to pass to cmake using EXTRA_OECMAKE:
    EXTRA_OECMAKE = ""
```

与使用本地源代码方式不同，SRC_URI 变量指定了上游 Git 仓库的地址，SRCREV 用于锁定需要拉取的 commit（默认使用最新 commit）。构建系统在 CMake 和 Autotools 两种构建工具同时存在的情况下，会优先使用 CMake 构建工具，并在菜谱中添加 inherit cmake 以确保使用 CMake 进行构建。

而 flowingled_git.bbappend 追加菜谱文件的内容如下：

```
    inherit externalsrc
    EXTERNALSRC = "/home/jerry/poky_sdk/workspace/sources/flowingled"
```

从上游提取的源代码会保存到 EXTERNALSRC 指定的本地目录中，开发者可在该目录内修改代码进行调试与开发，完成后重新构建验证。

10.4.2　构建与部署

在完成菜谱的创建后，需要通过该菜谱构建应用程序并将其部署到目标硬件。以下内容将以使用提取上游源代码方式创建的 flowingled_git.bb 菜谱为基础，说明构建 flowingled 可执行文件的具体步骤，并通过 SSH 服务远程部署到树莓派 4B 开发板进行验证。

10.4.2.1　安装任务

在完成 flowingled_git.bb 菜谱的创建后，CMake 构建工具通常会自动完成配置和编译。然而，生成的应用程序还需安装到系统指定的目录中。尽管构建系统通常会为菜谱配置默认安装任务，但更灵活的方式是在菜谱文件中自定义 do_install 任务。

在 flowingled_git.bb 菜谱中添加以下代码，自定义 do_install 任务：

```
do_install() {
    install -d ${D}${bindir}
    install -m 0755 flowingled ${D}${bindir}/flowingled
}
```

此任务将生成的 flowingled 可执行文件安装到构建输出目录的目标文件系统的 usr/bin 路径下，确保该文件能够被打包集成到最终的镜像中，并支持远程部署到目标硬件系统。

10.4.2.2 构建菜谱

在可扩展 SDK 环境中，构建菜谱使用 devtool build 命令完成。以下命令用于构建 flowingled_git.bb 菜谱：

```
jerry@ubuntu:~/poky_sdk$ devtool build flowingled
```

如果命令执行成功，flowingled 应用程序会被成功构建，并安装到可扩展 SDK 的 tmp/work/cortexa72-poky-linux/ flowingled/1.0+git/image/usr/bin/目录下。

10.4.2.3 远程部署

构建完成后，可将生成的应用程序部署到目标硬件系统中。使用 devtool deploy-target 命令直接将指定菜谱构建的软件包传输并安装到目标设备的指定位置。此操作依赖目标硬件的 SSH 服务器正常运行。

以下命令用于将 flowingled_git.bb 菜谱生成的软件包部署到 IP 地址为 192.168.1.11 的目标设备：

```
jerry@ubuntu:~/poky_sdk$ devtool deploy-target flowingled root@192.168.1.11
```

执行命令后，系统将输出以下信息：

```
NOTE: Starting bitbake server...
WARNING: You are using a local hash equivalence server but have configured an sstate mirror. This will likely mean no sstate will match from the mirror. You may wish to disable the hash equivalence use (BB_HASHSERVE), or use a hash equivalence server alongside the sstate mirror.
Loading cache: 100%
|########################################################################| Time: 0:00:02
Loaded 4892 entries from dependency cache.
Parsing recipes: 100%
|########################################################################| Time: 0:00:00
```

```
    Parsing of 2990 .bb files complete (2988 cached, 2 parsed). 4891 targets, 155 skipped, 0 masked, 0 errors.

    Summary: There was 1 WARNING message.
    INFO: Successfully deployed
/home/jerry/poky_sdk/tmp/work/cortexa72-poky-linux/flowingled/1.0+git/image
```

上述命令成功运行后，构建输出目录 image 中的 usr/bin/flowingled 应用程序将部署到目标硬件系统中的对应位置。

此部署方式无须手动复制或安装软件包，可直接通过 SSH 服务实现文件传输和安装，大大加快了开发、测试和调试流程，尤其适用于嵌入式系统的远程开发场景。

10.4.3　测试与集成

在开发主机上完成软件包的构建与部署后，下一步是测试软件包的功能是否符合预期。如果在测试中发现问题，可以通过修改源代码或菜谱的方式进行调整，并重新构建。在测试完成并提交更新的源代码后，应将工作区中的菜谱迁移至 layers 目录下相应的元数据层，回归标准构建流程，不再依赖工作区。

10.4.3.1　SSH 远程测试

完成构建和部署后，可通过 SSH 远程访问目标硬件进行测试。以下是测试 flowingled 应用程序的具体步骤。

使用以下命令连接到 IP 地址为 192.168.1.11 的目标设备：

```
jerry@ubuntu:~$ ssh root@192.168.1.11
```

命令成功执行后，系统将显示与下面类似的信息，并进入 SSH 远程会话：

```
Last login: Tue Feb 27 21:12:58 2024 from 192.168.1.12

WARNING: Poky is a reference Yocto Project distribution that should be used for testing and development purposes only. It is recommended that you create your own distribution for production use.
```

在 SSH 远程会话中，执行以下命令启动 flowingled 应用程序：

```
root@raspberrypi4-64-custom:~# flowingled
```

执行成功后，目标设备的 LED 灯将每秒交替闪烁，同时 SSH 终端也会显示如下的输出，这表明应用程序已成功部署并正常运行：

```
Green: off  Red: on
Green: on   Red: off
Green: off  Red: on
Green: on   Red: off
Green: off  Red: on
```

10.4.3.2 重构镜像

除了单独测试已部署的应用程序，还可以通过重构完整镜像来测试整个系统功能。此方法将工作区中的所有菜谱生成的软件包集成到镜像中，烧录至目标硬件后进行验证。

以下命令用于构建 layers 目录下 meta-raspberrypi-custom 层中的 rpi-custom-image.bb 镜像菜谱，并自动生成包含 flowingled 应用程序的完整镜像：

```
jerry@ubuntu:~/poky_sdk$ devtool build-image rpi-custom-image
```

命令执行后的输出如下：

```
NOTE: Starting bitbake server...
NOTE: Reconnecting to bitbake server...
NOTE: Retrying server connection (#1)... (09:03:30.597875)
WARNING: You are using a local hash equivalence server but have configured an sstate
mirror. This will likely mean no sstate will match from the mirror. You may wish to disable
the hash equivalence use (BB_HASHSERVE), or use a hash equivalence server alongside the
sstate mirror.
Loading cache: 100%
|########################################################################| Time: 0:00:02
Loaded 4892 entries from dependency cache.
Parsing recipes: 100%
|########################################################################| Time: 0:00:01
Parsing of 2989 .bb files complete (2987 cached, 2 parsed). 4890 targets, 155
skipped, 0 masked, 0 errors.

Summary: There was 1 WARNING message.
INFO: Building image rpi-custom-image with the following additional packages:
flowingled
WARNING: You are using a local hash equivalence server but have configured an sstate
mirror. This will likely mean no sstate will match from the mirror. You may wish to disable
the hash equivalence use (BB_HASHSERVE), or use a hash equivalence server alongside the
sstate mirror.
```

```
    Loading cache: 100%
|###########################################################################| Time: 0:00:10
    Loaded 4892 entries from dependency cache.
    Parsing recipes: 100%
|###########################################################################| Time: 0:00:00
    Parsing of 2989 .bb files complete (2987 cached, 2 parsed). 4890 targets, 155
skipped, 0 masked, 0 errors.
    NOTE: Resolving any missing task queue dependencies
    Checking sstate mirror object availability: 100%
|################################################| Time: 0:00:02
    Sstate summary: Wanted 1043 Local 216 Mirrors 0 Missed 827 Current 3406 (20% match,
81% complete)
    Removing 4 stale sstate objects for arch raspberrypi4_64_custom: 100%
|#########################| Time: 0:00:00
    Removing 5 stale sstate objects for arch cortexa72: 100%
|######################################| Time: 0:00:00
    NOTE: Executing Tasks
    NOTE: flowingled: compiling from external source tree
/home/jerry/poky_sdk/workspace/sources/flowingled
    NOTE: Tasks Summary: Attempted 9074 tasks of which 9054 didn't need to be rerun
and all succeeded.

    Summary: There was 1 WARNING message.
    INFO: Successfully built rpi-custom-image. You can find output files in
/home/jerry/poky_sdk/tmp/deploy/images/raspberrypi4-64-custom
```

执行成功后，生成的完整系统镜像文件位于 tmp/deploy/images/raspberrypi4-64-custom 目录下，将该镜像烧录到 SD 卡并插入目标设备启动。通过 SSH 远程连接目标硬件后，可验证镜像中集成的 flowingled 应用程序及其他功能是否正常运行。

10.4.3.3　集成菜谱

完成开发与测试后，并且提交了源代码的更改，应将新创建的菜谱从工作区迁移至内部构建系统的元数据层中，以确保其进入标准构建流程。以下命令可将 flowingled 菜谱迁移至 meta-raspberrypi-custom 层：

```
jerry@ubuntu:~/poky_sdk$ devtool finish flowingled meta-raspberrypi-custom
```

执行后，相应的输出如下：

```
    NOTE: Starting bitbake server...
    NOTE: Reconnecting to bitbake server...
    NOTE: Retrying server connection (#1)... (07:16:32.826080)
    WARNING: You are using a local hash equivalence server but have configured an sstate
mirror. This will likely mean no sstate will match from the mirror. You may wish to disable
the hash equivalence use (BB_HASHSERVE), or use a hash equivalence server alongside the
sstate mirror.
    Loading cache: 100%
|###################################################################| Time: 0:00:02
    Loaded 4892 entries from dependency cache.
    Parsing recipes: 100%
|###################################################################| Time: 0:00:00
    Parsing of 2990 .bb files complete (2988 cached, 2 parsed). 4891 targets, 155
skipped, 0 masked, 0 errors.

    Summary: There was 1 WARNING message.
    INFO: Updating SRCREV in recipe flowingled_git.bb
    INFO: Moving recipe file to /home/jerry/poky_sdk/layers/meta-raspberrypi-custom/
recipes-flowingled/flowingled
    INFO: Preserving source tree in /home/jerry/poky_sdk/workspace/attic/sources/
flowingled.20240923071639
    If you no longer need it then please delete it manually.
    It is also possible to reuse it via devtool source tree argument.
```

命令成功执行后，flowingled_git.bb 菜谱将迁移至 layers 目录下的 meta-raspberrypi-custom 层中，该层最终的目录结构如下：

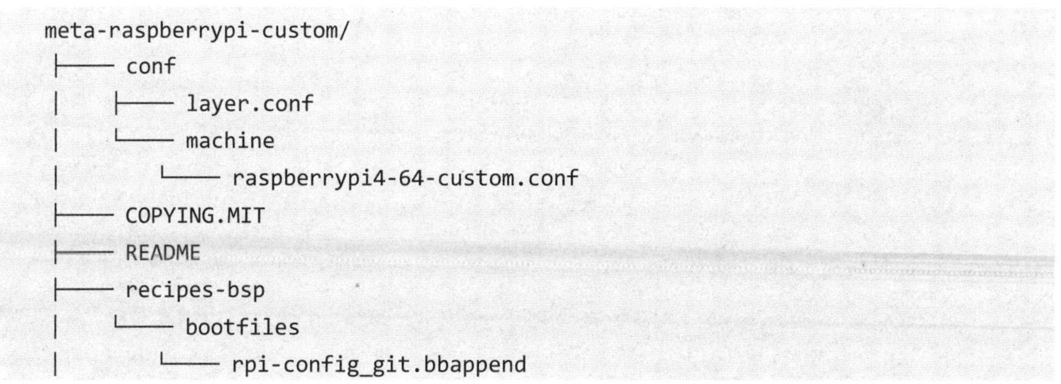

```
meta-raspberrypi-custom/
├── conf
│   ├── layer.conf
│   └── machine
│       └── raspberrypi4-64-custom.conf
├── COPYING.MIT
├── README
├── recipes-bsp
│   └── bootfiles
│       └── rpi-config_git.bbappend
```

```
├── recipes-core
│   └── images
│       └── rpi-custom-image.bb
├── recipes-example
│   └── example
│       └── example_0.1.bb
├── recipes-flowingled
│   └── flowingled
│       └── flowingled_git.bb
├── recipes-kernel
│   └── linux
│       ├── files
│       │   └── 0001-Print-message-on-Raspberry-Pi-kernel-boot.patch
│       └── linux-raspberrypi_6.6.bbappend
└── wic
    └── sdimage-raspberrypi-custom.wks
```

迁移完成后，工作区（workspace）中不再保留该菜谱及其追加菜谱文件，但 workspace/sources/目录下的源代码仍可能保留，并可以通过 devtool 访问和操作。如果不需要继续开发，可使用以下命令重置工作区至初始状态：

```
jerry@ubuntu:~/poky_sdk$ devtool reset flowingled
```

通过上述操作，新创建的菜谱成功从工作区迁移至内部构建系统的元数据层，实现了从开发测试到标准构建流程的无缝集成。

第 11 章 进阶项目实战

在第 8 章至第 10 章中，我们基于树莓派 4B 开发板，系统探讨了如何利用 Yocto 项目定制镜像和 SDK，并通过开发板验证了基础用例。这些内容展示了在入门级硬件平台上实现镜像定制与应用程序开发的具体方法。然而，Yocto 项目的应用范围远不止于此，其在嵌入式领域的重要性也得到了广泛认可。

Yocto 项目不仅适用于树莓派等入门级平台，更是主流芯片厂商和嵌入式平台开发的核心工具，用于定制嵌入式 Linux 操作系统。TI、NXP、Qualcomm 和 Intel 等半导体厂商通过 Yocto 项目构建了高效稳定的嵌入式系统，同时积极参与工具链、元数据层及内核配置的优化，不断提升其兼容性和性能，以满足复杂硬件平台的需求。

本章基于 NXP i.MX 平台的 i.MX 8M Plus EVK 开发板（简称 8MPLUSLPD4-EVK），构建一个包含基础图形界面的 Wic 格式的目标镜像。该镜像支持 Wayland 和 X11 窗口协议，预置了 Chromium 浏览器。部署至开发板后，系统将在启动时自动加载浏览器并访问 Yocto 项目官网首页。

通过本章的学习，大家可以系统地掌握嵌入式项目的开发流程，深入理解高阶芯片平台中 Yocto 项目的架构及实际应用，并熟悉其关键组件。即使你手头没有 8MPLUSLPD4-EVK 开发板硬件，也能通过本章内容全面了解 Yocto 项目的架构与应用方法，为在实际项目中使用 Yocto 项目构建复杂目标镜像和系统组件提供技术支持。

11.1 搭建项目开发环境

在嵌入式项目启动阶段，开发人员通常需要根据项目需求综合考虑硬件和软件因素，以制定高效、低风险的开发方案，确保项目进展稳定顺利。在此过程中，基于特定处理器设计的官方开发板是一个高效的开发基础，为硬件和软件开发提供了坚实的支持。

从硬件角度来看，参考官方开发板的设计能够避免从零开始构建硬件系统，降低开发的复杂性和潜在风险，从而显著提升效率。在软件方面，嵌入式平台供应商往往为官方开发板提供配套的开发工具包，例如适配硬件的 Yocto 项目源代码，帮助开发人员快速搭建开发环境，加速进入嵌入式软件开发阶段。

本节将基于 NXP 的 8MPLUSLPD4-EVK 开发板，详细说明如何在项目启动阶段合理选择硬件平台，并逐步搭建 Yocto 项目开发环境，从而为项目的整体开发奠定坚实的基础。

11.1.1 硬件开发环境

在嵌入式项目开发的初期，项目需求确定后，开发人员通常要首先选择处理器等关键元件，然后基于选定的处理器选择合适的开发板。

11.1.1.1 硬件平台参考因素

选择硬件平台，需重点考量以下因素。

- 处理器性能匹配：确保所选的处理器在性能、核心数量、频率、架构（例如 ARM、x86）和加速单元（例如 GPU、DSP、NPU）等方面符合项目需求，并在预算范围内。
- 外设接口和扩展能力：开发板需具备项目所需的外设接口（例如 UART、SPI、I2C、USB、以太网等）和扩展能力（例如支持 PCIe、M.2 的模块），以减少额外开发工作并提高效率，满足设备连接需求。
- 软件生态与开发支持：选择具备完善开发支持和成熟软件生态的开发板，尤其是配套的操作系统（例如 Linux、FreeRTOS）和开发工具链（例如 Yocto 项目），以加快开发进程并减少定制化工作。
- 存储与内存配置：开发板的存储（例如 eMMC、SD 卡）和内存（例如 DDR、SRAM）应满足项目对数据存储和处理的需求，避免后期由于资源不足导致性能瓶颈或开发困难。
- 稳定性与社区支持：选择稳定性好且有活跃社区支持的开发板。强大的社区和厂商支持意味着遇到问题时能够快速获得帮助，并且开发板上的问题能够及时得到修复。

11.1.1.2 i.MX 硬件平台

本章选择了 NXP 的 i.MX 硬件平台，这是 NXP 为嵌入式系统专门设计的高性能处理器系列，涵盖了从入门级到高端应用的多个型号，如 i.MX6、i.MX7、i.MX8 和 i.MX9 系列。每个系列都根据不同的应用场景进行了优化，例如，i.MX8 系列专注于高效的多媒体处理和人工智能计算，而 i.MX7 系列则面向低功耗、实时控制的任务。

在本章的案例中，我们选择了 8MPLUSLPD4-EVK 开发板，搭载的 i.MX 8M Plus 处理器在性能和功能上均表现出色。该处理器集成了四核 Cortex-A53、实时控制器 Cortex-M7 和高效的音频 DSP（Cadence® Tensilica® HiFi4），并支持神经处理单元（NPU），能够处理 AI 相关的复杂任务。此外，开发板配备 LPDDR4 内存和丰富的外设接口，支持多种通信和显示功能。结合 NXP 的技术支持和丰富的操作系统选项（例如 Linux、Android、FreeRTOS），该开发板为嵌入式系统开发提供了极高的灵活性和稳定性，是一个优质的硬件平台选择。

图 11-1 展示了 8MPLUSLPD4-EVK 开发板的硬件接口布局，标示了关键接口、功能模块和元件的位置，为开发和调试提供了直观参考。

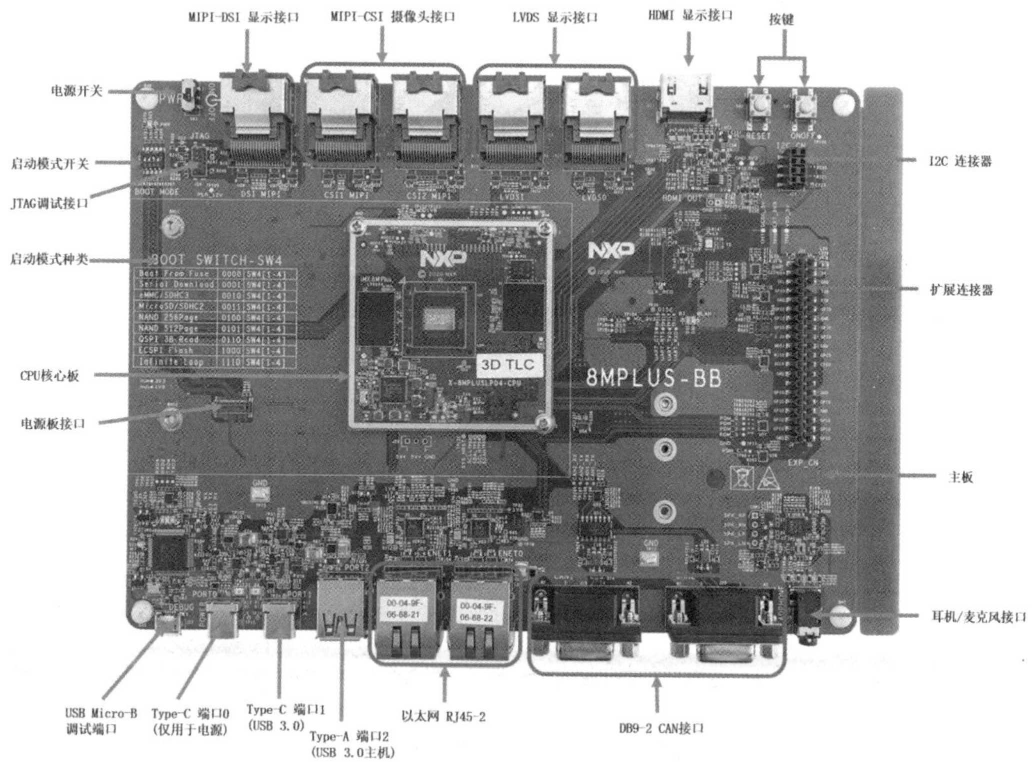

图 11-1 8MPLUSLPD4-EVK 开发板的硬件接口布局

表 11-1 列出了 8MPLUSLPD4-EVK 开发板的核心组件及其描述。

表 11-1　8MPLUSLPD4-EVK 开发板的核心组件及其描述

组　件	描　述
处理器	i.MX 8M Plus 四核应用处理器 4x Arm® Cortex-A53，最高 1.8GHz 1x Arm® Cortex-M7，最高 800MHz Cadence® Tensilica® HiFi4 DSP，最高 800MHz 神经处理单元（NPU）
存储器	6GB LPDDR4 内存 32GB eMMC 5.1 32MB QSPI NOR
显示与摄像接口	1×MIPI-DSI 接口 2×LVDS 接口 2×MIPI-CSI 接口 1×HDMI 2.0a 接口，支持 eARC
无线	AzureWave AW-CM276MA（NXP 88W8997）：WiFi 5（802.11ac）2×2 双频（2.4/5GHz） 蓝牙 5.1
音频	音频 DAC 麦克风/耳机接口
连接性	2×10/100/1000Mb/s 以太网端口（1 个支持 TSN） USB 3.0 Type-C 端口 USB 3.0 Type-A 端口 USB 3.0 Type-C 端口 PCIe M.2 接口 2x CAN DB9 母接头连接器
调试	JTAG 接口
工具和操作系统支持	Linux Android FreeRTOS

11.1.2　软件开发环境

在确定硬件开发环境后，接下来需要搭建与之匹配的软件开发环境。对于嵌入式 Linux 系统开发，嵌入式平台供应商通常推荐使用 Yocto 项目作为主要的软件开发工具，并为其提供长期维护和支持。Yocto 项目已成为构建稳定、灵活的嵌入式 Linux 系统的主流工具。

NXP 为其处理器和开发板提供了官方维护的 Yocto 项目 Git 仓库，开发人员可以通过 Repo 工具访问链接 7 来获取 Yocto 项目源代码。Yocto 项目源代码可直接在构建主机或 Docker 容器中运行，以避免本地环境差异导致的兼容性问题。NXP 官方维护的 Docker 配置文件和脚本可从链接 8 获取。

本章基于 8MPLUSLPD4-EVK 开发板，使用 NXP 官方维护的 Git 仓库中 imx-linux-scarthgap 分支 Yocto 项目源代码。

11.1.2.1 构建主机配置

在搭建 i.MX 平台的软件环境时，与之前章节中基于 Poky 的构建相同，需要在构建主机上完成。该主机可以是物理主机、虚拟机或 Docker 容器，本书使用的是 Ubuntu 22.04。在主机上运行 Yocto 项目前，需要通过以下命令为构建主机安装必要的软件包：

```
$ sudo apt install gawk wget git diffstat unzip texinfo gcc build-essential chrpath socat cpio python3 python3-pip python3-pexpect xz-utils debianutils iputils-ping python3-git python3-jinja2 python3-subunit zstd liblz4-tool file locales libacl1
$ sudo locale-gen en_US.UTF-8
```

此外，由于 i.MX 平台的 Yocto 项目不仅包含 Poky，还包含多个额外的元数据层，因此相比于仅运行标准 Poky，通常需下载和缓存更多的软件包，即需要更多有效的磁盘空间，建议构建主机至少具备 120GB 的可用磁盘空间。

11.1.2.2 使用 Repo 同步源代码

Repo 是 Google 开发的基于 Git 的多仓库管理工具，用于简化多个 Git 仓库的管理，特别适用于大型、复杂的嵌入式系统项目。它主要通过使用 Manifest 文件集中管理代码库的地址和分支，确保多个仓库间的同步和版本一致性。

安装 Repo 工具

要使用 Repo 工具下载 Yocto 项目的源代码，首先需要在构建主机上安装并配置好 Repo 工具。安装配置步骤如下：

```
$ mkdir ~/bin
$ curl https://***.googleapis.com/git-repo-downloads/repo > ~/bin/repo
$ chmod a+x ~/bin/repo
$ export PATH=${PATH}:~/bin
```

上述命令将 Repo 工具下载至~/bin 目录，并赋予其可执行权限，随后将该路径添加到系统的 PATH 环境变量中，以便随时调用。

Repo 指令集

要查看 Repo 工具的完整指令集及其具体用法，可以使用以下命令：

```
$repo --help
```

常用选项如下所示。

-h 或--help：显示帮助信息并退出。
--color=COLOR：控制命令输出中的颜色显示，选项包括 auto、always、never。
--trace：跟踪 Git 命令的执行，帮助诊断复杂的 Git 操作。
--version：显示当前安装的 Repo 工具版本。
--trace-python：跟踪 Python 命令的执行过程，便于调试。
--show-toplevel：显示 Repo 客户端工作目录的顶级路径。

常用子命令如下所示。

abandon：永久放弃一个开发分支。
branch/branches：列出当前所有的主题分支。
checkout：切换一个分支以进行开发。
cherry-pick：从其他分支中选择某个特定的变更并应用到当前分支。
init：初始化一个新的 Repo 客户端工作目录，配置多仓库的管理环境。
status：显示当前工作目录的状态，包括已修改的文件和分支信息。
sync：同步并更新项目中的所有 Git 仓库，获取最新的代码版本。
upload：将本地变更上传到远程服务器，通常用于代码审查系统。

这些选项和子命令通过 Repo 的集中管理功能，有效简化了大型项目的代码管理，尤其适用于嵌入式系统等复杂项目的开发。

指定 Manifest 文件

Manifest 文件是 Repo 工具中的一个关键的配置文件，用于定义项目中需要同步的各个 Git 仓库的详细信息。Manifest 文件以 XML 格式描述项目相关的 Git 仓库，包括 URL、分支和路径信息。通过使用 Manifest 文件，Repo 可以轻松同步和管理多个 Git 仓库，确保本地代码库与远程代码库保持一致。

在本章中，我们指定使用 imx-manifest 仓库中 imx-linux-scarthgap 分支的 imx-6.6.36-2.1.0.xml 文件，该文件的部分内容如下：

```
<?xml version="1.0" encoding="UTF-8"?>
<manifest>
  <default revision="scarthgap" sync-j="4"/>
  <remote name="yp"          fetch="https://***.yoctoproject.org"/>
  <remote name="oe"          fetch="https://***.com/openembedded"/>
  <remote name="kraj"        fetch="https://***.com/kraj"/>

  <remote name="community"   fetch="https://***.com/Freescale"/>
  <remote name="ossystems"   fetch="https://***.com/OSSystems"/>
  <remote name="qt"          fetch="https://***.com/YoeDistro"/>
  <remote name="timesys"     fetch="https://***.com/TimesysGit"/>

  <remote name="imx"         fetch="https://***.com/nxp-imx"/>
  <remote name="imx-support" fetch="https://***.com/nxp-imx-support"/>

  <project name="poky" remote="yp" path="sources/poky"
revision="f43f393ef0246b7bee6eed8bcf8271cf2b8cdf40" upstream="scarthgap"/>
  …
  …
  …


  <project name="meta-imx" remote="imx" path="sources/meta-imx"
revision="refs/tags/rel_imx_6.6.36_2.1.0" upstream="scarthgap-6.6.36-2.1.0">
     <linkfile src="tools/imx-setup-release.sh" dest="imx-setup-release.sh"/>
     <linkfile src="README" dest="README-IMXBSP"/>
  </project>
  <project name="meta-nxp-connectivity" remote="imx"
path="sources/meta-nxp-connectivity" revision="refs/tags/rel_imx_6.6.36-2.1.0"
upstream="imx_matter_2024_q2-post" />
  <project name="meta-nxp-demo-experience" remote="imx-support"
path="sources/meta-nxp-demo-experience"
revision="8fd7154c05b716e9635279047f65785399432d88"
upstream="scarthgap-6.6.36-2.1.0" />
</manifest>
```

在这个 XML 格式的 Manifest 文件中，主要元素如下。

- <default>：定义全局默认的分支和同步设置，控制项目的全局行为。

- <remote>：指定远程服务器的名称和 URL，指明代码的来源。
- <project>：定义需要同步的具体项目，包括名称、所属远程仓库、路径及版本信息。例如：<project name="meta-imx" remote="imx" path="sources/meta-imx" revision="refs/tags/rel_imx_6.6.36_2.1.0"/>，这行用于获取 https://***.com/nxp-imx 服务器 meta-imx 仓库中的 scarthgap-6.6.36-2.1.0 分支，并将其下载到本地路径 sources/meta-imx。

通过这些配置项，Manifest 文件实现了多仓库代码的统一管理，非常适用于大型项目的跨仓库协调和控制。

使用 Repo 初始化项目环境

在确认使用 imx-manifest 仓库的 imx-linux-scarthgap 分支的 imx-6.6.36-2.1.0.xml 文件后，需要在构建主机的用户主目录中创建一个新目录存放 Yocto 项目的源代码。本书示例的路径为/home/jerry，在其中创建一个名为 imx-linux-scarthgap 的目录。使用以下 repo init 命令来配置项目环境，其中-u 选项指定仓库的 URL，-b 选项指定分支，-m 选项指定 Manifest 文件：

```
jerry@ubuntu:~$ mkdir ~/imx-linux-scarthgap
jerry@ubuntu:~$ cd ~/imx-linux-scarthgap
jerry@ubuntu:~/imx-linux-scarthgap$ repo init -u https://***.com/nxp-imx/imx-manifest -b imx-linux-scarthgap -m imx-6.6.36-2.1.0.xml
```

命令执行成功后，会在 imx-linux-scarthgap 目录下生成一个隐藏的.repo 目录，其中包含用于项目管理的配置文件和指定的 Manifest 文件。

使用 Repo 同步源代码

在成功执行 repo init 命令并完成初始化后，使用以下命令同步源代码：

```
jerry@ubuntu:~/imx-linux-scarthgap$ repo sync
```

该命令将根据 imx-6.6.36-2.1.0.xml 文件同步相关代码库。同步完成后，imx-linux-scarthgap 目录下将包含以下结构的 Yocto 项目源代码：

```
imx-linux-scarthgap/
├── imx-setup-release.sh -> sources/meta-imx/tools/imx-setup-release.sh
├── README -> sources/base/README
├── README-IMXBSP -> sources/meta-imx/README
├── setup-environment -> sources/base/setup-environment
└── sources
    ├── base
```

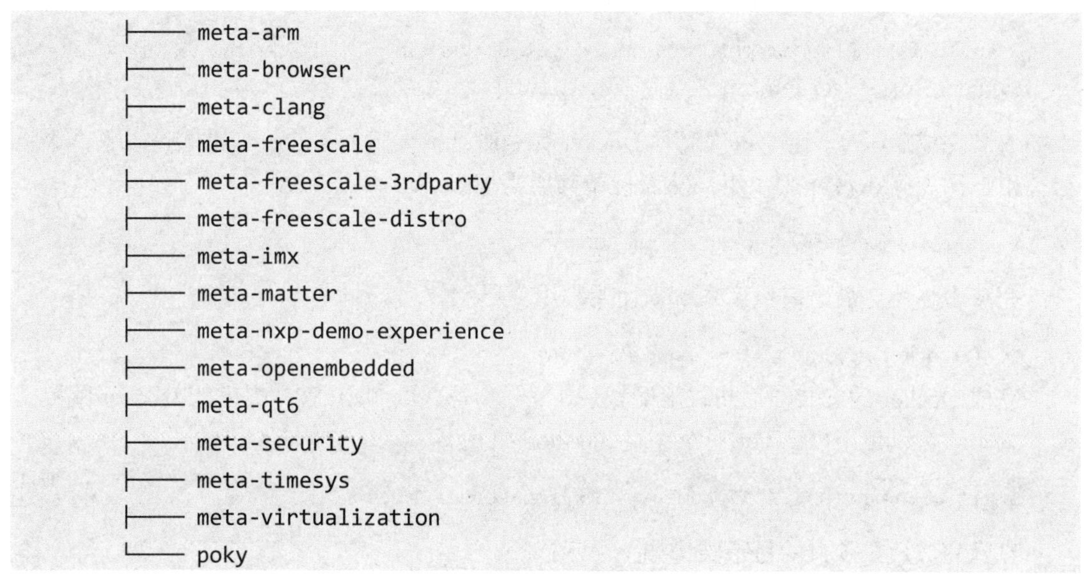

```
├── meta-arm
├── meta-browser
├── meta-clang
├── meta-freescale
├── meta-freescale-3rdparty
├── meta-freescale-distro
├── meta-imx
├── meta-matter
├── meta-nxp-demo-experience
├── meta-openembedded
├── meta-qt6
├── meta-security
├── meta-timesys
├── meta-virtualization
└── poky
```

11.1.2.3 Docker 环境配置

在实际项目中，构建主机的环境可能与 Yocto 项目的某些版本不兼容。为了解决这一问题，可以利用 Docker 提供的一致性强、可复用的虚拟化开发环境。Docker 是一种广泛应用的开放平台，用于开发、部署和运行应用程序。它通过解耦应用程序与底层基础设施，有效避免了因主机系统差异带来的兼容性问题，同时显著提升了开发效率并缩短了部署周期。

为进一步优化跨平台开发流程，Yocto 项目官方推荐使用 CROss PlatformS（CROPS）框架。CROPS 是一个开源的跨平台开发框架，专为 Yocto 项目设计。它通过集成 Docker 容器的能力，提供高效且一致的开发环境，支持在 Windows、Linux 和 macOS 主机上构建适用于多架构的镜像和二进制文件。此外，CROPS 具备良好的扩展性，能够满足复杂项目的多样化需求。

由于国内网络访问 Docker Hub 时可能会遇到网络连接限制，建议配置合适的 VPN 或代理以确保访问顺畅。本节基于前一节中通过 Repo 工具同步的 Yocto 项目 imx-linux-scarthgap 源代码，讲解如何利用 NXP 提供的 Docker 资源，构建基于 Ubuntu 22.04 的容器化开发环境，以支持该 Yocto 项目的开发。

安装和配置 Docker

Docker 支持多种安装方法，并兼容多种操作系统环境。以下命令使用 Docker 官方提供的安装脚本可在 Linux 系统上快速安装 Docker：

```
$ curl -fsSL https://get.***.com -o get-docker.sh
$ sudo sh get-docker.sh
```

安装完成后，为了避免每次运行 Docker 命令时都需要输入 sudo，可以通过以下命令将当前用户添加到 docker 用户组，从而授予其所需权限：

```
$ sudo usermod -aG docker <your_user>
```

完成上述命令后，需重启系统以使用户组变更生效。

获取 Docker 文件

完成 Docker 的安装与用户权限配置后，下一步是获取 NXP 官方提供的 Docker 配置文件和脚本。可以使用以下 Git 命令克隆 imx-docker 仓库：

```
$ git clone https://***.com/nxp-imx/imx-docker.git
```

克隆完成后，项目的目录结构如下所示：

```
imx-docker/
├── docker-build.sh
├── Dockerfile-Ubuntu-18.04
├── Dockerfile-Ubuntu-20.04
├── Dockerfile-Ubuntu-22.04
├── docker-run.sh
├── env.sh -> imx-6.6.36-2.1.0/env.sh
├── imx-5.10.35-2.0.0
├── imx-5.10.52-2.1.0
├── imx-5.10.72-2.2.0
├── imx-5.15.32-2.0.0
├── imx-5.15.5-1.0.0
├── imx-5.15.52-2.1.0
├── imx-5.15.71-2.2.0
├── imx-6.1.1-1.0.0
├── imx-6.1.22-2.0.0
├── imx-6.1.36-2.1.0
├── imx-6.1.55-2.2.0
├── imx-6.6.3-1.0.0
├── imx-6.6.36-2.1.0
└── README.md
```

该目录结构包含了用于构建和运行 Docker 环境的核心脚本和配置文件，例如

docker-build.sh、适用于不同 Ubuntu 版本的 Dockerfile、docker-run.sh 和 README.md 文件。此外，还包括多个版本的 Yocto 项目的环境设置目录（例如 imx-6.6.36-2.1.0），以及指向特定环境目录中配置文件的符号链接文件 env.sh。

配置代理

在访问 Docker Hub 时，如果存在网络限制，则可以通过配置代理来解决。首先，配置 Docker 用户级代理文件，方法是创建~/.docker/config.json 文件，并在其中添加以下内容：

```
{
  "proxies": {
    "default": {
      "httpProxy": "http://proxy.example.com:80"
    }
  }
}
```

其中，需将 proxy.example.com 替换为实际的代理服务器地址。

接下来，为确保 Docker 能够正确使用代理，还需要配置系统级代理。创建/etc/systemd/system/docker.service.d/http-proxy.conf 文件，并添加以下内容：

```
[Service]
Environment="HTTP_PROXY=http://proxy.example.com:80/"
Environment="NO_PROXY=localhost,someservices.somecompany.com"
```

其中，HTTP_PROXY 用于设置代理服务器地址，NO_PROXY 指定无须通过代理访问的本地服务或域名，多个地址之间用逗号分隔。

完成以上配置后，运行以下命令重新加载并重启 Docker 服务，使代理设置生效：

```
$ sudo systemctl daemon-reload
$ sudo systemctl restart docker
```

设置环境变量

在获取 imx-docker 仓库文件后，需要更新符号链接文件 env.sh，使其指向指定版本 imx 开发环境目录中的环境配置脚本文件。该脚本用于设置 Docker 容器内构建和运行 Yocto 项目所需的环境变量。例如，使用以下命令将 env.sh 文件链接到 imx-6.6.36-2.1.0 目录下相应的配置文件：

```
$ ln -sf imx-6.6.36-2.1.0/env.sh env.sh
```

imx-6.6.36-2.1.0/env.sh 文件定义了多个关键环境变量，其中 DOCKER_WORKDIR 变

量用于指定存放 Yocto 项目源代码的绝对路径，例如前一节中通过 Repo 工具同步的源代码的绝对路径/home/jerry/imx-linux-scarthgap。该步骤确保 Docker 容器中的容器化开发环境能够正确访问并使用本地 Yocto 项目源代码。

创建 Docker 镜像

在配置相关环境变量之后，使用 docker-build.sh 脚本生成 Docker 镜像。运行此脚本时需指定操作系统对应的 Dockerfile 文件，以 Ubuntu 22.04 系统为例，运行以下命令创建 Docker 镜像：

```
$ ./docker-build.sh Dockerfile-Ubuntu-22.04
```

在构建过程中会根据 env.sh 文件中的环境变量来生成 Docker 镜像，镜像名称由 DOCKER_IMAGE_TAG 变量指定，默认值为 imx-yocto。在构建完成后，可通过以下命令查看生成的 Docker 镜像 imx-yocto：

```
$ docker image ls
```

以下输出结果表示当前构建主机成功获取了 imx-yocto 镜像：

```
REPOSITORY     TAG        IMAGE ID        CREATED           SIZE
imx-yocto      latest     9d129216494a     40 seconds ago    997MB
```

启动 Docker 容器

构建完 imx-yocto 镜像后，运行以下命令进入 Docker 容器：

```
$ ./docker-run.sh
```

成功运行该命令后，容器将启动并自动进入由 DOCKER_WORKDIR 变量指定的 Yocto 项目源代码目录（例如/home/jerry/imx-linux-scarthgap）。完成此步骤后，Yocto 项目的开发环境已成功搭建，可以继续进行项目的配置、构建或其他相关操作。

11.2　初始化构建环境

在前一节中，通过 Repo 工具完成了将 Yocto 项目源代码同步到构建主机中/home/jerry/imx-linux-scarthgap 目录下的操作。本节将介绍该目录下的构建环境配置脚本文件，以及 i.MX 平台相关的机器配置文件和发行版配置文件，并讲解如何使用这些文件初始化指定的构建环境，以便构建适用于 8MPLUSLPD4-EVK 开发板的目标镜像。

11.2.1 构建环境配置脚本

在第 3 章中，我们介绍了 Yocto 项目的基础架构，并讲解了用于初始化 OpenEmbedded 构建环境的 oe-init-build-env 脚本文件。然而，该脚本仅适用于为 Poky 参考发行版设置构建环境，不适用于 i.MX 平台的构建环境初始化。针对 i.MX 系列处理器的硬件平台，NXP 官方提供了基于 oe-init-build-env 扩展的构建环境配置脚本：imx-setup-release.sh 和 setup-environment。

11.2.1.1 imx-setup-release.sh

与在 Poky 中使用 oe-init-build-env 脚本相比，使用 imx-setup-release.sh 脚本初始化构建环境时需要指定机器配置文件和发行版配置文件。这可以通过在以下初始化命令中设置 DISTRO 和 MACHINE 变量的值来完成：

```
$ DISTRO=<distroname> MACHINE=<machinename> source imx-setup-release.sh -b
<build_dir>
```

- DISTRO=<distroname>：指定构建环境的发行版配置文件，用于配置操作系统的特性和图形后端。
- MACHINE=<machinename>：指定构建环境的机器配置文件，用于指定目标硬件平台及其相关 BSP 配置。
- -b <build_dir>：指定 imx-setup-release.sh 脚本将创建的构建目录。

尽管 i.MX 平台包含多种类型的处理器和开发板，但上述命令可以灵活配置构建环境，创建 conf 目录及其内的 local.conf 和 bblayers.conf 文件，以满足不同需求。

使用以上命令完成初始化后，可以直接使用以下命令执行 setup-environment 脚本进入构建环境，而无须重复指定 DISTRO 和 MACHINE 变量：

```
$ source setup-environment <build_dir>
```

其中，<build_dir>是运行 imx-setup-release.sh 脚本后进入构建环境的构建目录。

11.2.1.2 MACHINE

MACHINE 变量指定了构建环境的机器配置文件。i.MX 平台的机器配置文件通常存放在 meta-imx 和 meta-freescale 层中。meta-imx 层通常提供相对较新的机器配置文件，由于其层设置优先级较高，这些配置文件会覆盖 meta-freescale 层中相同名称的机器配置文件。

一个机器配置文件通常对应一款具体的开发板，用于构建适配该开发板的目标镜像。

例如，imx6qpsabresd.conf 机器配置文件对应的是 i.MX 6QuadPlus 处理器配套的 SABRE 开发板。

i.MX 系列处理器可以分为以下几类，分别涵盖不同应用需求。

- i.MX 6 系列：例如 i.MX 6Quad、i.MX 6SoloX。适合多媒体和图形应用。
- i.MX 7 系列：例如 i.MX 7Dual。适用于低功耗物联网设备。
- i.MX 8 系列：例如 i.MX 8QuadMax、i.MX 8M Plus。提供高端图形、工业应用支持。
- i.MX 9 系列：例如 i.MX 93、i.MX 95。集成 AI 加速器，适用于边缘计算和高性能场景。

表 11-2 列出了可选的 i.MX 硬件平台的机器配置文件。

表 11-2　机器配置文件列表

i.MX 6 系列	i.MX 7 系列	i.MX 8 系列	i.MX 9 系列
imx6qpsabresd	imx7dsabresd	imx8qmmek	imx91-11x11-lpddr4-evk
imx6ulevk	imx7ulpevk	imx8qxpc0mek	imx93-11x11-lpddr4x-evk
imx6ulz-14x14-evk		imx8mqevk	imx93-14x14-lpddr4x-evk
imx6ull14x14evk		imx8mm-lpddr4-evk	imx93-9x9-lpddr4-qsb
imx6ull9x9evk		imx8mn-ddr4-evk	imx95-19x19-lpddr5-evk
imx6dlsabresd		imx8mn-lpddr4-evk	imx95-15x15-lpddr4x-evk
imx6qsabresd		imx8mp-ddr4-evk	imx95-19x19-verdin
imx6solosabresd		imx8mp-lpddr4-evk	imx91-9x9-lpddr4-qsb
imx6sxsabresd		imx8dx1a1-lpddr4-evk	
		imx8dx1b0-lpddr4-evk	
		imx8dx1b0-ddr3l-evk	
		imx8mnddr3levk	
		imx8ulp-lpddr4-evk	
		imx8ulp-9x9-lpddr4-evk	

这些机器配置文件可通过 MACHINE 变量进行配置，并通过 imx-setup-release.sh 脚本初始化到构建环境的 conf/local.conf 文件中。

11.2.1.3　DISTRO

在初始化构建环境时，除了要设置 MACHINE 变量，还需要指定 DISTRO 变量。DISTRO 变量用于指定构建环境中使用发行版配置文件，决定构建的目标镜像所支持的窗口管理系统传输协议（例如 X11 或 Wayland），以及对应的显示服务器（例如 Xorg 和 Weston），主要用于实现 Linux 系统中的图形显示功能。

Poky参考发行版仅提供了与Poky相关的基础发行版配置文件，而NXP则针对其i.MX硬件平台进行了扩展。在meta-imx-sdk层的conf/distro目录下，定义了以下特定的发行版配置文件，用于支持不同的图形后端（已经不再支持fsl-imx-x11）。

- fsl-imx-wayland：支持纯Wayland协议图形后端，默认使用Weston作为显示服务器。
- fsl-imx-xwayland：支持Wayland协议后端，并兼容X11协议，适用于需要同时支持Wayland和X11的场景。X11应用不支持EGL，默认使用Weston作为显示服务器。
- fsl-imx-fb：使用Frame Buffer作为图形后端，不支持i.MX 8及更新的硬件平台。

通过配置DISTRO变量，用户可以灵活选择适合的图形后端，以满足不同硬件平台和图形显示需求。

11.2.2 初始化构建环境

我们在前一节中讲解了相关的构建环境配置脚本和配置文件，本节将在/home/jerry/imx-linux-scarthgap/目录中的Yocto项目代码基础上，初始化适配8MPLUSLPD4-EVK硬件开发板的构建环境，用于构建支持Wayland和X11协议的窗口管理系统的目标镜像。

11.2.2.1 初始化构建环境命令

要为8MPLUSLPD4-EVK开发板硬件平台设置满足项目需求的构建环境，首先选定与该开发板匹配的机器配置文件imx8mp-lpddr4-evk.conf，以及同时支持X11和Wayland协议的发行版配置文件fsl-imx-xwayland.conf。在构建主机的Yocto项目源代码中运行以下命令，指定这些配置并利用imx-setup-release.sh脚本初始化构建环境：

```
jerry@ubuntu:~/imx-linux-scarthgap$ DISTRO=fsl-imx-xwayland MACHINE=
imx8mp-lpddr4-evk source imx-setup-release.sh -b ./build_Xwayland
```

运行以上命令后，系统将显示初始化过程的相关信息。以下是部分显示内容：

```
Build directory is  ./build_Xwayland

Some BSPs depend on libraries and packages which are covered by NXP's
End User License Agreement (EULA). To have the right to use these binaries in
your images, you need to read and accept the following...
…
Do you accept the EULA you just read? (y/n) y
EULA has been accepted.
```

```
Welcome to Freescale Community BSP

The Yocto Project has extensive documentation about OE including a
reference manual which can be found at:
    http://***.org/documentation

For more information about OpenEmbedded see their website:
    http://www.***.org/

You can now run 'bitbake <target>'

Common targets are:
    core-image-minimal
    meta-toolchain
    meta-toolchain-sdk
    adt-installer
    meta-ide-support

Your build environment has been configured with:

    MACHINE=imx8mp-lpddr4-evk
    SDKMACHINE=i686
    DISTRO=fsl-imx-xwayland
    EULA=
BSPDIR=
BUILD_DIR=.
meta-freescale directory found
```

接受最终用户许可协议（EULA）后，初始化过程将完成，构建环境会被配置到 build_Xwayland 目录中。完成初始化后，可以使用 Bitbake 工具构建目标镜像或相关软件包。

11.2.2.2　构建环境的配置文件

运行 imx-setup-release.sh 脚本完成构建环境的初始化后，会在指定的构建环境目录中创建一个 conf 目录，该目录中包含两个关键配置文件：bblayers.conf 和 local.conf。这两个文件分别定义了构建环境中的元数据层和与构建相关的配置选项。

bblayers.conf 配置文件

与 Poky 参考发行版构建环境中的 conf/bblayers.conf 文件一样，bblayers.conf 用于定义构建环境中有效的元数据层（layers）。这些层包含了各种构建所需的元数据文件和相关脚本工具等。以下是 bblayers.conf 文件的全部内容：

```
LCONF_VERSION = "6"

BBPATH = "${TOPDIR}"
BSPDIR := "${@os.path.abspath(os.path.dirname(d.getVar('FILE', True)) +
'/../..')}"

BBFILES ?= ""
BBLAYERS = " \
  ${BSPDIR}/sources/poky/meta \
  ${BSPDIR}/sources/poky/meta-poky \
  \
  ${BSPDIR}/sources/meta-openembedded/meta-oe \
  ${BSPDIR}/sources/meta-openembedded/meta-multimedia \
  ${BSPDIR}/sources/meta-openembedded/meta-python \
  \
  ${BSPDIR}/sources/meta-freescale \
  ${BSPDIR}/sources/meta-freescale-3rdparty \
  ${BSPDIR}/sources/meta-freescale-distro \
"

# i.MX Yocto Project Release layers
BBLAYERS += "${BSPDIR}/sources/meta-imx/meta-imx-bsp"
BBLAYERS += "${BSPDIR}/sources/meta-imx/meta-imx-sdk"
BBLAYERS += "${BSPDIR}/sources/meta-imx/meta-imx-ml"
BBLAYERS += "${BSPDIR}/sources/meta-imx/meta-imx-v2x"
BBLAYERS += "${BSPDIR}/sources/meta-nxp-demo-experience"
BBLAYERS += "${BSPDIR}/sources/meta-nxp-connectivity/meta-nxp-matter-baseline"
BBLAYERS += "${BSPDIR}/sources/meta-nxp-connectivity/meta-nxp-openthread"

BBLAYERS += "${BSPDIR}/sources/meta-arm/meta-arm"
BBLAYERS += "${BSPDIR}/sources/meta-arm/meta-arm-toolchain"
BBLAYERS += "${BSPDIR}/sources/meta-clang"
```

```
BBLAYERS += "${BSPDIR}/sources/meta-openembedded/meta-gnome"
BBLAYERS += "${BSPDIR}/sources/meta-openembedded/meta-networking"
BBLAYERS += "${BSPDIR}/sources/meta-openembedded/meta-filesystems"
BBLAYERS += "${BSPDIR}/sources/meta-qt6"
BBLAYERS += "${BSPDIR}/sources/meta-security/meta-parsec"
BBLAYERS += "${BSPDIR}/sources/meta-security/meta-tpm"
BBLAYERS += "${BSPDIR}/sources/meta-virtualization"
```

从以上内容可以看出，bblayers.conf 文件不仅包含了 Poky 参考发行版中的基础元数据层，还集成了多个扩展层，涵盖图形界面、多媒体、网络支持、文件系统、安全功能、虚拟化、ARM 工具链，以及专门针对 i.MX 硬件平台的元数据层。这些扩展层丰富了构建环境的资源，使其可生成满足不同需求的目标镜像和软件包。

local.conf 配置文件

local.conf 文件包含当前构建环境的配置变量。以下是使用 imx-setup-release.sh 脚本的同时指定 DISTRO 和 MACHINE 变量初始化后生成的 local.conf 文件的内容：

```
MACHINE ??= 'imx8mp-lpddr4-evk'
DISTRO ?= 'fsl-imx-wayland'
EXTRA_IMAGE_FEATURES ?= "debug-tweaks"
USER_CLASSES ?= "buildstats"
PATCHRESOLVE = "noop"
BB_DISKMON_DIRS ??= "\
    STOPTASKS,${TMPDIR},1G,100K \
    STOPTASKS,${DL_DIR},1G,100K \
    STOPTASKS,${SSTATE_DIR},1G,100K \
    STOPTASKS,/tmp,100M,100K \
    HALT,${TMPDIR},100M,1K \
    HALT,${DL_DIR},100M,1K \
    HALT,${SSTATE_DIR},100M,1K \
    HALT,/tmp,10M,1K"
PACKAGECONFIG:append:pn-qemu-system-native = " sdl"
CONF_VERSION = "2"

DL_DIR ?= "${BSPDIR}/downloads/"
ACCEPT_FSL_EULA = "1"

# Switch to Debian packaging and include package-management in the image
```

```
PACKAGE_CLASSES = "package_deb"
EXTRA_IMAGE_FEATURES += "package-management"
```

与 Poky 的 local.conf 相比，imx-setup-release.sh 脚本生成的 local.conf 去除了部分注释和无关的配置项，重新配置了 MACHINE 和 DISTRO 变量。此外，该脚本为 i.MX 系列硬件平台自动设置了以下关键变量。

- ACCEPT_FSL_EULA = "1"：自动接受 NXP 的最终用户许可协议（EULA），这是 NXP 硬件平台的特定要求。
- PACKAGE_CLASSES = "package_deb"：此配置指定构建系统使用 Debian 包格式（.deb）来打包构建输出文件。
- EXTRA_IMAGE_FEATURES += "package-management"：启用包管理功能，使生成的镜像包含基于 PACKAGE_CLASSES 指定格式的包管理器。在设置了 PACKAGE_CLASSES= "package_deb"的情况下，镜像中将包含适用于 Debian 包格式的包管理器，如 dpkg 和 apt。这使得镜像支持在运行时进行软件包的安装、升级和管理，提供了更灵活的软件维护和部署能力。

此配置文件包含了硬件支持、包管理、调试功能、磁盘监控和用户许可协议等配置，以满足 i.MX 平台的复杂需求，构建出高效且功能丰富的构建环境。

11.3 元数据结构

在完成构建环境初始化后，深入理解 Yocto 项目中的元数据层及关键菜谱文件的结构和功能，对于目标镜像的定制和扩展至关重要。本节将详细讲解 imx-linux-scarthgap 目录中 Yocto 项目的元数据层结构及各个元数据层的功能和作用，并重点解析 NXP 针对 i.MX 平台开发和维护的核心组件，包括镜像菜谱、内核菜谱和 Bootloader 菜谱文件。

11.3.1 元数据层结构

在 Yocto 项目中，元数据层是功能实现的基本单位，每个层都有特定的功能和用途，用于构建和扩展嵌入式 Linux 系统。与树莓派系列开发板只需添加 meta-raspberrypi 层不同，i.MX 平台的 Yocto 项目更加复杂，NXP 官方为其硬件平台开发了多个专有的元数据层。

以下是 imx-linux-scarthgap 目录中 Yocto 项目源代码的元数据层的结构：

```
sources/
├── base
```

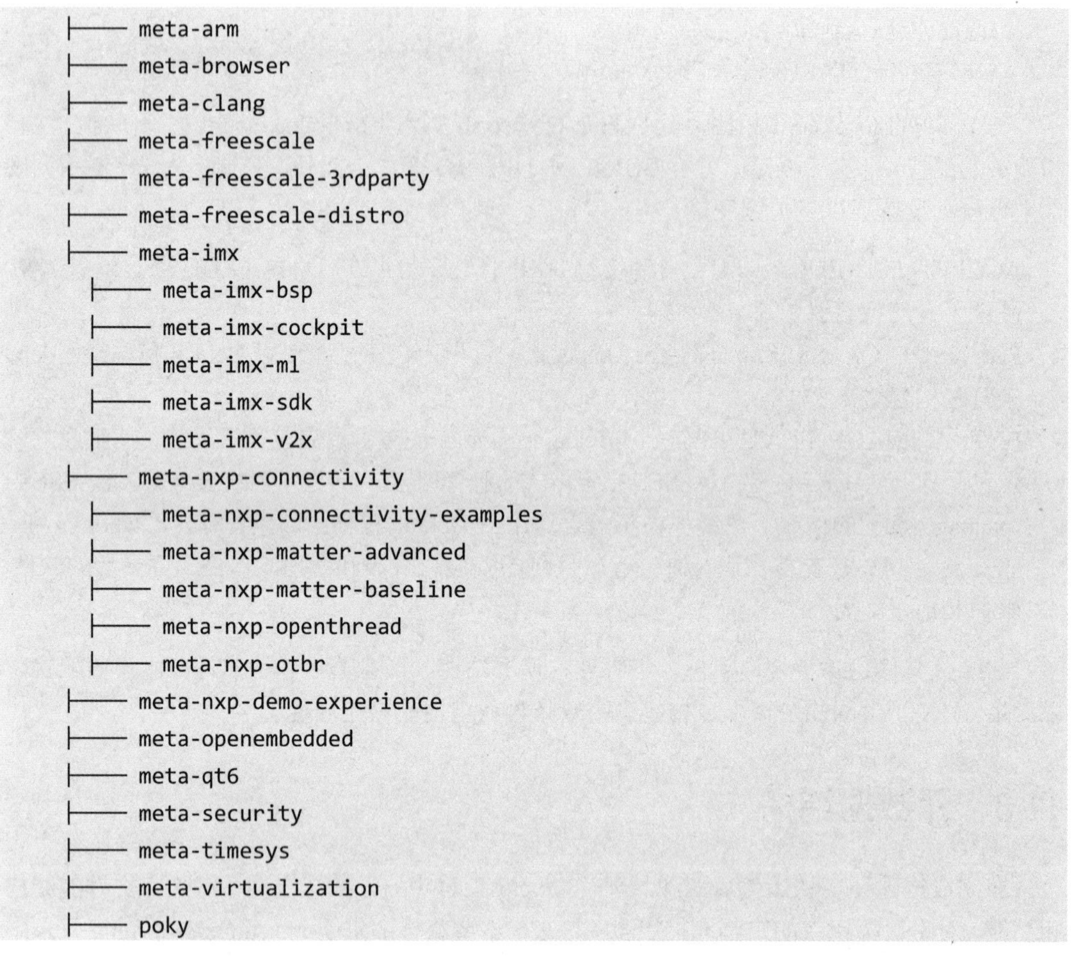

```
├── meta-arm
├── meta-browser
├── meta-clang
├── meta-freescale
├── meta-freescale-3rdparty
├── meta-freescale-distro
├── meta-imx
  ├── meta-imx-bsp
  ├── meta-imx-cockpit
  ├── meta-imx-ml
  ├── meta-imx-sdk
  ├── meta-imx-v2x
├── meta-nxp-connectivity
  ├── meta-nxp-connectivity-examples
  ├── meta-nxp-matter-advanced
  ├── meta-nxp-matter-baseline
  ├── meta-nxp-openthread
  ├── meta-nxp-otbr
├── meta-nxp-demo-experience
├── meta-openembedded
├── meta-qt6
├── meta-security
├── meta-timesys
├── meta-virtualization
├── poky
```

从以上结构可以看出，i.MX 平台 Yocto 项目以 Poky 参考发行版为基础，添加了多个元数据层。添加的层可以分为两类: Yocto 项目社区层（Yocto Project Community Layers）和 i.MX 发布层（i.MX Release Layers）。

11.3.1.1　Yocto 项目社区层

Yocto 项目社区层由 Yocto 项目社区和 OpenEmbedded 维护，旨在为广泛的嵌入式开发者提供稳定的支持。i.MX 平台的 Yocto 项目仓库中也包含了这些社区层，用于扩展其硬件平台的功能。以下是一些关键的社区层。

- base：提供 FSL 社区 BSP 的基础配置。
- meta-arm：针对 ARM 架构的优化层，包含特定补丁和内核配置。

- meta-browser：为嵌入式设备提供浏览器支持。
- meta-clang：提供 Clang 编译器支持，可提升编译效率。
- meta-openembedded：这是一个容器层，包含多个子元数据层，整合 OpenEmbedded 的资源，提供广泛的开源软件支持。
- meta-qt6：为嵌入式系统提供 Qt6 图形框架的支持。
- meta-security：增强系统安全性，包含安全配置与加密支持。
- meta-timesys：专注系统性能和稳定性优化，支持识别和管理目标系统中的潜在安全风险。
- meta-virtualization：提供虚拟化技术支持，支持虚拟机和容器。

以下三个层由 Yocto 社区和 NXP 官方共同维护，专门为 NXP 硬件平台开发。

- meta-freescale：为 i.MX 系列处理器提供基础 BSP 支持，包括驱动程序和内核优化。
- meta-freescale-3rdparty：提供针对第三方和 NXP 合作伙伴开发板的支持，主要针对使用 NXP 处理器的非官方开发板。
- meta-freescale-distro：提供用于扩展开发板功能的附加项目，主要包括示例镜像、工具和一些与 NXP 硬件相关的功能增强。

11.3.1.2 i.MX 发布层

i.MX 发布层由 NXP 官方维护，专注于处理器优化、硬件加速、驱动支持，以及物联网解决方案等，可帮助开发者在 NXP 平台上实现最佳方案。

以下是对 meta-imx 容器层和其子元数据层的说明。

- meta-imx：i.MX 处理器的核心容器层，包含针对 i.MX 硬件平台的子元数据层、相关脚本工具及许可证文件，所有内容均由 NXP 官方维护。
- meta-imx-bsp：为 meta-freescale、poky 和 meta-openembedded 层提供基础更新与支持。
- meta-imx-sdk：为 meta-freescale-distro 层提供更新与支持。
- meta-imx-ml：包含与机器学习相关的菜谱。
- meta-imx-v2x：提供 V2X（Vehicle-to-Everything）功能的菜谱，专为 i.MX 8DXL 处理器设计。
- meta-imx-cockpit：提供 Cockpit 界面相关菜谱，专为 i.MX 8QuadMax 处理器设计。

i.MX 处理器系列硬件平台的 BSP 配置主要分布在 meta-imx 容器层和 meta-freescale 层中，涵盖了 U-Boot、Linux 内核及与特定开发板相关的硬件特性配置。meta-freescale 层用于提供基础 BSP 支持，而 meta-imx 层则负责优化平台的性能和功能。

与 meta-imx 一样，meta-nxp-connectivity 容器层也是由 NXP 官方维护的容器层，专注于物联网解决方案，提供设备互联和多种协议支持。该层的设计目的是为开发者提供一个灵活的平台，使他们能够在物联网环境中轻松连接和管理设备。meta-nxp-connectivity 与其子层的功能描述如下。

- meta-nxp-connectivity：该容器层包含相关子元数据层，提供与连接相关的支持，助力物联网应用开发。
- meta-nxp-connectivity-examples：提供示例应用，帮助开发者快速上手，理解各项功能。
- meta-nxp-matter-advanced：实现 Matter 的高级特性，支持复杂的物联网场景，Matter 是一种开放的设备互联标准。
- meta-nxp-matter-baseline：提供 Matter 的基础实现，支持基本设备互联功能。
- meta-nxp-openthread：实现 OpenThread 协议，增强低功耗网络的设备连接能力，OpenThread 是一种专为物联网设计的开源无线网络协议。
- meta-nxp-otbr：为 OpenThread Border Router 提供支持，实现设备与互联网的桥接。

此外，meta-nxp-demo-experience 层提供与 i.MX 硬件平台相关的演示，帮助开发者体验和评估产品功能。

i.MX 发布层专注于为 i.MX 硬件平台提供优化和定制支持，涵盖处理器特性、硬件加速和驱动，确保平台性能和专用功能的实现。Yocto 项目社区层提供广泛的基础支持，包括常用的工具和库，增强系统的兼容性和扩展性。两者相辅相成，共同为 i.MX 平台提供全面的开发支持，满足多样化的软硬件需求。

11.3.2　镜像菜谱

i.MX 平台的 Yocto 项目包含丰富的镜像菜谱，用户可根据具体硬件和应用场景选择合适的镜像菜谱进行构建。这些菜谱主要位于 meta-freescale 和 meta-imx 元数据层中，它们使构建的 Linux 系统具有定制化的基础环境，并集成开发和测试所需的工具和库，从而支持 i.MX 硬件的开发、验证及系统优化。

11.3.2.1　常用镜像菜谱

表 11-3 总结了常用的镜像菜谱及其功能描述。

表 11-3 镜像菜谱及描述

镜像菜谱名称	描 述	所在元数据层
core-image-minimal	提供仅包含设备启动所需的最小环境，适合基础开发和测试场景，支持基本的命令行操作	poky
core-image-base	提供一个完整的控制台系统镜像，适合无图形界面的应用场景，支持常用命令行工具	poky
core-image-sato	提供带有 Sato 移动设备 UI 的镜像，支持 Pimlico 应用程序，包含终端、文件管理器等，适用于移动设备或嵌入式图形界面开发	poky
imx-image-core	针对 i.MX 硬件平台的核心测试镜像，支持 Wayland 后端，集成 NXP 提供的 i.MX 测试应用，适用于日常测试和开发	meta-imx/meta-imx-sdk
fsl-image-machine-test	由 FSL 社区维护，提供基本的控制台环境，无图形界面，适用于 i.MX 硬件的基础系统测试	meta-freescale-distro
imx-image-multimedia	提供多媒体支持，包含基础图形界面，但不包含 Qt，适合多媒体应用开发和测试，支持音视频处理等多媒体功能	meta-imx/meta-imx-sdk
imx-image-full	提供完整的 Qt6 开源环境，集成机器学习功能，适用于带硬件加速的 i.MX SoC，但不支持低功耗设备	meta-imx/meta-imx-sdk

11.3.2.2 imx-image-multimedia 镜像菜谱

imx-image-multimedia.bb 菜谱是 NXP 针对 i.MX 硬件平台设计的多媒体镜像菜谱，集成了图形用户界面（GUI）、音频处理和视频编解码等核心功能，专用于多媒体应用的开发与验证。作为基础模板，该菜谱支持灵活定制，既可通过裁剪模块优化资源占用，也可扩展功能满足项目需求，灵活适用于 i.MX 硬件平台的嵌入式开发。菜谱的内容如下：

```
# Copyright (C) 2015 Freescale Semiconductor
# Copyright 2017-2021 NXP
# Released under the MIT license (see COPYING.MIT for the terms)

DESCRIPTION = "NXP Image to validate i.MX machines. \
```

```
This image contains everything used to test i.MX machines including GUI, \
demos and lots of applications. This creates a very large image, not \
suitable for production."
LICENSE = "MIT"

inherit core-image

### WARNING: This image is NOT suitable for production use and is intended
###          to provide a way for users to reproduce the image used during
###          the validation process of i.MX BSP releases.

## Select Image Features
IMAGE_FEATURES += " \
    debug-tweaks \
    tools-profile \
    tools-sdk \
    package-management \
    splash \
    nfs-client \
    tools-debug \
    ssh-server-openssh \
    tools-testapps \
    hwcodecs \
    ${@bb.utils.contains('DISTRO_FEATURES', 'wayland', 'weston', \
       bb.utils.contains('DISTRO_FEATURES',     'x11', 'x11-base x11-sato', \
                                                       '', d), d)} \
"

V2X_PKGS = ""
V2X_PKGS:mx8dxl-nxp-bsp = "packagegroup-imx-v2x"

DOCKER ?= ""
DOCKER:mx8-nxp-bsp = "docker"

G2D_SAMPLES                 = ""
G2D_SAMPLES:imxgpu2d      = "imx-g2d-samples"
G2D_SAMPLES:mx93-nxp-bsp = "imx-g2d-samples"
```

```
    CORE_IMAGE_EXTRA_INSTALL += " \
        packagegroup-core-full-cmdline \
        packagegroup-tools-bluetooth \
        packagegroup-fsl-tools-audio \
        packagegroup-fsl-tools-gpu \
        packagegroup-fsl-tools-gpu-external \
        packagegroup-fsl-tools-testapps \
        packagegroup-fsl-tools-benchmark \
        packagegroup-imx-isp \
        packagegroup-imx-security \
        packagegroup-fsl-gstreamer1.0 \
        packagegroup-fsl-gstreamer1.0-full \
        firmwared \
        ${@bb.utils.contains('DISTRO_FEATURES', 'x11 wayland', 'weston-xwayland
xterm', '', d)} \
        ${V2X_PKGS} \
        ${DOCKER} \
        ${G2D_SAMPLES} \
    "
```

以上内容是一个典型的镜像菜谱结构，包含功能描述、MIT 许可证、继承 core-image 核心镜像类。还包括以下镜像特性和软件包添加。

镜像特性

该镜像菜谱通过 IMAGE_FEATURES 变量添加了以下镜像特性。

- debug-tweaks：提供调试工具和功能。
- tools-profile：启用性能分析工具，用于系统调优。
- tools-sdk：包含开发工具和 SDK，便于开发和测试。
- package-management：启用包管理功能，支持动态安装和卸载软件包。
- splash：显示开机画面，默认显示 OpenEmbedded 的 Logo。
- nfs-client：启用网络文件系统客户端功能，支持远程文件系统挂载。
- tools-debug：额外调试工具，用于系统诊断。
- ssh-server-openssh：包含 SSH 服务器，支持远程访问。
- tools-testapps：启用测试应用，用于系统和硬件验证。
- hwcodecs：支持硬件加速的音视频编解码。

此外，根据 DISTRO_FEATURES 变量中指定的 Wayland 或 X11 特性，自动选择启用

Weston 显示服务器或 X11 后端（包括 x11-base 和 x11-sato）。

软件包添加

通过 CORE_IMAGE_EXTRA_INSTALL 变量，将以下额外的软件包添加到镜像中，以扩展其功能。

- packagegroup-core-full-cmdline：提供完整的命令行工具集，便于设备的命令行操作和管理。
- packagegroup-tools-bluetooth：包含蓝牙相关工具，支持蓝牙设备的连接和操作。
- packagegroup-fsl-tools-audio：提供音频工具，用于音频处理和测试。
- packagegroup-fsl-tools-gpu：包含 GPU 工具，支持图形处理和硬件加速。
- packagegroup-fsl-tools-testapps：提供用于硬件测试的常用工具和实用程序。
- packagegroup-imx-isp：支持图像信号处理器（ISP）。
- packagegroup-imx-security：启用系统的安全功能，提升系统的安全性。
- packagegroup-fsl-gstreamer1.0：提供 GStreamer 框架，支持音视频流媒体处理。
- firmwared：用于管理和更新固件，确保系统固件的有效性。
- weston-xwayland 和 xterm：当 DISTRO_FEATURES 包含 X11 的 Wayland 特性时，提供在 Wayland 环境下运行 X11 应用程序的支持以及终端仿真功能。
- packagegroup-imx-v2x：针对 i.MX8DXL 平台，提供车联网（V2X）功能支持。
- docker：为 i.MX8 平台提供容器支持，适用于容器化应用开发。
- imx-g2d-samples：支持集成 GPU 并支持 2D 图形加速功能的 i.MX 平台，提供示例程序以验证和测试 2D 图形加速功能。

其中，packagegroup-imx-v2x、docker 和 imx-g2d-samples 软件包通过 OVERRIDES 条件语法机制，根据不同的硬件平台自动添加，以确保这些软件包适配对应的 i.MX 设备。

11.3.3 内核

在 Yocto 项目的开发中，不同硬件平台通常会有各自特定的内核仓库。类似于树莓派项目使用的 linux-raspberrypi 内核 Git 仓库，NXP 官方也提供了两个主要的内核仓库：linux-fslc 和 linux-imx。linux-fslc 是 Freescale 社区维护的内核仓库，专注于支持上游最新内核和实验性开发，仓库地址参见链接 9。而 linux-imx 是 NXP 官方维护的，专门为 i.MX 处理器提供生产环境的长期支持和稳定版本，仓库地址参见链接 10。本节将重点讲解适用于 i.MX 嵌入式平台的 linux-imx 仓库。

11.3.3.1 内核菜谱

内核菜谱文件用于定义 Yocto 项目中使用的内核源代码及其配置。PREFERRED_PROVIDER_virtual/kernel 变量通常在机器配置文件和发行版配置文件中定义，用于指定具体的内核菜谱。如果指定的内核菜谱存在多个版本，可使用 PREFERRED_VERSION_{PN} 变量（PN 为内核菜谱的名称）来选择所需的内核版本。

查找内核菜谱文件

在确定构建环境和镜像菜谱的基础上，可以使用 BitBake 构建引擎的-e 选项来查询 PREFERRED_PROVIDER_virtual/kernel 变量，以确定当前项目使用的内核菜谱。以下是一个实际的查询命令及其输出结果：

```
jerry@ubuntu:~/imx-linux-scarthgap/build_Xwayland$ bitbake -e imx-image-multimedia | grep PREFERRED_PROVIDER_virtual/kernel
# $PREFERRED_PROVIDER_virtual/kernel [2 operations]
PREFERRED_PROVIDER_virtual/kernel="linux-imx"
# $PREFERRED_PROVIDER_virtual/kernel:imx-nxp-bsp
PREFERRED_PROVIDER_virtual/kernel:imx-nxp-bsp="linux-imx"
```

从以上结果可以看出，当前针对 i.MX 硬件平台的内核菜谱的名称为 linux-imx。

linux-imx 菜谱的位置和版本

在确定了内核菜谱名称为 linux-imx 后，可以使用以下命令查找相关文件及其输出：

```
jerry@ubuntu:~/imx-linux-scarthgap/sources$ find * -iname  linux-imx_*.bb
meta-freescale/recipes-kernel/linux/linux-imx_6.6.bb
meta-imx/meta-imx-bsp/recipes-kernel/linux/linux-imx_6.6.bb
```

在 meta-freescale 和 meta-imx/meta-imx-bsp 层中同时存在 linux-imx_6.6.bb 内核菜谱文件。由于 meta-imx/meta-imx-bsp 层中的 conf/layer.conf 配置文件通过 BBFILE_PRIORITY_fsl-bsp-release 变量设定了更高的层优先级，因此将优先选择该层中的 linux-imx_6.6.bb 文件作为当前构建环境指定的内核菜谱，用于构建 8MPLUSLPD4-EVK 开发板的目标镜像。

11.3.3.2 linux-imx 内核菜谱

linux-imx 内核菜谱由 NXP 官方维护，位于 BSP 层 meta-imx-bsp 的 recipes-kernel/linux 目录中。与树莓派 linux-raspberrypi 的内核菜谱相比，linux-imx 更为复杂，因为它需要支持多种 i.MX 硬件平台，从消费级到工业级设备均涵盖其中，并具备更丰富的多媒体处理和专用功能。

由于 linux-imx_6.6.bb 菜谱内容较长且技术点繁多，为了便于理解，以下将内容按关键知识点分段解析。

许可证与依赖项

代码部分如下：

```
# Copyright 2013-2016 Freescale Semiconductor
# Copyright 2017-2024 NXP
# Copyright 2018 O.S. Systems Software LTDA.
# Released under the MIT license (see COPYING.MIT for the terms)
#
# SPDX-License-Identifier: MIT
#

SUMMARY = "Linux Kernel provided and supported by NXP"
DESCRIPTION = "Linux Kernel provided and supported by NXP with focus on \
i.MX Family Reference Boards. It includes support for many IPs such as GPU, VPU
and IPU."

require recipes-kernel/linux/linux-imx.inc

LICENSE = "GPL-2.0-only"
LIC_FILES_CHKSUM = "file://COPYING;md5=6bc538ed5bd9a7fc9398086aedcd7e46"

DEPENDS += "lzop-native bc-native"
```

LICENSE 变量设为 GPL-2.0-only，表明该菜谱遵循 GPL-2.0 开源许可证，要求代码共享，并在分发时提供源代码，以此保证开源代码使用的合规性。

DEPENDS 变量定义了构建依赖项，包括 lzop-native 和 bc-native，分别用于内核镜像的压缩和配置过程中所需的算术运算任务。这些工具均在构建主机上运行，是内核构建流程的必要组件。

内核源代码与版本

代码部分如下：

```
SRC_URI = "${LINUX_IMX_SRC}"
LINUX_IMX_SRC ?=
"git://***.com/nxp-imx/linux-imx.git;protocol=https;branch=${SRCBRANCH}"
KBRANCH = "${SRCBRANCH}"
```

```
    SRCBRANCH = "lf-6.6.y"
    LOCALVERSION = "-lts-next"
    SRCREV = "d23d64eea5111e1607efcce1d601834fceec92cb"

    # PV is defined in the base in linux-imx.inc file and uses the LINUX_VERSION
definition
    # required by kernel-yocto.bbclass.
    #
    # LINUX_VERSION define should match to the kernel version referenced by SRC_URI and
    # should be updated once patchlevel is merged.
    LINUX_VERSION = "6.6.36"
```

SRC_URI 指定了由 NXP 官方维护的内核仓库 linux-imx.git。与 linux-raspberrypi 内核菜谱不同，该菜谱未使用 Yocto 项目的 yocto-kernel-cache 仓库提供的配置片段和补丁，而是直接通过独立仓库管理内核源代码及配置。

SRCBRANCH 定义了内核仓库的分支为 lf-6.6.y，LINUX_VERSION 指定了内核版本为 6.6.36，与 Manifest 文件（imx-6.6.36-2.1.0.xml）保持一致。

内核配置与任务管理

代码部分如下：

```
    KERNEL_CONFIG_COMMAND = "oe_runmake_call -C ${S} CC="${KERNEL_CC}" O=${B}
olddefconfig"

    DEFAULT_PREFERENCE = "1"

    DO_CONFIG_V7_COPY = "no"
    DO_CONFIG_V7_COPY:mx6-nxp-bsp = "yes"
    DO_CONFIG_V7_COPY:mx7-nxp-bsp = "yes"
    DO_CONFIG_V7_COPY:mx8-nxp-bsp = "no"
    DO_CONFIG_V7_COPY:mx9-nxp-bsp = "no"

    # Add setting for LF Mainline build
    IMX_KERNEL_CONFIG_AARCH32 = "imx_v7_defconfig"
    IMX_KERNEL_CONFIG_AARCH64 = "imx_v8_defconfig"
    KBUILD_DEFCONFIG ?= ""
    KBUILD_DEFCONFIG:mx6-nxp-bsp= "${IMX_KERNEL_CONFIG_AARCH32}"
    KBUILD_DEFCONFIG:mx7-nxp-bsp= "${IMX_KERNEL_CONFIG_AARCH32}"
```

```
KBUILD_DEFCONFIG:mx8-nxp-bsp= "${IMX_KERNEL_CONFIG_AARCH64}"
KBUILD_DEFCONFIG:mx9-nxp-bsp= "${IMX_KERNEL_CONFIG_AARCH64}"


# Use a verbatim copy of the defconfig from the linux-imx repo.
# IMPORTANT: This task effectively disables kernel config fragments
# since the config fragments applied in do_kernel_configme are replaced.
addtask copy_defconfig after do_kernel_configme before do_kernel_localversion
do_copy_defconfig () {
    install -d ${B}
    if [ ${DO_CONFIG_V7_COPY} = "yes" ]; then
        # copy latest IMX_KERNEL_CONFIG_AARCH32 to use for mx6, mx6ul and mx7
        mkdir -p ${B}
        cp ${S}/arch/arm/configs/${IMX_KERNEL_CONFIG_AARCH32} ${B}/.config
    else
        # copy latest IMX_KERNEL_CONFIG_AARCH64 to use for mx8
        mkdir -p ${B}
        cp ${S}/arch/arm64/configs/${IMX_KERNEL_CONFIG_AARCH64} ${B}/.config
    fi
}

DELTA_KERNEL_DEFCONFIG ?= ""
#DELTA_KERNEL_DEFCONFIG:mx8-nxp-bsp = "imx.config"

do_merge_delta_config[dirs] = "${B}"
do_merge_delta_config[depends] += " \
    flex-native:do_populate_sysroot \
    bison-native:do_populate_sysroot \
"
do_merge_delta_config() {
    for deltacfg in ${DELTA_KERNEL_DEFCONFIG}; do
        if [ -f ${S}/arch/${ARCH}/configs/${deltacfg} ]; then
            ${KERNEL_CONFIG_COMMAND}
            oe_runmake_call -C ${S} CC="${KERNEL_CC}" O=${B} ${deltacfg}
        elif [ -f "${WORKDIR}/${deltacfg}" ]; then
            ${S}/scripts/kconfig/merge_config.sh -m .config ${WORKDIR}/${deltacfg}
        elif [ -f "${deltacfg}" ]; then
```

```
            ${S}/scripts/kconfig/merge_config.sh -m .config ${deltacfg}
        fi
    done
    cp .config ${WORKDIR}/defconfig
}
addtask merge_delta_config before do_kernel_localversion after do_copy_defconfig

do_kernel_configcheck[noexec] = "1"
```

KBUILD_DEFCONFIG 变量通过条件语法机制，为不同类型的 i.MX 处理器指定了默认的 defconfig 文件。其中，ARM32 架构的 i.MX6 和 i.MX7 处理器使用 imx_v7_defconfig，而 ARM64 架构的 i.MX8 和 i.MX9 处理器使用 imx_v8_defconfig。

为进一步适配硬件平台，do_copy_defconfig 任务根据处理器架构从源代码目录中将合适的默认配置文件复制到构建目录，以满足不同平台的内核配置需求。

此外，do_merge_delta_config 任务支持将额外的配置片段（delta config）合并到最终配置中，通过脚本 merge_config.sh 完成配置整合，从而支持更复杂的硬件需求。

为了简化流程，do_kernel_configcheck 任务被设置为不执行（noexec=1），跳过了冗余的检查步骤，进一步优化了构建效率。

设备树路径兼容

代码部分如下：

```
IMX_KERNEL_DEVICETREE_32BIT_COMPATIBILITY_UPDATE ?= "1"

python imx_kernel_devicetree_32bit_compatibility_update() {
    import os.path
    import re
    if d.getVar('IMX_KERNEL_DEVICETREE_32BIT_COMPATIBILITY_UPDATE') != "1":
        return
    new = ""
    expanded = False
    for devicetree in d.getVar('KERNEL_DEVICETREE').split():
        if re.match("^imx[67]", devicetree):
            expanded = True
            new_devicetree = os.path.join("nxp/imx", devicetree)
            new += new_devicetree + " "
            bb.note("Devicetrees are moved to sub-folder nxp/imx, please fix
KERNEL_DEVICETREE: %s -> %s" % (devicetree, new_devicetree))
```

```
        else:
            new += devicetree + " "
    if expanded:
        bb.warn("Updating KERNEL_DEVICETREE for move to sub-folder nxp/imx. Set
IMX_KERNEL_DEVICETREE_32BIT_COMPATIBILITY_UPDATE = \"0\" to disable this.")
        d.setVar('KERNEL_DEVICETREE', new)
}
addhandler imx_kernel_devicetree_32bit_compatibility_update
imx_kernel_devicetree_32bit_compatibility_update[eventmask] =
"bb.event.RecipeParsed"
```

当变量 IMX_KERNEL_DEVICETREE_32BIT_COMPATIBILITY_UPDATE 未被初始化时，默认设置为 1。

Python 函数 imx_kernel_devicetree_32bit_compatibility_update()会扫描 KERNEL_DEVICETREE 中定义的设备树文件，对以 imx6 或 imx7 字符串开头的设备树文件进行调整，将其移动到子目录 nxp/imx 下，并更新 KERNEL_DEVICETREE 变量。这一机制简化了路径管理，提升了对不同设备的兼容性。

addhandler 将该函数注册为事件处理函数，并指定在菜谱解析完成（bb.event.RecipeParsed）时自动执行。

硬件平台兼容

代码部分如下：

```
KERNEL_VERSION_SANITY_SKIP="1"
COMPATIBLE_MACHINE = "(imx-nxp-bsp)"
COMPATIBLE_MACHINE:mx91p-nxp-bsp = "(^$)"
```

将 KERNEL_VERSION_SANITY_SKIP 设置为 1，可跳过内核版本一致性检查，避免不必要的验证操作。

COMPATIBLE_MACHINE 指定适用的硬件平台，包括所有符合 imx-nxp-bsp 的 i.MX 系列平台，但排除 mx91p-nxp-bsp。此配置明确了菜谱的适用范围，防止在不支持的硬件平台上进行构建。

11.3.4　Bootloader

Bootloader（引导加载程序）是完整 Linux 系统镜像的重要组成部分，负责初始化硬件并加载操作系统内核。在嵌入式 Linux 系统中，U-Boot 是最常用的 Bootloader。不同的硬件平台需要使用特定版本的U-Boot，工程师通常需要根据项目需求修改和定制这些U-Boot版本，以适应项目特定的硬件配置和功能要求。

对于i.MX硬件平台，U-Boot也被广泛采用。NXP官方提供了两个主要的U-Boot代码库：u-boot-fslc和uboot-imx。u-boot-fslc由Freescale社区维护，主要用于实验性开发和新功能测试，仓库地址参见链接11。而uboot-imx则由NXP官方提供稳定版本和长期支持，适用于生产环境和长期项目开发，仓库地址参见链接12。

11.3.4.1 Bootloader菜谱文件

在机器配置文件中通过PREFERRED_PROVIDER_virtual/bootloader变量指定Bootloader菜谱名称，并通过PREFERRED_VERSION_{PN}变量来指定版本。对应的菜谱文件通常位于BSP层的recipes-bsp/u-boot目录下。i.MX硬件平台通常使用U-Boot作为Bootloader，负责初始化硬件并加载内核，确保系统能够顺利启动。

查找U-Boot菜谱文件

在构建环境中，可以使用BitBake的-e选项来查询当前环境使用的Bootloader菜谱文件。执行以下命令可以查看PREFERRED_PROVIDER_virtual/bootloader变量的具体值：

```
    jerry@ubuntu:~/imx-linux-scarthgap/build_Xwayland$ bitbake -e | grep PREFERRED_
PROVIDER_virtual/bootloader
    # $PREFERRED_PROVIDER_virtual/bootloader [2 operations]
    PREFERRED_PROVIDER_virtual/bootloader="u-boot-imx"
    # $PREFERRED_PROVIDER_virtual/bootloader:imx-nxp-bsp
    PREFERRED_PROVIDER_virtual/bootloader:imx-nxp-bsp="u-boot-imx"
```

从以上结果可以看出，PREFERRED_PROVIDER_virtual/bootloader被设置为u-boot-imx，这表明在当前构建环境下构建i.MX平台的Bootloader镜像时，将使用u-boot-imx菜谱文件。

u-boot-imx菜谱文件的位置和版本

在确定使用u-boot-imx菜谱文件后，需要进一步确认其所在的层和版本。在Yocto项目中，可能存在多个u-boot-imx菜谱文件。使用以下find命令查找具体的菜谱和相应输出信息：

```
    jerry@ubuntu:~/imx-linux-scarthgap/sources$ find * -iname u-boot-imx_*.bb
    meta-freescale/recipes-bsp/u-boot/u-boot-imx_2023.04.bb
    meta-imx/meta-imx-bsp/recipes-bsp/u-boot/u-boot-imx_2024.04.bb
```

从以上结果可以看出，u-boot-imx菜谱文件在多个层中存在不同版本。由于机器配置文件中未设置相应的PREFERRED_VERSION_{PN}变量来指定u-boot-imx菜谱版本，所以

BitBake 会基于所在层的优先级选择最终 u-boot-imx 菜谱文件。其中 meta-imx-bsp 层的优先级最高，因此构建时将默认选择 u-boot-imx_2024.04.bb 文件。

对于当前构建环境下有效的菜谱文件和版本，还可以通过 bitbake -s 命令查看：

```
    jerry@ubuntu:~/ imx-linux-scarthgap/build_Xwayland$ bitbake -s | grep
"u-boot-imx"
    u-boot-imx                                          :2024.04-r0
```

以上输出确认了当前构建环境中 u-boot-imx 菜谱的有效版本为 2024.04-r0，其中 r0 表示 revision 子版本。

11.3.4.2　u-boot-imx 菜谱文件详解

u-boot-imx_2024.04.bb 菜谱文件专为 NXP 的 i.MX 硬件平台设计，为其提供稳定的 U-Boot 引导加载程序，以满足生产环境和开发需求。通过学习该菜谱的源代码，有助于为大家在实际项目中定制 U-Boot 菜谱时提供必要的知识。以下是菜谱文件的内容及其关键知识点的详细讲解：

```
    # Copyright (C) 2013-2016 Freescale Semiconductor
    # Copyright 2018 (C) O.S. Systems Software LTDA.
    # Copyright 2017-2024 NXP

    require recipes-bsp/u-boot/u-boot.inc
    require u-boot-imx-common_${PV}.inc

    ########################################################################
    # BEGIN: Changes to u-boot-imx-common_${PV}.inc

    #LIC_FILES_CHKSUM =
"file://Licenses/gpl-2.0.txt;md5=b234ee4d69f5fce4486a80fdaf4a4263"

    #SRC_URI = "${UBOOT_SRC};branch=${SRCBRANCH}"
    #UBOOT_SRC ?= "git://***.com/nxp-imx/uboot-imx.git;protocol=https"
    #SRCBRANCH = "lf_v2023.04"
    #SRCREV = "${AUTOREV}"
    #LOCALVERSION = "-${SRCBRANCH}"

    # END: Changes to u-boot-imx-common_${PV}.inc
    ########################################################################
```

```
    PROVIDES += "u-boot"

    inherit uuu_bootloader_tag

    UUU_BOOTLOADER                             = ""
    UUU_BOOTLOADER:mx6-generic-bsp             = "${UBOOT_BINARY}"
    UUU_BOOTLOADER:mx7-generic-bsp             = "${UBOOT_BINARY}"
    UUU_BOOTLOADER_TAGGED                      = ""
    UUU_BOOTLOADER_TAGGED:mx6-generic-bsp      = "u-boot-tagged.${UBOOT_SUFFIX}"
    UUU_BOOTLOADER_TAGGED:mx7-generic-bsp      = "u-boot-tagged.${UBOOT_SUFFIX}"
    UUU_BOOTLOADER_UNTAGGED                    = ""
    UUU_BOOTLOADER_UNTAGGED:mx6-generic-bsp = "u-boot-untagged.${UBOOT_SUFFIX}"
    UUU_BOOTLOADER_UNTAGGED:mx7-generic-bsp = "u-boot-untagged.${UBOOT_SUFFIX}"

    do_deploy:append:mx8m-generic-bsp() {
        # Deploy u-boot-nodtb.bin and fsl-imx8m*-XX.dtb for mkimage to generate boot
binary
        if [ -n "${UBOOT_CONFIG}" ]
        then
            for config in ${UBOOT_MACHINE}; do
                i=$(expr $i + 1);
                for type in ${UBOOT_CONFIG}; do
                    j=$(expr $j + 1);
                    if [ $j -eq $i ]
                    then
                        install -d ${DEPLOYDIR}/${BOOT_TOOLS}
                        install -m 0777 ${B}/${config}/arch/arm/dts/${UBOOT_DTB_NAME}
${DEPLOYDIR}/${BOOT_TOOLS}
                        install -m 0777 ${B}/${config}/u-boot-nodtb.bin
${DEPLOYDIR}/${BOOT_TOOLS}/u-boot-nodtb.bin-${MACHINE}-${type}
                    fi
                done
                unset  j
            done
            unset  i
        fi
```

```
    # Deploy CRT.* from u-boot for stmm
    install -m 0644 ${S}/CRT.*     ${DEPLOYDIR}
}

do_deploy:append:mx93-generic-bsp() {
    # Deploy CRT.* from u-boot for stmm
    install -m 0644 ${S}/CRT.*     ${DEPLOYDIR}
}

PACKAGE_ARCH = "${MACHINE_ARCH}"
COMPATIBLE_MACHINE = "(mx6-generic-bsp|mx7-generic-bsp|mx8-generic-bsp|mx9-generic-bsp)"
```

以下是代码中的关键知识点的解释。

引入与配置基础文件

使用 require 语法引入了 u-boot.inc 和 u-boot-imx-common_${PV}.inc 文件，提供了通用设置和特定版本支持，可以确保平台的兼容性和适配。

PROVIDES 变量指定菜谱的别名为 u-boot，允许 BitBake 通过 PREFERRED_PROVIDER_u-boot 变量选择该菜谱作为 U-Boot 引导加载程序的提供者。

添加镜像大小标识

通过继承 uuu_bootloader_tag 类，可以为指定 i.MX 硬件平台的 U-Boot 镜像添加大小标识，以便 UUU 下载工具识别镜像大小。其中，UUU_BOOTLOADER、UUU_BOOTLOADER_TAGGED 和 UUU_BOOTLOADER_UNTAGGED 变量通过条件语法（Overrides）机制，针对 mx6-generic-bsp 和 mx7-generic-bsp 机器类型分别指定带有标识和不带标识的 U-Boot 镜像文件名。由于未设置 mx8-generic-bsp 机器类型，该配置并不会应用于 8MPLUSLPD4-EVK 开发板。

追加部署任务

do_deploy()任务支持条件追加，根据构建环境中的 MACHINEOVERRIDES 动态调整。在当前环境中，由于 MACHINEOVERRIDES 包含 mx8m-generic-bsp，所以 do_deploy:append:mx8m-generic-bsp()被执行，用于部署启动相关文件，包括 u-boot-nodtb.bin、设备树二进制文件（DTB）和 C 运行时初始化文件（CRT.*），以完成系统启动文件的准备。

相反，由于 MACHINEOVERRIDES 未包含 mx93-generic-bsp，所以 do_deploy:append:mx93-generic-bsp()不会被触发。在适用的构建环境中，该任务仅处理 CRT.*文件的部署。

设置包架构和硬件平台

PACKAGE_ARCH 用于将包的目标架构设置为机器架构，确保生成的软件包与当前硬件平台的架构匹配。

COMPATIBLE_MACHINE 定义适配的硬件平台，例如 i.MX6、i.MX7、i.MX8 和 i.MX9 系列，用于限制菜谱文件仅在这些平台上构建，从而避免不兼容平台的构建错误。

11.4 定制层与镜像

在根据项目需求使用 Yocto 项目定制目标镜像时，第一步通常是创建自定义层，以便在不修改其他层的前提下灵活添加或修改组件和配置，并且便于后期升级和维护。接着，通过在自定义层中添加或修改菜谱和配置文件，定制出满足项目需求的目标镜像。

上一节我们已经详细介绍了 i.MX 平台 Yocto 项目元数据结构的关键知识，包括各元数据层的组成与功能、各类镜像菜谱以及 i.MX 硬件平台的内核和 Bootloader 相关的内容。这些知识为本节的项目实战奠定了基础。

本节将根据项目需求，在 11.1 节创建的 Yocto 项目源代码 imx-linux-scarthgap 目录的 sources 子目录下，创建自定义层 meta-imx-custom，并在初始化好的 build_Xwayland 构建环境中，添加该层。同时，根据需求添加 meta-browser 容器层下的 meta-chromium 浏览器层。此外，在 meta-imx-custom 层中，创建 imx-image-multimedia.bb 的追加菜谱文件，用于集成 Chromium 浏览器。最后，在 meta-imx-custom 层下为 Chromium 创建 Systemd 自动启动服务菜谱，使浏览器在系统启动后自动运行并打开 Yocto 项目官网首页。

11.4.1 创建 meta-imx-custom 层

创建自定义层往往是开发 Yocto 项目的第一步，使用元数据层操作工具 bitbake-layers 可以在 sources 目录下创建一个名为 meta-imx-custom 的层，具体命令和输出如下：

```
jerry@ubuntu:~/imx-linux-scarthgap/build_Xwayland$ bitbake-layers create-layer ../sources/meta-imx-custom
NOTE: Starting bitbake server...
Add your new layer with 'bitbake-layers add-layer  ../sources/meta-imx-custom'
```

新建层的目录结构查询命令和结构输出如下：

```
jerry@ubuntu:~/imx-linux-scarthgap/sources/meta-imx-custom$ tree
.
```

```
├── conf
│   └── layer.conf
├── COPYING.MIT
├── README
├── recipes-example
│   └── example
│       └── example_0.1.bb
```

完成层的创建之后，再把该层添加到当前构建环境 build_Xwayland 中，命令如下：

```
    jerry@ubuntu:~/imx-linux-scarthgap/build_Xwayland$ bitbake-layers add-layer ../
sources/meta-imx-custom/
    NOTE: Starting bitbake server...
```

执行完上述命令后，在构建环境的 conf/bblayers.conf 文件末尾可以找到以下代码：

```
    BBLAYERS += "/home/jerry/imx-linux-scarthgap/sources/meta-imx-custom"
```

11.4.2　创建追加菜谱文件

在完成自定义层的创建之后，为了定制 imx-image-multimedia.bb 镜像菜谱，在自定义层中添加其追加菜谱文件，可以在不修改原菜谱的情况下集成项目需求指定的组件和程序。

以下是 imx-image-multimedia.bb 镜像菜谱在 sources 目录下的路径：

```
    meta-imx/meta-imx-sdk/recipes-fsl/images/imx-image-multimedia.bb
```

根据以上路径，在 meta-imx-custom 层下，通过以下命令可以创建相应目录 recipes-fsl/images/和 imx-image-multimedia.bbappend 追加菜谱文件：

```
    jerry@ubuntu:~/imx-linux-scarthgap/sources/meta-imx-custom/$ mkdir -p recipes-images/
imx-image/
    jerry@ubuntu:~/imx-linux-scarthgap/sources/meta-imx-custom/$ touch recipes-images/
imx-image/imx-image-multimedia.bbappend
```

创建完追加菜谱文件后，在 meta-imx-custom 层下可以查看该.bbappend 类型的文件，命令和输出结果如下：

```
    jerry@ubuntu:~/imx-linux-scarthgap/sources/meta-imx-custom/recipes-fsl/images$ ls
    imx-image-multimedia.bbappend
```

11.4.3　集成 Chromium 浏览器

在 Yocto 项目中，浏览器元数据层（例如 meta-browser）提供了标准化工具和配置模板，以支持在嵌入式设备中高效集成现代浏览器（例如 Chromium 和 Firefox）。相较于传统 GUI 工具（例如 GTK+和 Qt），浏览器基于标准化的 Web 技术（例如 HTML5、CSS3 和 JavaScript），通过响应式设计实现界面自适应，并依托跨平台统一标准带来多设备的一致呈现。此外，浏览器无须编译即可运行，具备强大的运行时兼容性，同时对网络应用具有天然的适配优势。这些优势使浏览器在嵌入式设备应用中日益流行，同时，浏览器元数据层因其简便的集成流程和对主流浏览器的全面支持，在 Yocto 项目中得到了广泛应用。

11.4.3.1　meta-browser 层结构

meta-browser 层是由 Yocto 项目官方维护的容器层，包含 meta-chromium 和 meta-firefox 两个子元数据层，分别用于集成浏览器 Chromium 和 Firefox。

通过以下命令查看该层的目录结构：

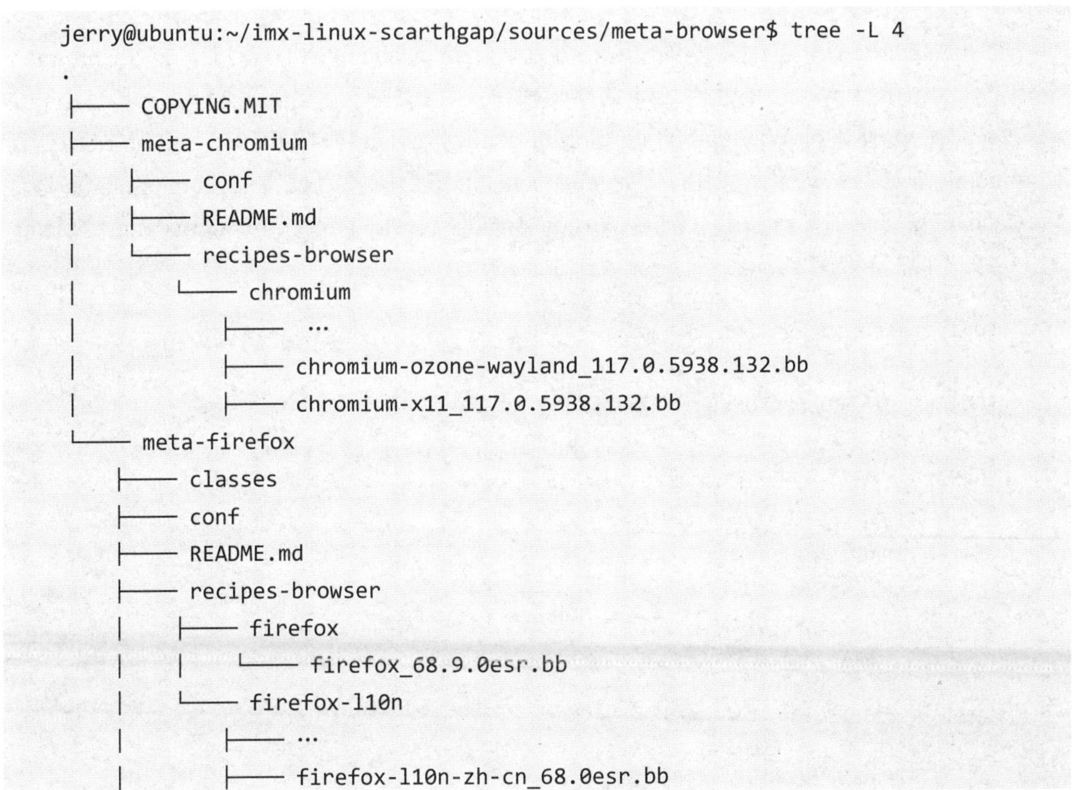

```
jerry@ubuntu:~/imx-linux-scarthgap/sources/meta-browser$ tree -L 4
.
├── COPYING.MIT
├── meta-chromium
│   ├── conf
│   ├── README.md
│   └── recipes-browser
│       └── chromium
│           ├──  …
│           ├── chromium-ozone-wayland_117.0.5938.132.bb
│           ├── chromium-x11_117.0.5938.132.bb
└── meta-firefox
    ├── classes
    ├── conf
    ├── README.md
    ├── recipes-browser
    │   ├── firefox
    │   │   └── firefox_68.9.0esr.bb
    │   └── firefox-l10n
    │       ├── …
    │       ├── firefox-l10n-zh-cn_68.0esr.bb
```

```
|       ├── firefox-l10n-zh-tw_68.0esr.bb
├── recipes-devtools
|   └── cbindgen
|       └── cbindgen_0.23.0.bb
└── scripts
    └── firefox-gen-l10n-recipes
```

从以上结构可以看出，meta-chromium 和 meta-firefox 子层下都有 recipes-browser 子目录，其中存放相应的浏览器菜谱文件。

在 meta-chromium 层中，chromium-ozone-wayland_117.0.5938.132.bb 和 chromium-x11_117.0.5938.132.bb 菜谱文件分别用于构建支持 Wayland 和 X11 协议图形后端的 Chromium 浏览器。

在 meta-firefox 中，firefox_68.9.0esr.bb 菜谱提供了对 Firefox 程序的构建支持，firefox-l10n 目录中的菜谱文件可实现多语言支持。

11.4.3.2　chromium 菜谱文件

在 meta-chromium 层中，提供了两种分别适配 Wayland 和 X11 窗口协议的 Chromium 菜谱文件。由于 Wayland 是替代 X11 的新一代协议，在性能、架构和安全性上具有显著优势，所以我们选择支持 Wayland 的 chromium-ozone-wayland_117.0.5938.132.bb 菜谱构建 Chromium 浏览器。此菜谱启用了 Ozone-Wayland 图形配置，使得 Chromium 能够适配 Wayland 窗口协议的图形后端（例如 Weston 合成器）。以下是 chromium-ozone-wayland_117.0.5938.132.bb 的代码内容：

```
require chromium-gn.inc

REQUIRED_DISTRO_FEATURES = "wayland"

DEPENDS += "\
        at-spi2-atk \
        virtual/egl \
        wayland \
        wayland-native \
"

GN_ARGS += "\
        ${PACKAGECONFIG_CONFARGS} \
```

```
        use_ozone=true \
        ozone_auto_platforms=false \
        ozone_platform_headless=true \
        ozone_platform_wayland=true \
        ozone_platform_x11=false \
        system_wayland_scanner_path="${STAGING_BINDIR_NATIVE}/wayland-scanner" \
        use_system_wayland_scanner=true \
        use_xkbcommon=true \
        use_system_minigbm=true \
        use_system_libdrm=true \
        use_system_libffi=true \
        use_gtk=false \
"

# The chromium binary must always be started with those arguments.
CHROMIUM_EXTRA_ARGS:append = " --ozone-platform=wayland"
```

以上内容包含以下核心功能。

- 引入通用配置：require 变量引入了 chromium-gn.inc 文件，为浏览器的构建提供了通用 GN 参数配置和工具链支持，可优化构建流程。
- 构建依赖：DEPENDS 变量指定构建依赖项，确保 Chromium 具备 Wayland 运行所需的依赖环境，包括 Wayland 客户端库、用于硬件加速的 virtual/egl，以及 at-spi2-atk 提供的无障碍访问支持。
- 特定 GN 参数：由 GN_ARGS 传递，添加指定的关键参数，用于优化 Chromium 在嵌入式环境中的性能。其中，use_ozone=true 启用 Ozone 图形抽象层，配合 ozone_platform_wayland=true 实现对 Wayland 环境的适配；ozone_platform_x11=false 禁用 X11 支持，减少内存和依赖开销。此外，use_system_libdrm=true 和 use_system_minigbm=true 启用系统级库，支持图形加速和缓冲管理，可进一步提升渲染效率。
- 启动配置：通过 CHROMIUM_EXTRA_ARGS 参数添加--ozone-platform=wayland，确保 Chromium 启动时锁定 Ozone-Wayland 图形后端，从而能够高效适配 Wayland 显示服务器（例如 Weston）。

11.4.3.3 集成 chromium 菜谱

在理解了 chromium-ozone-wayland 菜谱的配置后，使用 IMAGE_INSTALL 将其直接添加到 imx-image-multimedia.bb 菜谱中，以便 Chromium 软件包自动包含在最终生成的镜像中。相比于手动构建 Chromium 并将其拷贝到开发板，这种方法更为灵活和高效，更适用于自动化镜像构建场景。

在自定义层 meta-imx-custom 的 recipes-fsl/images/imx-image-multimedia.bbappend 文件中添加以下指令：

```
IMAGE_INSTALL += "chromium-ozone-wayland"
```

此配置确保无须修改 imx-image-multimedia.bb 的原始文件，就可以自动将 Chromium 集成到 imx-image-multimedia 目标镜像中。

11.4.4　添加 Systemd 服务

在项目开发中，为了实现特定应用程序或服务进程在系统启动时自动运行，并在关机时自动停止，可以通过配置 Systemd 服务来实现自动化管理和资源优化。在配置相关功能之前，应确保根文件系统使用的是 Systemd 作为系统管理器。以下内容将首先检查并确认系统的初始化管理器，然后通过添加和配置 Systemd 服务，实现 Chromium 浏览器的自动启动。

11.4.4.1　查看系统管理器

在 9.4.4 节中，我们详细讲解了 Poky 中与系统管理器相关的配置。Poky 的默认配置使用 SysVinit 作为系统管理器，其相关配置存储在 meta/conf/distro/include/init-manager-sysvinit.inc 文件中。而在 NXP Git 仓库的 imx-linux-scarthgap 分支中，同样通过 POKY_INIT_MANAGER 变量设置系统管理器为 Systemd。此配置位于 meta-imx-sdk 层的/conf/distro/include/fsl-imx-preferred-env.inc 文件中。通过以下代码，可将 POKY_INIT_MANAGER 的值设置为 systemd：

```
POKY_INIT_MANAGER = "systemd"
```

在构建环境中，如果 DISTRO 变量指定的发行版配置文件为 fsl-imx-xwayland.conf，且该配置文件已包含 fsl-imx-preferred-env.inc，则 POKY_INIT_MANAGER 的值会被设置为 systemd。此设置将间接修改 VIRTUAL-RUNTIME_init_manager 和 DISTRO_FEATURES 变量，以支持 Systemd 系统管理器。要确认这些变量的最终值，可通过以下命令进行查看：

```
jerry@ubuntu:~/yocto-imx/imx-linux-scarthgap/build_xwayland$ bitbake -e | grep -E
"^(DISTRO_FEATURES=|DISTRO_FEATURES_BACKFILL_CONSIDERED=|VIRTUAL-RUNTIME_
init_manager=)"
```

以上命令会产生下面的输出：

```
    DISTRO_FEATURES=" x11 gtk+3 virtualization x11 wayland pam systemd usrmerge
gobject-introspection-data ldconfig"
    DISTRO_FEATURES_BACKFILL_CONSIDERED=" sysvinit"
    VIRTUAL-RUNTIME_init_manager="systemd"
```

从以上输出可以看出，DISTRO_FEATURES 变量的最终值包含 systemd，并去除了 sysvinit，因此在构建过程中只会安装与Systemd相关的软件包。同时，VIRTUAL-RUNTIME_init_manager 的最终值被设置为 systemd，目标文件系统将使用 Systemd 系统管理器来管理系统进程，包括 init 进程。

11.4.4.2 创建 Systemd 服务文件

在配置好 Systemd 系统初始化管理器后，为确保系统启动后自动运行 Chromium 应用程序，需要创建一个名为 chromium.service 的服务文件。该文件利用 Systemd 在 Weston 显示服务器启动后启动 Chromium，并将初始页面设置为 Yocto 项目官网首页。

以下是 chromium.service 文件的完整配置：

```
    [Unit]
    Description="Chromium service automatically booting Chromium APP"
    After=weston.service

    [Service]
    Environment=XDG_RUNTIME_DIR=/run/user/0
    Environment=WAYLAND_DISPLAY=wayland-1
    ExecStart=/bin/bash -c "chromium --no-sandbox --disable-default-apps
www.***project.com"

    [Install]
    WantedBy=multi-user.target
```

以上为 Systemd 服务文件的相关配置，关键内容说明如下。

[Unit]段：通过 After=weston.service 指定 chromium.service 在 weston.service 启动完成后再启动，确保启动 Chromium 时显示服务器已就绪。

[Service]段：ExecStart 指定启动 Chromium 程序并设置 Yocto 项目官网首页为初始页面，Environment 配置了 XDG_RUNTIME_DIR 和 WAYLAND_DISPLAY 变量，确保 Chromium 正确地运行于 Wayland 显示环境。

[Install]段：WantedBy=multi-user.target 配置服务在多用户模式下自动运行。

这些配置确保 Chromium 在系统启动后按预期自动运行，加载指定初始页面，并满足其对 Wayland 图形环境的依赖。

11.4.4.3　创建 chromium-service.bb 菜谱

在完成 chromium.service 服务文件的创建，并确认当前构建环境使用 Systemd 作为系统初始化管理器后，下一步便是创建指定的 chromium-service.bb 菜谱，再将 chromium.service 安装到目标系统的指定位置，并配置其在系统启动后自动启动。

在 meta-imx-custom 层中，创建 recipes-browser/chromium/files 目录，将 chromium.service 文件添加到 files 目录下。随后，在 recipes-browser/chromium 目录中创建 chromium-service.bb 菜谱文件，添加以下代码：

```
    SUMMARY = "Create a systemd service to automatically open chromium app after system
booting"
    LICENSE = "CLOSED"

    SRC_URI = "file://chromium.service"

    inherit systemd

    do_install() {
        if [ "${@bb.utils.contains('MACHINE', 'imx8mp-lpddr4-evk','true', 'false',
d)}" ]; then
            install -Dm 0644 ${WORKDIR}/chromium.service ${D}${systemd_system_unitdir}/
chromium.service
        fi
    }

    FILES:${PN} += "${systemd_system_unitdir}/chromium.service"

    SYSTEMD_SERVICE:${PN} = "chromium.service"
    SYSTEMD_AUTO_ENABLE = "enable"
```

以上代码主要用于定义 chromium.service 服务的安装路径和自动启动功能，详细描述如下。

- SUMMARY 和 LICENSE：概述菜谱功能，并指定许可证。
- SRC_URI：指明构建过程中 chromium.service 文件的来源，即在 recipes-browser/chromium/files 目录下。

- inherit systemd：启用 systemd 类，自动加载相关通用配置和功能。
- do_install：在 do_install 任务中，通过 install 命令将 chromium.service 文件安装到目标系统的 systemd 单元目录，且仅在目标机器 imx8mp-lpddr4-evk 上执行，以保证配置的适用性。
- FILES:${PN}：将服务文件添加到打包内容中，以确保它被包含在构建的镜像中。
- SYSTEMD_SERVICE 和 SYSTEMD_AUTO_ENABLE：指定服务文件名，并设置在系统启动时自动运行。

以上代码确保了 chromium.service 在系统启动时能够自动运行 Chromium 浏览器，并将首页设置为 Yocto 项目官方网页。

11.4.4.4　meta-imx-custom 层结构

完成 chromium-service.bb 菜谱的创建后，需要在 imx-image-multimedia.bbappend 追加菜谱中添加以下代码，将 Chromium 浏览器的 Systemd 服务集成到最终目标镜像中：

```
IMAGE_INSTALL += "chromium-service"
```

在完成 meta-imx-custom 层的所有配置和文件添加后，该层的最终目录结构如下所示：

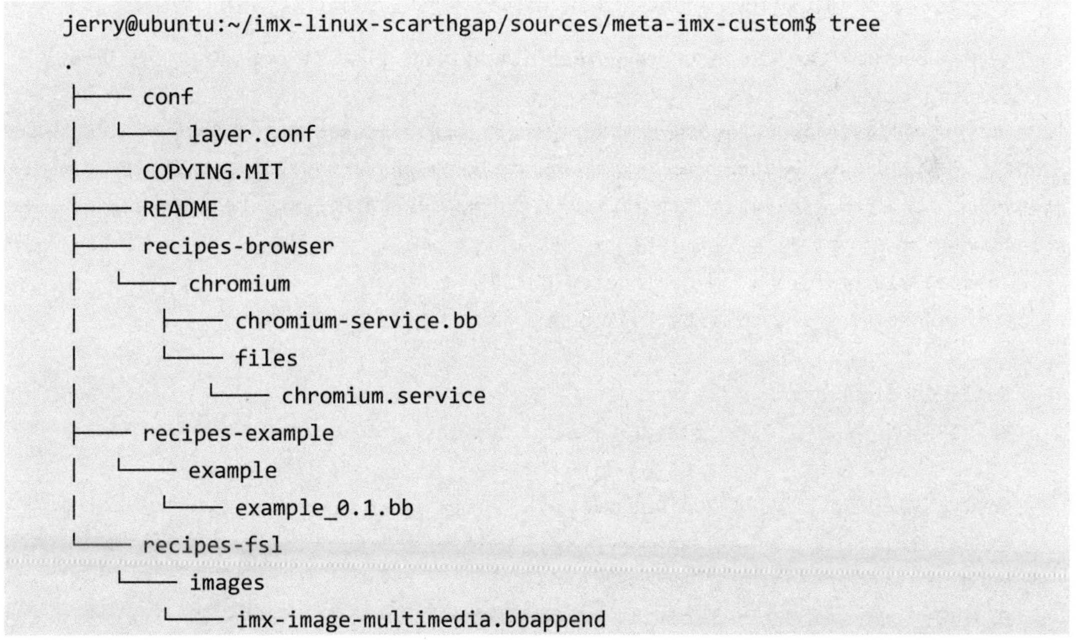

```
jerry@ubuntu:~/imx-linux-scarthgap/sources/meta-imx-custom$ tree
.
├── conf
│   └── layer.conf
├── COPYING.MIT
├── README
├── recipes-browser
│   └── chromium
│       ├── chromium-service.bb
│       └── files
│           └── chromium.service
├── recipes-example
│   └── example
│       └── example_0.1.bb
└── recipes-fsl
    └── images
        └── imx-image-multimedia.bbappend
```

此目录结构展示了一个典型软件层的组织方式，支持嵌入式系统的功能扩展和定制化需求。通过在 imx-image-multimedia.bbappend 追加菜谱中安装 Chromium 浏览器程序和 chromium-service 服务，并在 chromium-service.bb 菜谱中配置 chromium.service 文件，最终完成了 Chromium 浏览器及其 Systemd 服务的集成。这些配置可以确保 Chromium 浏览器在镜像构建过程中正确集成，并在系统启动时自动运行。

11.5　构建镜像与部署验证

在完成 meta-imx-custom 层的配置后，本节将继续构建目标镜像，并使用 NXP 官方推荐的 UUU 工具将镜像部署至 8MPLUSLPD4-EVK 开发板。镜像部署完成后，我们将启动开发板，验证 Chromium 浏览器的自动启动及其对 Yocto 项目网页加载的效果。

11.5.1　构建目标镜像

首次运行 BitBake 指令构建 imx-image-multimedia 目标镜像时，需要从远程获取镜像所需的源代码、工具链及相关依赖项。这一过程可能耗时较长，建议构建主机保持网络连接稳定。

在构建环境正确初始化后，可以使用以下命令来构建目标镜像和相应输出：

```
    jerry@ubuntu:~/imx-linux-scarthgap/build_xwayland$ bitbake imx-image-multimedia
    Loading cache: 100%
|#######################################################################################
########################################################################################
########################################################################################
####################| Time: 0:00:06
    Loaded 5719 entries from dependency cache.
    NOTE: Resolving any missing task queue dependencies

    Build Configuration:
    BB_VERSION           = "2.8.0"
    BUILD_SYS            = "x86_64-linux"
    NATIVELSBSTRING      = "universal"
    TARGET_SYS           = "aarch64-poky-linux"
    MACHINE              = "imx8mp-lpddr4-evk"
    DISTRO               = "fsl-imx-xwayland"
    DISTRO_VERSION       = "6.6-scarthgap"
    TUNE_FEATURES        = "aarch64 armv8a crc crypto"
```

```
TARGET_FPU           = ""
meta
meta-poky            = "HEAD:f43f393ef0246b7bee6eed8bcf8271cf2b8cdf40"
meta-oe
meta-multimedia
meta-python          = "HEAD:80e01188fa822d87d301ee71973c462d7a865493"
meta-freescale       = "HEAD:0f8091c63dd8805610c09b08409bc58492a3b16f"
meta-freescale-3rdparty = "HEAD:6c063450d464eb2f380443c7d9af1b94ce9b9d75"
meta-freescale-distro = "HEAD:b9d6a5d9931922558046d230c1f5f4ef6ee72345"
meta-imx-bsp
meta-imx-sdk
meta-imx-ml
meta-imx-v2x         = "HEAD:6bbf35e73f1b537b19be830462af87a3bd68e1ab"
meta-nxp-demo-experience = "HEAD:8fd7154c05b716e9635279047f65785399432d88"
meta-nxp-openthread  = "HEAD:783becb4b5716d989f50db95b7133d38eae5b47b"
meta-arm
meta-arm-toolchain   = "HEAD:1b85bbb4cab9658da3cd926c62038b8559c5c64e"
meta-clang           = "HEAD:fe561f41aef0cff9e6f96730ab59f28dca2eb682"
meta-gnome
meta-networking
meta-filesystems     = "HEAD:80e01188fa822d87d301ee71973c462d7a865493"
meta-qt6             = "HEAD:dc13e1bfda4a4757a08c2d6673bc4bac012c4a80"
meta-parsec
meta-tpm             = "HEAD:11ea91192d43d7c2b0b95a93aa63ca7e73e38034"
meta-virtualization  = "HEAD:6a80f140e387621f62964209a2e07d3bcfb125ce"
meta-chromium        = "HEAD:dc31889c0899971def535dc1c040edf18bc16691"
meta-imx-custom      = "<unknown>:<unknown>"

Sstate summary: Wanted 8 Local 6 Mirrors 0 Missed 2 Current 6689 (75% match, 99%
complete)###########################################################################
#####################################################################################
##############                          | ETA:  0:00:02
Initialising tasks: 100%
|####################################################################################
#####################################################################################
#####################################################################################
##############| Time: 0:00:51
```

```
    NOTE: Executing Tasks
    NOTE: Tasks Summary: Attempted 13387 tasks of which 13387 didn't need to be rerun
and all succeeded.
```

在完成以上构建指令后，将在构建输出目录 tmp/deploy/images/imx8mp-lpddr4-evk 下生成目标镜像的相关文件。使用以下命令可以查看生成的文件及相应输出：

```
    jerry@ubuntu:~/yocto-imx/imx-linux-scarthgap/build_xwayland/tmp/deploy/images/
imx8mp-lpddr4-evk$ ls imx-image-multimedia-imx8mp-lpddr4-evk.rootfs.*
    imx-image-multimedia-imx8mp-lpddr4-evk.rootfs.manifest
    imx-image-multimedia-imx8mp-lpddr4-evk.rootfs.tar.zst
    imx-image-multimedia-imx8mp-lpddr4-evk.rootfs.wic.bmap
    imx-image-multimedia-imx8mp-lpddr4-evk.rootfs.spdx.tar.zst
    imx-image-multimedia-imx8mp-lpddr4-evk.rootfs.testdata.json
    imx-image-multimedia-imx8mp-lpddr4-evk.rootfs.wic.zst
```

以上与目标镜像相关的文件类型的用途描述如下。

- .manifest：包含镜像中所有软件包和文件的清单，用于验证内容及检查。
- .tar.zst：压缩的根文件系统，可用于将文件系统解压并应用到其他环境。
- .wic.bmap：镜像的分区映射文件，配合.wic 文件使用。与 bmaptool 工具一起使用时，可以优化传输和写入速度。
- .spdx.tar.zst：SPDX 格式的压缩包，包含软件许可与合规信息，用于合规检查。
- .testdata.json：包含镜像生成过程中的测试数据，通常用于验证文件系统和组件的正确性。
- .wic.zst：压缩的设备镜像文件，主要用于直接部署，是目标设备安装的核心文件。

在这些文件中，.wic.zst 类型的文件为主要的压缩后的设备镜像文件，可以使用 UUU 和 bmaptool 等工具将其部署到开发板上运行。

11.5.2　搭建部署环境

构建完成.wic.zst 类型的压缩镜像后，将镜像下载到 8MPLUSLPD4-EVK 开发板的 eMMC 存储之前，需要在开发板上设置处理器启动模式，并生成用于 UUU 工具的下载文件。本节将详细讲解 i.MX 处理器的启动模式及 UUU 工具的使用方法，并完成主机上的部署环境配置，为下一节的镜像下载和验证奠定基础。

11.5.2.1 i.MX 启动模式

在讲解 UUU 工具之前，先来介绍 NXP 的 8MPLUSLPD4-EVK 开发板的启动模式。该开发板配备了四个启动配置开关（SW4[1-4]），通过不同组合可以设置 9 种启动模式，指定设备在上电或复位后从特定的存储设备启动。这些模式开关通过电平状态（高电平或低电平）来配置处理器启动模式，灵活选用启动源。以下内容将概述 i.MX 处理器启动模式的工作原理及常用配置。

启动模式的基本原理

i.MX 系列处理器内置启动 ROM（Boot ROM）。在设备上电或重启时，启动 ROM 会根据指定 GPIO 引脚的状态（这些引脚通过开发板上的模式设置开关进行控制），确定从哪种存储设备（如 eMMC、SD 卡、NAND、USB 等）加载 Bootloader（初始引导程序）。通过调整模式设置开关，可以灵活选择启动源，方便满足开发、生产和维护需求，提升系统的适应性与可靠性。

常用启动模式

8MPLUSLPD4-EVK 开发板的 SW4[1-4]开关通过控制开关状态（高电平/低电平）形成 0000 到 1111 的二进制组合，每种组合通常对应一种启动模式，从而决定开发板上电或复位后从哪个存储设备启动。以下是常用的启动模式及其对应的二进制组合。

- 熔丝配置启动（Boot From Fuses）（0000）：基于熔丝的预设配置选择启动存储设备，适合已固化的生产环境，不需要频繁更改启动源。
- USB 串行下载模式（USB Serial Download Mode）（0001）：通过 USB 接口接收主机指令，适用于系统恢复和固件更新，尤其适合在系统损坏或无操作系统的情况下使用。
- USDHC3（eMMC Boot）（0010）：从 eMMC 启动，通常是量产阶段的默认配置，确保系统稳定运行。eMMC 作为嵌入式存储设备，提供了高可靠性。
- USDHC2（SD Boot）（0011）：从外部 SD 卡启动，适合在开发阶段快速加载不同版本的系统，支持测试和调试需求。
- NAND 启动（8 位）（0100/0101）：从 8 位 NAND 闪存启动，适合有大容量存储需求的嵌入式应用。
- QSPI 启动（QSPI Boot）（0110/0111）：从 QSPI 存储启动，适用于需要较快启动速度的应用场景。例如，实时系统和快速启动应用。
- eCSPI 启动（eCSPI Boot）（1000）：从 eCSPI 设备启动，通常用于特定的开发需求或实验性配置。

这些启动模式提供了多样化的启动配置，开发人员可以根据开发、生产或维护的具体需求，选择适合的存储设备启动方式，从而提高系统在不同应用场景中的灵活性。

11.5.2.2　UUU 工具

UUU（Universal Update Utility），又称 mfgtools 3.0，是 NXP 推出的一款高效的镜像部署工具，专为基于 i.MX 系列的嵌入式设备设计。该工具支持跨平台运行，可在 Linux、Windows 和 macOS 系统上使用，通过 USB 接口轻松部署 Bootloader 和系统镜像（如 WIC 文件），并在各平台上保持一致的功能和用法，显著简化了部署流程。

UUU 安装指南

UUU 支持 Linux、Windows 和 macOS 三大主流操作系统，可以从 GitHub 的 UUU 发布页面（网址参见链接 13）下载适配文件，包括可执行的二进制文件、源代码和使用手册。发布页面同时提供最新版本和历史版本，用户可根据需求选择适配的版本。

对于当前最新的 UUU 版本（1.5.182），本书基于 Ubuntu 22.04 主机系统环境，详细介绍 UUU 的安装方法及实战操作步骤。

由于 UUU 依赖 libusb、zlib 和 libbz2 库，在安装 UUU 之前，需确保这些库都已安装。可以通过以下命令进行安装：

```
$ sudo apt-get install libusb-1.0.0-dev zlib1g-dev libbz2-dev
```

通过以上命令完成依赖库的安装后，可以直接从 UUU 发布页面下载名为“uuu”的可执行文件，并将其放置在 Ubuntu 系统的/usr/bin 目录下，以便实现全局调用。另外，也可以通过编译源代码来生成UUU 的可执行文件。以下是从 Git 仓库下载源代码并编译的步骤：

```
$ git clone https://***.com/NXPmicro/mfgtools.git
$ cd mfgtools
$ cmake .
$ make
```

编译完成后，生成的 uuu 可执行文件将位于源代码 mfgtools 目录下的 uuu 子目录中。可以通过运行以下指令，查看版本信息及使用方法：

```
mfgtools$ ./uuu/uuu -h
uuu (Universal Update Utility) for nxp imx chips -- libuuu_1.5.182-0-gda3cd53
…
```

UUU 指令示例

UUU 是一个命令行工具，通过命令完成 Bootloader 或镜像的部署。表 11-4 列出了一些常见的 UUU 工具指令的用法示例和说明。

表 11-4 UUU 用法示例及说明

指令示例	作用说明
uuu bootloader	下载并启动指定的引导加载程序（如 u-boot.imx 或 flash.bin）到开发板，通过 USB 接口加载并启动设备
uuu -b emmc bootloader	将引导加载程序（如 u-boot.imx 或 flash.bin）写入 eMMC 启动分区，以实现从 eMMC 启动设备
uuu -b qspi qspi_bootloader	将指定的 QSPI 引导镜像写入 QSPI 闪存，用于从 QSPI 闪存启动的设备
uuu -b emmc_all bootloader rootfs.sdcard	将完整的引导加载程序和根文件系统镜像写入 eMMC，实现从 eMMC 启动完整系统
uuu -b emmc_all bootloader rootfs.sdcard.bz2	解压并将压缩格式的根文件系统镜像写入 eMMC，用于优化存储空间
uuu -b emmc_all rootfs.wic.bz2	将压缩的根文件系统镜像（不包含引导加载程序）解压并写入 eMMC，仅用于更新根文件系统
uuu L4.9.123_2.3.0_8mm-ga.zip	将打包的发布镜像文件（如 L4.9.123_2.3.0_8mm-ga.zip）写入 eMMC，适用于系统的批量镜像更新

UUU 脚本文件

在复杂的镜像部署任务中，UUU 脚本通过自动化部署步骤可显著提升效率。脚本文件将多步操作整合为有序指令，一次执行即可完成整个流程，避免逐条输入命令的烦琐操作。

运行 UUU 脚本时，如果不指定脚本名称，UUU 工具会默认在指定目录下查找并执行名为 uuu.auto 的脚本文件。例如，通过以下命令可以运行默认脚本文件 uuu.auto：

```
$ uuu .
```

如果需要运行其他脚本文件，则需要显式指定脚本的名称和路径，例如：

```
$ uuu ./<script_name>
```

标准的 UUU 脚本文件通常包含以下两部分：版本声明和命令格式。

版本声明

脚本首行通常为版本声明，用于指定运行该脚本所需的最低 UUU 工具版本。格式如下：

```
uuu_version 1.0.1
```

在此示例中，1.0.1 表示脚本要求的系统环境中 UUU 工具的最低版本为 1.0.1。如果当前工具版本低于此要求，UUU 将不会执行脚本，需要确保工具与脚本兼容。

命令格式

版本声明之后，脚本的其他内容均为命令行，每条命令行的基本格式如下：

```
PROTOCOL: CMD
```

表 11-5 简要说明了命令的组成和常见用法。

表 11-5　UUU 脚本命令语法

参　数	描　述
PROTOCOL	指定所使用的协议，定义操作执行方式。常见的协议包括如下几项。 SDP（串行下载协议）：主要用于设备首次引导，通过 USB 连接传输引导加载程序并初始化设备。 SDPS（扩展串行下载协议）：SDP 的增强版本，通常用于更复杂的初始化任务，比如有额外配置需求。 FB（Fastboot 协议）：用于快速文件传输和系统更新，如写入引导加载程序或系统镜像。 USB（通用 USB 协议）：适用于各种操作，如设备检测和固件烧录
CMD	在指定协议下执行的指令。例如如下指令。 write -f <filename>：将指定文件写入设备。 jump：跳转至特定位置以启动引导操作

UUU 示例脚本

以下是一个典型的 UUU 脚本示例，用于 i.MX6 和 i.MX7 设备的 U-Boot 引导，也利于我们理解 UUU 脚本文件的用法：

```
uuu_version 1.0.1
SDP: dcd -f u-boot.imx
SDP: write -f u-boot.imx -ivt 0
SDP: jump -f u-boot.imx -ivt 0
```

下面是指令的详细解释。

- SDP: dcd -f u-boot.imx：下载并配置控制数据（DCD），完成设备的初始化。
- SDP: write -f u-boot.imx -ivt 0：将 u-boot.imx 写入设备的内存区域，其中-ivt 0 参数指定了从初始地址 0 开始写入。
- SDP: jump -f u-boot.imx -ivt 0：跳转到内存中已加载的 U-Boot 入口地址，其中-ivt 0 参数用于指定初始跳转位置。

这类脚本通过将初始化和引导步骤整合到单个脚本中，使复杂的设备初始化和镜像部署操作得以高效完成。它不仅简化了操作流程，还通过自动化操作减少了手动操作可能引发的错误，进而提升了部署效率，并保证了操作的完整性。

11.5.2.3 搭建主机系统环境

在讲解完 i.MX 处理器的启动模式和 UUU 工具的基础知识后，本节将在本书使用的 Ubuntu 22.04 主机环境中配置部署镜像所需的系统环境，包括安装必要的软件包，准备 Bootloader 文件和目标 WIC 镜像文件，以及编写用于镜像部署的 uuu.auto 脚本，为后续的设备引导和镜像烧录做好准备。

主机系统环境搭建

在开始镜像下载之前，需要先搭建主机环境。这里继续使用 Ubuntu 22.04 系统（可以是其他 Linux 系统）。使用以下命令创建 uuu-imx 目录存放 UUU 工具及相关镜像文件：

```
jerry@ubuntu:~$ mkdir uuu-imx
jerry@ubuntu:~$ cd uuu-imx/
```

接着，根据前面 11.5.2.2 节的说明，下载系统兼容的 UUU 可执行文件，并放入该目录下（也可以是/usr/bin 目录）。最后，通过运行以下命令验证工具是否安装成功：

```
jerry@ubuntu:~/uuu-imx$ ./uuu -h
uuu (Universal Update Utility) for nxp imx chips -- libuuu_1.5.182-0-gda3cd53
…
```

准备 WIC 镜像文件

完成 uuu-imx 目录创建后，将前面生成的构建输出目录（tmp/deploy/images/imx8mp-lpddr4-evk）中.wic.zst 格式的目标镜像文件（非符号链接文件）复制到 uuu-imx 目录中。然后，使用 unzstd 命令解压该压缩文件，解压后会生成.wic 文件，用于镜像烧录。具体命令和相关输出信息如下：

```
    jerry@ubuntu:~/uuu-imx$ cp /home/jerry/imx-linux-scarthgap/build_Xwayland/tmp/
deploy/images/imx8mp-lpddr4-evk/imx-image-multimedia-imx8mp-lpddr4-evk.rootfs-
20241101113522.wic.zst  ./
    jerry@ubuntu:~/uuu-imx$ unzstd -d imx-image-multimedia-imx8mp-lpddr4-evk.rootfs-
20241031095649.wic.zst
    imx-image-multimedia-imx8mp-lpddr4-evk.rootfs-20241031095649.wic.zst:
6700728320 bytes
     jerry@ubuntu:~/uuu-imx$ ls -al imx-image-multimedia-imx8mp-lpddr4-evk.rootfs-
20241031095649.wic
```

```
-rwxrw-r-- 1 jerry jerry 6700728320 Nov 3 01:32 imx-image-multimedia-imx8mp-lpddr4-evk.rootfs-20241031095649.wic
```

准备 Bootloader 文件

在完成 WIC 镜像文件的准备后，还需要一个 Bootloader 文件，用于镜像部署时的临时启动操作。我们可以直接从目标镜像的构建输出目录（tmp/deploy/images/imx8mp-lpddr4-evk）中查找与目标镜像匹配的 Bootloader 文件，也可以从官方渠道下载适配于特定开发板的 Bootloader 文件。

以下命令将从构建输出目录拷贝匹配的 U-Boot 文件到 uuu-imx 目录，用于镜像部署：

```
jerry@ubuntu:~/uuu-imx$ cp /home/jerry/imx-linux-scarthgap/build_Xwayland/tmp/deploy/images/imx8mp-lpddr4-evk/imx-boot-imx8mp-lpddr4-evk-sd.bin-flash_evk ./
```

创建 uuu.auto

在准备好设备的引导加载程序和镜像文件之后，需要创建 UUU 脚本文件执行相关部署。通过以下命令在 uuu-imx 目录下，创建一个名为 uuu.auto 的脚本文件：

```
jerry@ubuntu:~/uuu-imx$touch uuu.auto
```

完成创建后，使用编辑器（例如 nano 或 vim）编辑该脚本文件，添加以下内容来启动 U-Boot，并将 WIC 镜像文件写入开发板的 eMMC 存储设备：

```
uuu_version 1.5.182

SDPS: boot -f imx-boot-imx8mp-lpddr4-evk-sd.bin-flash_evk

FB: ucmd setenv fastboot_dev mmc
FB: ucmd setenv mmcdev ${emmc_dev}
FB: ucmd mmc dev ${emmc_dev}
FB: flash -raw2sparse all imx-image-multimedia-imx8mp-lpddr4-evk.rootfs-20241031095649.wic
FB: done
```

以下是对该脚本的说明。

- 版本声明：uuu_version 1.5.182 设定 UUU 工具的最低版本要求为 1.5.182，以确保脚本的兼容性。
- 加载 Bootloader：通过 SDPS 协议和 boot-f 命令将 imx-boot-imx8mp-lpddr4-evk-sd.bin-

flash_evk 文件加载到内存中，完成硬件初始化并准备好 Fastboot 环境。

- 配置与烧录镜像：通过 FB 协议块设置 Fastboot 环境变量，选择 eMMC 设备（${emmc_dev}作为占位符变量），然后使用 flash -raw2sparse 指令将.wic 镜像文件写入选择的 eMMC 设备。

部署环境目录结构

在 uuu-imx 目录中准备好用于部署的 UUU 工具、uuu.auto 脚本、设备引导程序和 WIC 镜像文件后，其最终结构如下：

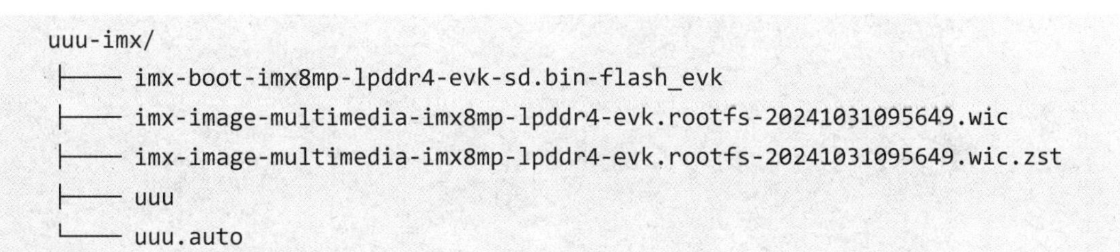

```
uuu-imx/
├── imx-boot-imx8mp-lpddr4-evk-sd.bin-flash_evk
├── imx-image-multimedia-imx8mp-lpddr4-evk.rootfs-20241031095649.wic
├── imx-image-multimedia-imx8mp-lpddr4-evk.rootfs-20241031095649.wic.zst
├── uuu
└── uuu.auto
```

目录中的.wic.zst 文件在解压后可以删除，以释放存储空间。uuu 可执行文件也可以移至/usr/bin 目录，以便系统全局调用。此处将其保留在 uuu-imx 目录中，是为了保持部署环境的独立性及整体结构的完整性。

11.5.3　启动硬件与验证

在准备好主机系统的 uuu-imx 目录和必要部署文件后，下一步是搭建开发板的硬件环境：连接主机系统（本书使用 Ubuntu 22.04）与开发板的 UART 端口和 UUU 下载端口，连接开发板与显示器，并为开发板连接网络（旨在访问 Yocto 项目官网）。完成硬件和部署环境的准备后，通过主机系统将镜像下载到开发板的 eMMC 中，并验证镜像的部署和启动是否成功。

11.5.3.1　搭建硬件部署环境

为了成功进行镜像下载和调试，需要完成图 11-2 所示的硬件连接设置。

- 连接 Type-C 端口 0（电源）：该端口为整个开发板供电。
- 将 USB Micro-B 调试端口连接到主机系统：通过该端口与开发主机连接，用于串口调试输出。使用适配开发主机的串口调试工具（如 Windows 的 PuTTY 或 Ubuntu 的 Minicom），可以监视启动过程并获取调试信息。

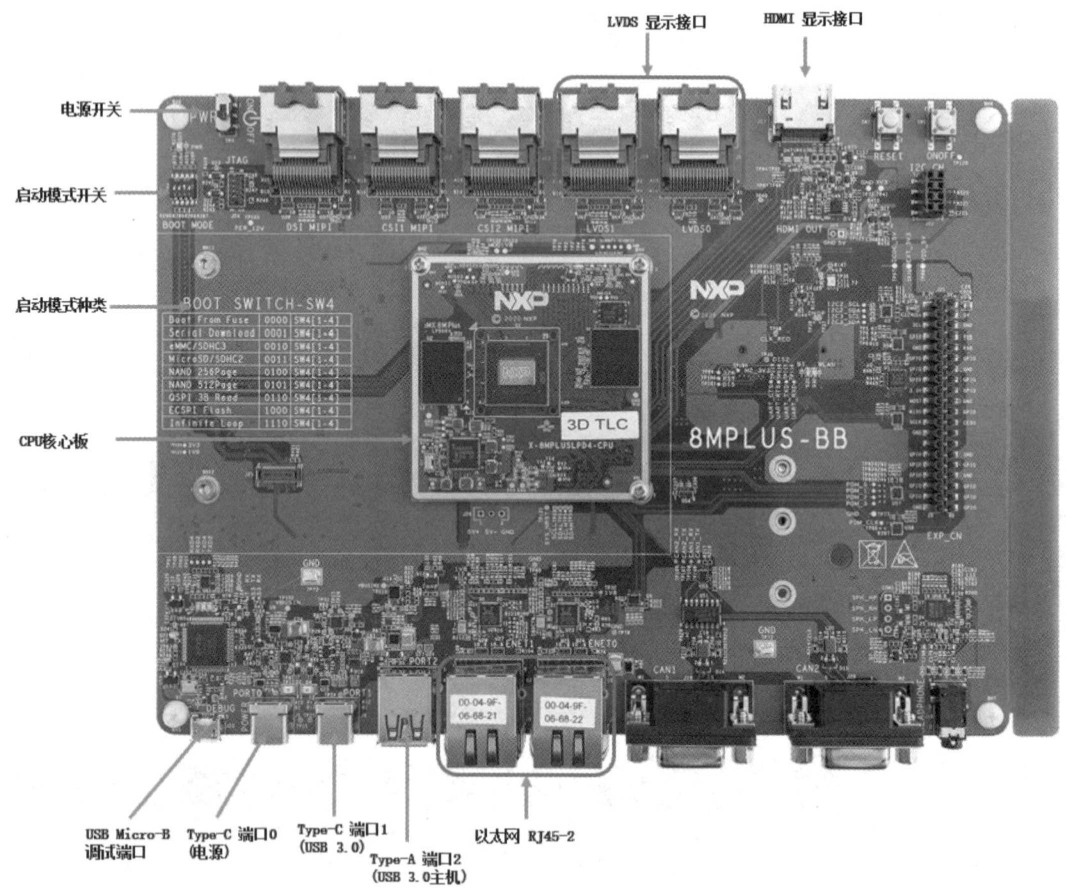

图 11-2　8MPLUSLPD4-EVK 开发板关键接口配置

- 连接 Type-C 端口 1：通过该端口连接到开发主机（本书为构建主机 Ubuntu 22.04），用于 eMMC 镜像的下载和数据传输。
- 连接显示接口（HDMI 或 LVDS）：使用 HDMI 接口连接到外部显示器，或通过 LVDS 接口连接到兼容的显示屏。
- 连接以太网接口 RJ45-2：将开发板上的任意一个以太网 RJ45-2 接口连接到因特网，以便访问外部网络（此处用于访问 Yocto 项目官网）。

以上连接完成后，硬件环境将支持开发板的电源供给、串口调试、镜像下载、显示输出和网络访问，为镜像的下载和系统启动调试提供完整支持。

11.5.3.2　镜像下载

在完成硬件部署环境的搭建后，根据图 11-3 中的启动模式开关（SW4[1-4]），将其配置为串口下载模式（0001），为使用 UUU 工具进行镜像下载做好准备。

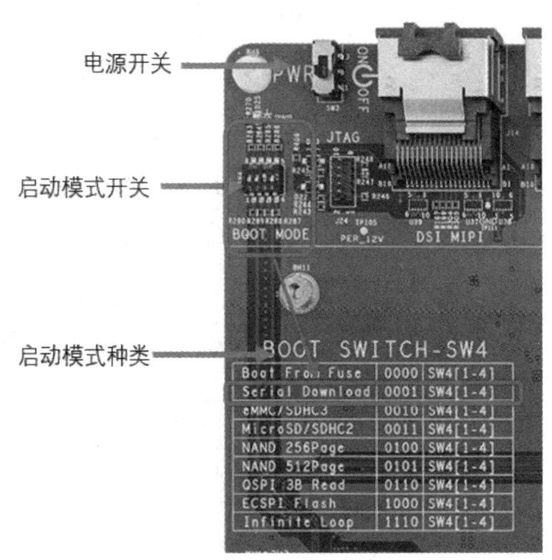

图 11-3　8MPLUSLPD4-EVK 开发板串口下载模式启动

设置启动模式为串口下载模式后，将电源开关拨至 ON 状态，给开发板上电。然后在开发主机中进入 uuu-imx 目录，执行以下命令：

```
jerry@ubuntu:~/uuu-imx$ sudo ./uuu .
```

在命令执行完后，若出现以下输出结果，表明 imx-image-multimedia 目标镜像已成功下载至开发板的 eMMC 存储设备中。

```
uuu (Universal Update Utility) for nxp imx chips -- libuuu_1.5.182-0-gda3cd53

Success 1    Failure 0


3:21-182B680 1/ 1 [=================100%=================] _evk
4:1-182B6800 5/ 5 [Done                                     ] FB: done
```

11.5.3.3　验证系统信息

在完成镜像下载之后，根据图 11-4 所示，设置开发板上的启动模式开关为 eMMC/SDHC3 启动（0010），以便从 eMMC 启动系统。

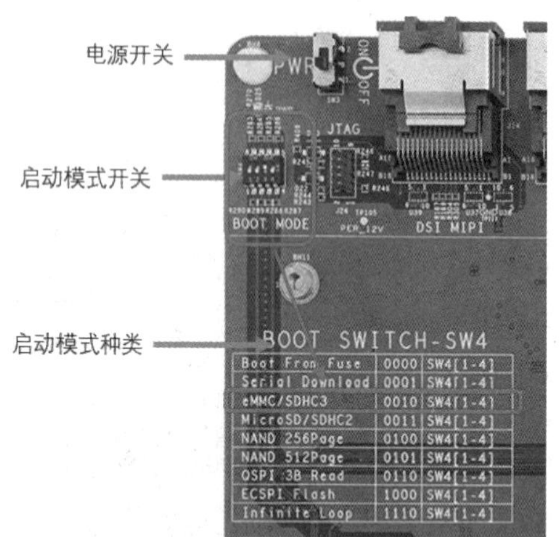

图 11-4　eMMC 启动模式

在开发主机上启动适合的串口调试工具（如 Windows 系统的 PuTTY 或 Ubuntu 系统的 Minicom），配置连接开发板的指定串口端口，并将工具参数设置为波特率 115200、数据位 8 位、无奇偶校验、1 个停止位（115200 8N1），以确保数据传输稳定和调试信息准确。确认串口调试工具配置无误后，将电源开关拨至 OFF 状态，再切换至 ON 状态以重启开发板。重启后，系统从 eMMC 启动，并在串口调试工具中输出以下系统信息，提示用户登录：

```
NXP i.MX Release Distro 6.6-scarthgap imx8mp-lpddr4-evk ttymxc1

imx8mp-lpddr4-evk login:
```

出现上述登录提示信息表明 eMMC 中的系统已正常启动。使用 root 用户登录可免密码直接进入系统。登录后，执行以下命令查看系统的关键信息：

```
imx8mp-lpddr4-evk login: root
root@imx8mp-lpddr4-evk:~# cat /etc/os-release
ID=fsl-imx-xwayland
NAME="NXP i.MX Release Distro"
VERSION="6.6-scarthgap (scarthgap)"
VERSION_ID=6.6-scarthgap
VERSION_CODENAME="scarthgap"
PRETTY_NAME="NXP i.MX Release Distro 6.6-scarthgap (scarthgap)"
CPE_NAME="cpe:/o:openembedded:fsl-imx-xwayland:6.6-scarthgap"
```

从以上信息可以看到，ID 为 fsl-imx-xwayland，与构建环境中使用的发行版配置文件名称（DISTRO）一致。VERSION_ID 为 6.6-scarthgap，与构建环境中的发行版版本（DISTRO_VERSION）相匹配。由此可以确定目标镜像已正确下载到开发板并成功运行。

11.5.3.4 验证 Chromium

在完成系统信息验证后，再确保 HDMI 接口正常连接外部显示屏（也可使用 LVDS 接口），并确认以太网接口连接到外网（可选，仅影响网页内容的显示）。然后，将电源开关拨至 OFF，再切换回 ON 以重启开发板。另外，也可以按开发板上的 RESET 开关重启。如图 11-5 所示，系统启动后，Chromium 浏览器将自动在屏幕上打开，默认首页为 Yocto 项目官方网页。

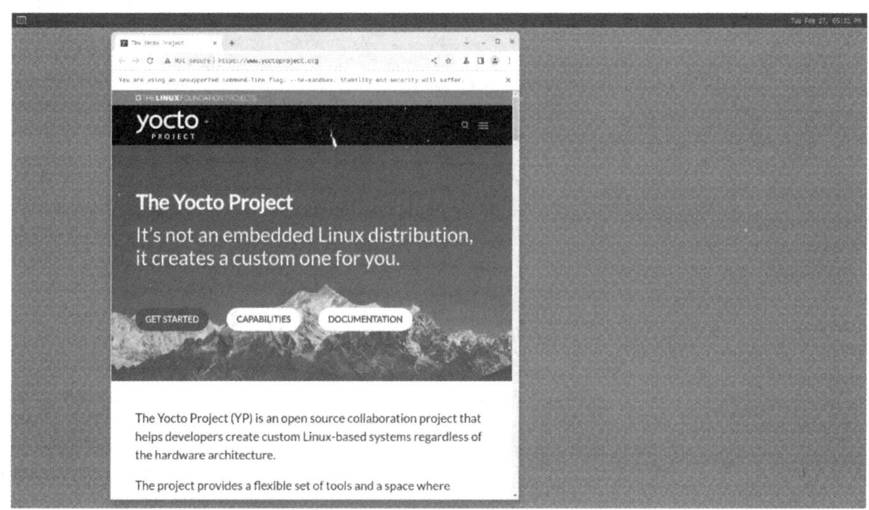

图 11-5 用浏览器访问 Yocto 项目官网

在开发主机的串口调试终端或者开发板的控制台上，还可以通过以下命令检查 Chromium 的 Systemd 服务是否正常运行：

```
root@imx8mp-lpddr4-evk:~# systemctl status chromium
```

成功运行以上命令后，会产生以下输出：

```
* chromium.service - "Chromium service automatically booting Chromium APP"
     Loaded: loaded (/usr/lib/systemd/system/chromium.service; enabled; preset:
enabled)
     Active: active (running) since Mon 2024-11-04 18:50:51 UTC; 12s ago
   Main PID: 412 (chromium-bin)
      Tasks: 73 (limit: 5573)
```

```
        Memory: 287.9M (peak: 290.0M)
           CPU: 6.230s
        CGroup: /system.slice/chromium.service
                |-412 /usr/bin/chromium --use-gl=egl --ozone-platform=wayland
--disable-features=VizDispl>
                |-415 cat
```

在以上输出信息中，包含的 Active:active(running)系统服务状态信息，表明 chromium.service 正常运行，服务启动成功。

至此，我们已经通过 Yocto 项目成功构建出满足 8MPLUSLPD4-EVK 开发板需求的目标镜像，并顺利完成验证，成功完成了本章开头制定的项目需求，整个项目完美收官。

附录A Yocto项目社区与支持渠道

为了促进社区成员的交流与协作，Yocto 项目提供了邮件列表、IRC 频道和 Matrix 频道。这些渠道作为非正式的技术讨论和支持平台，可帮助开发者获取帮助、分享经验并参与项目。本附录根据 Yocto 项目官网（网址见链接 14）的信息，整理了相关支持渠道的说明，以便开发者更高效地利用这些资源。

邮件列表

Yocto 项目维护多个邮件列表，适用于不同类型的讨论。所有邮件列表均提供公开存档，开发者可以订阅适合的列表，并通过邮件与社区成员交流。

通用技术邮件列表

- Yocto 项目讨论（yocto）：Yocto 项目的主要讨论列表，适用于一般技术问题。
- Yocto 项目公告（yocto-announce）：官方公告，如项目里程碑、版本发布等。
- Yocto 项目状态（yocto-status ）：每周状态报告和高级概述信息。
- OpenEmbedded 架构（openembedded-architecture）：讨论 OpenEmbedded 架构和项目状态。

项目特定邮件列表

- Yocto 补丁（yocto-patches）：适用于 Yocto 相关项目的补丁提交与讨论，适用于没有专属邮件列表或其他补丁提交流程的项目。
- OpenEmbedded Core 开发者（OE-Core）：关于 openembedded-core 层的开发讨论。
- OpenEmbedded 开发者（OE）：关于 meta-openembedded 层的开发讨论。
- BitBake 开发者：BitBake 构建工具的开发讨论。
- Poky：Poky 参考发行版的开发讨论。
- Toaster：Toaster（BitBake 的基于 Web 的界面）的使用和开发讨论。
- Automated Testing：自动化测试相关讨论列表。
- Security：安全性相关讨论列表。

BSP 和特定层邮件列表

- Linux-Yocto：linux-yocto 层的讨论列表，该层提供经过测试的 Linux 内核。
- Meta-Amd：讨论 meta-amd 层，涵盖 AMD 体系架构。
- Meta-Arm：讨论 meta-arm 层，涵盖 ARM 体系架构。
- Meta-Freescale：讨论 meta-freescale 层，涵盖 Freescale 体系架构。
- Meta-Intel：讨论 meta-intel 层，涵盖 Intel 体系架构。
- Meta-Ti：讨论 meta-ti 层，涵盖 Texas Instruments 体系架构。
- Meta-Virtualization：讨论 meta-virtualization 层，支持虚拟机管理程序、虚拟化工具栈和云计算功能。
- Meta-Xilinx：讨论 meta-xilinx 层，涵盖 Xilinx 架构支持。

特别兴趣邮件列表

- Yocto 项目文档（Docs）：讨论所有与文档相关的内容，并协作处理文档补丁。
- Licensing：讨论 Yocto 项目开源许可证及法律合规性。

管理邮件列表

- Yocto 社区推广（Yocto-Advocacy）：Yocto 项目推广工作组邮件列表，面向负责活动及其他推广和宣传工作的顾问委员会成员。
- 基础设施兴趣组（Yocto-Infrastructure）：Yocto 项目基础设施工作组邮件列表，不限于顾问委员会成员。
- BSP 兴趣组（Yocto-Bsp）：BSP 兴趣小组邮件列表，面向 BSP 开发人员。

IRC 频道

Yocto 项目社区在 Libera.Chat IRC 网络上提供支持，适用于快速问题解答和技术交流。不同的频道针对不同的讨论主题，开发者可根据需求选择合适的频道。

- #yocto：Yocto 项目主频道，讨论 Yocto 相关问题，提供技术支持。
- #oe：OpenEmbedded 主频道，讨论 OpenEmbedded 的构建、测试及调试。

IRC 适用于即时交流，但如果无人响应，建议使用邮件列表获取帮助。

Matrix 频道

Yocto 项目社区在 Matrix 网络提供交流渠道，Matrix 频道与 IRC 频道互通，开发者可以使用 Matrix 参与 Yocto 项目相关的讨论并与社区成员互动。

- #yoctoproject:matrix.org：Yocto 项目社区官方 Matrix 频道，与 IRC 频道#yocto 互通，实现双向通信。

Matrix 适用于不熟悉 IRC 的用户，支持 Web 和移动端访问，提供更现代化的沟通体验。